国家科学技术学术著作出版基金资助出版

功能化离子液体
Task Specific Ionic Liquids

夏春谷　李　臻　著

化学工业出版社

·北京·

功能化离子液体是离子液体的重要分支，由于可以满足各种特殊用途的需要，已经逐渐成为离子液体研究领域的热点。目前，功能化离子液体的研究开展得如火如荼，论文和专利数量逐年递增，更有相关研究正从实验室逐步走向工业化。本书以功能化离子液体催化基础研究和应用为主线，系统而深入地叙述了功能化离子液体的合成方法、结构与性质的关系及其固载化研究状况，特别介绍了功能化离子液体在催化反应中的应用，其中既包含经典的催化反应，也突出了在新催化体系构建和催化新材料创制等方面的扩展应用。此外，本书对功能化离子液体在非石油路线合成大宗含氧化学品新技术开发方面也给予了深入的介绍。

本书内容翔实，学术思想先进，突出对原创性科研成果的介绍，对于从事离子液体催化材料及其应用研究的科研人员和工程技术人员，高校研究生及大学生们，都具有重要的参考价值。

图书在版编目（CIP）数据

功能化离子液体/夏春谷，李臻著. —北京：化学工业出版社，2017.10
 ISBN 978-7-122-30610-4

Ⅰ.①功⋯　Ⅱ.①夏⋯ ②李⋯　Ⅲ.①离子-液体-研究　Ⅳ.①O646.1

中国版本图书馆CIP数据核字（2017）第222185号

责任编辑：成荣霞　　　　　　　　　　文字编辑：王　琪
责任校对：宋　玮　　　　　　　　　　装帧设计：王晓宇

出版发行：化学工业出版社（北京市东城区青年湖南街13号　邮政编码100011）
印　　装：北京虎彩文化传播有限公司
710mm×1000mm　1/16　印张17¾　字数308千字　2018年1月北京第1版第1次印刷

购书咨询：010-64518888　　　　　　　　售后服务：010-64518899
网　　址：http://www.cip.com.cn
凡购买本书，如有缺损质量问题，本社销售中心负责调换。

定　价：128.00元　　　　　　　　　　　　　　　　　　版权所有　违者必究

前言
PREFACE

功能化离子液体是充分利用离子液体结构可设计、性能可调的特点,在骨架中引入特定功能性基团而发展起来的一类新材料,其合成和应用开发备受关注。作为环境友好的催化材料,基于功能化离子液体催化的基础与应用研究是绿色化学的重要内容。

自 2000 年,功能化离子液体的概念第一次出现在文献中,其结构性能的特殊性随即引起化学家们的关注。2002 年,Cole 课题组制备了 Brønsted 酸功能化离子液体,并将其应用于酯化、醚化和重排反应中,该项富有创新性的工作激发了人们对功能化离子液体材料的研究热情,大量的研究论文随之涌现,进一步促进了功能化离子液体的快速发展。经过短短十余年的研究与开发,功能化离子液体材料的多样性和应用范围都得到了极大的扩展。目前,人们对功能化离子液体材料的研究兴趣逐年递增,并已取得了许多重要的进展。

根据功能性基团所处的位置,功能化离子液体包括阳离子功能化、阴离子功能化以及阳离子和阴离子双功能化。从功能性基团的性质来划分,可以分为酸性功能化、碱性功能化、手性功能化、金属功能化、配位功能化等。这些结构多样的功能化离子液体已经在催化、有机合成、功能材料、生物质处理、摩擦磨损等多个领域得到广泛研究。基于功能化离子液体催化应用的工程化研究也取得了相当程度的发展。在这样的背景下,急需出版一本有关功能化离子液体催化基础和应用研究的著作,引导人们更为理性和科学地认知功能化离子液体的方方面面。本书正是为这一需求而编写的。

著者对功能化离子液体研究领域的相关知识和研究进展进行了整理和梳理,使其成为系统性的知识结构,其中包含有著者团队以及国内外同行在功能化离子液体催化应用领域的大量原创性研究成果。全书共分为 6 章。第 1 章对离子液体的发展历史、功能化离子液体的定义和分类以及功能化离子液体的发展历史与现状进行了详细介绍。第 2 章介绍了功能化离子液体的合成、结构表征和性质。第 3 章介绍了负载功能化离子液体的合成与表征。第 4 章介绍了功能化离子液体催化的各类反应。第 5 章介绍了离子液体骨架衍生催化新材料。第 6 章介绍了功能化离子液体工业应用。本书第 1~5 章由李臻编写,第 6 章由夏春谷和李臻共同编写，全书由李臻统稿、修订。

本书力图系统、全面地展示功能化离子液体在催化领域的最新研究成果。由于著者知识和水平有限，且时间仓促，加上离子液体的研究正日新月异地快速发展，很多研究成果难以全面收集，书中难免有一些疏漏和不妥之处，恳请读者批评和指正。

著 者
2017 年 10 月

目录

第1章 概述 /001
1.1 离子液体发展历史 /001
1.2 功能化离子液体的定义和分类 /003
1.3 功能化离子液体的发展历史与现状 /005
参考文献 /011

第2章 功能化离子液体的合成、结构表征和性质 /016
2.1 功能化离子液体合成概述 /016
2.1.1 阳离子功能化 /016
2.1.2 阴离子功能化 /027
2.1.3 双功能化离子液体 /034
2.2 功能化离子液体的结构表征 /038
2.2.1 红外光谱表征 /038
2.2.2 核磁共振表征 /041
2.2.3 紫外可见光谱表征 /042
2.2.4 电喷雾质谱表征 /042
2.2.5 拉曼光谱表征 /044
2.2.6 光电子能谱表征 /045
2.2.7 小结 /048
2.3 功能化离子液体的性质 /048
2.3.1 酯基功能化离子液体的性质 /049
2.3.2 羟基功能化离子液体的性质 /051
2.3.3 烷氧基功能化离子液体的性质 /054
2.3.4 芳基功能化离子液体的性质 /057
2.3.5 氰基功能化离子液体的性质 /059
2.3.6 烯基功能化离子液体的性质 /061
2.3.7 酰胺功能化离子液体的性质 /064
2.3.8 磺酸基功能化离子液体的性质 /066
2.3.9 阴离子功能化离子液体的性质 /073

2.3.10 小结 / 080

参考文献 / 080

第 3 章 负载功能化离子液体的合成与表征 / 093

3.1 负载功能化离子液体概述 / 093

3.2 负载碱功能化离子液体 / 094

3.3 负载酸功能化离子液体 / 102

3.4 负载多金属氧酸盐功能化离子液体 / 111

3.5 负载离子液体-金属配合物 / 116

参考文献 / 120

第 4 章 功能化离子液体催化的各类反应 / 124

4.1 酸功能化离子液体催化 / 125

4.1.1 酯化反应 / 126

4.1.2 醛三聚反应 / 131

4.1.3 缩醛（酮）反应 / 135

4.1.4 Prins 缩合反应 / 139

4.1.5 Beckmann 重排反应 / 140

4.1.6 苯酚与叔丁醇烷基化反应 / 143

4.1.7 羰基化反应 / 145

4.1.8 烯烃氢胺化反应 / 147

4.1.9 杂-Michael 加成反应 / 148

4.1.10 N-烷基化反应 / 151

4.1.11 偶联反应 / 152

4.1.12 酯交换聚合反应 / 155

4.1.13 单糖脱水反应 / 156

4.1.14 纤维素水解反应 / 157

4.2 碱功能化离子液体催化 / 161

4.2.1 氮杂 Michael 加成反应 / 162

4.2.2 酯交换反应 / 163

4.2.3 水解反应 / 164

4.2.4 Knoevenagel 缩合反应 / 165

4.2.5 烯烃环氧化反应 / 166

4.2.6 加成-环化反应 / 167

4.3 羰基金属阴离子功能化离子液体催化烷氧羰基化反应 / 169

4.4　多金属氧酸盐功能化离子液体催化　/ 169

4.5　金属配位化合物功能化离子液体催化　/ 173

　　4.5.1　C—C 交叉偶联反应　/ 173

　　4.5.2　羰基化反应　/ 174

　　4.5.3　Click 反应　/ 176

4.6　手性配体功能化离子液体催化不对称氢化反应　/ 177

参考文献　/ 179

第5章　离子液体骨架衍生催化新材料　/ 192

5.1　氮掺杂碳基负载金属材料　/ 192

　　5.1.1　负载金属钯氮掺杂碳材料的制备、表征及其催化应用　/ 195

　　5.1.2　N 和 Fe 共掺杂有序介孔碳材料可控合成及阴极氧还原催化性能　/ 205

5.2　基于离子液体骨架的多孔有机聚合物材料　/ 215

　　5.2.1　多孔有机材料概述　/ 215

　　5.2.2　Au-NHC@POPs 的可控合成及其在炔烃水合反应中的应用　/ 220

参考文献　/ 229

第6章　功能化离子液体工业应用　/ 235

6.1　复合离子液体催化高品质碳酸乙烯酯合成新技术　/ 236

　　6.1.1　二氧化碳与环氧化合物环加成反应进展　/ 236

　　6.1.2　二氧化碳合成有机碳酸酯技术概况　/ 240

　　6.1.3　LZC 型复合离子液体催化合成碳酸乙烯酯技术　/ 244

6.2　无水乙二醇联产碳酸二甲酯技术　/ 248

　　6.2.1　乙二醇生产现状　/ 248

　　6.2.2　无水乙二醇联产碳酸二甲酯工艺概况　/ 249

6.3　酸功能化离子液体催化三聚甲醛清洁合成　/ 250

　　6.3.1　醛三聚反应　/ 250

　　6.3.2　三聚甲醛概述　/ 253

　　6.3.3　三聚甲醛合成体系研究进展　/ 254

　　6.3.4　三聚甲醛合成工艺技术状况　/ 255

　　6.3.5　离子液体催化合成三聚甲醛工艺　/ 257

6.4　酸功能化离子液体催化多醚类清洁柴油含氧组分合成技术　/ 264

　　6.4.1　聚甲氧基二甲醚的应用背景及合成现状　/ 264

　　6.4.2　酸功能化离子液体催化聚甲氧基二甲醚合成　/ 266

参考文献　/ 272

索引　/ 276

第1章 概述

1.1 离子液体发展历史

化学物质中的化合物若按照化学键进行分类,可分为共价化合物和离子化合物。其中离子化合物,是由阴离子和阳离子组成,以离子键相结合的化合物。例如,人们所熟知的氯化钠、碘化钾等盐类物质。离子液体也是完全由阴离子和阳离子组成的离子化合物。所不同的是,由于它们的阴阳离子体积较大,结构松散,导致阴阳离子间的作用力弱,以至于熔点降低,多数在0~100℃。人们将在室温或室温附近温度(−30~50℃)下呈液态的由离子构成的物质,称为室温离子液体(room temperature ionic liquid)、室温熔盐(room temperature molten salts)、有机离子液体等。离子液体的阳离子一般为含有氮、硫或磷的有机成分,阴离子通常是体积较小的无机或有机离子。研究表明,室温离子液体中存在着多重氢键的相互作用,因此室温熔盐的叫法较为勉强,目前并没有统一的名称,但是倾向于简称离子液体。

结构和组成的特殊性使离子液体展现出许多不同于传统固态和液态物质的独特物理化学性质。与传统的有机溶剂相比,离子液体具有蒸气压近似等于零、不挥发、不易燃易爆、化学和热力学稳定性高等特性,因此也称为"绿色溶剂"。另外,离子液体还具有液态温度范围较宽、对有机及无机化合物有很好的溶解性、电化学窗口宽、结构可设计、性能可调变的特点,已在有机合成、催化科学、分离分析、电化学、材料科学等领域得到了广泛的应用[1,2]。因此,我们相信,离子液体作为一种功能介质和材料在满足绿色化工、清洁能源、资源环境、国家安全等人类社会重大需求方面必将大有作为。

人们对离子液体的认识颇具传奇性,虽然硝酸乙基胺([EtNH$_3$]NO$_3$,熔点12℃)作为第一例离子液体在1914年就被 Walden[3] 合成出来,但是当时并未引起广泛的关注。三十多年后的 1948 年，第一代氯铝酸盐离子液体（溴化 N-乙基吡啶-三氯化铝，[EtPyBr][AlCl$_3$]）被 Hurley[4,5] 偶然发现，并用于金属的电沉积研究。但这种离子液体遇水会分解放出氯化氢，因此也没能引起人们太多的注意，之后的一段时间内对离子液体的研究几乎处于停顿状态。直到 1976 年，美国哥伦比亚大学的 Osteryoung[6,7] 成功合成了基于 N-烷基吡啶的氯铝酸盐离子液体 AlCl$_3$/[EtPy]Cl，并借助傅里叶变换红外光谱（FTIR）、核磁共振（NMR）、拉曼光谱（Raman spectra）等方法对离子液体的物理化学性质进行了表征。N-烷基吡啶氯铝酸盐离子液体的发现，为离子液体在电化学、有机合成、催化等领域的应用奠定了基础。

到了 20 世纪 80 年代，Seddon[8] 和 Hussey[9] 的研究小组使用 1,3-二烷基咪唑氯铝酸盐离子液体作为过渡金属配合物的极性溶剂，研究了过渡金属配合物的电化学行为和光谱特征，促使更多人关注离子液体。80 年代末期，离子液体作为新型的有机合成反应介质和催化剂的报道开始出现，1,3-二烷基咪唑氯铝酸盐作为反应介质和催化剂用于傅克反应（Friedel-Crafts）中[10]，卤化磷鎓盐被成功用于亲核芳烃取代反应[11]，与此同时，Seddon 和 Hussey 等人开始把离子液体作为一种非水极性溶剂，用于化学研究。

直到 1992 年，才迎来了离子液体发展的春天，这一时期，一系列对水、空气稳定的离子液体，例如 [EMIM]BF$_4$、[EMIM]CH$_3$CO$_2$、[EMIM]PF$_6$ 等相继问世[12,13]，离子液体的研究跨入了一个崭新的时代，这类性质稳定的离子液体被称为"第二代离子液体"。Welton 和 Wasserscheid 等人在第二代离子液体的基础研究方面做出了决定性的贡献[14,15]。人们发现各种季铵或季鏻的阳离子与 BF$_4^-$、PF$_6^-$ 阴离子结合均能得到稳定、低黏度、高电导率的离子液体，从此离子液体的研究与应用得到快速的发展。

进入 21 世纪以来，离子液体的发展呈现出多元化趋势，许多具有特殊功能的离子液体不断涌现，人们将这类功能化离子液体（task specific ionic liquid 或 functionalized ionic liquid）称为"第三代离子液体"。它们既具有离子液体的性质，又具有特定的功能，将离子液体的应用领域从合成化学和催化化学进一步扩展到过程工程、产品工程、功能材料、资源环境和生物科学等诸多领域。同时分子模拟、密度泛函等理论工具也被用来描述离子液体结构与性质、功能之间的关系，并积累了一定规模的结构-性质数据。近年来，基于离子液体物性数据库的建立，进行离子液体的定量结构-性质/活性相关（QSAR/QSPR）研究，对离子液体的筛选和设计打开了便捷之门。

1.2 功能化离子液体的定义和分类

功能化离子液体的概念最早由 J. H. Davis 等人提出，即结构中含有功能化基团而显示出特殊的性质或反应活性的离子液体[16]。2004 年，J. H. Davis 发表了题目为"功能化离子液体"的综述，对功能化离子液体概念的形成过程做了较为详细的介绍。在这篇简短的文章中，他指出，虽然他们首次提出了功能化离子液体的概念，但是在同一时期已经有其他研究小组合成了含有功能基团的离子液体，只不过这些离子液体的发明者或使用者并没有把它们定义为功能化离子液体[17]。

将功能化基团引入离子液体骨架中，一方面可以调节离子液体与溶剂有关的性质，使其具有不同于仅含简单烷基类似物的特殊性质，如偶极相互作用、氢键酸性、氢键碱性和极化率，另一方面可以使离子液体能够与溶解于其中的底物发生共价键合，或者使离子液体具有催化活化的能力，而这正是功能化离子液体研究最为活跃的领域。如今，利用离子液体的可设计性开展功能化设计、制备及相关应用的研究被持续关注。功能化离子液体在分离、电化学、催化、有机合成、材料等方面的应用研究，功能化离子液体物理化学性质，以及功能化离子液体的构型及其与其他物质等相互作用的微观研究，已经逐渐发展成为离子液体研究的主流方向。

功能化离子液体按照功能化基团所处的位置可分为阳离子功能化离子液体、阴离子功能化离子液体以及阴阳离子双功能化离子液体。部分常见的功能化咪唑阳离子结构见图 1-1。部分常见的功能化阴离子结构见图 1-2。

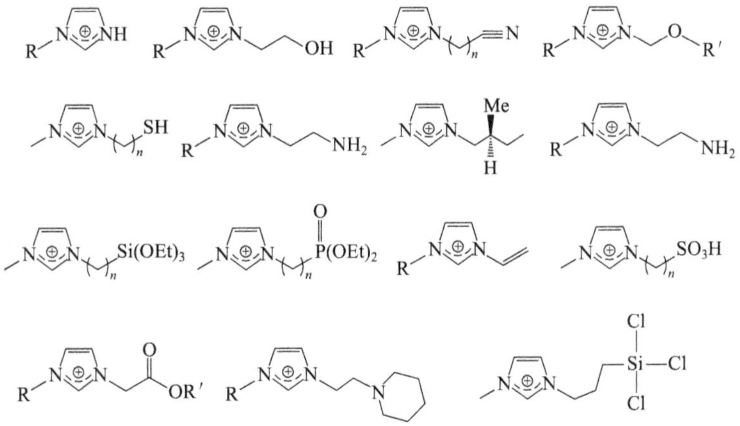

图 1-1

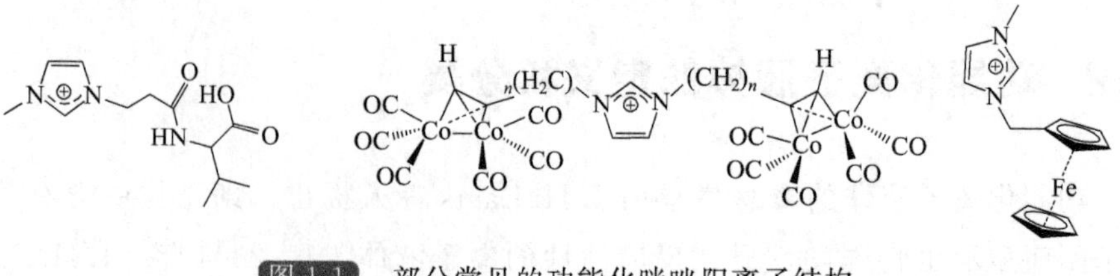

图 1-1　部分常见的功能化咪唑阳离子结构

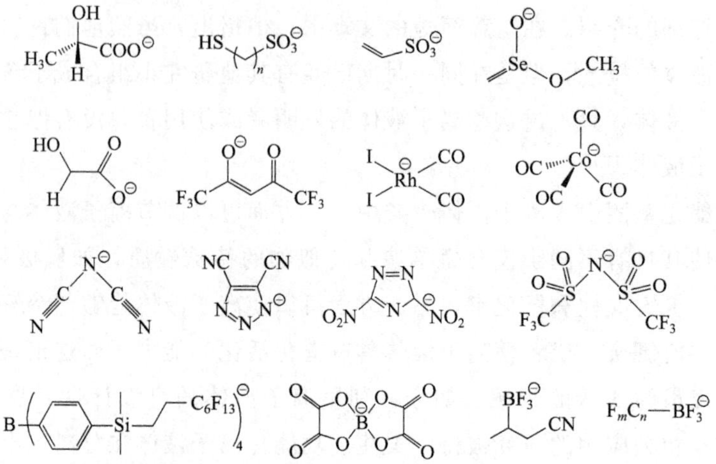

图 1-2　部分常见的功能化阴离子结构

如果按照离子液体所具有的功能来进行分类，可以分为酸功能化离子液体、碱功能化离子液体、手性功能化离子液体、金属功能化离子液体、多金属氧酸盐功能化离子液体、复合离子液体、聚合型离子液体等。图 1-3 给出了常见功能化离子液体的典型例子。

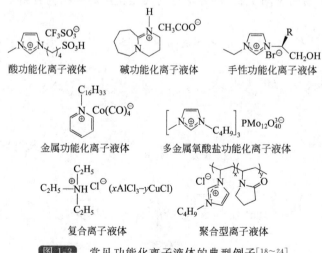

图 1-3　常见功能化离子液体的典型例子[18~24]

1.3 功能化离子液体的发展历史与现状

1998 年，J. H. Davis 等人[25]将抗菌剂霉康唑（miconazole）分子结构引入咪唑阳离子中，设计和合成了一系列生物活性分子衍生的功能化离子液体，结构如图 1-4 所示。其中，化合物 **2** 在室温下为低黏度的液体，化合物 **1** 和 **3** 可在数星期内保持液体状态，随后化合物 **1** 会逐渐析出晶体，而化合物 **3** 会缓慢地玻璃化，化合物 **4** 可在几小时内逐渐变为蜡状，但是这三种离子液体都可在加热后重新转变为液体。这项工作被认为是通过阳离子侧链的修饰进行离子液体功能化的第一例报道，也为"功能化离子液体"概念的提出奠定了基础。

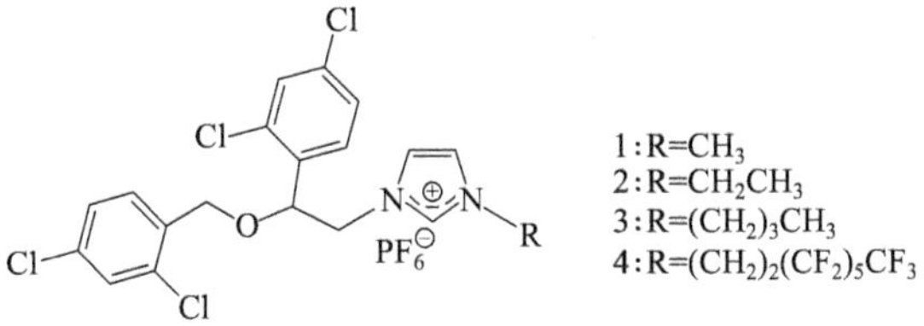

图 1-4 生物活性分子霉康唑（miconazole）衍生功能化离子液体

Davis 等人认为通过结构设计可以构建特殊功能的离子液体，从而使离子液体在作为溶剂的同时，还可以与溶解的物质发生作用。基于这样的思考，1999 年，他们[26]合成了一种新型噻唑离子液体，可以作为溶剂兼催化剂用于催化安息香（benzoin）缩合反应（图 1-5）。

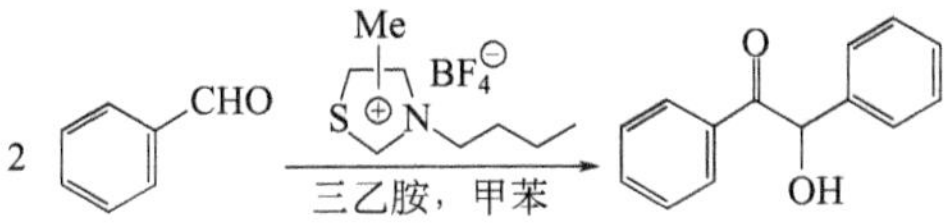

图 1-5 噻唑离子液体催化安息香（benzoin）缩合反应

2000 年，Davis 正式提出了功能化离子液体（task-specific ionic liquids-TSIL，或 functional ionic liquids-FILs）的概念，即具有特定功能作用的离子液体。功能化离子液体除具有离子液体的基本特性，如卓越的稳定性、低挥发性、优良的底物相容性、结构可设计性等之外，结构中所含的功能性基团，又使离子液体成为实现特定任务目标的特殊试剂。正因如此，功能化离子液体在使用中用量往往很少，大大减少了使用离子液体对环境造成的负面影响。

离子液体的功能化一般是在阳离子或者阴离子中引入功能性基团，也有对阴阳离子同时进行功能化的情况。阳离子烷基侧链的功能化相对较容易，并且可以引入的官能团种类也比较多，因此是实现离子液体功能化修饰的主要方法。Davis 等人基于烷基取代咪唑母体，设计和合成了图 1-6 中以 PF_6^- 为阴离子，且咪唑阳离子侧链含有硫脲、硫醚和脲的功能化离子液体。图中所示的功能化离子液体既可作为憎水性溶剂，又可用作液/液两相中金属离子的萃取剂[27]。

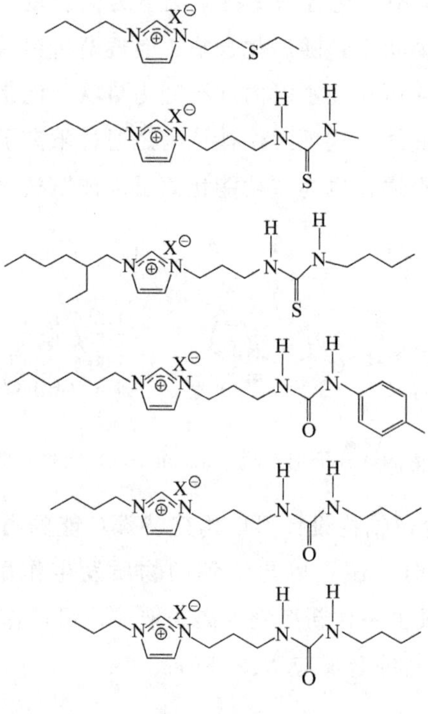

$X=PF_6$

图 1-6　用于金属离子萃取的功能化离子液体

继功能化离子液体的概念被提出之后，大量多种多样的阳离子功能化离子液体出现在文献中，其中功能化基团包括烯基、炔基、羟基、醚基、酯基、巯基、氰基、羧酸基、磺酸基、氨基、酰氨基、硅氧烷、硫醚、磷酸酯、羰基过渡金属等。并且随着离子液体的不断发展，阳离子骨架已经不再限于咪唑、吡啶等常见结构，出现了一些新型阳离子骨架，如胍类[28~30]、吗啉[31,32]、酰胺[33]、哌啶[34]、哒嗪[35]、三唑[36~39]、噁唑[32,40]、噻唑[26~41]、吡唑[42]、吡咯烷[43]、异喹啉[44]、硫[45]和膦[46~49]等。

酸功能化离子液体是研究最多也是应用极为广泛的一类功能化离子液体，其中阳离子侧链含有磺酸基团的布朗斯特（Brønsted）酸性离子液体又极具代表性。2002 年，Davis 研究组[50]首次报道了磺酸功能化 Brønsted 酸性离子液体（BAILs）的合成（图 1-7），并在酯化、醚化、重排等酸催化反应中作为催化剂使用。这可以认为是一项具有一定创造性的研究工作，它提供了一种简单、原子经济的酸功能化离子液体合成方法，目前报道的含磺酸基官能团的离子液体基本上都是采用 Davis 等人提出的方法制备而成。磺酸功能化离子液体除了具有离子液体本身的优异性质，作为催化剂使用时的高活性、易分离循环的特性引起人们广泛的研究兴趣，已在酯化、聚合、烷基化、酰化、羰基化、缩合、重排、加成等众多的有机合成反应中获得应用。

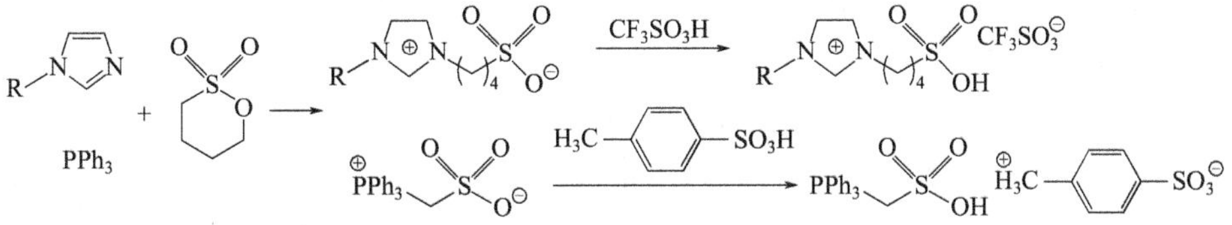

图 1-7 磺酸功能化离子液体的合成

离子液体的阴离子部分通常为比较小的无机或有机阴离子，结构的调变范围比较小，但是通过巧妙的设计同样能够实现阴离子的功能化修饰，从而构建出各种阴离子功能化离子液体。从某种意义上来讲，基于咪唑阳离子或吡啶阳离子的氯铝酸根阴离子离子液体可以看作是第一例真正的阴离子功能化离子液体。研究人员发现，通过调变 Cl^- 和 $AlCl_3$ 的比例可以实现对氯铝酸功能化离子液体酸碱性的调控。在图 1-8 所示的反应中，当 [EMIM] $Cl-AlCl_3$ 中 $AlCl_3$ 摩尔分数为 0.67 时，是非常有效的傅克烷基化反应的溶剂兼催化剂。除了铝，其他金属也可用作功能化阴离子的中心原子，与烷基咪唑或烷基吡啶构成功能化离子液体，如 $CuCl_2^-$、$SnCl_3^-$、$Co(CO)_4^-$、$Mn(CO)_3^-$、$HFe(CO)_4^-$ 等。这些阴离子功能化离子液体在许多方面获得了应用。例如，阴离子为 $CuCl_2^-$ 的离子液体被应用于萃取脱硫，阴离子为四羰基钴阴离子 [$Co(CO)_4^-$] 的离子液体 [BMIM]$Co(CO)_4^-$ 可以溶解氢氧化钠，可用于催化氢甲酰化反应等[51]。一些阴离子带有烯基功能基团的离子液体还被用于聚合材料的合成[52,53]。

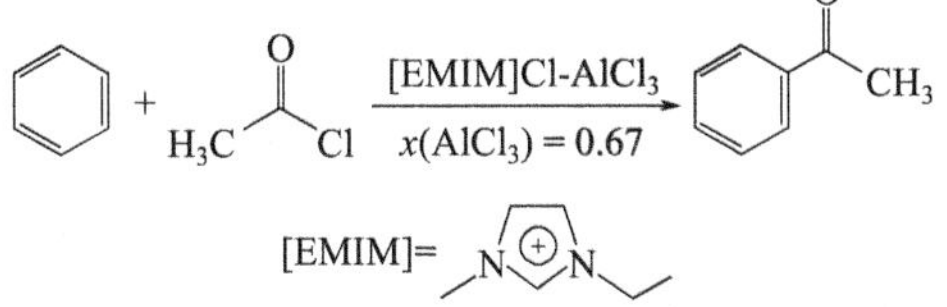

图 1-8 [EMIM]$Cl-AlCl_3$ 催化傅克烷基化

另外一大类阴离子功能化离子液体是以各类酸的酸根作为离子液体阴离

子，如 $CH_3SO_3^-$、$CF_3SO_3^-$、CF_3COO^-、CH_3COO^-、对甲苯磺酸根、氨基酸根等，这些离子液体根据酸根的性质，具有一定的酸碱性。

阴离子为羧酸根的离子液体大多具有低的熔点和黏度，且具有较强的氢键接受能力，因此在气体吸收、生物质处理等领域应用较为广泛。乙酸根阴离子与咪唑类阳离子形成的离子液体可用于二氧化碳（CO_2）的化学捕集，CO_2 吸附量介于氨水溶液和非功能化离子液体之间，并且脱附 CO_2 再生也比较容易[54,55]。1-丁基-3-甲基咪唑乙酸盐离子液体可用于生物质组分的溶解和选择性分离，王键吉等人系统研究了阴离子结构对离子液体溶解纤维素性能的影响，发现 CH_3COO^- 阴离子上的氢原子被吸电子基团 OH、SH、NH_2 以及 CH_3OH 取代后会导致纤维素溶解度的降低[56]。

氨基酸功能化离子液体由于具有更好的环境友好性、生物相容性、生物可降解性等特性，受到了研究者的广泛关注。更重要的是，氨基酸能够提供稳定的手性中心，成为少数几个可以由阴离子提供手性的手性离子液体之一[57]。

日本的 Ohno 等人最先合成了以 1-乙基-3-甲基-咪唑（[EMIM]）为阳离子，20 种天然氨基酸（如甘氨酸 Gly、丙氨酸 Ala、蛋氨酸 Met、谷氨酸 Glu 等）为阴离子的功能化离子液体。合成的离子液体中，如 [EMIM][Leu]、[EMIM][Met]、[EMIM][Ala]、[EMIM][Gly] 等，在室温下呈液态，近乎无色透明，能够和多种有机溶剂（如甲醇、丙腈和氯仿等）相混溶[58]。

同一时期，国内寇元等人[59]改变通常采用含氮或磷的有机大离子（如烷基咪唑离子、烷基吡啶离子和季铵、季鏻类离子）为阳离子，而是采用天然的 α-氨基酸以及 α-氨基酸酯质子化后作为离子液体阳离子部分，与多种阴离子构成了氨基酸功能化离子液体家族，如 [Gly][NO_3]、[Ala][NO_3]、[Ala][BF_4]、[Val][NO_3]、[$ProC_1$][PF_6]（脯氨酸甲酯六氟磷酸盐）等。与氨基酸阴离子功能化离子液体相比，这种阳离子型氨基酸离子液体基本无毒，具有更好的生物相容性和可降解性。

氨基酸功能化离子液体可以通过改变氨基酸基团、碳酰基团等功能性基团实现功能的调变，从而调控手性、配位性、极性、亲疏水性、导电性、熔点等性质，因此可用于不对称催化、手性分离、溶解生物质、气体吸收等领域。利用氨基能够与 CO_2 反应的特性，氨基酸功能化离子液体也可以应用于 CO_2 的捕集。2006 年，张锁江课题组首次报道了四丁基鏻阳离子和氨基酸阴离子组成的阴离子功能化离子液体捕集 CO_2 的研究工作，例如，每分子四丁基鏻甘氨酸离子液体能够捕集 0.6 分子的 CO_2[60]。图 1-9 中所示的两种氨基酸阴离子功能化离子液体，三己基十四烷基季鏻脯氨酸盐（[P_{66614}][Pro]）和三己基十四烷基蛋氨酸盐（$[P_{66614}][Met]$），能以1∶1的机理等物质的量吸收CO_2，CO_2吸收容量高达$0.9\text{mol }CO_2/\text{mol IL}$[61]。

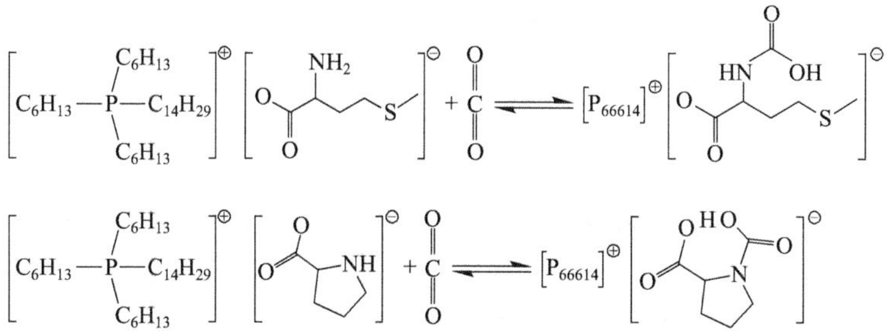

图1-9 氨基酸阴离子功能化离子液体捕集CO_2

黏度是离子液体的重要性质，大多数离子液体是黏稠的，且黏度与传统有机溶剂相比要高出1~3个数量级，这就造成了离子液体应用中的困难。为了获取离子液体结构与其黏度大小的关系，研究人员对大量离子液体黏度数据进行了研究，并给出了指导性的结论。离子液体阴阳离子对黏度的大小都有影响，其中，阴离子对黏度的影响较为明显。若阴离子结构是平面型、不规则型或者阴离子上连有能够分散电荷的基团，则构成的离子液体黏度通常较小，据此可以通过阴离子结构的功能化设计达到对离子液体相关物理化学性质进行调控的目的。图1-10所示的氟代烯酮阴离子功能化离子液体经多氟烷基-β-二酮化合物与叔胺化合物间的质子转移反应一步合成，阴离子中的多氟取代烷基结构有效地分散了负电荷，因此这类离子液体具有低的熔点和黏度[62]。

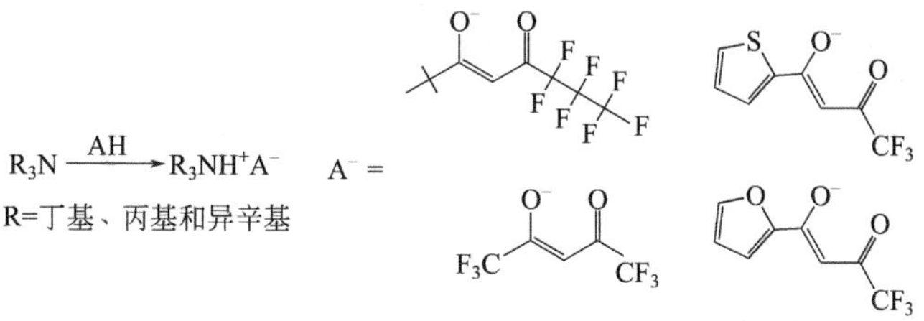

图1-10 氟代烯酮阴离子功能化离子液体

组成离子液体的阴离子和阳离子体积相差越悬殊，正负电荷越不能紧密堆积，从而可以在室温下呈液态，如图1-11中大体积的硼氧阴离子与锂离子形成的离子液体在室温下呈液态，可用作锂电池电解液[63]，而螯合硼酸酯阴离子与烷基咪唑阳离子形成的离子液体有很强的范德华力，对高分子物质有一定的溶解能力[64]。

以$[N(CF_3SO_2)_2]^-$、$[N(CF_3SO_2)(CF_3CO)]^-$、$[N(CN)_2]^-$等为阴离

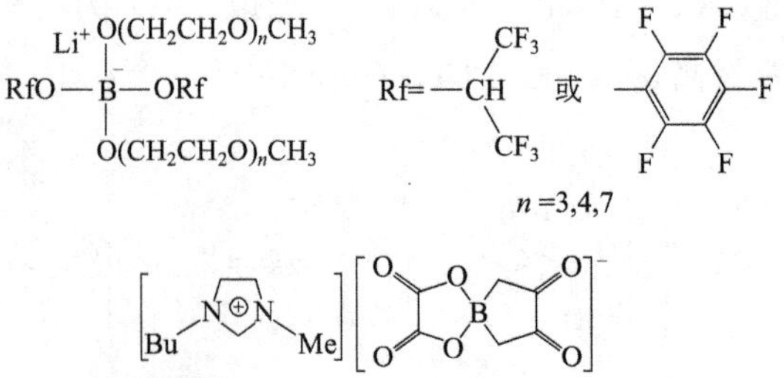

图 1-11 含硼阴离子功能化离子液体

子的离子液体一般具有低熔点、低黏度的特性[65]，如 [EMIM][N(CN)$_2$] 在 25℃的黏度仅为 21cP❶。以 [N(CF$_3$SO$_2$)$_2$]$^-$ 为阴离子的离子液体还具有很高的热稳定性，分解温度可高达 400℃，并且这种阴离子能显著降低所形成的离子液体的熔点[66,67]。[N(CF$_3$SO$_2$)(CF$_3$CO)]$^-$ 阴离子因为结构上的不对称性，可使得所形成的离子液体的熔点进一步降低。

近年来，一大类基于唑类阴离子骨架的离子液体因为碱性可调和具有多个电负性作用位点而被用于捕集 CO_2 和 SO_2。而且随着研究的深入，研究人员尝试将叠氮、硝基等含能基团引入唑类阴离子骨架中，衍生出多种多样的新型含能离子液体材料。含能离子液体具有不挥发、液态操作区间宽、环境友好、无腐蚀、对外界刺激如撞击、摩擦、静电等敏感度更低等特点，因此在新型炸药配方和绿色双组元推进剂中都展现出一定的研究价值和实际应用潜力[68~72]。

现阶段，功能化离子液体的研究依然非常活跃，出版的文献数和引文数都大幅度增长（图 1-12），这得益于它们特殊的物理化学性质、结构可设计性、性能可调性和环境友好性。而且功能化离子液体与超临界流体、电化学、生物、纳米、信息等技术的结合，进一步拓展了它们的发展空间和功能。在工业应用方面，目前在英国、法国和中国等国家，功能化离子液体应用的多项技术也已实现万吨级工业试验或处于工业化设计阶段。

一方面，随着功能化离子液体数量增长到一定规模，对产生离子液体独特性质的根源以及催化作用本质的深层次探索表现得越来越重要，因此近些年，离子液体结构和性质数据的积累引起人们关注，研究更侧重于功能化离子液体性质、定量构效关系、量化计算和分子模拟等系统的理论研究方向，人们对离子液体的认识从感性上升到了理性的高度。另一方面，表征技术的进步和实验

---

❶ 1cP=1mPa·s。

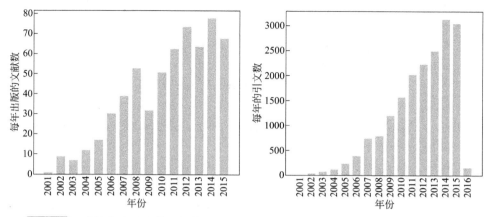

图 1-12 功能化离子液体文献数（2000～2015 年）和引文数（2000～2016 年）统计
（数据来源：Wed of Science）

科学的发展也将推动功能化离子液体基础理论和工业应用研究的不断完善，可以预计在不远的未来，功能化离子液体必将在更多领域书写新的篇章。

参 考 文 献

[1] Welton T. Room-temperature ionic liquids：Solvents for synthesis and catalysis. Chem Rev，1999，99：2071-2081.

[2] Huddleston J G，Viser A E，Reichert W M，Willauer H D，Broker G A，Rogers R D. Characterization and comparison of hydrophilic and hydrophobic room temperature ionic liquids incoporating the imidazolium cation. Green Chem，2001，3：156-164.

[3] Sugden S，Wilkins H. The preacher and chemical constitution part Ⅶ：Fused metals and salt. J Chem Soc，1929，7：1291-1298.

[4] Hurley F H. Electrodeposition of aluminum. US Patent 2446331. 1948.

[5] Hurley F H，Wier T P. Electrodeposition of metals from fused quaternary ammonium salts.J Electrochem Soc，1951，98：203-206，207-212.

[6] Chum H L，Koch V R，Miller L L，Osteryoung R A. Electrochemical scrutiny of organometallic iron complexes and hexamethylbenzene in a room temperature molten salt. J Am Chem Soc，1975，97：3264-3265.

[7] Robinson J，Osteryoung R A. An electrochemical and spectroscopic study of somearomatic hydrocarbons in the room temperature molten salt system aluminum chloride-n-butylpyridinium chloride. J Am Chem Soc，1979，101：323-327.

[8] Scheffler T B，Hussey C L，Seddon K R，Kear C M，Armitage P D. Molybdenum chloro complexes in room-temperature chloroaluminate ionic liquids：Stailaztion of hexachlroromolybdate（2）and hexachloromolybdate(3). Inorg Chem，1983，22：2099-2100.

[9] Wilkes J S，Levisky J A，Wilson R A，Hussey C L. Dialkylimidazolium chloroaluminate melts：A

new class of room-temperature ionic liquids for electrochemistry, spectroscopy and synthesis. Inorg Chem, 1982, 21: 1263-1264.

[10] Boon J A, Levisky J A, Pflug J L, Wilkes J S. Friedel-Crafts reactions in ambient-temperature molten salts. J Org Chem, 1986, 51: 480-483.

[11] Fry S E, Pienta N J.Effects of molten salts on reactions: Nucleophilic aromatic substitution by halide ions in molten dodecyltributylphosphonium salts. J Am Chem Soc, 1985, 107: 6399-6400.

[12] Wilkes J S, Zaworotko M J. Air and water stable 1-ethyl-3-methylimidazolium based ionic liquids. Chem Commun, 1992, 16: 965-967.

[13] Fuller J, Carlin R T. Structure of 1-ethyl-3-methylimidazolium hexafluoro-phosphate: Model for room temperature molten salts. Chem Commun, 1994, 299-300.

[14] Welton T. Room-temperature ionic liquids: Solvents for synthesis and catalysis. Chem Rev, 1999, 99: 2081-2084.

[15] Wasserscheid P, Keim W. Ionic liquids-new 'solutions' for transition metal catalysis. Angew Chem Int Ed, 2000, 39: 3772-3789.

[16] Wierzbicki A, Davis J H. Proceedings of the symposium on advances in solvent selection and substitution for extraction. Atlanta: AIChE, 2000.

[17] Davis J H. Task-specific ionic liquids. Chem Lett, 2004, 33: 1072-1077.

[18] Gu Y L, Shi F, Deng Y Q. Esterification of aliphatic acids with olefin promoted by Brønsted acidic ionic liquids. J Mol Catal A: Chem, 2004, 212: 71-75.

[19] Ying A G, Liu L, Wu G F, Chen G, Chen X Z, Ye W D. Aza-Michael addition of aliphatic or aromatic amines to α,β-unsaturated compounds catalyzed by a DBU-derived ionic liquid under solvent-free conditions. Tetrahedron Lett, 2009, 50: 1653-1657.

[20] Bao W, Wang Z, Li Y. Synthesis of chiral ionic liquids from natural amino acids. J Org Chem, 2003, 68: 591-593.

[21] Deng F G, Hu B, Sun W, Chen J, Xia C G. Novel pyridinium based cobalt carbonyl ionic liquids: Synthesis, full characterization, crystal structure and application in catalysis.Dalton Trans, 2007, 4262-4267.

[22] Ammam M, Fransaer J. Ionic liquid-heteropolyacid: Synthesis, characterization, and supercapacitor study of films deposited by electrophoresis. J Electrochem Soc, 2011, 158: 14-21.

[23] 刘植昌, 张睿, 刘鹰, 徐春明. 复合离子液体催化碳四烷基化反应性的研究. 燃料化学学报, 2006, 34: 328-331.

[24] Mu X D, Meng J Q, Li Z C, Kou Y. Rhodium nanoparticles stabilized by ionic copolymers in ionic liquids: Long lifetime mamocluster catalysts for benzene hydrogenation. J Am Chem Soc, 2005, 127: 9694-9695.

[25] Davis J H Jr, Forrester K J, Merrigan T. Novel organic ionic liquids(OILs)incorporating cations derived from the antifungal drug miconazole. Tetrahedron Lett, 1998, 39: 8955-8958.

[26] Davis J H Jr, Forrester K J. Thiazoliumion based organic ionic liquids(OILs). OILs with promote the benzoin condensation. Tetrahedron Lett, 1999, 40: 1621-1622.

[27] Visser A E, Swatloski R P, Reichert W M, Mayton R, Sheff S, Wierzbicki A, Davis J H Jr, Rogers R D. Task-specific ionic liquids for the extraction of metal ions from aqueous solutions. Chem Commun, 2001, 135-136.

[28] Nuno M M, Mateus L C Synthesis and properties of tetra-alkyl-dimethylguanidinium salts as a potential new generation of ionic liquids. Green Chem, 2003, 5: 347-352.

[29] Xie H B, Zhang S B, Duan H F. An ionic liquid based on a cyclic guanidinium cation is an efficient medium for the selective oxidation of benzyl alcohols. Tetrahedron Lett, 2004, 45: 2013-2015.

[30] Gao Y, Arritt S W, Twamley B, Shreeve J M. Guanidinium-based ionic liquids. Inorg Chem, 2005, 44: 1704-1712.

[31] Kim K S, Choi S, Demberelnyamba D, Lee H, Oh J, Lee B B, Mun S J. Ionic liquids based on N-alkyl-N-methylmorpholinium salts as potential electrolytes. Chem Commun, 2004, 828-829.

[32] Kim J, Singh R P, Shreeve J M. Low melting inorganic salts of alkyl-, fluoroalkyl-, alkyl ether-, and fluoroalkyl ether-substituted oxazolidine and morpholine. Inorg Chem, 2004, 43: 2960-2966.

[33] Demberelnyamba D, Shin B K, Lee H. Ionic liquids based on N-vinyl-γ-butyrolactam: Potential liquid electrolytes and green solvents. Chem Commun, 2002, 1538-1539.

[34] Sakaebe H, Matsumoto H. N-methyl-N-propylpiperidinium bis(trifluoromethanesulfonyl)imide(PP 13-TFSI): Novel electrolyte base for Li battery. Electrochem Commun, 2003, 5: 594-598.

[35] Omotowa B A, Shreeve J M. Triazine-based polyfluorinated triquaternary liquid salts: Synthesis, characterization, and application as solvents in rhodium(I)-catalyzed hydroformylation of 1-octene. Organometallics, 2004, 23(4): 783-791.

[36] Mirzaei Y R, Twamley B, Shreeve J M. Syntheses of 1-alkyl-1,2,4-triazoles and the formation of quaternary 1-alkyl-4-polyfluoroalkyl-1,2,4-triazolium salts leading to ionic liquids. J Org Chem, 2002, 67: 9340-9345.

[37] Mirzaei Y R, Shreeve J M. New quaternary polyfluoroalkyl-1,2,4-triazolium salts leading to ionic liquids. Synthesis, 2003, 1: 24-26.

[38] Mirzaei Y R, Xue H, Shreeve J M. Low melting N-4-functionalized-1-alkyl or polyfluoroalkyl-1,2,4-triazolium salts. Inorg Chem, 2004, 43: 361-367.

[39] Xue H, Twamley B, Shreeve J M. The first 1-alkyl-3-perfluoroalkyl-4,5-dimethyl-1,2,4-triazolium salts. J Org Chem, 2004, 69(4): 1397-1400.

[40] Tomoharu N. Sanyo Chem Ind Ltd. JP 11273734. 1999.

[41] Deetlefs M, Raubenheimer H G, Esterhuysen M W. Stoichiometric and catalytic reactions of gold utilizing ionic liquids. Catalysis Today, 2002, 72: 29-41.

[42] Mamantor G J C, Dunstan T D J. Electorchemical Systems, Inc. US Patent 555224. 1996.

[43] MacFarlane D R, Meakin P, Sun J, Amini N, Forsyth M. Pyrrolidinium imides: A new family of molten salts and conductive plastic crystal phases. J Phys Chem, 1999, B103: 4164-4170.

[44] Visser A E, Holbrey J D, Rogers R D. Hydrophobic ionic liquids incorporating N-alkylisoquinolinium cations and their utilization in liquid-liquid separations. Chem Commun, 2001, 2484-2485.

[45] Miyatake K, Yamamoto K, Endo K, Tsuchida E. Superacidified reaction of sulfides and esters for

the direct synthesis of sulfonium derivatives. J Org Chem, 1998, 63: 7522-7524.

[46] Omotowa B A, Phillips B S, Zabinski J S, Shreeve J M. Phosphazene-based ionic liquids: Synthesis, temperature-dependent viscosity, and effect as additives in water lubrication of silicon nitride ceramics. Inorg Chem, 2004, 43(17): 5466-5471.

[47] Baumann M D, Daugulis A J, Jessop P G. Phosphonium ionic liquids for degradation of phenol in a two-phase partitioning bioreactor. Appl Micro Biotech, 2005, 67: 131-137.

[48] Frackowiak E, Lota G, Pernak J. Room-temperature phosphonium ionic liquids for supercapacitor application. Appl Phys Lett, 2005, 86: 164104-14106.

[49] Ramnial T, Ino D D, Clyburne J A C. Phosphonium ionic liquids as reaction media for strong bases. Chem Commun, 2005, (3): 325-327.

[50] Cole A C, Jensen J L, Ntai I, Tran K L T, Weave K J, Forbes D C, Davis J H Jr. Novel Brϕnsted acidic ionic liquids and their use as dual solvent-catalysts. J Am Chem Soc, 2002, 124: 5962-5963.

[51] Brown R J C, Dyson P J, Ellis D J, Welton T. 1-butyl-3-methylimidazolium cobalt tetracarbonyl [BMIM][Co(CO)$_4$]: A catalytically active organometallic ionic liquid. Chem Commun, 2001, 1862-1863.

[52] Yoshizawa M, Ogihara W, Ohno H. Novel polymer electrolytes prepared by copolymerization of ionic liquid monomers. Poly Adv Techn, 2002, 13(8): 589-594.

[53] Ohno H, Yoshizawa M, Ogihara W. Development of new class of ion conductive polymers based on ionic liquids. Electrochim Acta, 2004, 50(2-3): 255-261.

[54] Chinn D V, Driver D Q, Vu M S, Boudreau L C. CO_2 removal from gas using ionic liquid absorbents. Chevron USA, Inc.US Patent 129598A1.2005.

[55] Quinn R, Pez G P, Appleby J B. Process for reversibly absorbing acid gases from gaseous mixtures. Air Products and Chemicals, Inc. US Patent 5338521.1994.

[56] Xu A R, Wang J J, Wang H Y. Effects of anionic structure and lithium salts addition on the dissolution of cellulose in 1-butyl-3-methylimidazolium-based ionic liquid solvent systems. Green Chem, 2010, 12: 268-275.

[57] Fukumoto K, Ohno H. Design and synthesis of hydrophobic and chiral anions from amino acids as precursor for functional ionic liquids. Chem Commun, 2006, 3081-3083.

[58] Fukumoto K, Yoshizawa M, Ohno H. Room temperature ionic liquids from 20 nature amino acids. J Am Chem Soc, 2005, 127: 2398-2399.

[59] Tao G H, He L, Sun N, Kou Y. New generation ionic liquids: Cations derived from amino acids. Chem Commun, 2005, 3562-3564.

[60] Zhang J M, Zhang S J, Dong K, Zhang Y Q, Shen Y Q, Lv X M. Supported absorption of CO_2 by tetrabutyiphosphoniuin amino acid ionic liquids. Chem Eur J, 2006, 12: 4021-4026.

[61] Gurkan B E, de la Fuente J C, Mindrup E M, Ficke L E, Goodrich B F, Price E A, Schneider W F, Brennecke J F. Equimolar CO_2 absorption by anion-functionalized ionic liquids. J Am Chem Soc, 2010, 132: 2116-2117.

[62] Gupta O D, Twamley B, Shreeve J M. Low melting and slightly viscous ionic liquids via protonation

[63] Shobukawa H, Tokuda H, Tabata S I, Watanabe M. Preparation and transport properties of novel lithium ionic liquids. Electrochim Acta, 2004, 50: 305-309.

[64] Xu W, Wang L M, Nieman R A, Angell C A. Ionic liquids of chelated orthoborates as model ionic glassformers. J Phys Chem B, 2003, 107: 11749-11756.

[65] Olivier-Bourbigou H, Magna L. Ionic liquids: Perspectives for organic and catalytic reactions. J Mol Catal A: Chem, 2002, 182-183: 419-437.

[66] Dzyuba S V, Bartsch R A. Expanding the polarity range of ionic liquids. Tetrahedron Lett, 2002, 43: 4657-4659.

[67] Evans R G, Klymenko O V, Hardacre C, Seddon K R, Compton R G. Oxidation of N, N, N', N'-tetraalkyl-para-phenylenediamines in a series of room temperature ionic liquids incorporating the bis(trifluoromethylsulfonyl)imide anion. J Electroanal Chem, 2003, 556: 179-188.

[68] Ogihara W, Yoshizawa M, Ohno H. Novel ionic liquids composed of only azole ions. Chem Lett, 2004, 33(8): 1022-1023.

[69] Xue H, Gao Y, Twamley B, Shreeve J M. New energetic salts based on nitrogen-containing heterocycles. Chem Mater, 2005, 17(1): 191-198.

[70] Katritzky K R, Singh S, Kirichenko K, Holbrey J D, Smiglak M, Reichert W M, Rogers R D. 1-Butyl-3-methylimidazolium 3,5-dinitro-1,2,4-triazolate: A novel ionic liquid containing a rigid, planar energetic anion. Chem Commun, 2005, (7): 868-870.

[71] Xue H, GaoY, Twamley B, Shreeve J M. Energetic azolium azolate salts. Inorg Chem, 2005, 44(14): 5068-5072.

[72] Zhang Q H, Shreeve J M. Energetic ionic liquids as explosives and propellant fuels: A new journey of ionic liquid chemistry. Chem Rev, 2014, 114(20): 10527-10574.

第2章 功能化离子液体的合成、结构表征和性质

2.1 功能化离子液体合成概述

随着离子液体研究和应用的不断发展，离子液体的种类在迅速增加，相应的合成方法和手段也更加多样化。特别是绿色化学的兴起和过程经济性的提出，新型离子液体合成的基本思路表现为合成原料的易得性、合成方法的清洁性、合成过程的高效性、具有特定的功能以及与环境的相容性等方面。同时，随着对离子液体认识的不断深化，发现很多情况下离子液体的纯度对其性能及应用有较大影响，因此如何获得高纯度的离子液体也受到更多的关注。

离子液体的合成方法主要取决于目标离子液体的结构和组成，功能化离子液体作为离子液体家族的一大类，其合成方法与常规离子液体的合成相类似，即通常选用带有特定官能团的原料，经过一步或两步反应过程制备而成。主要可分为阳离子功能化、阴离子功能化和双功能化。

2.1.1 阳离子功能化

阳离子功能化主要通过比较成熟的烷基化方法，将官能团引入离子液体阳离子的烷基侧链中，优点是可引入的官能团种类较多，包括不饱和键、环氧基、羟基、氰基、羧基、酯基、醚基、酰基等。所采用的原料主要是含有官能团的卤代物与烷基咪唑、吡啶、叔胺、叔膦等，一步反应得到阴离子为卤素的目标离子液体后，还可通过阴离子交换得到非卤素阴离子的阳离子功能化离子液体。以烷基咪唑为阳离子骨架的合成反应示意图如下：

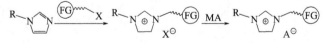

FG=OH,NH$_2$,SH,COOH,COOR′,OR′,CN⋯

2.1.1.1 羟基功能化离子液体的合成

利用硫酸二甲酯、三氟甲磺酸甲酯等烷基化试剂对氨基醇类化合物的直接烷基化反应，可以一步得到阳离子含有羟基官能团的非卤素阴离子离子液体。这种合成方法原料简单易得，过程经济性高，反应进程可以通过 ^{1}H NMR 进行监控，目标产物纯度较高，但是得到的离子液体阴离子种类较单一，合成过程如式（2-1）所示。

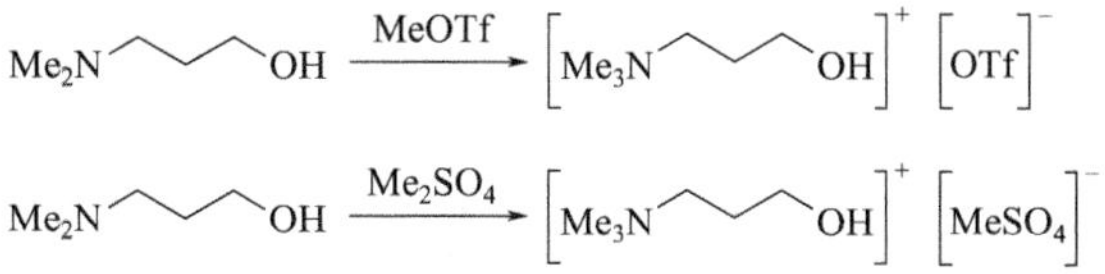

$$\text{Me}_2\text{N}\text{—}\text{OH} \xrightarrow{\text{MeOTf}} [\text{Me}_3\text{N}\text{—}\text{OH}]^+ [\text{OTf}]^-$$

$$\text{Me}_2\text{N}\text{—}\text{OH} \xrightarrow{\text{Me}_2\text{SO}_4} [\text{Me}_3\text{N}\text{—}\text{OH}]^+ [\text{MeSO}_4]^-$$
(2-1)

Holbrey 等人[1]设计了一种原子经济的一步制备 2-羟基丙基咪唑阳离子功能化离子液体的方法，如式（2-2）所示。该方法使用 1-甲基咪唑、环氧丙烷和酸为原料，以乙醇和水为溶剂，在室温下反应就能得到阴离子为不同酸根的功能化离子液体。这种方法虽然可制备的离子液体种类有限，但是合成过程没有任何副产物，并且溶剂和过量的环氧化物原料都能循环利用。

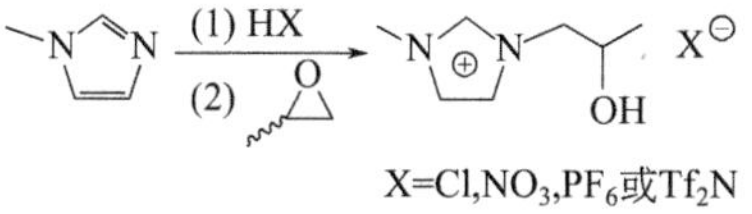

$$\text{(1) HX} \quad \text{(2)} \quad X=\text{Cl},\text{NO}_3,\text{PF}_6 \text{或 Tf}_2\text{N}$$
(2-2)

王磊等人[2]采用两步法，以三正丁胺为起始原料，与 1,4-二溴丁烷在乙醇中回流得到溴代烷基功能化的季铵盐前体，再与二乙醇胺在碱性条件下回流反应制备了阳离子侧链含两个羟基的阳离子功能化离子液体，并用于钯催化的 Heck 偶联反应，功能化离子液体兼具路易斯（Lewis）碱、配体和反应介质的多重作用（图 2-1）。离子液体和 Pd(OAc)$_2$ 组成的催化体系不仅活性高，并且可重复使用多次。

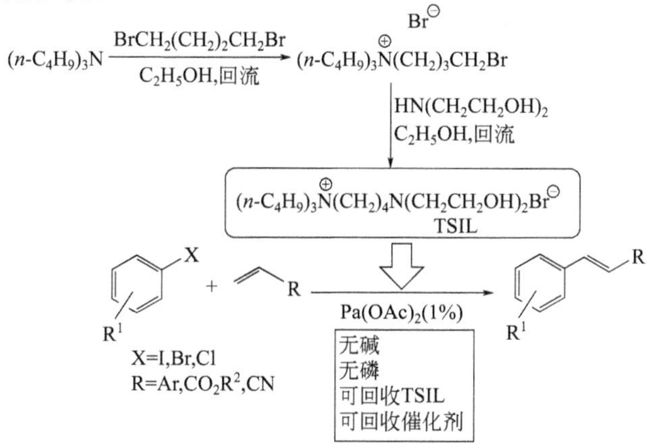

$$(n\text{-C}_4\text{H}_9)_3\text{N} \xrightarrow[\text{C}_2\text{H}_5\text{OH,回流}]{\text{BrCH}_2(\text{CH}_2)_2\text{CH}_2\text{Br}} (n\text{-C}_4\text{H}_9)_3\overset{+}{\text{N}}(\text{CH}_2)_3\text{CH}_2\text{Br} \; \text{Br}^-$$

$$\xrightarrow[\text{C}_2\text{H}_5\text{OH,回流}]{\text{HN}(\text{CH}_2\text{CH}_2\text{OH})_2} (n\text{-C}_4\text{H}_9)_3\overset{+}{\text{N}}(\text{CH}_2)_4\text{N}(\text{CH}_2\text{CH}_2\text{OH})_2 \text{Br}^- \quad \text{TSIL}$$

反应：ArX + CH$_2$=CHR → ArCH=CHR，Pd(OAc)$_2$(1%)
X=I,Br,Cl；R=Ar,CO$_2$R^2,CN
无碱、无磷、可回收 TSIL、可回收催化剂

图 2-1 二乙醇胺功能化离子液体的合成及应用

寻找低成本、可再生的原料来合成离子液体不仅符合绿色化学的发展趋势，也是促进离子液体研究不断创新的驱动力。有研究指出，在咪唑阳离子烷基链中引入羟基后，可以降低离子液体的毒性[3]。

甘油是生物柴油的副产品，来源广，且生物相容性好，1-氯丙二醇是生物甘油的下游产品，可以通过与咪唑的反应一次性在阳离子中引入两个羟基。采用这种方法，Bellina 等人[4]制备了一系列二羟基丙基功能化离子液体（图 2-2），详细研究了它们的热稳定性、氢键、电导等物理化学性质。这类功能化离子液体可借助羟基的配位性能与过渡金属钯配位，应用于 Heck 偶联反应。

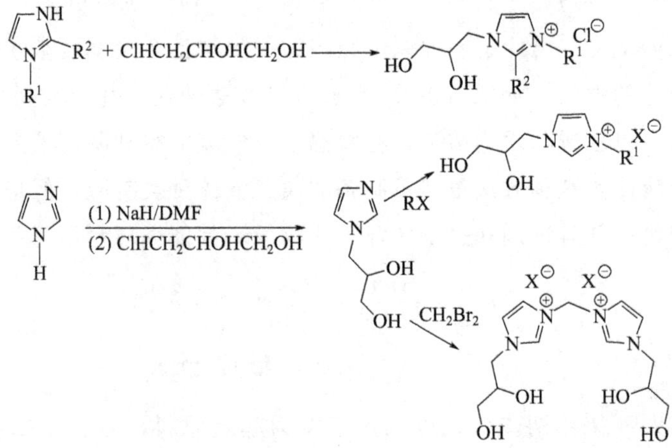

图 2-2　二羟基丙基功能化离子液体的合成

此外，利用阳离子侧链官能团的反应性，还可以通过接枝得到结构较为复杂的功能化离子液体，实现功能性和应用领域的进一步拓展。例如式（2-3）所示，利用阳离子侧链羟基与性质活泼的丙烯酰氯发生亲核取代反应得到的丙烯酸酯功能化离子液体可进行 Heck 反应或 Diels-Alder 反应，应用于有机合成中[5]。

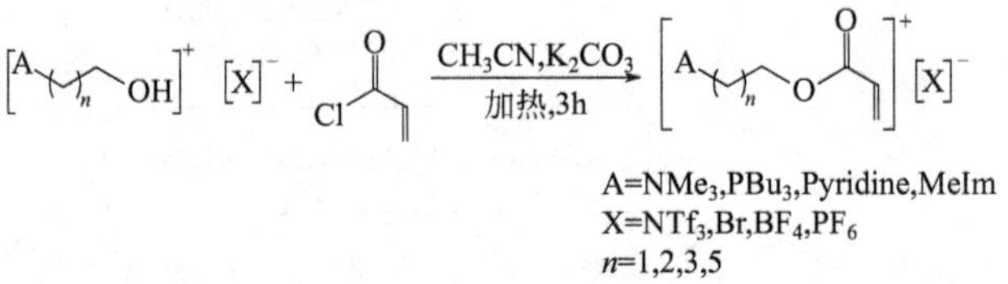

$$[A\text{-}(\text{CH}_2)_n\text{OH}]^+[X]^- + \text{ClCOCH=CH}_2 \xrightarrow[\text{加热,3h}]{\text{CH}_3\text{CN},\text{K}_2\text{CO}_3} [A\text{-}(\text{CH}_2)_n\text{OCOCH=CH}_2]^+[X]^- \tag{2-3}$$

A=NMe$_3$,PBu$_3$,Pyridine,MeIm
X=NTf$_3$,Br,BF$_4$,PF$_6$
n=1,2,3,5

2.1.1.2　烷氧基功能化离子液体的合成

阳离子结构中含有烷氧基链的离子液体通常采用烷基胺与烷氧基烷基卤代物之间的烷基化反应制备。Deng 研究组[6]即采用此方法合成了一系列基于烷基胺的烷氧基功能化离子液体。他们从二甲基胺出发，首先与 BrC$_2$H$_4$OCH$_3$

或 $BrC_2H_4OC_2H_5$ 在 40℃下进行烷基化反应，反应结束后经中和、萃取、蒸馏得到叔胺中间产物。接下来，叔胺在一定条件下进一步与烷基或烷氧基卤化物（CH_3OCH_2Cl、BrC_2H_4、$BrC_2H_4OCH_3$ 或 $BrC_2H_4OC_2H_5$）发生反应，生成含一个或两个烷氧基链的卤化季铵盐，最后再与 $LiNTf_2$、$[EtO_3]BF_4$ 或 AgOAc 进行阴离子交换反应就能得到一系列烷氧基功能化离子液体，其过程如图 2-3 所示。

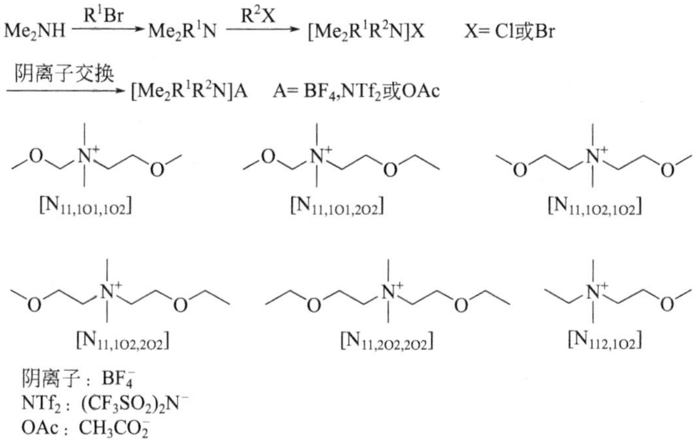

$$Me_2NH \xrightarrow{R^1Br} Me_2R^1N \xrightarrow{R^2X} [Me_2R^1R^2N]X \quad X=Cl 或 Br$$

$$\xrightarrow{阴离子交换} [Me_2R^1R^2N]A \quad A=BF_4, NTf_2 或 OAc$$

[$N_{11,101,102}$]   [$N_{11,101,202}$]   [$N_{11,102,102}$]

[$N_{11,102,202}$]   [$N_{11,202,202}$]   [$N_{112,102}$]

阴离子：BF_4^-
NTf_2^-：$(CF_3SO_2)_2N^-$
OAc^-：$CH_3CO_2^-$

图 2-3 烷氧基功能化离子液体

2.1.1.3 酯基功能化离子液体的合成

酯基功能化离子液体根据引入酯基的不同可以分为羧酸酯功能化、磺酸酯功能化和磷酸酯功能化离子液体，合成方法也因酯基不同而有差别。

Deng 研究组[7]设计了一种从可生物降解的天然原料出发合成羧酸酯功能化离子液体的方法，该方法选择廉价易得的甜菜碱化合物（三甲铵乙内酯盐酸盐，1-carboxy-N,N,N-trimethylmethanaminium hydroxide）作为阳离子骨架，通过两步反应即可以合成出甜菜碱基羧酸酯功能化离子液体。

如图 2-4 所示，首先利用甜菜碱羧酸基团中电负性的氧原子与溴代丁烷、2-溴乙基甲基醚或 2-溴乙基乙基醚之间烷基化反应得到三种溴盐中间体，记作 [C_4bet][Br]、[1O2bet][Br] 和 [2O2bet][Br]，然后通过阴离子交换反应将溴盐中间体的阴离子交换为 [TFSI]、[DCA] 和 [SCN]，从而合成出 7 种甜菜碱基羧酸酯功能化离子液体（[C_4bet][TFSI]、[1O2bet][TFSI]、[2O2bet][TFSI]、[C_4bet][DCA]、[1O2bet][DCA]、[2O2bet][DCA] 和 [C_4bet][SCN]）。

硫酸酯是非常好的烷基化试剂，作者曾利用硫酸酯对咪唑或吡啶磺酸内盐的烷基化反应实现了一类阳离子含磺酸酯侧链的功能化离子液体的制备[8]。

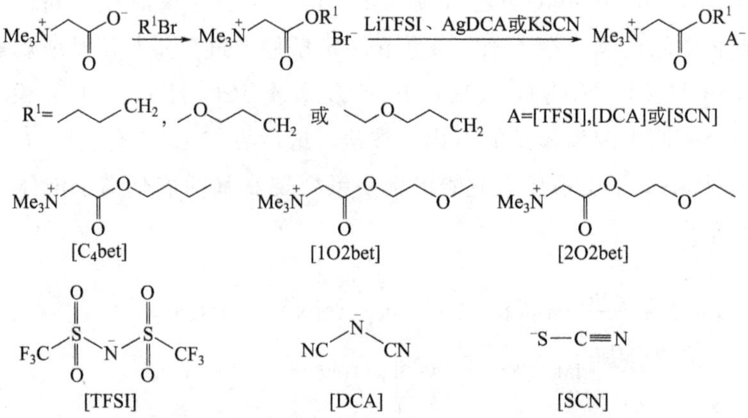

$$\text{Me}_3\overset{+}{\text{N}}\underset{\text{O}}{\overset{\text{O}^-}{\diagdown\!\diagup}} \xrightarrow{\text{R}^1\text{Br}} \text{Me}_3\overset{+}{\text{N}}\underset{\text{O}}{\overset{\text{OR}^1}{\diagdown\!\diagup}} \text{Br}^- \xrightarrow{\text{LiTFSI、AgDCA或KSCN}} \text{Me}_3\overset{+}{\text{N}}\underset{\text{O}}{\overset{\text{OR}^1}{\diagdown\!\diagup}} \text{A}^-$$

$R^1 = \diagdown\!\diagup\!\diagdown\!\text{CH}_2$, $\diagdown\!\diagup\!\text{O}\!\diagdown\!\text{CH}_2$ 或 $\diagdown\!\diagup\!\text{O}\!\diagdown\!\diagup\!\text{CH}_2$ A=[TFSI],[DCA]或[SCN]

[C₄bet]   [1O2bet]   [2O2bet]

[TFSI]   [DCA]   [SCN]

图 2-4 甜菜碱基羧酸酯功能化离子液体的合成

该合成方法的第一步参考磺基甜菜碱的制备，得到一系列基于咪唑或吡啶的磺酸内盐。第二步中，首先将磺酸内盐分散于甲苯中，再于室温搅拌下将一定量的硫酸二烷基酯逐滴加入，最后在80℃下充分反应，生成的离子液体与甲苯不溶并位于下层，经分离、洗涤、干燥后得到相应的磺酸酯基功能化离子液体[式（2-4）]。

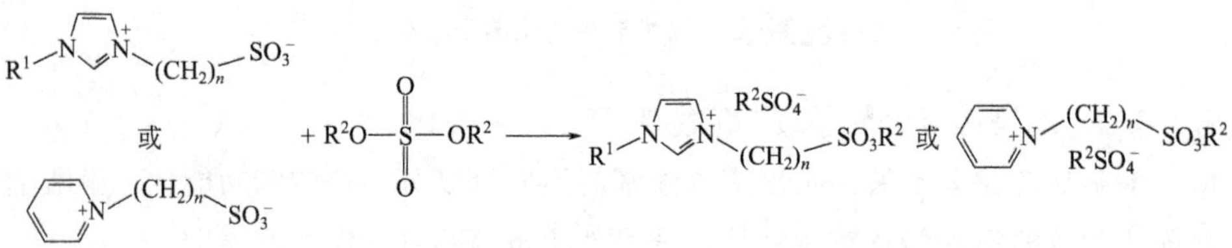

（2-4）

近年来研究发现，含膦酸酯官能团离子液体的润滑及抗磨性能优于传统含氟润滑剂、膦腈和全氟聚醚，显示出作为高性能润滑剂广阔的应用前景[9]。中国科学院兰州化学物理研究所刘维民院士带领的团队在该领域的研究水平走在世界前列[10,11]。早在2003年，他们就设计和制备了阳离子侧链含有膦酸酯官能团的功能化离子液体，并系统研究了此类离子液体作为润滑材料在不同工况条件下的摩擦学性能[12~14]。

阳离子含膦酸酯基团的离子液体合成过程并不复杂，一般分为两步。首先将等摩尔的O,O-二乙基溴烷基膦酸酯和烷基咪唑于氮气保护下置于反应器中，于40~100℃反应完全后，用无水乙醚洗涤，除去溶剂后得到溴盐中间体。接着溴盐中间体与过量的四氟硼酸盐或六氟磷酸盐于室温下丙酮中搅拌反应15~24h，抽滤，干燥，即得到目标离子液体（图2-5）。

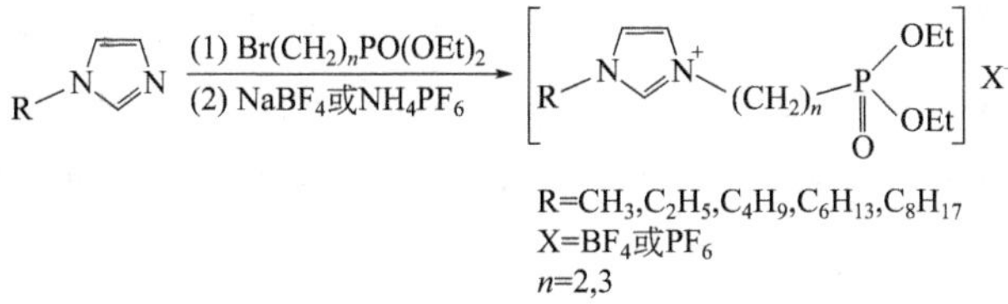

图 2-5 膦酸酯功能化离子液体的合成

2.1.1.4 氨基功能化离子液体的合成

利用烷基咪唑与卤代烷基胺类化合物反应，可以把氨基引入阳离子中，并且可通过进一步烷基化或者与羰基反应实现功能拓展。例如，1-氨乙基-2,3-二甲基咪唑溴盐中氨基经甲基化得到1-(N,N-二甲氨基乙基)-2,3-二甲基咪唑三氟甲磺酸盐离子液体（图 2-6），与负载钌催化剂共同构成了CO_2加氢制甲酸的高效多相催化体系[15]。

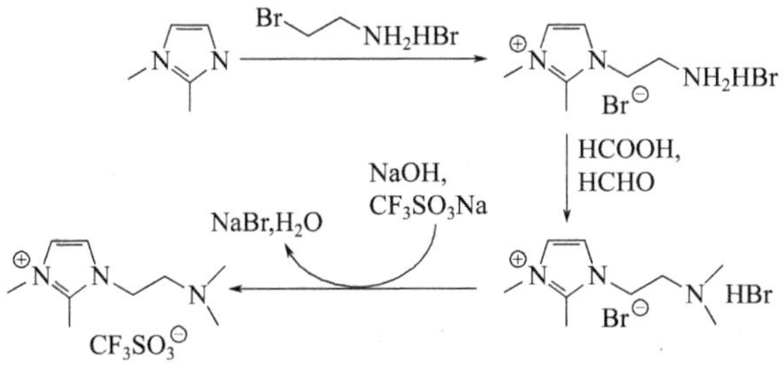

图 2-6 1-(N,N-二甲氨基乙基)-2,3-二甲基咪唑三氟甲磺酸盐离子液体

伯胺基团经奎宁环修饰后的阳离子功能化离子液体［式（2-5）］在催化 C—C 键形成反应中表现出极好的催化活性和重复使用性[16]。

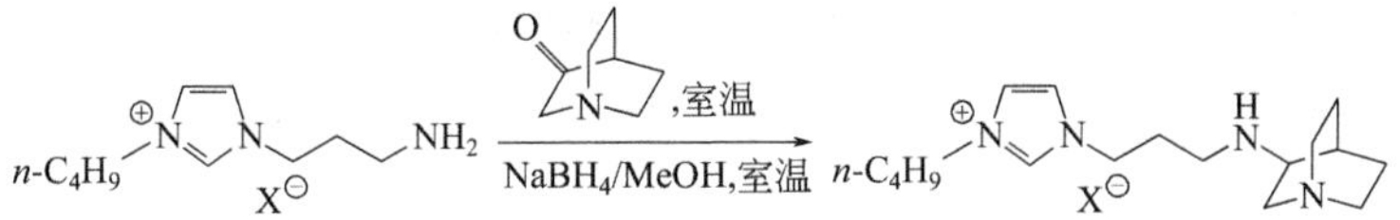

$$(2-5)$$

2.1.1.5 羰基金属修饰阳离子功能化离子液体的合成

烷基咪唑经端基炔修饰后，通过八羰基二钴与端基炔经典的盖帽反应，可以把羰基钴片段引入到离子液体阳离子结构中，从而合成出一系列阳离子含羰基金属片段的功能化离子液体[17]［式（2-6）］。

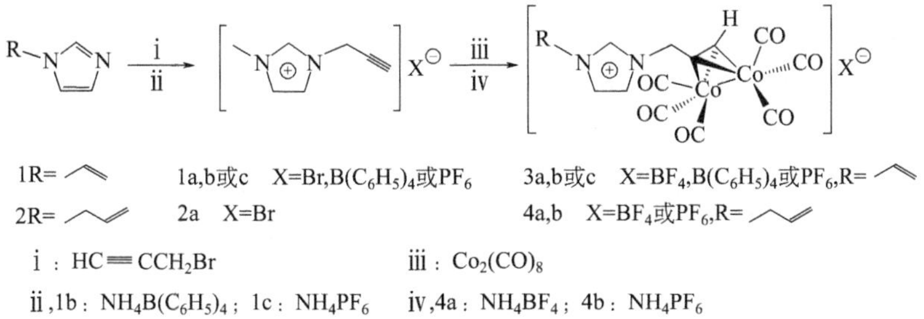

$$(2-6)$$

1R= ⁓ 1a,b或 X=Br,B(C_6H_5)$_4$或PF_6 3a,b或c X=BF_4,B(C_6H_5)$_4$或PF_6,R= ⁓
2R= ⁓ 2a X=Br 4a,b X=BF_4或PF_6,R= ⁓

ⅰ：HC≡CCH_2Br ⅲ：$Co_2(CO)_8$
ⅱ,1b：NH_4B(C_6H_5)$_4$；1c：NH_4PF_6 ⅳ,4a：NH_4BF_4；4b：NH_4PF_6

Dyson 小组[18]在 2004 年报道了类似的双羰基钴阳离子功能化离子液体的制备，首先氯代烷基炔烃与 N-(三甲基硅基) 咪唑在甲苯中回流反应，得到阳离子含两个炔基的咪唑氯盐，然后与 $NaBF_4$ 或 $NaBPh_4$ 在丙酮中于室温下发生阴离子交换反应，之后再与 $Co_2(CO)_8$ 于 CH_2Cl_2 中反应得到目标离子液体（图 2-7）。

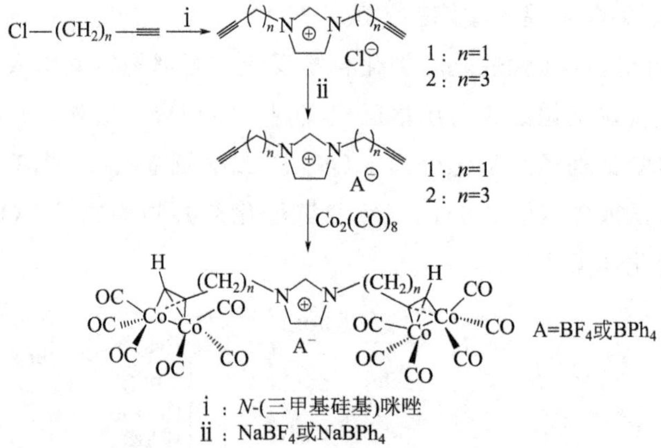

图 2-7 双羰基钴阳离子功能化离子液体的制备

Dyson 研究组[19]还发展了一种巧妙的合成路线，用以合成三羰基铬衍生的阳离子功能化离子液体，该路线从苯乙醇出发经两步反应高收率地制备出前体化合物苄基卤化物三羰基铬配合物，随后与烷基咪唑或胺反应得到阳离子连有苯环配位 $Cr(CO)_3$ 基团的卤盐，再经过阴离子交换，生成多种离子液体，收率达到了中等以上（图 2-8）。作者对所合成离子液体的反应性进行了研究，例如甲苯磺酰化反应，并得到了一种离子液体与钌配位的新颖的卡宾化合物，进行了变温 $^1H\ NMR$ 谱学研究。

2.1.1.6 二茂铁修饰阳离子功能化离子液体的合成

2004 年 Shreeve 研究组[20]首次报道了一系列新颖的阳离子含二茂铁结构的离子液体的合成，并进行了非常全面细致的表征，其中近 10 种化合物的熔点在 100℃以下，并且有 3 种化合物的熔点在室温以下，是典型的室温离子液体。考虑到三甲基胺是很好的离去基团，作者选用了三甲基-二茂铁甲基碘化铵作为亲电试剂，通过与亲核杂环化合物（如咪唑和三唑）发生反应，很方便地实现了咪唑和三唑的二茂铁甲基化。接下来在碘甲烷作用下发生杂环氮原子的季铵化反应，高收率地生成阴离子为碘离子的二茂铁修饰阳离子功能化离子液体，进一步与 $Li(Tf_2N)$ 或 KPF_6 反应即可得到阴离子为 $[Tf_2N]^-$ 和 $[PF_6]^-$ 的离子液体。

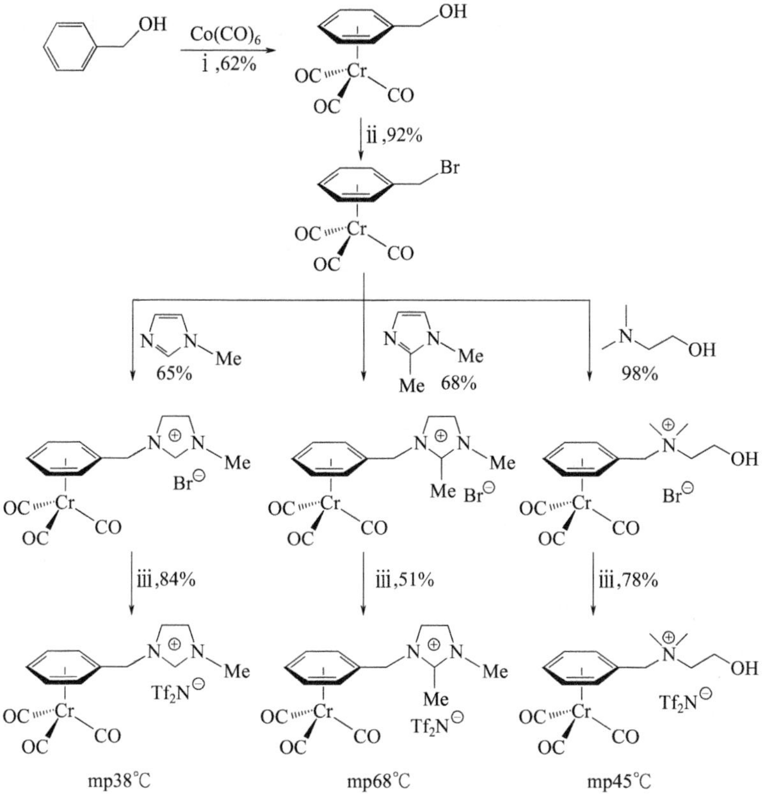

试剂和条件
ⅰ：二氧六环，回流，90h
ⅱ：BBr$_3$,CH$_2$Cl$_2$,-78℃,90min
ⅲ：LiTf$_2$N,H$_2$O,室温或40℃,3h

图 2-8 三羰基铬衍生的阳离子功能化离子液体的合成

作者探讨了官能团种类、结构对分子内、分子间作用力的影响，以及对合成的功能化离子液体的熔点和分解温度的影响规律，指出此类离子液体在均相催化和生物体系中都有潜在的应用价值。

2.1.1.7 磺酸功能化离子液体的合成

以磺酸基功能化离子液体为代表的 Brønsted 酸功能化离子液体的合成，通常采用 Davis 等人[21]的方法，分两步进行。首先烷基胺、含氮杂环或烷基膦与磺酸内酯反应得到内盐，再与无机或有机酸发生质子转移反应得到目标离子液体 [式（2-7）]。

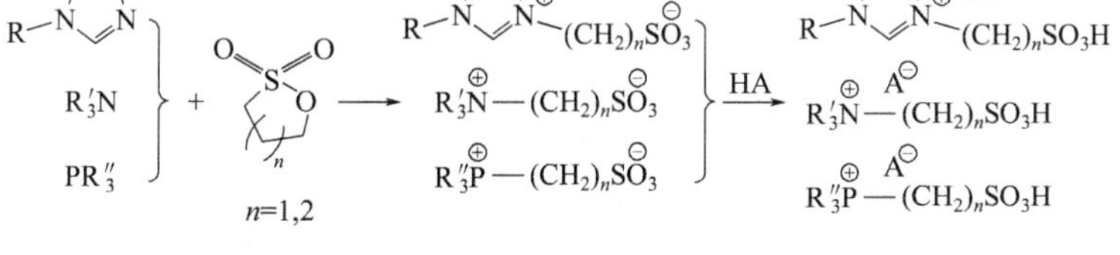

(2-7)

通过改变阳离子主体骨架结构，可以得到结构多样的磺酸基功能化离子液体。例如，从 N-乙基苯并咪唑出发，与丙烷磺酸内酯反应得到内盐，然后再与硫酸反应，制备出 1-乙基-3-(3-磺酸丙基)苯并咪唑硫酸氢盐离子液体，可作为醇醛缩合反应的催化剂[22]［式（2-8）］。

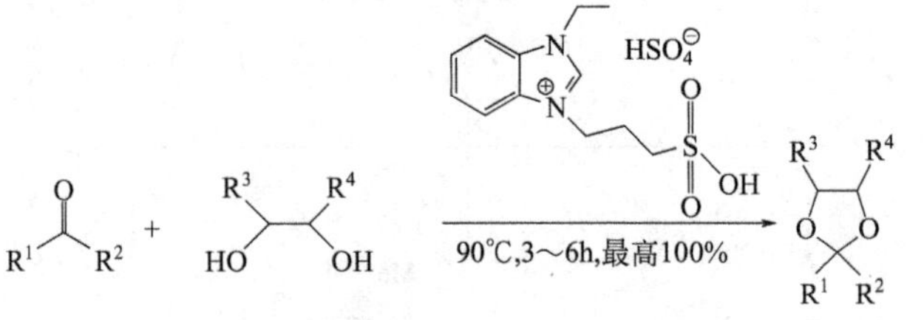

$$R^3,R^4=Me$$
$$R^1,R^2=Ph,4\text{-}MePh,4\text{-}MeOPh,4\text{-}NO_2Ph,Cyclohexanone,Me/Et$$

(2-8)

通过调节离子液体的亲疏水性和酸性，可以实现离子液体的性能增效，扩展其应用范围。2009 年，夏春谷研究组[23,24]设计并合成了一系列分子结构中含有两个—SO_3H 基团的酸性功能化离子液体，性质研究表明，该系列离子液体具有更好的亲水性和更高的酸性，在酯化、Beckmann 重排等反应中获得了很好的应用。该类磺酸功能化离子液体的合成通过三步反应实现，首先是前体的合成，即烷基链相连的双咪唑、双吡咯烷和双吗啉的合成，然后再与 1,4-丁烷磺酸内酯反应生成磺酸内盐（Zwitterion 盐），最后用酸将内盐酸化得到目标离子液体，合成过程如图 2-9 所示。

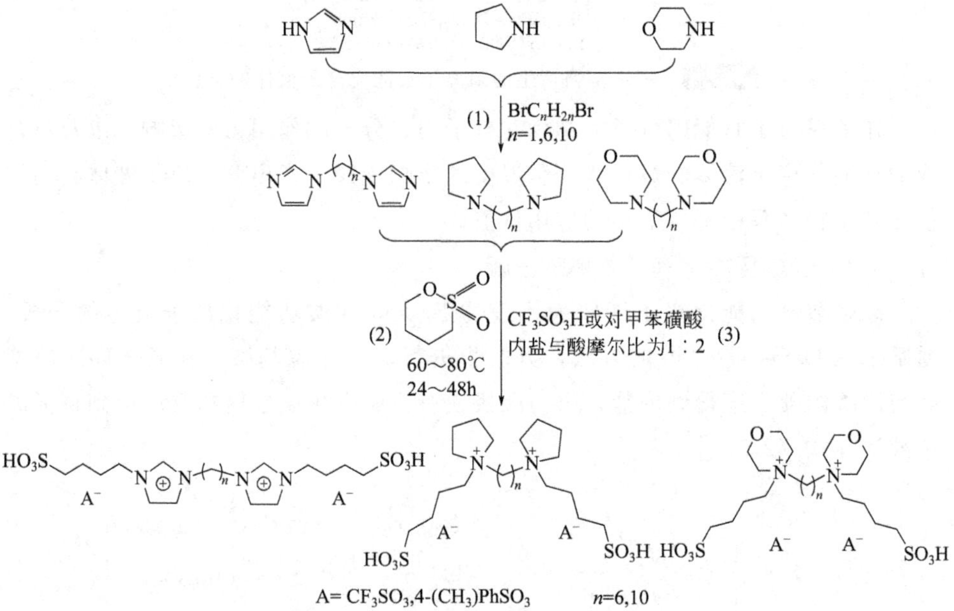

图 2-9　双磺酸功能化离子液体的合成

2011 年，该研究组采用 Davis 的方法，又制备了以烷基胍为阳离子骨架的磺酸功能化胍类离子液体[25][式（2-9）]，并系统考察了这类离子液体的物理化学性质[26]。

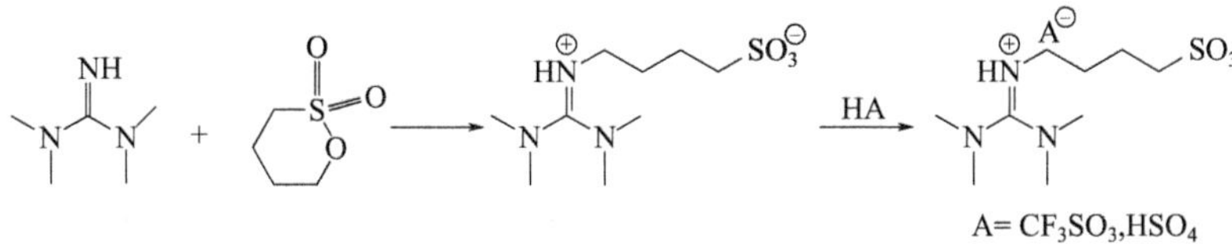

$$\text{(2-9)} \quad A= CF_3SO_3, HSO_4$$

2010 年，M. A. Zolfigol 等人利用 1-甲基咪唑与氯磺酸在干燥的 CH_2Cl_2 中于室温下反应，制备了一种磺酸基直接连于咪唑环氮原子的酸功能化离子液体 3-甲基-1-磺酸基咪唑氯盐，并将其用于催化合成 N-磺酰亚胺[27]、二吲哚甲烷[28]。随后，该研究组在此基础上又合成出 3-甲基-1-磺酸基咪唑四氯化铝盐和 1,3-二磺酸基咪唑氯盐两种酸功能化离子液体（图 2-10），研究了它们催化 β-萘酚、芳香醛和酰胺（或脲）三组分"一锅法"类 Ritter 反应合成酰胺烷基萘酚的性能[29]。Zolfigol 的方法虽然简单，但是制备过程要保持无水以防止原料或产物水解。

2012 年，R. Srivastava 课题组[30,31]利用 Zolfigol 等人的方法，通过阴离子交换反应，制得了阴离子为硫酸氢根、三氟乙酸根、对甲苯磺酸根的 3-甲基-1-磺酸基咪唑类离子液体，研究了这些离子液体的酸强度，以及在催化炔烃水合反应中催化剂构效关系。

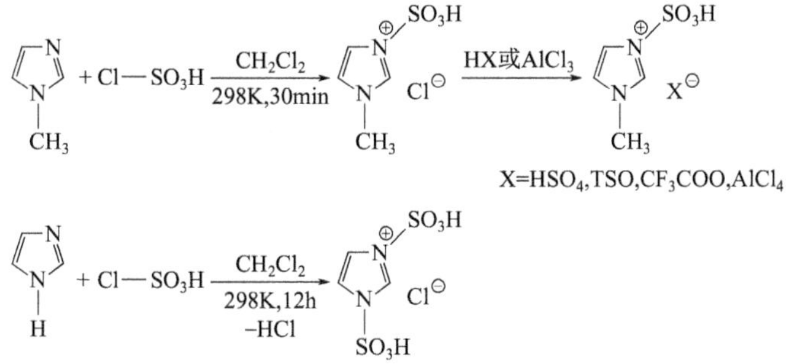

图 2-10　3-甲基-1-磺酸基咪唑类离子液体和 1,3-二磺酸基咪唑氯盐的合成

2011 年，R. Srivastava 课题组[32,33]报道了基于咪唑或苯并咪唑阳离子的新型 Brønsted 酸性离子液体的制备及催化应用。该类离子液体的特点是阳离子结构中含单个或多个磺酸基团，其合成步骤包括咪唑或苯并咪唑的苄基化、烷基化、苯环磺化和阴离子交换（图 2-11）。作者成功合成出 8 种阴离子为 HSO_4^- 的磺酸功能化离子液体。研究表明，这些离子液体具有强酸性，可以作为酯化、缩合、多组分偶联等反应的高效催化剂。

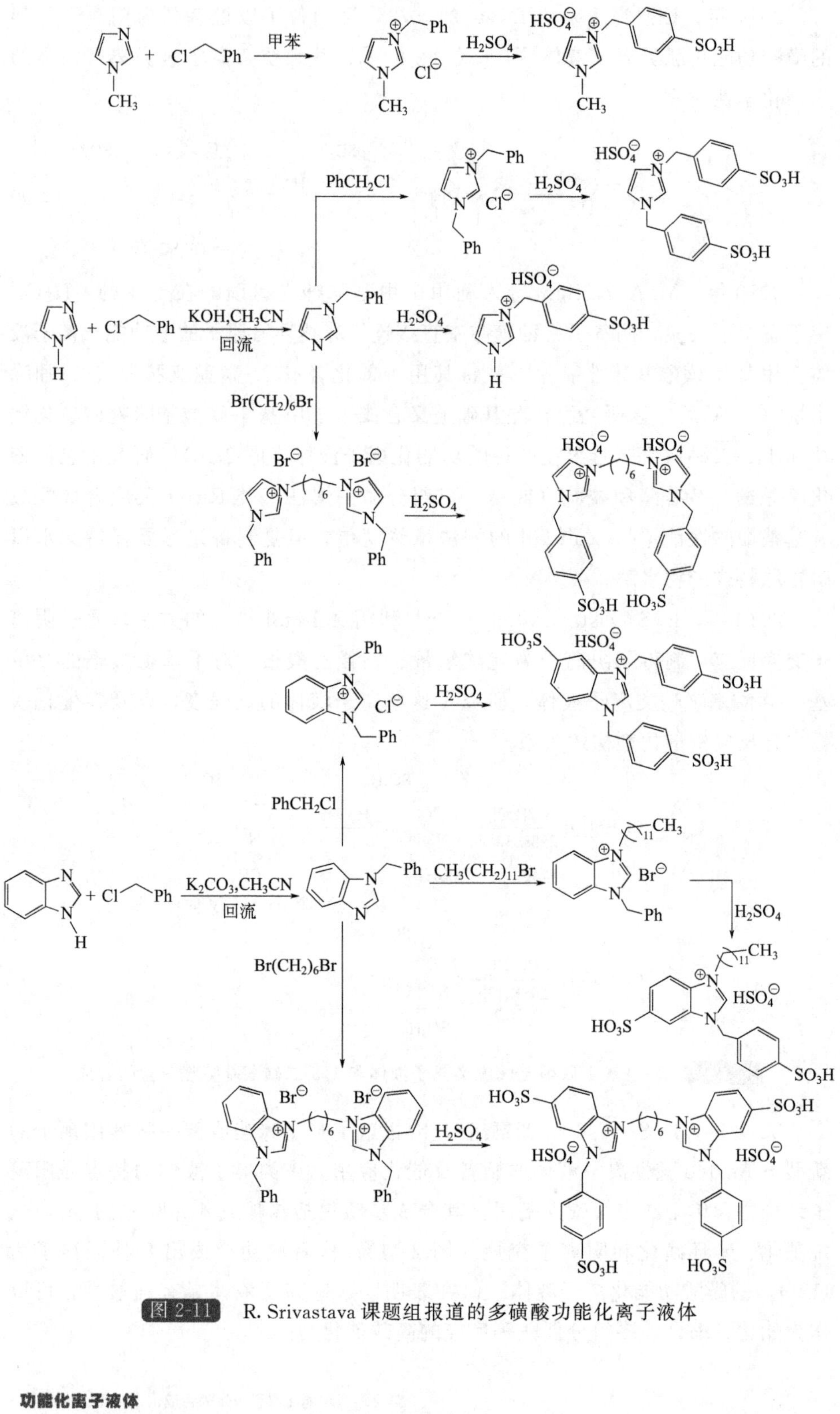

图 2-11 R. Srivastava 课题组报道的多磺酸功能化离子液体

上述两个课题组的工作不仅丰富了 Brønsted 酸性离子液体的合成方法和种类，同时也为新型阳离子功能化离子液体的设计和制备提供了参考。

2.1.1.8 基于三氮唑阳离子功能化离子液体的合成

利用有机合成中的"Click"（点击）化学可以制备出基于 1,2,3-三氮唑阳离子的多官能团修饰功能化离子液体，合成过程分为两步：第一步采用不同的有机叠氮类化合物和取代端炔为原料，在 CuI/DIPEA 作用下发生 1,3-偶极环加成反应得到 1,4-二取代-1,2,3-三氮唑化合物；第二步即是与卤代烷发生烷基化反应，可定量获得目标离子液体 [式 (2-10)]。该方法的优点是显而易见的，即可在阳离子上同时引入多个官能团，方便了对物理和化学性能的同步调控[34]。

$$R^1-N=\overset{+}{N}=\overset{-}{N} + \underset{R^2}{\equiv} \xrightarrow[\text{室温},50\%\sim97\%]{\text{CuI,DIPEA}} \underset{R^2}{\overset{R^1}{\underset{N}{\bigvee}}}\overset{N}{\underset{N}{\bigvee}} \xrightarrow[\text{定量产率}]{R^3X} \underset{R^2}{\overset{R^1}{\underset{N}{\bigvee}}}\overset{N}{\underset{N}{\overset{+}{\bigvee}}}R^3 \quad X^- \quad (2-10)$$

R^1=苄基，4-苄氧基苄基，3-甲氧基苄基，3-邻苯二甲酰亚胺基丙基 R^3=Me,Et,n-Pr
R^2=n-Bu,n-戊基,3-邻苯二甲酰亚胺基丙基

2.1.2 阴离子功能化

阳离子功能化后，不仅丰富了离子液体的种类，也使其应用领域更加宽广。但是任何事物的发展都有其双面性，由于官能团的引入，常常会出现离子液体的熔点和黏度增加的现象，造成使用中的困难。

人们发现将阴离子功能化后，某些离子液体的黏度出现了明显下降的趋势，而且很多阴离子功能化的离子液体在能源和材料方面都具有特殊的应用潜能。由于对阴离子进行功能化往往需要多重步骤和较严格的合成技巧，加之对阴离子结构与离子液体物性间的关系认识不深，所以阴离子功能化相对滞后。但是离子液体的可设计性又提供了一个可灵活修饰的平台，所以近十年期间，离子液体研究的深度和广度已经得到了前所未有的发展，有关阴离子功能化设计、合成与应用的研究逐渐丰富起来。目前较为多见的阴离子功能化离子液体都直接采用具有一定功能的阴离子，例如氨基酸阴离子、多金属氧酸盐阴离子、羰基金属阴离子以及具有路易斯酸性的金属卤化物阴离子等。

2.1.2.1 氢氧根阴离子功能化离子液体的合成

阴离子为 OH^- 的离子液体是一种最简单的阴离子功能化碱性离子液体，制备方法很简单，一般为在无水 CH_2Cl_2 中将阴离子为卤离子的离子液体与氢

氧化钾发生离子交换,除去卤化钾沉淀后就得到阴离子为 OH^- 的碱性离子液体。然而采用这种方法要得到非常纯净的产物并不容易,残留的卤素离子对离子液体的性质有很大影响。如果改用阴离子交换柱,则可以得到纯度较高的 OH^- 阴离子离子液体。

2.1.2.2 路易斯酸阴离子功能化离子液体的合成

卤素金属路易斯酸功能化离子液体既是发展最早的含金属离子液体,也是一类具有重要应用价值的阴离子功能化离子液体,一般直接以金属路易斯酸与阴离子为卤离子的离子液体反应来制备[35~42]。如氯铝酸盐离子液体的制备就是利用这个方法[式(2-11)],通过改变金属卤化物的摩尔分数,可实现离子液体物理化学性质的调变。

$$MY_n \xrightarrow{[cat][A]} [cat][MY_nA] \quad (2\text{-}11)$$
$$M=Al,Zn,Cu,Fe,In,Ga,Ti,Au,Sn\cdots$$
$$A,Y=Cl,Br,I$$

2.1.2.3 羰基金属阴离子功能化离子液体的合成

羰基金属片段不仅可以作为功能性基团引入到离子液体阳离子中,同样也能够以羰基金属阴离子的形式参与形成一类阴离子含羰基金属的功能化离子液体。2001年,Brown 等人[43]报道了第一例以四羰基钴为阴离子的离子液体[BMIM][Co(CO)$_4$] 的合成,并将其用作溴代芳香酮脱溴反应的催化剂。其制备方法如式(2-12)所示,将 [BMIM]Cl 和 Na[Co(CO)$_4$] 两种前体同时溶于丙酮中,进行离子交换,副产物 NaCl 从有机相中沉淀出来,过滤之后蒸除丙酮,即得到目标产物。

$$\underset{\substack{\text{黄色}\\(\text{丙酮中})}}{MCo(CO)_4} + \underset{\substack{\text{无色}\\(\text{丙酮中})}}{[BMIM]X} \xrightarrow[24h]{\text{丙酮,室温}} \underset{\substack{\text{蓝绿色}\\(\text{丙酮中})}}{[BMIM][Co(CO)_4]} + \underset{\substack{\text{无色}\\(\text{沉淀})}}{MX\downarrow} \quad (2\text{-}12)$$

在 Brown 的合成方法中,由于部分原料在有机溶剂中溶解不佳,且反应结束后除了大部分无机盐沉淀外,其余为一相,导致部分原料和副产物残留,影响了产物的纯度。国内邓凡果等人对其合成方法进行了改进,利用两种原料都溶于水,而产物与水互不相溶的特点,采用水相离子交换法,简便地得到了更为纯净的目标化合物四羰基钴阴离子离子液体[式(2-13)],并首次对此类离子液体进行了全面的谱学表征,进一步确定了它们的结构和纯度。此外,邓凡果等人还首次得到了基于十六烷基吡啶阳离子的四羰基钴阴离子离子液体的单晶,通过结构解析进一步证实新的合成方法是完全可行的[44,45]。

$$\underset{\substack{\text{黄色}\\(\text{水中})}}{MCo(CO)_4} + \underset{\substack{\text{无色}\\(\text{水中})}}{[BMIM]X} \xrightarrow[\text{瞬间}]{H_2O/CH_2Cl_2,\text{室温}} \underset{\substack{\text{黄色}\\(\text{二氯甲烷中})}}{[BMIM][Co(CO)_4]} + \underset{\substack{\text{无色}\\(\text{水中})}}{MX\downarrow} \quad (2\text{-}13)$$
$$M=Na,K;X=Cl,Br,I$$

Dyson等人[46]在[BMIM][Co(CO)$_4$]合成方法的基础上,将[Rh$_2$(CO)$_2$I$_2$]与[C$_4$MIM]I在甲醇中反应,合成了[BMIM][Rh(CO)$_2$I$_2$]离子液体并进行了ESI表征。

2.1.2.4 金属氧酸根阴离子功能化离子液体的合成

金属氧酸根阴离子功能化离子液体在酸催化和氧化反应中广为应用,这类离子液体一般由多金属氧酸或其盐与阴离子为卤素负离子的季铵盐、季鏻盐、咪唑盐、吡啶盐等反应制得。例如在一定条件下,Keggin型的12-磷钨酸($H_3PW_{12}O_{40}$)与基于PEG的季铵阳离子{$(CH_3)(C_{18}H_{37})N^+[(CH_2CH_2O)_nH][(CH_2CH_2O)_mH]Cl^-$,$m+n=15$}反应,磷钨酸中部分质子被$(CH_3)(C_{18}H_{37})N^+[(CH_2CH_2O)_nH][(CH_2CH_2O)_mH]$阳离子取代,得到的离子液体具有低熔点、高黏度、低蒸气压、高温质子电导率和超离子行为,有望在燃料电池和催化反应中得到应用[47]。

Dietz课题组[48]以钨酸钠和四烷基季鏻盐在酸性条件下反应,得到了一种由三己基十四烷基季鏻正离子和Lindqvist结构同多钨酸根负离子组成的离子液体$(R_3R'P)_2W_6O_{19}$,在室温下呈淡黄色透明的黏稠液体[式(2-14)]。

$$6Na_2WO_4 + 10HCl + 2R_3R'PBr \longrightarrow (R_3R'P)_2W_6O_{19} + 10NaCl + 2NaBr + 5H_2O \quad (2\text{-}14)$$

2.1.2.5 金属螯合物阴离子功能化离子液体的合成

对空气、水稳定且具有高热稳定性的离子液体在特殊环境中更具实用价值,而阴离子的弱配位能力常常导致离子液体对氧和水较为敏感,稳定性不好,易被分解。李浩然等人[49]基于金属螯合物大阴离子,发展了一系列对空气和水稳定且热稳定性好的疏水离子液体,它们的熔点均在100℃以下,或者更低,热分解温度在255℃以上。这类金属螯合物阴离子功能化离子液体的合成经过了三个步骤,见图2-12。首先以含氟乙酰丙酮衍生物作为弱的质子给体与等物质的量的氨水在乙腈中发生中和反应,接着将金属氯化物按1∶3的摩尔比加入上一步产物的乙腈溶液中,室温搅拌反应12h,过滤除去氯化铵后,向其中加入一定量的离子液体氯化物于室温下反应12h。反应结束后减压蒸出溶剂,粗产物用乙醚萃取,经水洗、旋蒸、真空干燥后得到最终产物。研究表明,以所合成的离子液体作为催化剂兼溶剂,可在温和条件下高效、高选择性地催化环己烯的氧化反应,离子液体可重复使用数次而活性不变。

2.1.2.6 含氟阴离子功能化离子液体的合成

2004年,Zhou等人[50~52]连续发表多篇论文介绍了一种低熔点、低黏度且疏水性能优异的全氟烷基取代三氟化硼阴离子功能化离子液体的合成方法,并细致研究了它们的物理化学性质。合成具体步骤为:首先将全氟烷基镁试剂

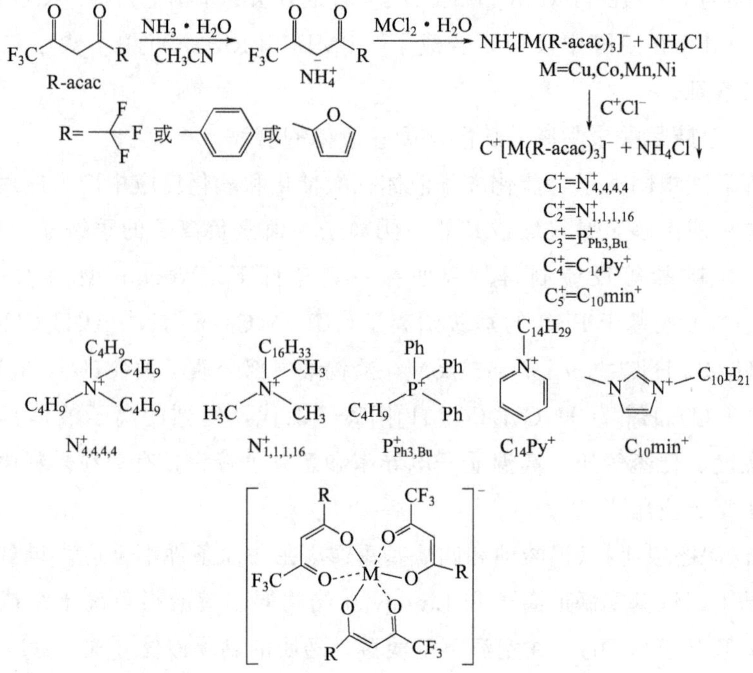

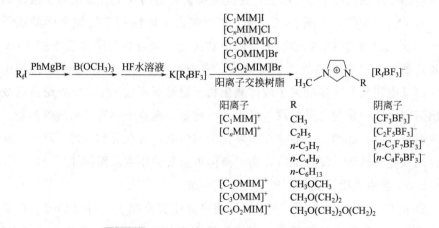

图 2-12 金属螯合物阴离子功能化离子液体的合成

与硼酸三甲酯反应，经 KHF_2 和 HF 水溶液氟化后，得到阴离子前体 $K[R_fBF_3]$，然后与 $[C_1MIM]I$、$[C_nMIM]Cl$、$[C_2OMIM]Cl$、$[C_3OMIM]Br$、$[C_5O_2MIM]Br$ 发生阳离子交换反应得到目标离子液体（图 2-13）。这一系列离子液体的突出特点就是熔点低（$-42\sim 35$℃），玻璃化转变温度极低（$-117\sim -87$℃），以及相当低的黏度（$26\sim 77$cP，25℃）。

图 2-13 含氟阴离子功能化离子液体的合成

2.1.2.7 含能阴离子功能化离子液体的合成

近年来，一些基于富氮杂环类（吡唑、咪唑、三唑、四唑、四嗪等）、硝基苯类和非芳香硝基类有机阴离子功能化的离子液体在含能材料领域引起了人们广泛的研究兴趣。这主要归功于这类离子液体所具有的高生成焓、稳定、无蒸气毒性、性质可调、液态性质好等优点，恰好符合新型绿色含能化合物的要求。

2005 年，Rogers 等人[53]发现含能硝基取代杂环类化合物可作为阴离子与烷基取代咪唑阳离子组成含能离子液体，例如，3,5-二硝基-1,2,4-三唑的钾盐与 1-丁基-3-甲基咪唑卤盐在丙酮/二氯甲烷中发生阴离子交换反应，得到的含能阴离子功能化离子液体熔点为 35～36℃，并且具有高的热稳定性，热分解温度约为 239℃ [式（2-15）]。

同年，Shreeve 等人[54]制备了一种熔点低至 3℃的室温含能离子液体，合成过程分为两步：首先将 1-丁基-3-甲基咪唑碘盐与硫酸银反应得到 1-丁基-3-甲基咪唑硫酸盐，然后利用富氮的 5,5'-偶氮四唑钡盐与 1-丁基-3-甲基咪唑硫酸盐在水中进行离子交换反应得到目标离子液体 [式（2-16）]。由于已知的大多数 5,5'-偶氮四唑盐都是熔点高于 160℃的固体，因此这也是绝无仅有的一例室温下呈液态的偶氮四唑类盐，该离子液体可作为纳米材料前体应用于碳纳米球或碳氮材料的制备。

Schneider 等人[55,56]发展了一种利用叠氮化物离子交换树脂合成叠氮阴离子含能离子液体的简单方法，即在 N_2 气氛下，将前体溶于乙腈中，然后加入定量的叠氮化物离子交换树脂，搅拌反应 16h，过滤除去树脂固体，蒸除溶剂后得到目标离子液体 [式（2-17）]。该方法可以有效避免使用 AgN_3 进行交换时银盐的残留，但是作者也同时指出这种方法虽然简便，但是产物会受少量（<2%）聚合物树脂的污染，尤其是液体产物具有明显的胺类化合物的气味。利用此法合成的一系列叠氮阴离子功能化离子液体易溶于极性溶剂，例如乙

腈、甲醇和水，而不溶于乙醚、正己烷、二氯甲烷和乙酸乙酯，这一性质为离子液体的进一步纯化处理提供了可选方案，就此而言，借助离子交换树脂完成离子交换过程也不失为一种好方法。

$$\underset{\text{交换树脂}}{\text{P}-NR_3'N_3^{\ominus}} + \underset{}{\text{N}}\underset{Br^{\ominus}}{\overset{R}{\text{N}}} \xrightarrow[CH_3CN]{\text{室温}} \underset{N_3^{\ominus}}{\text{N}}\underset{}{\overset{R}{\text{N}}} + \underset{\text{交换树脂}}{\text{P}-NR_3'Br^{\ominus}} \quad (2\text{-}17)$$

离子交换法在离子液体合成中广为应用，特别是含能离子液体的合成多采用此方法。Rogers 研究组[57]利用离子交换法合成了 31 种基于唑类阴离子的离子液体，作者首先利用唑类化合物与 K_2CO_3 在丙酮中 20℃下反应 6h 生成钾盐前体 K[Az]，之后将钾盐前体溶于二氯甲烷，以摩尔比 1∶1 与季铵盐或季鏻盐的丙酮溶液混合，于 20～25℃下发生离子交换，反应结束后过滤除去卤化钾沉淀，滤液经减压蒸发、真空干燥后，再用丙酮萃取，过滤蒸除溶剂后即得到目标离子液体（图 2-14）。对于难以分离纯化的钾盐前体，作者采用了原位交换反应的方式，即第一步生成的钾盐前体不经分离直接加入阳离子前体的二氯甲烷溶液进行反应。进一步研究表明，31 种离子液体中 1-丁基-3-甲基咪唑阳离子与唑类阴离子组成的离子液体室温下呈液态，玻璃化转变温度低于 −34℃，热分解温度在 200℃以上，因具有较宽的液态温度范围，所以易于储存和使用。作者认为从液态范围、热稳定性、氧平衡方面考虑，阴离子为 3,

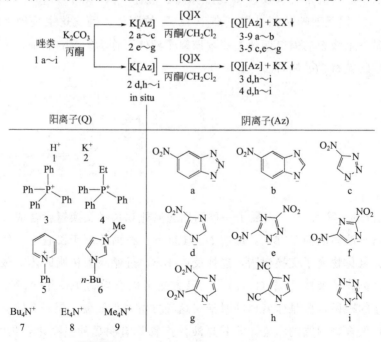

图 2-14 唑类阴离子功能化离子液体的合成

5-二硝基-三唑的离子液体最适合用作含能材料。Rogers 在另一篇报道中指出，基于咪唑阳离子的唑类阴离子功能化离子液体具有稳定金属纳米粒子悬浮液的能力，因此有望在先进材料的无限稳定纳米流系统中得到应用[58]。

2.1.2.8 其他阴离子功能化离子液体的合成

以螯合原硼酸根为阴离子的功能化离子液体在电化学、对映体识别以及摩擦学等领域具有潜在应用价值，因此近些年来其合成、性质和应用研究引起人们关注。这类离子液体也是采用离子交换的方法分两步合成。2011 年，Yang 等人[59]从甲基咪唑出发经过两步制备了两种双乙二酸硼酸根阴离子功能化离子液体 [BMIM][BOB] 和 [HMIM][BOB] [式（2-18）]。作者通过比较研究它们的热力学性质和相变行为，指出当阴离子中含有较多强吸电子原子和 C_n 或 $C_{nv}(n=1,2,3\cdots)$ 对称点群时，离子液体将具有较宽的液态温度范围。

$$\text{(2-18)}$$

R= n-Bu, n-Hex

相比于含卤素阴离子离子液体，疏水且无卤素的含硼阴离子离子液体不仅性能更优异，而且在应用中不会给环境带来负面影响。Shah 等人[60]以一系列羧酸（苯基乙醇酸、水杨酸、丙二酸或乙二酸）、硼酸和碳酸锂为起始原料，设计和合成了一系列不含卤素的螯合原硼酸阴离子功能化离子液体（图 2-15），研究表明，合成的螯合原硼酸根阴离子与烷基膦阳离子组成的功能化离子液体室温下呈液态，黏度高、水解稳定性好，而且具有极好的抗摩擦磨损性能，是潜在的环境友好型润滑材料。

最近，Matuszek 等人[61]通过简单的中和反应合成了阴离子为 $[(HSO_4)(H_2SO_4)_x]^-(x=0,1,2)$ 簇离子的功能化离子液体，并研究了它们的结构、酸性和催化活性。研究发现，这类离子液体的酸性可通过改变有机碱的种类和酸的比例在很大范围内进行调变。

$$H_2SO_4 + B \longrightarrow [HB][HSO_4] \quad x_{H_2SO_4} = 0.5$$
$$2H_2SO_4 + B \longrightarrow [HB][(HSO_4)(H_2SO_4)] \quad x_{H_2SO_4} = 0.67$$
$$3H_2SO_4 + B \longrightarrow [HB][(HSO_4)(H_2SO_4)_2] \quad x_{H_2SO_4} = 0.75$$

阴离子含有烯基功能团的离子液体可用于制备聚合物材料，尤其是聚合物电解质材料，这类离子液体的合成可由带有烯基功能团的有机酸与咪唑进行中和反应一步完成[62,63]（图 2-16）。

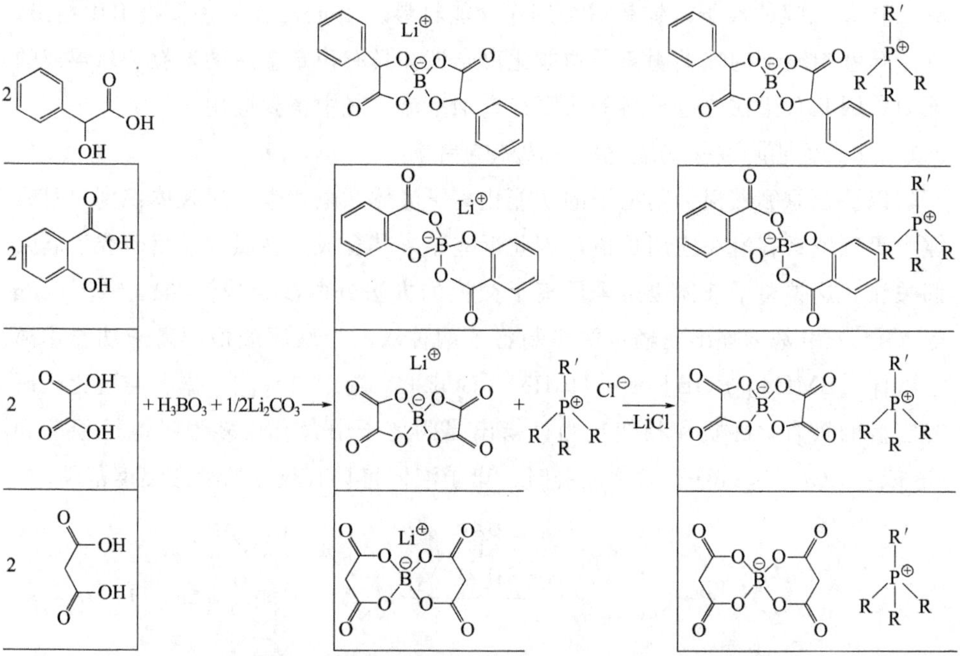

图 2-15 螯合原硼酸阴离子功能化离子液体的合成

2.1.3 双功能化离子液体

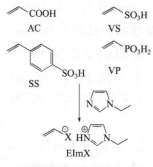

图 2-16 烯基阴离子功能化离子液体的合成

可设计性是离子液体最具特色和吸引力的地方，给这类物质的合成和应用研究提供了广阔的空间，也使得众多化学品的合成方法有了越来越多的选择。针对不同的反应，设计和制备相应结构和性能的离子液体已成为当前化学领域的研究热点。在同一离子液体中引入两个或多个官能团，可以实现对离子液体性能更全面的调控和增效，构建结构新颖且势更为突出的功能化离子液体。

阴阳离子双功能化离子液体的合成与其他类型离子液体的合成方法相似，即在阳离子中引入官能团，再与阴离子含有特定官能团的化合物进行离子交换反应，最终得到阴阳离子均含有官能团的离子液体。Walker 等人[64]采用此法合成了阴阳离子均含有羟基的离子液体，反应过程如式（2-19）所示。首先通过 1-甲基咪唑与 3-氯-1-丙醇的烷基化反应获得阳离子含羟基的离子液体前体 1-(3-羟基丙基)-3-甲基咪唑氯盐，再与结构中含羟基的羟乙酸钠在干燥的丙酮中经过离子交换反应得到目标离子液体。

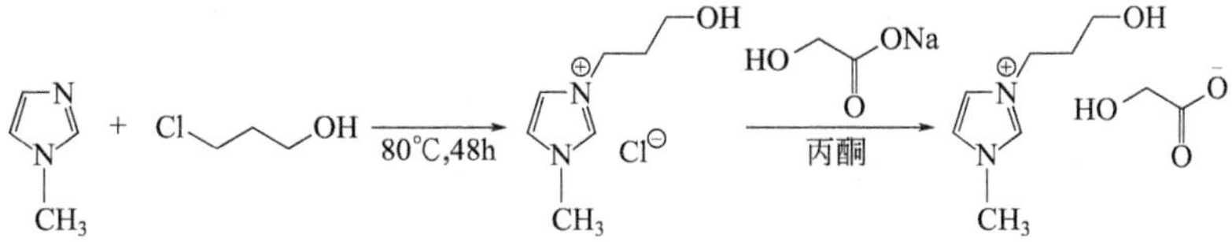

$$\text{(咪唑)} + Cl\text{-}CH_2CH_2CH_2\text{-}OH \xrightarrow{80℃, 48h} \text{[MIM-propanol]}^+ Cl^- \xrightarrow[\text{丙酮}]{HOCH_2COONa} \text{[MIM-propanol]}^+ \; ^-OOCCH_2OH \quad (2\text{-}19)$$

将叔胺类化合物或者 N-杂环化合物与磺内酯反应，得到的内盐用氢卤酸进行酸化后，得到阴离子为卤离子的磺酸功能化离子液体，再按不同比例与金属卤化物反应，可制得同时具有 Lewis 酸性和 Brønsted 酸性的双功能化离子液体，从而用于某些对催化剂有特殊要求的酸催化反应中。2005 年，寇元研究组[65]利用此方法首次合成出新型的 Brønsted-Lewis（B-L）双酸功能化离子液体，并通过吡啶探针红外光谱表征方法证实合成的离子液体确实拥有双酸性。随后，Liu 等人[66,67]采用同样的方法，从三乙胺、N-甲基咪唑与丙烷磺酸内酯出发，分别合成了季铵盐类型的 Brønsted-Lewis（B-L）双酸功能化离子液体[Et_3N-$(CH_2)_3$-SO_3H][Zn_xCl_{2x+1}]、[Et_3N-$(CH_2)_3$-SO_3H][Fe_2Cl_7] 和基于咪唑的 B-L 双酸功能化离子液体[MIM-$(CH_2)_3$-SO_3H][Zn_xCl_{2x+1}]（图 2-17），并研究了它们在催化松香二聚反应中的应用。研究指出，当 $ZnCl_2$ 的摩尔分数大于 0.5 时，该类离子液体同时具有 Brønsted 酸性和 Lewis 酸性，其中 B 酸对于松香中大量非松香酸具有良好的催化异构化作用，而 L 酸则对松香二聚反应具有良好的催化性能，所以上述 B-L 双酸功能化离子液体对松香二聚反应产生了意想不到的催化效果，而且催化剂循环使用 5 次后依然保持很好的催化活性。

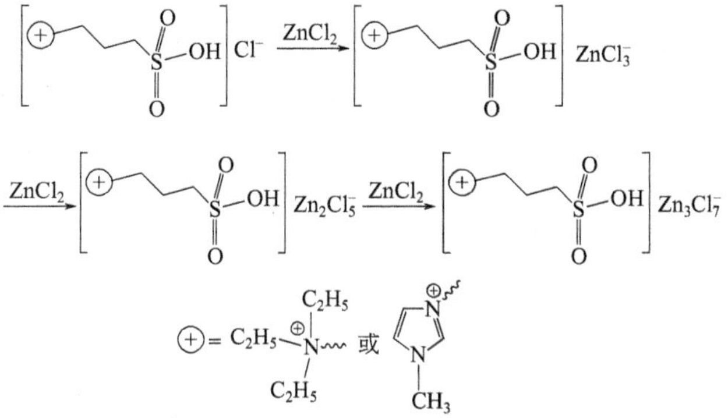

图 2-17　B-L 双酸功能化离子液体[Et_3N-$(CH_2)_3$-SO_3H][Zn_xCl_{2x+1}]和 [MIM-$(CH_2)_3$-SO_3H][Zn_xCl_{2x+1}]的合成

类似的方法还可用于合成其他类型的 B-L 双酸功能化离子液体。例如，Liang[68,69]和 Jiang 等人[70]将第一步的内盐产物用硫酸酸化，得到阴离子为硫酸氢根的磺酸基功能化离子液体，随后利用金属氧化物或氢氧化物与硫酸氢根的反应，将部分氢离子转化为具有 Lewis 酸性的金属离子，从而得到了一系列 B-L 双酸功能化离子液体（图 2-18）。这种双酸功能化离子液体对水稳定，在缩醛化反应和 Michael 加成反应中展现出良好的协同催化效应。

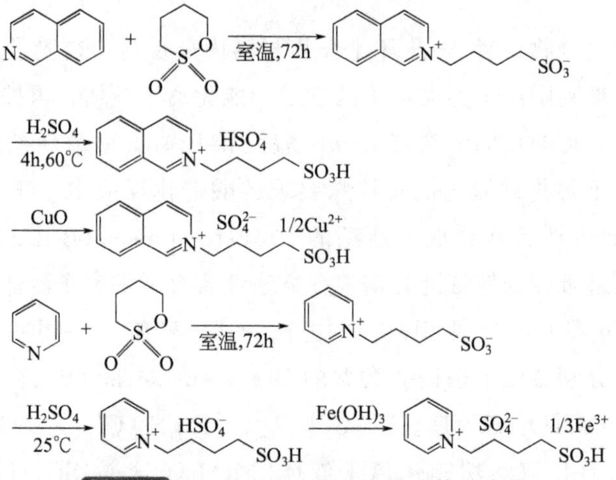

图 2-18　B-L 双酸功能化离子液体的合成

Zolfigol 研究组把 1,3-二磺酸基咪唑氯盐与氯化铝按等比例混合反应，制备出阴阳离子双功能化的离子液体［式（2-20）］，该合成方法原子经济性高，得到的离子液体可高效催化无溶剂体系 N-磺酰亚胺的合成[71]。

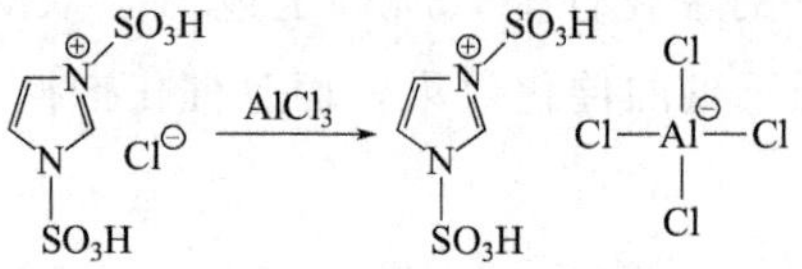

$$\tag{2-20}$$

功能化离子液体骨架中多个官能团在空间或电子层面存在着协同作用，这种作用在催化反应中很可能产生意想不到的效果。2012 年，刘晔研究组[72]首次合成了一种阳离子含磺酸基团，阴离子为 TiF_6^{2-} 的双功能化离子液体［式（2-21）］，其合成方法类似于常见的磺酸功能化离子液体的合成，仅在酸化步骤采用了 H_2TiF_6。作者将合成的双功能化离子液体用作室温下 H_2O_2 氧化硫化物的催化剂，表现出高的催化选择性和优异的重复使用性能。通过 UV-Vis 光谱和拉曼光谱表征，证实—SO_3H 基团与阴离子之间的协同作用，促进了催化活性物种的产生和再生，即在水存在下，—SO_3H 释放出的质子与 TiF_6^{2-} 阴离子作用，协同促进具有催化活性的过氧 Ti 物种的形成。

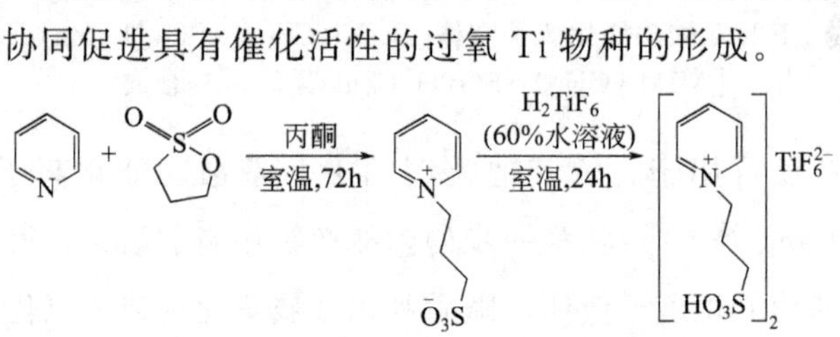

$$\tag{2-21}$$

利用离子液体的可设计性，将具有催化能力的基团整合到离子液体结构中，可以使原有的反应体系得到简化。例如，环己烯经双氧水氧化为己二酸的反应需要使用催化量的钨酸钠，而且 H_2O_2/Na_2WO_4 体系的活性在酸性介质中显著增强，根据这样的特点，Vafaeezadeh 等人[73]设计了一种结构中同时含有 WO_4^{2-} 和磺酸基团的双功能化离子液体催化剂［式（2-22）］，以 30% H_2O_2 为氧化剂，实现了己二酸的清洁合成。

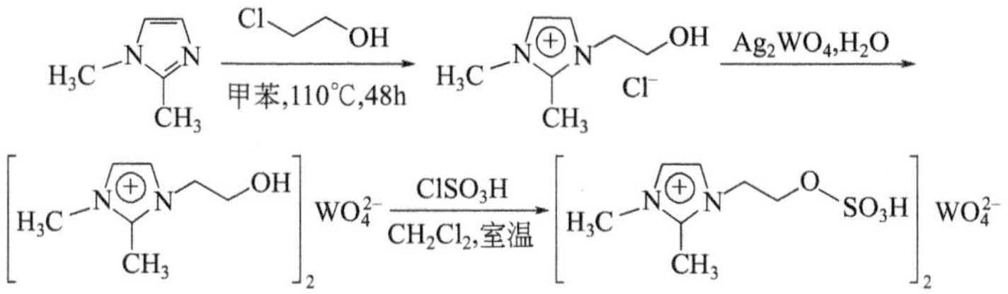

$$(2\text{-}22)$$

2013 年，An 等人[74]以咪唑为初始原料，经四步反应合成了两种阳离子上同时含有 B 酸中心和 L 酸中心的 B-L 双酸功能化离子液体，并对制备的产物进行了结构和性能的表征。作者首先利用咪唑与烯基的加成反应，在咪唑环上引入羧酸酯基团，随后与丁烷磺酸内酯反应得到内盐，再经过酸化水解得到咪唑环阳离子上含有磺酸基和羧酸基官能团的离子液体中间产物，最后通过与 $Zn(CH_3COO)_2$ 反应将 L 酸中心引入到阳离子结构中（图 2-19）。

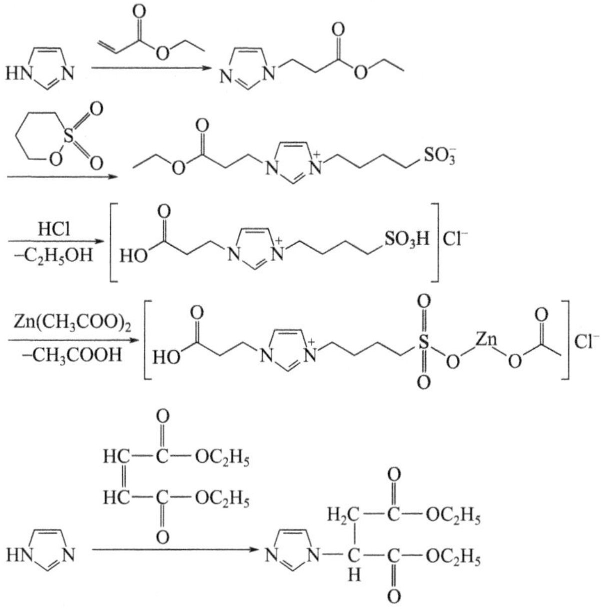

图 2-19

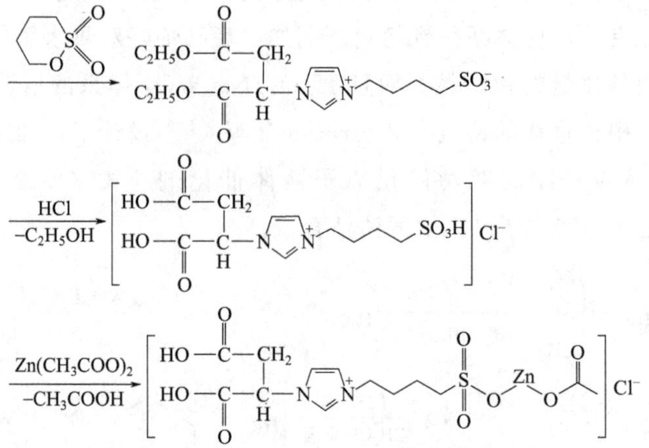

图 2-19 阳离子同时含 B 酸中心和 L 酸中心的双酸功能化离子液体的合成

2.2 功能化离子液体的结构表征

物质的结构决定其性质，离子液体独具特色的物理化学性质与其结构和组成之间存在必然的联系，因此，对离子液体结构的认知程度直接影响到新型离子液体的合理设计和在实际中的应用。功能化离子液体作为离子液体的重要分支，在催化、材料、能源等领域表现出无限的应用潜力，由于阴阳离子均可进行功能化修饰，结合方式也千变万化，因此只有找到结构与性质之间关系的规律，有针对性地进行功能化设计与制备，才能有效发挥离子液体的优势，进一步推动功能化离子液体的开发与应用。

目前，常用的离子液体结构表征方法主要有傅里叶变换红外光谱（FTIR）、紫外可见光谱（UV-Vis）、拉曼光谱（Raman spectra）、核磁共振（NMR）、光电子能谱（XPS）、电喷雾质谱（ESI-MS）、X 射线衍射（XRD）、热重分析（TG/DTA）等。近年来，量化计算和分子模拟也成为研究离子液体微观结构的两种非常有效的方法，并且随着这些方法的不断完善，人们惊喜地发现已经可以从分子层面上逐渐揭开离子液体独特性能的神秘面纱。

2.2.1 红外光谱表征

红外光谱是一种分子吸收光谱，因每种分子都有由其组成和结构决定的独有的红外吸收光谱，因此可以对分子进行结构分析和鉴定。借助红外光谱可以表征离子液体结构中某些特定的化学键或者结构片段的存在，如阳离子中的咪唑环、吡啶环、烷基、羟基、羧基、醚基、酸性基团等，并且对于大部分的阴离子基团也可进行结构分析。

图 2-20 为磺酸基功能化四甲基胍离子液体的红外光谱图，其中 3304cm^{-1} 左右宽的吸收峰为磺酸基的氢键及少量水存在的杂质峰，2950cm^{-1} 左右的吸收峰为甲基的饱和 C—H 伸缩振动峰，1619cm^{-1} 和 1589cm^{-1} 的强吸收峰属于 C=N 键的伸缩振动峰，1461cm^{-1} 处为亚甲基中 C—H 键的弯曲振动吸收峰，1406cm^{-1} 为 C—N 键的伸缩振动吸收峰，1168~1230cm^{-1} 处宽的强吸收峰为磺酸基 S=O 的不对称伸缩振动，1039cm^{-1} 为磺酸基 S=O 的对称伸缩振动，1000cm^{-1} 以下是由各种 C—H 键的面外弯曲振动引起的，887cm^{-1} 为 —(CH$_2$)$_4$— 面内摇摆吸收峰。

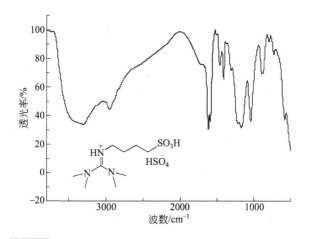

图 2-20　磺酸基功能化四甲基胍离子液体的红外光谱图

功能化离子液体 [Hmpyr][(HSO$_4$)(H$_2$SO$_4$)$_x$][54] 的阴离子为 [(HSO$_4$)(H$_2$SO$_4$)$_x$]$^-$ (x=0,1,2) 簇离子，借助红外光谱表征可以给出簇阴离子存在的证据，如图 2-21 所示的阴离子的特征红外光谱图。S—O 单键的伸缩振动吸收出现在 800~950cm^{-1}，其中 850cm^{-1} 左右归属于 [HSO$_4$]$^-$，而 930cm^{-1} 左右归属于 H$_2$SO$_4$[75,76]；S=O 双键的伸缩振动吸收在 950~1300cm^{-1} 范围，其中 1030cm^{-1} 左右归属于 [HSO$_4$]$^-$，1130cm^{-1} 左右归属于 H$_2$SO$_4$；S—OH 的吸收位于 1350~1400cm^{-1} 之间。从图中可以看出，当 $x_{H_2SO_4}$=0.50 时，仅出现了 [HSO$_4$]$^-$ 的红外特征吸收峰，而 $x_{H_2SO_4}$=0.67 和 $x_{H_2SO_4}$=0.75 体系的红外光谱更接近于 H$_2$SO$_4$，即 [HSO$_4$]$^-$ 和 H$_2$SO$_4$ 同时存在。

2007 年，Deng 等人[44]采用水相法合成了新型的吡啶类羰基钴阴离子功

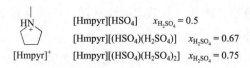

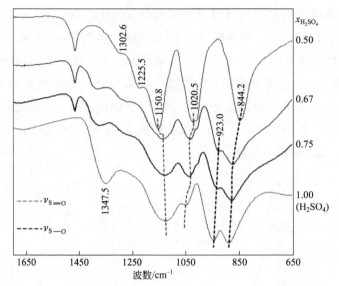

图 2-21　功能化离子液体[Hmpyr][(HSO$_4$)(H$_2$SO$_4$)$_x$]的红外光谱图

能化离子液体,并进行了全面的谱学表征。表 2-1 列出了新合成的离子液体与其他四羰基钴盐的羰基红外特征吸收峰位置。三种离子液体的红外光谱在 1885cm^{-1} 附近均出现了羰基的 T$_2$ 特征吸收峰,表明含有 [Co(CO)$_4$]$^-$,并且随着吡啶环上烷基链的增长,羰基特征峰向低波数方向略有偏移。C—O 伸缩振动峰的红移通常反映了离子对中存在离子间氢键相互作用。此外,三种离子液体红外光谱中在 2005cm^{-1} 附近都出现了羰基的 A$_1$ 吸收峰,表明由于氢键的存在使得 [Co(CO)$_4$]$^-$ 阴离子与标准的四面体型结构相比有一定程度的扭转变形。在离子液体 2c 的红外光谱图上,羰基的 T$_2$ 吸收分裂为三个峰,即 1864cm^{-1}、1888cm^{-1} 和 1909cm^{-1},这与结构中 [Co(CO)$_4$]$^-$ 阴离子四个羰基末端以不同的键距与阳离子上的氢原子配位有关。

$$KCo(CO)_4 + \underset{1}{\left[\underset{R}{\underset{|}{N}}\right] X^-} \xrightarrow{H_2O/CH_2Cl_2} \underset{2}{\left[\underset{R}{\underset{|}{N}}\right] [Co(CO)_4]^-} + KX\downarrow$$

1a: R=Me; X=I
1b: R=Bu; X=Br
1c: R=n-cety; X=Cl

表 2-1 四羰基钴阴离子功能化离子液体和其他四羰基钴盐的红外特征吸收峰①

单位：cm^{-1}

NaCo(CO)$_4$[77]	[PPN][Co(CO)$_4$][68]②	2a	2b	2c
2025		2007	2008	2006
1935		③		1909
1868	1883	1875	1878	1888

① KBr 压片。
② PPN 表示 (Ph$_3$P)$_2$N$^+$。
③ 不可辨肩峰。

2.2.2 核磁共振表征

核磁共振（NMR）是有机物结构分析的重要方法。核磁共振是指处于外磁场中的物质原子核系统受到相应频率（兆赫数量级的射频）的电磁波作用时，在其磁能级之间发生的共振跃迁现象。核磁共振技术是将核磁共振现象应用于分子结构测定的一项技术。核磁共振表征可以给出离子液体结构中的氢原子、碳原子的化学环境，特别是当阳离子和阴离子中都含有碳和氢原子时，从 NMR 谱图中可以同时获得阳离子和阴离子的结构信息。如图 2-22 所示，1,1,2,2-四氟乙基磺酸阴离子功能化离子液体的 ^{1}H NMR 谱图中包含了阳离子和阴离子中氢原子的化学位移[78]。

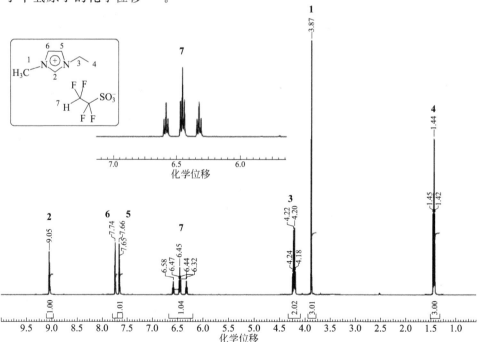

图 2-22 1,1,2,2-四氟乙基磺酸阴离子功能化离子液体 ^{1}H NMR 谱图

2.2.3 紫外可见光谱表征

紫外可见光谱是物质分子吸收 200~800nm 光谱区内的光而产生的，可用于物质的定性分析、结构分析和定量分析等。紫外可见光谱对离子液体中离子的缔合状态、簇集作用及其微环境都能产生良好的响应。例如，Deng 等人[44]对合成的四羰基钴阴离子功能化离子液体的紫外可见光谱进行了表征，并与 $KCo(CO)_4$ 的紫外可见吸收数据做了比较（表 2-2）。可以看出，离子液体 2 与 $KCo(CO)_4$ 的紫外可见光谱相似，在约 233nm 处均出现了属于 $[Co(CO)_4]^-$ 阴离子内部跃迁的特征吸收峰，除此之外，离子液体 2a~2c 在 253nm、260nm、267nm 处出现了新的系列肩峰，可归属于阳离子吡啶环的共轭结构。从表 2-2 还可发现，离子液体 2 在波长大于 350nm 的区域没有出现电荷跃迁吸收带，换言之，离子液体 2a~2c 在 CH_2Cl_2 中没有溶剂化显色现象，即溶解于 CH_2Cl_2 中的阳离子和阴离子以溶剂分隔离子对（SSIPs）形式存在[79]。

表 2-2　$Co(CO)_4^-$ 功能化离子液体和 $KCo(CO)_4$ 在 CH_2Cl_2 中的 UV-Vis 光谱数据

化合物	UV-Vis 吸收峰/nm
$KCo(CO)_4$	233,360(肩峰)
2a	232,259(肩峰),266(肩峰)
2b	232,259(肩峰),266(肩峰)
2c	232,253(肩峰),260(肩峰),267(肩峰)

2.2.4 电喷雾质谱表征

作为 20 世纪 80 年代末发展起来的一种软电离质谱技术，电喷雾质谱（ESI-MS）技术靠强电场使样品分子电离，能直接分析溶液样品，因而特别适合分析强极性、难挥发或热不稳定的化合物，可同时提供样品的精确分子量和结构信息。ESI-MS 可有效地与各种色谱联用，从而完成对复杂体系的分析。ESI-MS 分析方法可以测定离子液体结构中阴、阳离子的质荷比（m/z），是研究离子液体结构和组成的有力工具。

吴芹等人[80]对制得的五种阴离子为硫酸氢根的磺酸功能化 Brønsted 酸性离子液体进行了 ESI-MS 表征，以期对离子液体的分子结构、分子量大小以及离子液体中阴、阳离子的存在形式有进一步的了解。五种阳离子模式质谱图中，分别出现了与阳离子分子量对应的质谱峰，而阴离子模式质谱图则均出现了 97 质谱峰，对应于 HSO_4^-。作者通过对 ESI-MS 谱图进行更为细致的分析，指出离子液体阳离子和阴离子都分别存在二聚体、三聚体等形式，而且五种离子液体均存在阳离子释放出 H^+ 后与 HSO_4^- 组成大阴离子的形式，即 H^+ 可以单独以离子形式存在，从而为酸性离子液体催化反应机理的研究提供了佐证。

图 2-23 为另一种酸功能化离子液体 $[MIM(CH_2)_3SO_3H]_3[PW_{12}O_{40}]$ 在甲醇中的 ESI-MS 谱图[81]，从负离子模式 [图 2-23（a）] 可见，$[PW_{12}O_{40}]^{3-}$ 是主要阴离子，m/z 位于 959，此外，还有少量 $[PW_{12}O_{40}+H^+]^{2-}$，m/z 位于 1439，但是没有检测到 $[PW_{12}O_{40}+2H^+]^-$ 的峰，表明 Brønsted 酸性基团存在适度的解离。图中 m/z 为 1541 的离子峰归属于单个阳离子和单个阴离子组成的带两个负电荷的超分子聚集体，此类超分子普遍存在于离子液体中[82]。正离子模式中仅出现了 m/z 为 205 的阳离子离子峰，阳离子 ESI(+)-MS/MS 谱 [图 2-23（b）] 中 m/z 为 123、96、83 的离子峰为阳离子的碎片离子峰。

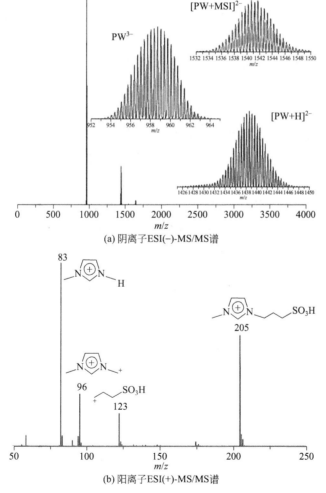

(a) 阴离子 ESI(−)-MS/MS 谱

(b) 阳离子 ESI(+)-MS/MS 谱

图 2-23　磺酸基功能化离子液体 $[MIM(CH_2)_3SO_3H]_3[PW_{12}O_{40}]$ 的 ESI-MS 谱图

2.2.5 拉曼光谱表征

拉曼光谱的产生与分子的极化率变化密切相关,当激光入射到样品时会发生散射,散射光的频率不发生改变的称为瑞利散射,频率发生改变的即是拉曼散射。同一振动方式的拉曼位移频率与红外吸收频率相等,而强度却不相同,一般红外光谱无法测出,拉曼光谱则可以测出,因此,拉曼光谱是红外光谱的补充,拉曼散射峰体现了样品的分子骨架振动的信息。与红外光谱相比,拉曼光谱可测定水溶液,样品处理简单,最主要的优点是能够提供物质"分子指纹"的振动峰信息,因此,近年来常被用于研究离子液体的结构和离子液体体系的微观局部结构变化[83~86]。目前用于离子液体微观结构性质研究的主要有傅里叶变换拉曼(FT-Raman)和共聚焦拉曼(confocal Raman microscope)。

拉曼光谱是研究离子液体聚集体的有效手段。图 2-24 为 N-烷基-N-甲基-吡咯烷双(三氟甲磺酰)亚胺盐离子液体的 Raman 光谱,显示出 $2800 \sim 3100 cm^{-1}$ 范围内离子液体阳离子环上和侧链 C—H 的共振模式随烷基侧链长度的变化。拉曼光谱波数 $2750cm^{-1}$ 向 $2735cm^{-1}$ 的红移与电负性屏蔽从吡咯烷阳离子上氮原子向烷基侧链的转移相关。事实上,随侧链 CH_2 基团的增加,氮原子电负性会有较小的迁移,从而不需要太多的激发能量。此外,Pyr_{13} TFSI 中处于 $2887cm^{-1}$、$2929cm^{-1}$ 和 $2955cm^{-1}$ 的吡咯环 CH_2 共振峰的红移并非由碳链的增长引起,而是由于阳离子的聚集,$TFSI^-$ 阴离子不能采取与吡咯环相平行的位置来补偿正电荷,从而导致吡咯环 CH_2 共振峰向低波数移动[87]。$2700 \sim 3100cm^{-1}$ 范围内拉曼共振模式归属见表 2-3。

表 2-3 $2700 \sim 3100cm^{-1}$ 范围内拉曼共振模式归属

位置/cm^{-1}	相对强度	归属
2736~2750	弱	随碳链增长 N^+—C_x 向低波数位移
2849	弱	n.a.
2861~2884	从弱肩峰到中等强度分离峰	n.a.
2877~2887	中等强度	环上—CH_2—
2904	弱	烷基链
2919~2929	弱	环上—CH_2—
2942~2955	中等	环上—CH_2—
2974	强	烷基链
3000	中等强度	C—CH_3 中 ν_a(C—H)
3033	中等肩峰	N^+—CH_3 中 ν_a(C—H)

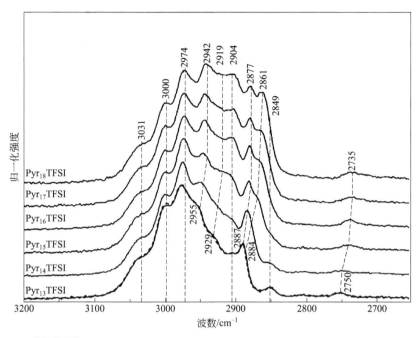

图 2-24　离子液体 $Pyr_x TFSI$ 的 Raman 光谱图（2650~3200cm^{-1}）

2.2.6　光电子能谱表征

离子液体具有极低的饱和蒸气压，不会因挥发而损失，即使在超高真空下离子液体也极难蒸发，因此可以使用涉及真空，甚至超高真空的仪器，来表征离子液体。光电子能谱（XPS）是分析材料表面物理化学性质的最有效的方法之一，可以表征离子液体的表面元素组成、元素化学状态、元素的比例[88]。Lovelock[89]等人利用角分辨 XPS 分析了 $C_nC_1ImTf_2N$ 离子液体，结果显示，排列在表面的是阳离子的侧链而非咪唑阳离子或阴离子。Kolbeck 等人[90]研究了不同阴离子对离子液体表面组成的影响，发现阳离子侧链位于最外层，但这种趋势随着阴离子体积的增大而减弱。最近，Santos 等人[91]针对胍基阳离子离子液体的 XPS 进行了研究，结果表明，当阴离子相同时，与阳离子氮原子相连的碳链长度的变化对阴离子的电子环境影响极小。作者通过比较不同氮杂环阳离子的 $N_{阳离子}$ 1s 电子结合能发现（图 2-25），胍类阳离子 $N_{阳离子}$ 1s 电子结合能明显不同于其他仅含一个氮原子的阳离子，并认为是由于胍基阳离子的正电荷被三个氮原子很好地分散，致使阴、阳离子之间的作用力减弱。而这种弱的相互作用反而有利于阴离子与角蛋白、纤维素、丝等生物质发生作用，促进这些固体物质的解离。

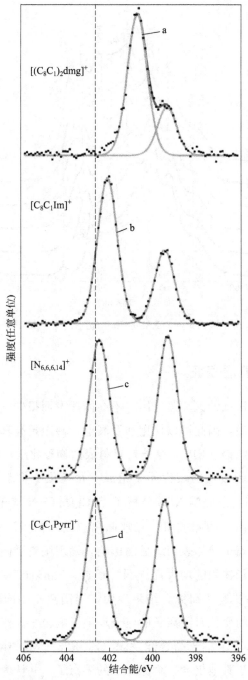

图 2-25 四种离子液体阳离子的 N1s XPS 谱图
a—[(C$_8$C$_1$)$_2$dmg][NTf$_2$]; b—[C$_8$C$_1$Im][NTf$_2$];
c—[N$_{6,6,6,14}$][NTf$_2$]; d—[C$_8$C$_1$Pyrr][NTf$_2$]

近年来，XPS测试已不仅仅停留在对离子液体近表面化学组成的静态表征分析上，而是逐渐扩展到对离子液体体系的原位 XPS 研究中。目前此类研究以非功能化离子液体中界面反应和电化学反应居多。2012 年，Maier 研究组[92]利用离子液体的极低挥发性和结构的易修饰性，通过巧妙的结构设计，实现了采用原位角分辨 XPS 测试技术（ARXPS）对功能化离子液体中有机反应的研究。作者设计的两类功能化离子液体列于表 2-4，其中 IL1 系列离子液体阳离子上带有烷基叔胺基团，IL2 系列离子液体阴离子为 4-氯丁基磺酸根，将 IL1 与 IL2 等比例混合后，加热至 100℃启动反应，通过原位 ARXPS 同时定量检测除氢原子以外所有元素电子结合能的变化。研究证明，IL1 阳离子上亲核基团（$Me_2NC_3H_6$—）与 IL2 阴离子烷基氯之间发生了取代反应，与此同时还发生了 $[ClC_4H_8SO_3]^-$ 的关环反应和两个 $[ClC_4H_8SO_3]^-$ 之间的酯化反应（图 2-26）。

表 2-4 用于原位 ARXPS 研究的功能化离子液体

代码	缩写	结构	IUPAC 名称
IL 1a	$[(Me_2NC_3H_6)C_1Im]$ [TfO]		1-methyl-3-(3′-dimethylaminopropyl) imidazolium trifluoromethylsulfonate 1-甲基-3-(3′-二甲氨基丙基)咪唑三氟甲磺酸盐
IL 2a	$[C_2C_1Im]$ $[ClC_4H_8SO_3]$		1-ethyl-3-methylimidazolium 4-chlorobutylsufonate 1-乙基-3-甲基咪唑-4-氯丁基磺酸盐
IL 1b	$[(Me_2NC_3H_6)C_1Im]$ $[Tf_2N]$		1-methyl-3-(3′-dimethylaminopropyl) imidazolium bis[(trifluoromethyl)sulfonyl]imide 1-甲基-3-(3′-二甲氨基丙基)咪唑双三氟甲磺酰亚胺盐
IL 2b	$[C_8C_1Im]$ $[ClC_4H_8SO_3]$		1-methyl-3-octylimidazolium 4-chlorobutylsufonate 1-甲基-3-辛基咪唑-4-氯丁基磺酸盐
IL 1c	$[(Me_2NC_3H_6)PBu_3]$ [FAP]		(3′-dimethylaminopropyl) tributylphosphoniumtris(pentafluoroethyl)trifluorophosphate (3′-二甲氨基丙基)三丁基膦三(五氟乙基)三氟磷酸盐
IL 2c	$[PBu_4]$ $[ClC_4H_8SO_3]$		tetrabutylphosphonium-4-chlorobutylsufonate 四丁基膦-4-氯丁基磺酸盐

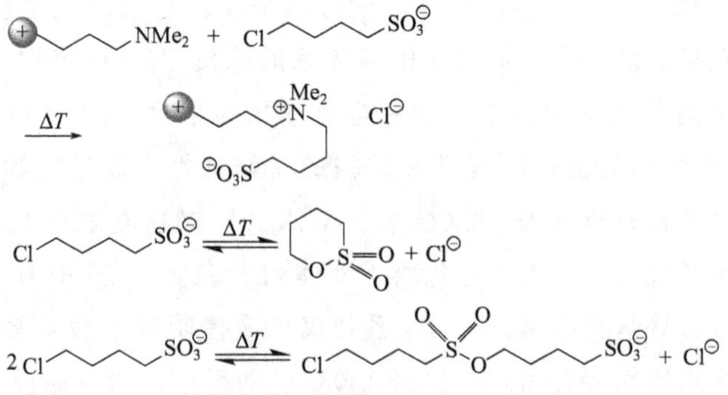

图 2-26 阳离子 3-二甲氨基丙基与阴离子 4-氯丁基的烷基化反应及副反应

2.2.7 小结

利用谱学手段，研究功能化离子液体宏观和微观结构，关联或预测离子液体的物理化学性质，不仅可以帮助我们了解官能团的引入对离子液体及其体系内部的微观环境所产生的重要影响，而且可为构建功能化离子液体结构与性质之间的构效关系、设计特殊结构的离子液体提供理论指导，同时还可为离子液体在更多领域应用提供参考。现阶段，采用谱学手段开展功能化离子液体结构和相关体系的研究已经取得了一些进展，但是系统性和完整性还远不如常规非功能化离子液体。而且离子液体经功能化后会使得一些常规谱学表征方法不再适用，因此如何开发测试技术和仪器设备，采用更丰富的谱学信号和物理参数来窥探离子液体结构和性质的关系，将是该领域具有挑战性的课题。

2.3 功能化离子液体的性质

离子液体的结构特点决定了它们特殊的物理化学性质，随着离子液体阳离子和阴离子组成和结构的变化，离子液体的物理化学特性会在很大的范围内相应改变。因此，可以根据需要精心设计和合成出不同特性的离子液体。同时，因离子液体的可设计性，又可以有目的地实现离子液体的功能化合成，使性能得到进一步扩展与提升，从而实现在众多领域的广泛应用。

功能化离子液体具有普通离子液体的通性，例如液态温度范围宽、蒸气压极低、溶解能力强、酸性可调等。同时，由于结构中官能团的存在，功能化离子液体在黏度、熔点、密度、酸碱性、电化学、热力学性质等方面又有自己显著的优势，性能易于调变的功能化离子液体更能满足特定应用的需求。因此开展功能化离子液体基本物化性质和特殊性能的系统性研究，对于更好地理解离子液体中的各种相互作用，实现按需设计，以及开发清洁的化工过程具有重要意义。

2.3.1 酯基功能化离子液体的性质

将酯基引入离子液体阳离子结构中，可以改善离子液体的热稳定性和电化学性质。如图 2-27 所示的基于咪唑阳离子、吡咯烷阳离子、吗啉阳离子和哌啶阳离子的乙基甲酯功能化离子液体就具有高的热稳定性和电化学稳定性，分解温度高于 290℃，电化学窗口大于 5.0V。这些离子液体的电导率随温度升高而增大，并且对于酯基功能化的吡咯烷阳离子和吗啉阳离子离子液体，电导率值均高于相应的烷基取代的非功能化类似物。酯基功能化离子液体与 LiTFSI 混合后，FTIR 光谱表征结果显示出，甲酯基团与锂离子之间存在相互作用，正是这种相互作用对锂离子的扩散转移起到了有益的效果，这类离子液体有望用作二次电池的添加剂或传统碳酸酯基电解质的替代品[93]。

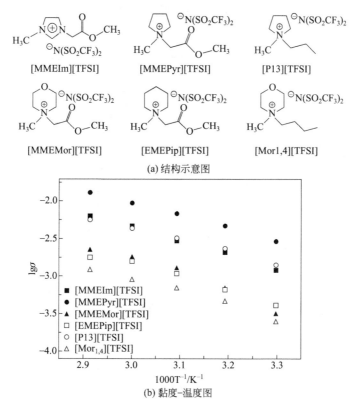

图 2-27 乙基甲酯功能化离子液体结构示意图及其黏度-温度图

作者对两种磺酸酯基功能化离子液体（图 2-28，IL1 和 IL2）的热分解温度、密度、黏度和电导率进行了测定，并研究了它们的溶解性、酸性和催化性能[94]。热重分析的结果表明，磺酸酯基功能化离子液体 IL1 和 IL2 的热稳定性并不是很高，它们的热分解经历了 100～300℃的缓慢分解阶段及 300～380℃的快速分解阶段。这一特点与硫酸单酯阴离子离子液体［BMIM］［CH_3OSO_3］和［EMIM］［$C_2H_5OSO_3$］的热分解特征相类似[95]，但是 IL1 和 IL2 在第一阶段的失重幅度更大，文献中认为离子液体［BMIM］［CH_3OSO_3］和［EMIM］［$C_2H_5OSO_3$］的第一阶段热分解是由于硫酸单甲酯或硫酸单乙酯阴离子的分解造成的。作者发现对于磺酸甲酯功能化离子液体 IL1 在第一阶段的热损失约为 30%，而磺酸乙酯功能化离子液体 IL2 在第一阶段的热损失在 40%左右，这与硫酸二甲酯或硫酸二乙酯的分子量在 IL1 和 IL2 分子量中所占的比例相当（分别为 36.6%和 41.4%）。这些结果使人们有理由相信，磺酸酯基功能化离子液体在高温下有可能可逆地回到内盐，图 2-28 中内盐在 300℃附近的分解曲线与离子液体第二阶段分解曲线基本重合，也证实了作者关于磺酸酯基功能化离子液体热分解途径的推测。

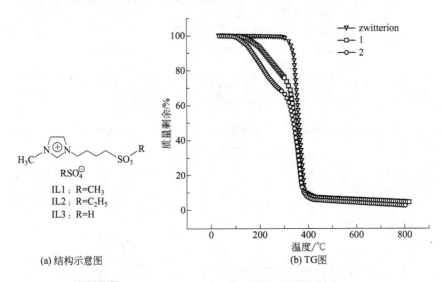

(a) 结构示意图　　　　　　　　(b) TG 图

图 2-28　磺酸酯基功能化离子液体结构示意图及 TG 图

两种磺酸酯基功能化离子液体易溶于水、甲醇、乙醇、DMF 和 DMSO 等极性溶剂，不溶于醚、甲苯、正己烷、乙酸乙酯、环己烷、四氢呋喃和 1,4-二氧六环等弱极性有机溶剂。但是两种离子液体在溶解性方面又稍有不同。例如，IL2 在丙酮、CH_2Cl_2 和 $CHCl_3$ 中的溶解性很好，但是 IL1 不溶于这些溶剂。IL1 和 IL2 的水溶液和醇溶液 pH 值测定结果显示出较强的酸性，因此可以有效地催化醇酸酯化反应[94,96]。

2.3.2 羟基功能化离子液体的性质

一般而言，将羟基引入离子液体阳离子侧链通常会引起离子液体黏度的增加，其原因在于通过羟基形成了分子间氢键网络[97~99]。Restolho等人[100]观测到在293.15~328.15K温度范围内，[HOCH$_2$CH$_2$-MIM][BF$_4$]的黏度明显高于不含羟基的[OMIM][BF$_4$]。Deng等人[101]同样观察到羟基引入吡啶类和季铵类离子液体结构中黏度升高的现象。当阳离子含有不同长度HO-PEG基团时，除了氢键作用力，还有强的范德华作用力的存在，使得离子液体黏度随PEG链的增长而升高[102]。

Yeon等人[103]报道了几种拥有卓越电化学性能的羟基功能化咪唑基和吗啉基离子液体，这些离子液体以BF$_4^-$、PF$_3^-$或Tf$_2$N$^-$为阴离子，其中阳离子为[HOCH$_2$CH$_2$-MIM]$^+$的离子液体的电化学窗口达到了5.4~6.4V，25℃时的离子电导率范围在2.1~4.6mS/cm之间。吗啉基离子液体也具有很宽的电化学窗口（5.2~6.2V），但是由于这类离子液体的黏度大，所以电导率较低，在25℃下为0.00066~0.087mS/cm。

利用溶剂化显色的方法研究一系列羟基功能化离子液体的极性，结果表明，阳离子上羟基的引入使极性增强[104]。Welton研究组研究指出，含羟基离子液体具有比非功能化离子液体更高的氢键酸性[105]。静电介电常数ε，可用于表示溶剂的相对极性。Weingartner研究组[106]通过介电弛豫光谱测定了42种离子液体在25℃下的ε值，结果显示，含羟基的离子液体的ε值明显高于非功能化离子液体。例如，[EtNH$_3$][NO$_3$]和[EtNH$_3$][HCOO]的ε值分别为26.3和31.5，而羟基功能化的[(HO)EtNH$_3$][NO$_3$]、[(HO)EtNH$_3$][HCOO]和[(HO)EtNH$_3$][OAc]的ε值分别为60.9、61.0和58.3，[(HO)EtNH$_3$][lactate]的ε值高达85.6。但是，当含多个羟基基团时，导致ε值下降，如阳离子含三个羟基的[(HOEt)$_3$NH][OAc]和[(HOEt)$_3$NH][lactate]的ε值分别为31.0和59.7。

Pinkert等人[99]测定了15种由烷基醇胺阳离子和有机酸阴离子（图2-29）组成的离子液体（AAILs）的密度、黏度和电导率数值，研究了不同温度下阳离子上羟基官能团的种类和数量，以及阴离子种类对这些物理性质的影响规律，探究了这些羟基功能化离子液体结构与性质之间的关系。

在278~348K范围内，15种离子液体的密度在910~1347kg/m^{3}范围内变化，并且随温度的升高而线性下降，含相同阴离子的离子液体密度随阳离子中羟基数目的增加而变大，如[DAA]<[HEA]=[HPA]<[DEA]<[TEA]，

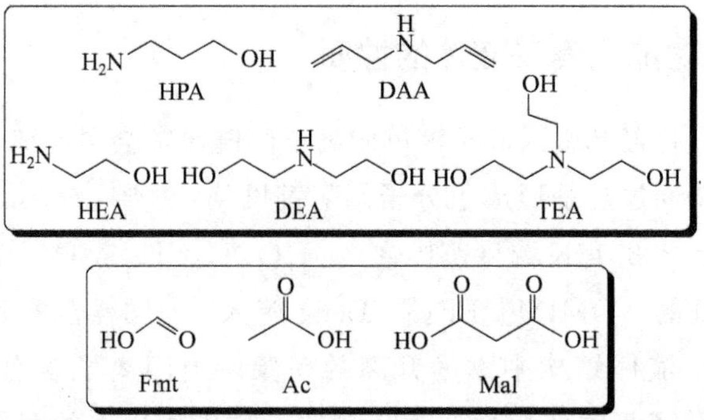

图 2-29　用于制备 AAILs 离子液体的原料结构示意图

其原因在于羟基数目的增加使得离子间氢键增强导致密度增大。三种阴离子中，丙二酸阴离子离子液体的密度最大，这与丙二酸阴离子较大的体积有关。对于阴离子为 [Fmt] 和 [Mal] 的离子液体，阳离子上羟基与氮原子之间的碳链长度对密度的影响甚微。通过对比还发现，所有羟基功能化离子液体的密度大于非功能化的 [EMIM]Ac 和 [BMIM]Ac 离子液体。由此可见，所考察的离子液体中，离子的大小和羟基的存在是影响密度大小的两个主要因素。

在 278~348K 范围内，上述羟基功能化离子液体的黏度在 3~833mPa·s 之间变化，并且随温度升高而降低。对于甲酸阴离子 AAILs 离子液体，阳离子大小和所含羟基数目是黏度的主要控制因素（[DAA]＜[HEA]＜[HPA]＜[DEA]＜[TEA]），阳离子不含羟基的 [DAA][Fmt] 具有最小的黏度。当阴离子为乙酸根时，黏度通常大于甲酸阴离子 AAILs 离子液体，并且对于无羟基的 [DAA] 阳离子，阴离子的影响非常显著，即[DAA][Fmt]＜[DAA][Ac]。在所研究的离子液体中，阴离子为 [Mal] 的 AAILs 离子液体显示出最大黏度值，这或许与阴离子的尺寸以及阳离子所含有的羟基数目有关。所有含 [Mal] 阴离子的离子液体中，阳离子含一个羟基的离子液体黏度值比含多个羟基的要小，即[DEA]＜[TEA]＜[HEA]＜[HPA]。

AAILs 离子液体的电导率随温度升高而上升，含 [Fmt] 阴离子离子液体的电导率主要受控于阳离子的迁移率，与黏度变化趋势相类似，离子的体积越小，离子间相互作用越弱，电导率越高，反之亦然。但是 [DAA][Fmt] 离子液体是个例外，具有最小的电导率，即[DAA]＜[TEA]＜[DEA]＜[HPA]＜[HEA]。不同批次制备的 [DAA][Fmt] 离子液体的电导率遵从此规律，说明该离子液体的离子迁移率非常低。与含 [Fmt] 阴离子 AAILs 相比，含 [Ac] 的 AAILs 的电导率降低，引起这种变化的原因主要与阳离子的性质有关。与含 [Fmt] 的离子液体相比，阴离子为 [Ac] 的离子液体中，含易迁移阳离子的离子液体电导率的下降幅度明显高于低迁移率阳离子组成的离子液体。如在 298K，对于［HEA］［Fmt］和［HEA］［Ac］，电导率值从 2.83S/m 降到 0.43S/m，而对于［TEA］［Fmt］和［TEA］［Ac］，仅从 0.36S/m 降至 0.22S/m，变化幅度非常小。相应地，［HPA］［Ac］和［TEA］［Ac］具有几乎相同的电导率值，尽管两者的阳离子在体积大小和羟基数量上相差较大。所有离子液体中，［Mal］系列的离子液体电导率最低，并且均低于咪唑类离子液体的电导率，其中［DAA］［Mal］在 338K 温度下具有最好的传导性，电导率值为 0.16S/m。

离子液体的"离子性"，即独立的、非缔合离子的存在，对其应用非常重要，离子液体的黏度决定了其离子的淌度，而淌度决定了电导率，因此、黏度对离子液体的电导率影响也很大。对于一般的电解质，通常电导率与黏度之间满足 Walden 规则[107]：

$$\Lambda \eta = k$$

式中，Λ 是摩尔电导率；η 是黏度；k 是与温度相关的常数。Walden 规则将离子的移动性和介质的流动性联系起来。图 2-30 显示了在 278～358K 温度范围内 15 种 AAILs 离子液体和两种咪唑类离子液体的 Walde 方程拟合曲线，图中黑色实线代表基准曲线（KCl 稀水溶液）[108]，典型的高离子性溶液，如浓无机酸，Walden 曲线通常位于基准线以上。对离子液体而言，越靠近基准线，表明离子液体越趋于形成自由移动的离子，ΔW 表示与参比线的垂直距离，$\Delta W = 0.5$ 表示离子液体的电导率是 KCl 的 31.6%，$\Delta W = 1$ 则相当于参比电导率的 10%。

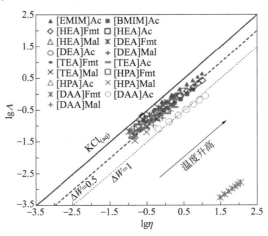

图 2-30　在 278～358K 范围内 15 种 AAILs 和两种咪唑类离子液体的 Walden 拟合曲线（ΔW 表示与基准线的垂直距离）

从图 2-30 可以看出，除了 [DAA][Fmt]，其他离子液体的 Walden 曲线都在 $\Delta W=1$ 以内的区间，并且大多数在 $\Delta W<0.5$ 范围内，表明离子性与非质子的咪唑类、吡咯烷类、季铵类或季鏻类离子液体相似。

虽然也有其他研究人员报道了此类羟基功能化离子液体的合成和密度、黏度、电导率等性质，但是彼此之间的测量数据相差很大。Pinkert 对文献中的实验和测量过程进行了总结和对比，分析了误差产生的原因，包括方法的可信度、精确性、水含量、是否除气、制备及干燥方法，并针对文献中报道的实验结果和测试数据，提供了一种优化的列表式总结，希望其他研究者能采用和进一步完善此项建议。

2.3.3 烷氧基功能化离子液体的性质

离子液体阳离子经烷氧基或烷氧基烷基功能化后，熔点通常会降低。例如，[mPEG12-Me-Im]I 的熔点只有 $7℃$，而不含 PEG 链的 [EMIM]I 的熔点为 $81.5℃$[109]；$[CH_3OCH_2CH_2-Et_2-MeN][BF_4]$ 熔点为 $8℃$，对应的 [Bu-Et$_2$-MeN][BF$_4$] 熔点达到 $165℃$；$[CH_3OCH_2CH_2-Et_2-MeN][CF_3BF_3]$ 熔点为 $-22℃$，而 [Bu-Et$_2$-MeN][CF$_3$BF$_3$] 熔点为 $-3℃$[110]；$[CH_3OCH_2-Me_3N][Tf_2N]$ 熔点为 $4.5℃$，未功能化 $[CH_3CH_2CH_2-Me_3N][Tf_2N]$ 熔点为 $19℃$[111]。分析原因，可以认为是由于醚键的引入使侧链的柔性增强并占据了主导地位[110]，醚链具有更高的转动自由度，并且降低了离子液体的晶格能。但是上述熔点降低的情况在某些含醚侧链的离子液体中出现了相反的规律。例如，Zhou 等人[50]报道的烷氧基功能化离子液体 [C$_2$OMIM][CF$_3$BF$_3$]、[C$_2$OMIM][C$_2$F$_5$BF$_3$] 和 [C$_3$OMIM][C$_2$F$_5$BF$_3$] 的熔点分别为 $17℃$、$-21℃$ 和 $-9℃$，均比相应的不含醚键的类似离子液体 [C$_3$MIM][CF$_3$BF$_3$]（$-21℃$）、[C$_3$MIM][C$_2$F$_5$BF$_3$]（$-42℃$）和 [C$_4$MIM][C$_2$F$_5$BF$_3$]（$-42℃$）的熔点高，Zhou 认为这种现象产生的原因是醚链的极性影响占据了主导地位。

在热稳定性方面，短链烷氧基功能化离子液体的热稳定性低于相应的烷基链类似物，这是由于烷氧基削弱了阴阳离子间的静电相互作用，促使阴离子作为亲核试剂进攻阳离子，引起结构分解。烷氧基链的进一步增长（包含 2~4 个醚键）还会使离子液体的热稳定性进一步降低，但是也存在例外的情况。例如，基于胍和鏻阳离子的烷氧基功能化离子液体的热分解温度与烷基取代的离子液体类似物相当或者略高[112~114]。此外，阴离子种类也是影响烷氧基功能化离子液体稳定性的重要因素。例如，含有相同阳离子的烷氧基功能化离子液体热分解温度随阴离子的变化顺序为[C_7O_3MIM][BF_4]＞[C_7O_3MIM][CH_3SO_3]＞[C_7O_3MIM][PF_6][115]。Deng研究组[6]测定了阳离子含双烷氧基链的季铵类功能化离子液体的热分解温度，同样认为这类离子液体的热稳定性主要取决于阳离子取代基的电负性和阴离子的亲核性。由于氧原子电负性较强，烷氧基的吸电子效应使阳离子中心正电荷密度增加，因此在受热的情况下，N^+对于阴离子的亲核进攻更为敏感，稳定性降低，即[$N_{112,102}$]BF_4（376℃）＞[$N_{11,102,202}$]BF_4（339℃）＞＞[$N_{11,101,202}$]BF_4（245℃）。以弱亲核性的BF_4^-和NTf_2^-为阴离子的离子液体的热稳定性远好于以OAc^-为阴离子的离子液体，例如[$N_{112,102}$]BF_4和[$N_{112,102}$]NTf_2的热分解温度分别为376℃和387℃，而[$N_{112,102}$]OAc的热分解温度只有160℃（表2-5）。

表2-5 烷氧基功能化季铵类离子液体的热分解温度

阴离子：BF_4^-　　NTf_2^-：$(CF_3SO_2)_2N^-$　　OAc：$CH_3CO_2^-$

离子液体	热分解温度①/℃	离子液体	热分解温度①/℃
[$N_{112,102}$]BF_4	376	[$N_{11,101,102}$]NTf_2	266
[$N_{11,101,102}$]BF_4	245	[$N_{11,102,102}$]NTf_2	351
[$N_{11,101,202}$]BF_4	243	[$N_{112,102}$]OAc	160
[$N_{11,102,202}$]BF_4	339	[$N_{11,202,202}$]OAc	151
[$N_{112,102}$]NTf_2	387		

① 失重5%处的温度。

当阳离子上含有的烷氧基链超过3个氧原子时，离子液体的密度随之而降低[109,115]，但是短的烷氧基链不具有此效应[115,116]，甚至会使离子液体的密度增加[50,110]。离子液体阳离子含烷氧基或烷氧基烷基，黏度通常会降低，当离子液体阳离子体积更小时，因范德华相互作用力的减弱，会使黏度进一步减小[110]。阴离子为磷酸二甲酯的烷氧基功能化离子液体的黏度具有随烷氧基链长度的增加而下降的趋势[117]，如[$MeOCH_2CH_2MIM$][Me_2PO_4]＞[$Me(OCH_2CH_2)_2MIM$][Me_2PO_4]＞[$Me(OCH_2CH_2)_3MIM$][Me_2PO_4]。Ganapatibhotla等人[109]研究证实，含PEG单甲醚长链（平均7～16个氧原子）的咪唑阳离子离子液体的黏度比含烷基链的同类离子液体要低，相同的黏度变化趋势也出现在基于吡咯烷、哌啶、噁唑烷、吗啉、胍等阳离子的烷氧基功能离子液体中。有趣的是，有时候同种离子液体的黏度在不同的文献中出现完全不同的结果，例如离子液体[CH$_3$OCH$_2$CH$_2$-Me-Et$_2$N][BF$_4$]的黏度值，Zhou等人[110]测得25℃下为426mPa·s，而Sato等人[118]给出室温下黏度为1200mPa·s。这种黏度测量结果的差异可以归结为离子液体中污染物的影响，特别是水的影响，因此离子液体的纯度在物理化学性质的研究中必须引起重视。

分子动力学模拟揭示了引入烷氧基链后离子液体黏度下降的原因，即结构上更为灵活的烷氧基链之间不易形成有效的聚集，导致相邻阳离子的侧链之间相互作用减弱[119]。Nogrady和Burgen[120]也通过测定脂肪族铵盐的N-甲基质子在D$_2$O中的质子弛豫率，发现了甲氧基或乙氧基的弛豫率比基于刚性模型的预测值要低，从而说明含氧取代基具有比烷基更大的自转自由度。分子模拟的研究还表明，由于烷氧基链的供电子性质，烷氧基功能化的咪唑离子液体与含烷基侧链的相似物相比，具有更快的动力学效应，使得分子间相互作用（尤其是尾-尾的隔离）和阳离子与阴离子之间的静电相互作用减弱[121]。

离子液体的离子电导率主要受控于黏度、密度、分子量以及阴阳离子的大小[122]。由于烷氧基功能化离子液体具有低的黏度，因此与含烷基链的离子液体相比，具有较高的电导率。例如，25℃下[Me(OCH$_2$CH$_2$)$_3$-MIM][BF$_4$]电导率为0.874mS/cm，而[C$_{10}$MIM][BF$_4$]的电导率只有0.337mS/cm；[MeOCH$_2$CH$_2$-MIM][BF$_4$]的电导率0.950mS/cm比[BMIM][BF$_4$]的0.00124mS/cm高得多[123]。烷氧基的引入也会影响到离子液体的电化学稳定性，研究显示含一个或多个短链醚基团的季铵、环状季铵或锍盐离子液体的电化学稳定性降低，但是因电化学窗口依然保持足够高（通常高于4.0V），所以可用作电解质。胍盐离子液体的电化学稳定性似乎不受结构中引入的烷氧基官能团的影响。

离子液体中虽然离子间的库仑力是主要的相互作用方式，但是氢键相互作用对于离子液体的结构以及熔点、黏度和蒸发焓等性质同样具有不容忽视的影响。Dzyuba和Bartsch[124]利用溶剂化变色染料通过光学测量的方法研究了离子液体极性，指出烷氧基或羟基功能化离子液体的溶剂极性显著高于非功能化离子液体。通过芘和1-芘甲醛的荧光测试，测得含有两个PEG-350单甲醚链的胺阳离子离子液体的极性介于甲醇和乙腈之间[125]。醚键的存在还会使离子液体的亲水性增强，Schrekker等人[126]就观察到在基于PF$_6^-$的离子液体中，当咪唑阳离子含有一个烷氧基链时，亲水性和水溶性得到很大的改善，亲水性顺序为[BMIM][PF$_6$]＜[MeO(CH$_2$)$_2$-MIM][PF$_6$]＜[Me(OCH$_2$CH$_2$)$_3$-MIM][PF$_6$]，而且50℃时，[Me(OCH$_2$CH$_2$)$_3$-MIM][PF$_6$]与水完全互溶。

2.3.4 芳基功能化离子液体的性质

Schulz等人认为将咪唑阳离子上的烷基取代基替换成可功能化程度更强的芳烃基，利用诱导效应、内消旋效应、位阻效应，以及可能存在的π-π和π-π$^+$相互作用，将产生更精确的性能调节作用，因此极有可能在特定化合物分离以及金属活性物种稳定等方面获得应用[127~129]。

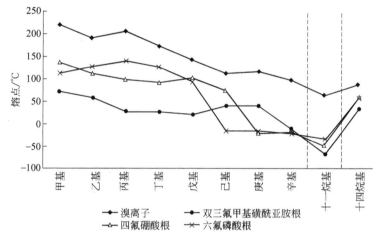

图2-31 阴离子和烷基链长对1-烷基-3-(2,4,6-三甲苯基)-咪唑离子液体熔点的影响
[阴离子为Br$^-$、BF$_4^-$、PF$_6^-$、(CF$_3$SO$_2$)$_2$N$^-$；烷基链长为C$_1$~C$_8$、C$_{11}$、C$_{14}$]

图2-31比较了四种不同阴离子的1-烷基-3-(2,4,6-三甲基苯基)咪唑离子液体的熔点随烷基链长的变化。从图中可以观察到非常显著的阴离子效应，例如，阴离子为Br$^-$和(CF$_3$SO$_2$)$_2$N$^-$的离子液体熔点相差达到160℃，而类似的双烷基取代的咪唑类离子液体，如1-(1-丁基)-3-甲基咪唑阳离子与Br$^-$和(CF$_3$SO$_2$)$_2$N$^-$组成的离子液体，其熔点之差仅为75℃[130]。此外，随着烷基链的增长，含Br$^-$的离子液体的熔点呈现出接近线性的递减趋势。这些三甲基苯基功能化离子液体的热分解温度主要受阴离子控制，而与烷基链长关系不大，与含(CF$_3$SO$_2$)$_2$N$^-$的离子液体相比，阴离子为Br$^-$的离子液体更易分解。作者通过电荷分布计算发现，这些新合成的离子液体的咪唑阳离子母核与普通的EMIM或BMIM阳离子相比，具有更高的正电荷。为了进一步探究苯环上取代基的电子效应对咪唑环阳离子电荷分布和对应离子液体基本性质的影响，Schulz研究组针对烷基侧链为丙基、己基、庚基和十四烷基，阴离子为

Br^- 和 $(CF_3SO_2)_2N^-$ 的离子液体，探讨了苯环对位吸电子取代基和供电子取代基的影响[130]。

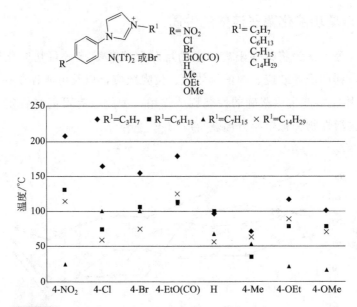

图 2-32　芳基功能化 Br^- 阴离子离子液体熔点随取代基变化趋势

表 2-6　芳基功能化 $N(Tf)_2^-$ 阴离子离子液体相变温度

R	$R^1 = C_3H_7$	$R^1 = C_6H_{13}$	$R^1 = C_7H_{15}$	$R^1 = C_{14}H_{29}$
NO_2	67	①	-45	35
Cl	22	①	21	36
Br	20	30	26	36
EtO(CO)	21	①	22	-28
H	23	27	①	13
Me	42	—	—	30
OEt	$-51$②	$-53$②；27	—	34
OMe	56	①	—	21

① 室温呈液态。
② 玻璃化转变。

从图 2-32 和表 2-6 可以看出，苯环对位含有吸电子取代基引起离子液体熔点升高，而含供电子取代基时，即便是阴离子为 Br^-，也能得到室温下呈液态的离子液体。咪唑环 C2 位的 ^{1}H NMR 和 ^{13}C NMR 表征也显示出苯环对位取代基电子效应的影响。鉴于烷基侧链的长度对离子液体性质影响不十分显著，作者以 1-芳基-3-丙基咪唑阳离子为模型，借助密度泛函理论在 B3LYP/6-311++G(d,p) 水平上计算了不同取代基阳离子的表面静电势（ESP），指出阳离子苯环上供电子取代基和吸电子取代基的存在产生了较强的极化效应，从而引起宏观性质上的差异。

2.3.5 氰基功能化离子液体的性质

Ziyada 等人[131,132]合成了一系列氰乙基功能化咪唑离子液体（图 2-33），研究了它们的密度、黏度、折射率、热稳定性等物理化学性质，并分析了阴离子结构对物理性质的影响。

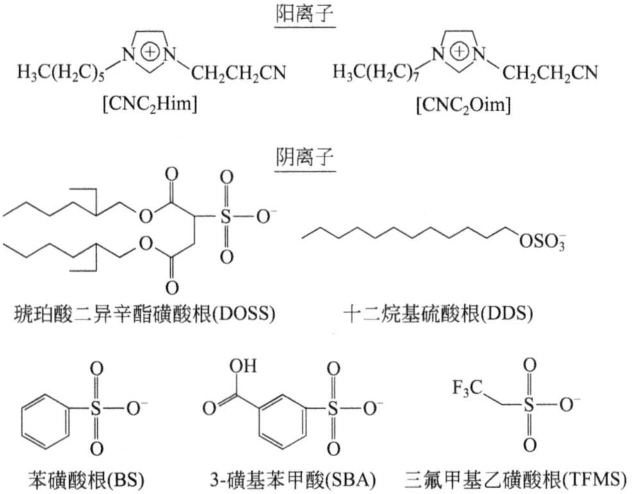

图 2-33 氰基功能化离子液体阴阳离子结构

当阴离子相同时，离子液体的黏度值随阳离子咪唑环上烷基链的增长而变大，这一方面是由于离子间的范德华作用力随链长增大，另一方面烷基链增长阻碍了离子的自由运动。离子液体的密度值随烷基链增长呈现出变小的趋势，其原因可能是由于链长的增加导致离子液体摩尔体积增大，同时链长的增加也会导致离子液体内部自由体积增大。在相同条件下，具有相同阴离子的氰基功能化离子液体的折射率值也随烷基侧链增长而略有下降。十种氰基功能化离子液体的密度、黏度和折射率与温度的关系可以用以下公式进行拟合：

$$\rho = A_0 + A_1 T$$
$$n_D = A_2 + A_3 T$$
$$\lg \eta = A_4 + (A_5/T)$$

其中，$A_n (n=0,1,2,3,4,5)$ 为拟合参数。利用 293~353K 温度范围内密度与温度关系的拟合曲线，可以计算出每种离子液体的等压热膨胀系数（K^{-1}）：

$$\alpha_p = (1/V)(\partial V/\partial T)_p = (-1/\rho)(\partial \rho/\partial T)_p$$
$$= (-A_1)/(A_0 + A_1 T)$$

表 2-7　氰基功能化离子液体的等压热膨胀系数

温度/K	$\alpha_p /\times 10^{-4} K^{-1}$									
	[CNC$_2$Him] DOSS	[CNC$_2$Oim] DOSS	[CNC$_2$Him] DDS	[CNC$_2$Oim] DDS	[CNC$_2$Him] SBA	[CNC$_2$Oim] SBA	[CNC$_2$Him] BS	[CNC$_2$Oim] BS	[CNC$_2$Him] TFMS	[CNC$_2$Oim] TFMS
293.15	6.41	6.53	5.67	5.80	5.31	5.81	5.21	5.37	5.81	5.93
298.15	6.43	6.55	5.68	5.82	5.32	5.83	5.22	5.39	5.83	5.94
303.15	6.45	6.57	5.70	5.83	5.34	5.84	5.24	5.40	5.84	5.96
308.15	6.48	6.59	5.71	5.85	5.35	5.86	5.25	5.42	5.86	5.98
313.15	6.50	6.61	5.73	5.87	5.36	5.88	5.26	5.43	5.88	6.00
318.15	6.52	6.63	5.75	5.89	5.38	5.90	5.28	5.45	5.89	6.02
323.15	6.54	6.66	5.76	5.90	5.39	5.91	5.29	5.46	5.91	6.03
328.15	6.56	6.68	5.78	5.92	5.41	5.93	5.31	5.48	5.93	6.05
333.15	6.58	6.70	5.80	5.94	5.42	5.95	5.32	5.49	5.95	6.07
338.15	6.60	6.72	5.81	5.96	5.44	5.97	5.33	5.51	5.97	6.09
343.15	6.63	6.75	5.83	5.97	5.45	5.98	5.35	5.52	5.98	6.11
348.15	6.65	6.77	5.85	5.99	5.47	6.00	5.36	5.54	6.00	6.13
353.15	6.67	6.79	5.87	6.01	5.48	6.02	5.38	5.55	6.02	6.15

从表 2-7 所列等压热膨胀系数可见，在 293.15～353.15K 范围内，α_p 的值没有明显的变化，并且其值远远小于通常的有机溶剂，而与已报道的基于咪唑、季铵、季鳞和吡啶阳离子的离子液体的 α_p 值相当（5.0×10^{-4}～$6.5\times 10^{-4} K^{-1}$）[133,134]。

折射率是与分子在溶液中的行为以及分子的极化率相关的物理量，可通过 Lorenz-Lorentz 方程进行关联：

$$R_m = \frac{N_A \alpha_e}{3\varepsilon_0} = \left(\frac{n_D^2 - 1}{n_D^2 + 2}\right) V_m = \left(\frac{n_D^2 - 1}{n_D^2 + 2}\right)\left(\frac{M_m}{\rho}\right)$$

式中，R_m 是摩尔折射率，cm^3/mol；N_A 是阿伏伽德罗常数，mol^{-1}；α_e 是分子的极化率；ε_0 是真空介电系数；V_m 是摩尔体积，cm^3/mol；n_D 是折射率。表 2-8 列出了不同温度下，阳离子为 [CNC$_2$Oim] 的氰基功能化离子液体的 R_m 和 V_m 值，可以看出，随温度的升高，摩尔折射率和摩尔体积都呈现略微的上升趋势。利用摩尔折射率可以计算出离子液体的摩尔自由体积，即离子液体摩尔体积的未占有分数，用 $V_{m,f}$ 表示。以阳离子为 [CNC$_2$Oim]

的离子液体为例，$V_{m,f}$随阴离子的变化趋势如下，[CNC$_2$Oim]DOSS＞[CNC$_2$Oim]DDS＞[CNC$_2$Oim]SBA＞[CNC$_2$Oim]BS＞[CNC$_2$Oim]TFMS，此顺序恰好与折射率的变化趋势相反，这与文献报道的其他咪唑类离子液体的情况相符[135,136]。

表 2-8　[CNC$_2$Oim]阳离子离子液体的摩尔体积 V_m 和摩尔折射率 R_m（298～333K）

温度/K	[CNC$_2$Oim]DOSS		[CNC$_2$Oim]DSS		[CNC$_2$Oim]SBA		[CNC$_2$Oim]SB		[CNC$_2$Oim]TFMS	
	V_m	R_m	V_m	R_m	V_m	R_m	V_m	R_m	V_m	R_m
298	623.11	176.04	462.94	131.34	369.07	111.84	325.70	99.29	311.88	95.85
303	625.18	176.07	464.31	131.33	370.14	111.96	326.59	99.42	312.85	96.00
308	627.27	176.26	465.78	131.37	371.30	112.10	327.46	99.51	313.77	96.11
313	629.31	176.39	466.95	131.36	372.44	112.22	328.31	99.58	314.70	96.22
318	631.43	176.49	468.61	131.40	373.43	112.28	329.22	99.67	315.66	96.35
323	633.50	176.57	469.98	131.36	374.52	112.37	330.19	99.76	316.57	96.43
328	635.58	176.67	471.39	131.43	375.71	112.48	331.14	99.85	317.51	96.51
333	637.68	176.73	472.77	131.39	376.88	112.55	331.87	99.87	318.46	96.62

与人们所熟知的无机盐相比，较低的晶格能是离子液体室温下呈液态的深层次原因，晶格能与离子间的相互作用能相关，Glasser 提出了如下公式进行离子液体晶格能 U_{POT} 的估算：

$$U_{POT}=1981.2(\rho/M)^{1/3}+103.8$$

Ziyada 利用密度数据计算了氰基功能化离子液体的晶格能 U_{POT}，发现随着阴离子体积的增大，离子液体晶格能降低。

2.3.6　烯基功能化离子液体的性质

利用离子液体结构的可修饰性，可以方便地达到性能调变和功能多样化的目的。Carrera 等人[137]合成了一系列烯基功能化胍类离子液体（图 2-34），并就相关的物理化学性质如熔点、玻璃化转变温度、可溶解性、密度、表面张力和接触角进行了研究。

研究发现，这些离子液体阴离子的性质似乎对密度起到决定性的支配作用，例如对于 [(di-allyl)$_2$DMG] 阳离子，离子液体在 25℃时的密度值随阴离子的变化顺序为 d＞c＞b＞a。阴离子同为 Tf$_2$N$^-$ 时，阳离子是否含有烯基官能团对其密度影响不大，例如烯基功能化的 1c 与含有相同碳原子数的非功能化胍基离子液体的密度几乎相同，分别为 1.35g/cm^3 和 1.36g/cm^3；但是如

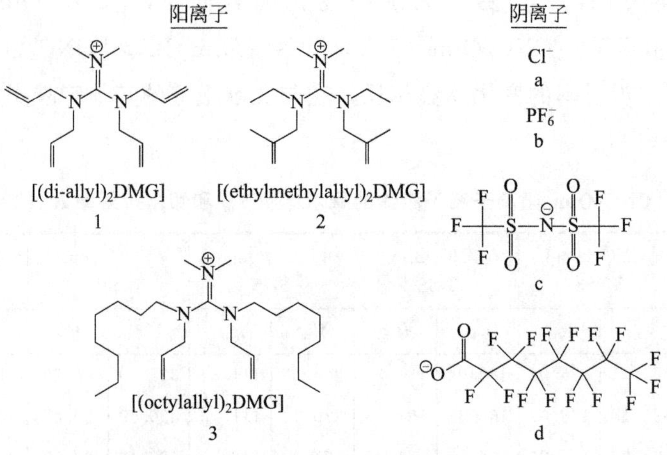

阳离子

[(di-allyl)₂DMG]
1

[(ethylmethylallyl)₂DMG]
2

[(octylallyl)₂DMG]
3

阴离子

Cl⁻
a

PF₆⁻
b

(Tf₂N⁻)
c

(全氟辛酸根)
d

图 2-34　烯丙基功能化胍类离子液体结构

果阳离子均含有烯基，那么阳离子取代基的类型对密度影响较大，例如 1c 和 2c，密度值分别为 $1.35g/cm^3$ 和 $1.28g/cm^3$。阴离子为 Cl⁻ 时的密度变化规律不同于 Tf_2N^- 的情形，功能化的 1a 和 2a 密度值要高于结构相似的非功能化离子液体。

溶解性试验表明，图 2-34 所示的离子液体与二氯甲烷、丙酮完全互溶，而不溶于正己烷，其中氯盐都可溶于水，其他阴离子形成的离子液体与水不溶或部分相溶。作者对所合成的烯基功能化离子液体的界面性质做了研究，[(di-allyl)₂DMG] 阳离子与全氟辛酸阴离子所形成的离子液体 1d 具有最低的表面张力，这主要归因于阳离子与全氟阴离子之间弱的相互作用。直链烷烃的表面张力通常随分子体积的增大而增加，但是对于离子液体而言，体积小的反而具有较高的表面张力，比如 1c 和 2c 的表面张力分别为 37.5mN/m 和 36.4mN/m，略高于含相同阴离子且分子体积较大的二甲基四正己基胍阳离子离子液体（32.8mN/m）。此现象产生的原因在于强库仑相互作用力减弱的同时，较弱的范德华作用力在增强。选用载玻片和聚四氟乙烯片作为不同极性固体表面的代表，对三种烯基胍盐离子液体 1c、1d 和 2c 的接触角的考察结果表明，三种离子液体与玻璃表面具有相似的接触角（24.3°、22.6°和 23.6°），且均略高于正庚烷、水或二氯甲烷。对于聚四氟乙烯表面，三种离子液体表现出截然不同的接触角，阴离子为全氟辛酸根的离子液体 1d 具有比 1c 和 2c 小得多的接触角，阴离子的全氟碳链在其中起到了重要的作用。

烯丙基胺类化合物与三氟甲基磺酸反应得到的质子型烯丙基功能化离子液体与相应的阳离子含相同碳原子数的丙基胺类质子型离子液体相比，具有较低的熔点和较高的离子电导率。对两个系列离子液体的物质的量浓度、阳离子和阴离子的自扩散系数、离子性的研究表明，烯丙基功能化质子型离子液体的物质的量浓度和离子性高于相应的丙基质子型离子液体，但是自扩散系数基本相同。烯丙基的存在有利于形成更为紧密的结构，而不会增加离子间的相互作用，从而具有更高的物质的量浓度和离子电导率。随着阳离子所连烷基链碳数的增加，色散力增强，导致离子液体的黏度升高，离子性降低。因此，在所研究的一系列烯丙基功能化离子液体中，烯丙基二甲基胺阳离子与 TfO$^-$ 组成的离子液体表现出了最高的离子电导率（150℃时为75mS/cm）[138]。

烯基功能化离子液体中，还有一类是将烯基官能团直接与咪唑环相连，如图 2-35 所示，乙烯基或丙烯基与烷基取代咪唑环氮原子相连，同 DCA 阴离子组成了一系列烯基功能化离子液体[139]。

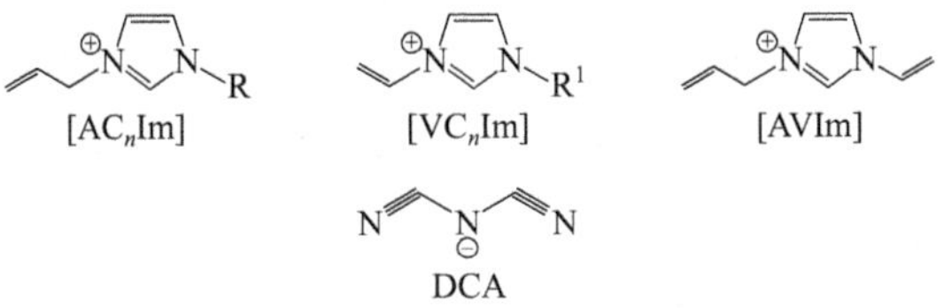

R=butyl,[AC$_4$Im];hexyl,[AC$_6$Im];octyl,[AC$_8$Im];decyl,[AC$_{10}$Im];dodecyl,[AC$_{12}$Im];tetradecyl,[AC$_{14}$Im]
R^1=octyl,[VC$_8$Im];decyl,[VC$_{10}$Im]

图 2-35 烯基功能化疏水离子液体阴阳离子结构

DSC 表征显示，除[AC$_{12}$Im]DCA 和[AC$_{14}$Im]DCA 在位于 -2.2℃ 和 -14.5℃ 处具有熔点外，其余离子液体只在 <-74℃ 范围内出现了玻璃化转变温度，而没有熔点或结晶点。九种烯基功能化离子液体在 25℃ 时的比热容值 C_p 介于 1.9~2.5J/(g·℃)之间，远高于非功能化离子液体的 C_p，如 25℃ 时，[BMIM]DCA 和 [BMIM]BF$_4$ 的 C_p 值分别为 1.8J/(g·℃)和 1.6J/(g·℃)[140]。这些离子液体不仅具有疏水性，其特殊之处还在于，25℃ 时它们的密度值介于 0.963~1.118g/cm^3 之间，比常规离子液体的密度要低，而与水的密度值接近。其中，[AC$_8$Im]DCA 和 [AC$_{10}$Im]DCA 的密度分别为 1.007g/cm^3 和 0.988g/cm^3，与 25℃ 时水的密度（0.997g/mL）非常相近。如图 2-36 所示，通过温度上升或下降，可以实现 IL/H$_2$O 混合液的可逆相反转，表明该类离子液体作为感温材料有潜在的应用价值。25℃ 下，这九种离子液体的黏度随阳离子上取代基链长的增加而呈现上升趋势，位于 24.3~293.3cP 之间，其中 [AC$_4$Im]DCA 的黏度最低，只有 24.3cP，远远低于 [BMIM]BF$_4$（219cP，25℃），但是仍然高于 [EMIM]DCA 的值（21cP，25℃）。

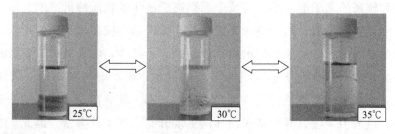

图 2-36　低密度离子液体在水相中随温度变化（25~35℃）过程中的相反转行为

2.3.7　酰胺功能化离子液体的性质

通过调控离子液体的阳离子结构，可以对离子液体的密度、亲/疏水性、电导率等性质进行调控。酰胺类化合物，如乙酰胺、内酰胺，与咪唑类化合物相比，具有低毒、价廉易得的优势，通过季铵化可用作新型离子液体阳离子。乙酰胺、丁内酰胺、己内酰胺与各种无机或有机酸通过简单的中和反应可以得到一系列质子型酰胺类离子液体，它们的物理化学性质受阳离子和阴离子的种类与结构影响较大[141,142]。比较含 BF_4^-、CF_3COO^- 的质子化酰胺离子液体的性质，前者具有较高的密度和黏度。当阴离子相同时，随着内酰胺阳离子环上碳原子数增加，密度降低，黏度升高，而小体积的乙酰胺阳离子离子液体具有非常低的黏度值，如在25℃，[CH_3CONH_3][CH_3COO] 的黏度为 7.7cP。离子电导率测定结果显示，酰胺阳离子离子液体的电导率值要高于含相同阴离子的咪唑类离子液体，一般而言黏度值和阳离子体积的减小都有利于增加离子的移动性，表现出高的电导率值。例如，25℃时 [CH_3CONH_3][CF_3COO] 离子液体的电导率值达到了 0.25S/m，而相同条件下阴离子同为 [CF_3COO] 的质子化丁内酰胺离子液体和甲基丁基咪唑离子液体的电导率值分别只有 0.144S/m 和 0.1S/m。不仅如此，[CH_3CONH_3][CF_3COO] 离子液体在高温下也有非常好的电导性能，80℃时为 1.07S/m，明显高于非功能化的 [$CH_3CH_2CH_2NH_3$][CF_3COO](80℃,<0.5S/m)，进一步说明酰基官能团对阴阳离子之间的作用有特殊影响。

选用甲基黄（pK_a=3.3）、4,4-苯基偶氮二苯胺（pK_a=1.5）或 2-硝基苯胺（pK_a=-0.2）作为碱性探针分子，采用紫外可见光谱法研究质子化酰胺功能化离子液体的 Brønsted 酸强度，以 Hammett 函数值（H_0）表示的各酰胺功能化离子液体的酸强度大小列于表 2-9。从表中数据可以看出，阳离子和阴离子的结构对离子液体的酸性强弱都有影响。

表 2-9 质子化酰胺功能化离子液体的酸强度 H_0 (25℃)

ILs	己内酰胺·BF_4^-	吡咯烷酮·BF_4^-	己内酰胺·NO_3^-	己内酰胺·$CF_3CO_2^-$	吡咯烷酮·$CF_3CO_2^-$
H_0	−0.22	0.91	2.08	3.35	3.48

ILs	$[CH_3CONH_3][CF_3CO_2]$	己内酰胺·$ClCH_2CO_2^-$	$[CH_3CONH_3][CH_3CO_2]$	己内酰胺·$phCOO^-$
H_0	4.33	5.04	5.19	6.07

质子化酰胺离子液体的比热容和热分解温度受阴离子种类影响较大，显热存储密度的计算结果显示，质子化内酰胺离子液体储热密度值大于 $200MJ/m^3$，具有用作导热流体的潜质。

酰胺氮原子上连有不同碳原子数烷基链后，可实现对离子液体的性质和功能的调变，应用于更多领域。Deng 等人[143]对 N-烷基己内酰胺阳离子 $[C_n\text{-}CP]^+$ 离子液体的性质进行研究，他们发现当 $n=6$ 时，离子液体表现为各向同性液体，没有中间相出现，当 $n \geqslant 8$ 时，可作为热致离子液体液晶，呈现出通常的近晶 A 相。这些离子液体的熔点和凝固点随阳离子上碳链长度增加，或阴离子由对甲苯磺酸根改为甲烷磺酸根而升高。在加热或冷却过程中，含对甲苯磺酸阴离子的离子液体的相变焓和熵都随烷基链长的增加而显著上升，但是对于阴离子为甲烷磺酸根的离子液体，烷基链长短对相变焓和熵的影响不明显，该现象说明离子液体阴离子的结构和大小起到了关键作用。不仅如此，阴离子对比热容的影响也比较大，C_{16}-CPTS 离子液体具有最高的比热容值，C_p 为 $2.85J/(g \cdot K)$。与商品化的导热油 Therminol VP-1，以及常规的 [EMIM]BF_4、[BMIM]BF_4 离子液体相比，C_n-CPTS ($n=12, 16, 18$) 系列离子液体具有较高的比热容值、显热存储密度值及潜热存储密度值。

酰胺基团可以通过氢键与氨基酸中的氨基发生作用，该性质可用来萃取氨基酸。例如，利用丁酰胺修饰的咪唑阳离子与双三氟甲基磺酰亚胺阴离子组成的疏水性离子液体 $[EimCH_2CONHBu]NTf_2$，实现了液-液两相中氨基酸的高效萃取。尤其是对于色氨酸，在 pH=0.5 的条件下，分配系数达到 10.02，而且在重复使用中依然保持高的萃取效率[144]。Liu 等人[145]对不同温度下该离子液体的密度、表面张力、动力学黏度和电导率进行了测量。利用密度值和表面张力值对等压热膨胀系数、分子体积、标准摩尔熵、表面能、表面熵、临界温度、晶格能、等张比容、摩尔蒸发焓、空隙体积等热力学参数进行了推导,并应用 Walden 规则,描述了动力学黏度与摩尔电导率之间的关系,相关系数达到 0.9 以上。

2.3.8 磺酸基功能化离子液体的性质

磺酸基功能化离子液体因其酸性强、性质稳定、易于分离等特性,被广泛用于催化反应中,实现了对传统酸性催化剂的替代,但是有关磺酸基功能化离子液体物理化学性质的系统性研究并不多见。

蔡双飞等人[146]为了获得 1-甲基-3-(3-磺酸丙基)-咪唑硫酸氢根离子液体 $[C_3SO_3HMIM][HSO_4]$ 溶解性方面的性质,采用静态分析法在 289.15~363.15K 范围内,研究了该离子液体在 12 种有机溶剂中的溶解度,并利用经验方程对实验值进行了关联。结果表明,$[C_3SO_3HMIM][HSO_4]$ 的溶解度随温度升高而增大,并且在弱极性和中等极性溶剂中只能部分溶解。在烷烃类弱极性溶剂中的溶解度顺序为:正戊烷>正己烷>正庚烷;在中等极性的酮类溶剂中的顺序为:丙酮>3-甲基-2-丁酮>2-丁酮。对于中等极性的苯、甲苯和乙苯三种苯衍生物溶剂,$[C_3SO_3HMIM][HSO_4]$ 在乙苯中的溶解度最小,这似乎与乙苯较大的分子量有关。通常而言,溶剂和溶质间的离子-偶极相互作用随着溶剂极性的升高而增强,因此 $[C_3SO_3HMIM][HSO_4]$ 只能部分溶解于弱极性和中等极性溶剂中,但是可以与水、醇和有机酸等强极性溶剂完全互溶。这样的研究对于离子液体的纯化,以及在反应、分离中的应用具有一定指导价值。

Amarasekara 研究组[147]采用 TG 的方法对阳离子骨架为甲基咪唑、吡啶、三羟乙基胺的三个系列共 24 种磺酸功能化离子液体的热稳定性做了详细考察。所考察的 24 种离子液体的热分解温度在 N_2 气氛和空气条件下基本无差别,说明空气中的氧气对离子液体的分解没有影响,因酸功能化离子液体的热分解属于酸催化过程。三个系列离子液体的热稳定性有如下顺序:甲基咪唑鎓类(213~353K)>三羟乙基季铵类(230~307K)>吡啶鎓类(167~240K)。在磺酸功能化甲基咪唑类离子液体中,热稳定性与阴离子种类关系密切,按 $CH_3CO_2^- > SO_4^{2-} > PO_4^{3-} > BF_4^- > CH_3SO_3^- > Cl^- > Br^-$ 的顺序降低,对于阳离子骨架为吡啶和三羟乙基胺的离子液体具有相类似的热稳定性顺序,即 $CH_3CO_2^- \approx SO_4^{2-} > PO_4^{3-} > BF_4^- > CH_3SO_3^- > Cl^- > Br^-$。与 BMIMCl 相比,阴离子同为 Cl^- 的丁烷磺酸功能化甲基咪唑离子液体的热分解温度低了 60℃,表明磺酸基团的引入明显降低了离子液体的热稳定性。

作者利用四烷基胍与丁烷磺酸内酯反应,得到的两性化合物再经酸化,制备出两种胍基磺酸功能化离子液体，对它们的酸性、溶解性、离子电导率、热稳定性和相行为进行了研究，并与咪唑类磺酸功能化离子液体进行了对比[26]。如图 2-37 所示的两种离子液体与水、甲醇、乙腈等极性溶剂互溶，不溶于弱极性的乙醚、甲苯、正己烷、乙酸乙酯、环己烷、四氢呋喃和 1,4-二氧六环。

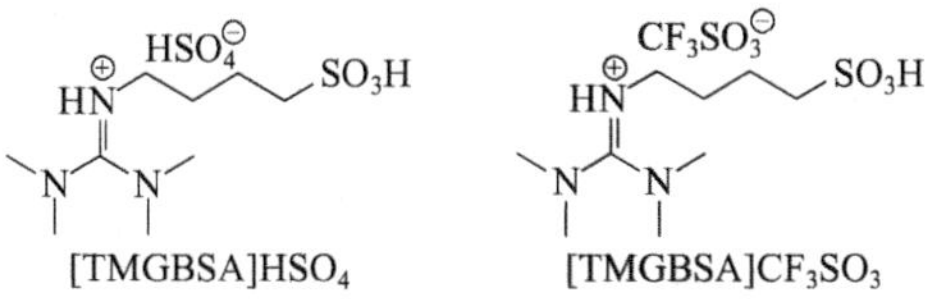

图 2-37　磺酸功能化四烷基胍离子液体结构

表 2-10 列出了四种磺酸功能化离子液体的部分物理化学性质，从表中可以看出，与同类型的咪唑阳离子功能化离子液体相比，胍基离子液体电导率极低，这与它们的黏度值较大有关。通常而言，阳离子体积较大，则对应离子液体的密度较小，因此相对于 BSMIMHSO$_4$ 和 BSMIMOTf，两种磺酸功能化胍基离子液体的密度值偏小，50℃下，[TMGBSA]HSO$_4$ 和 [TMGBSA]OTf 密度值分别为 1.37g/cm^3 和 1.34g/cm^3。

表 2-10　磺酸功能化离子液体的部分物理化学性质

离子液体	$\sigma/(\mu S/cm)$	$T_d/℃$	$T_g/℃$	H_0
[TMGBSA]HSO$_4$	6.05	276.7	−30.1	1.38(25℃)
[TMGBSA]OTf	14.25	265.8	−42.7	0.86(25℃)
BSMIMHSO$_4$	83.8	304.5	−45.6	0.88(20℃)
BSMIMOTf	88.0	353.4	−52.3	0.23(20℃)

当含有相同阴离子时，胍基离子液体的酸强度略低于咪唑基离子液体，这或许与胍基阳离子正电荷分散程度较高有关。通过 DFT 的方法对 [TMGBSA]OTf 离子液体的构型进行了计算，结果显示，离子液体的稳定构型不仅依赖于氢键相互作用，也依赖于阴阳离子间的静电相互作用，而且后者占主导地位。自然键轨道分析（NBO）发现，离子对中阴阳离子的电荷分布发生了变化，表明阳离子和阴离子之间存在电荷迁移，从而增强了阴阳离子间的相互作用。此外，离子对中与阳离子上氮原子及磺酸基氧原子相连的氢原子正电荷的增多也表示这些氢原子的酸性得到了增强。

作者基于异丁胺骨架设计和制备了两种阴离子为硫酸氢根的磺酸功能化离子液体，即 [IBAC3S]HSO$_4$ 和 [IBAC4S]HSO$_4$，两者的酸强度值分别为

1.530 和 1.386，具有强酸性。在 293.15～373.15K 温度范围内测定了它们的密度、黏度、表面张力、电导率和折射率。在考察的温度范围内，两种离子液体的密度、电导率和折射率都能用多项式方程 $z=A_0+A_1T+A_2T^2$ 表示，黏度与温度的关系可用 Vogel-Tammann-Fulcher（VTF）方程表示，VTF 方程为 $\eta=AT^{0.5}\exp[k/(T-T_0)]$，其中，$A$、$k$ 及 T_0 为拟合常数[148]。

从密度与温度关系的多项式，可以得到不同温度下离子液体的等压热膨胀系数 α。[IBAC3S]HSO_4 和[IBAC4S]HSO_4 的 α 值相近，且随温度的升高变化幅度很小，其趋势与其他液体略有不同（图 2-38）。离子液体阳离子和阴离子之间如果偶极-偶极相互作用能强于库仑力能，那么常压下分子间的吸引力和排斥力就会达到平衡，从而表现出热膨胀系数随温度变化不明显的现象。

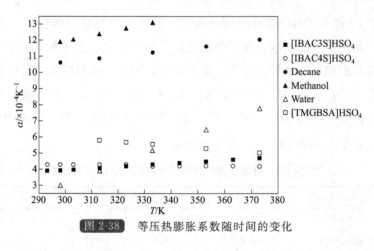

图 2-38　等压热膨胀系数随时间的变化

两种磺酸功能化离子液体的表面张力对温度的变化关系可由 Eötvös 方程表示[149~151]：

$$\gamma V^{2/3}=k(T_c-T)$$

式中，V 是离子液体的摩尔体积；k 是经验常数；T_c 是临界温度。将 $\gamma V^{2/3}$ 对 T 作图，所得直线斜率的负值就是经验常数 k。k 被认为是与极性相关的物理量，如大多数有机液体的 k 值[152]约为 2.2×10^{-7}J/K，而强极性的熔融盐的 k 值一般都比较小，如 NaCl 的 k 值为 0.4×10^{-7}J/K[140]。[IBAC3S]HSO_4 和[IBAC4S]HSO_4 的 k 值分别为 3.25×10^{-7}J/K 和 2.28×10^{-7}J/K，这意味着它们的极性与有机液体相接近。

将两种离子液体的表面张力值对温度作图可以得到一条直线，斜率值即为离子液体的表面过剩熵 S^a，再由公式 $H^a=\gamma+S^a$ 计算得到表面过剩能 H^a。298.15K 下，[IBAC3S]HSO_4、[IBAC4S]HSO_4 的 S^a 和 H^a 分别为 0.105mJ/

($m^2 \cdot K$)和 83.49mJ/m^2，0.0741$mJ/(m^2 \cdot K)$和 69.24mJ/m^2。如此小的表面过剩熵说明离子液体结构的有序性较高。

利用 VTF 方程对这两种离子液体的电导率与温度关系进行拟合，得到两条直线，相关系数大于 0.99。图 2-39 是两种离子液体的 Walden 方程拟合曲线，从图中可以看出，两者的拟合直线均位于 NaCl 参考线上方，落在"超离子液体"区域，也就是说，体系在一定程度上遵循解耦传输机制。

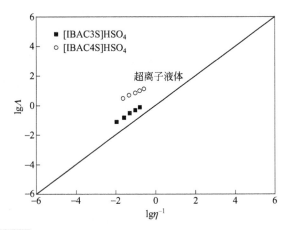

图 2-39 磺酸功能化异丁胺离子液体 Walden 方程拟合曲线

有关酸性离子液体性质的描述中，经常提及其腐蚀性低或基本无腐蚀性，也有研究者认为烷基磺酸功能化离子液体因其强酸性不可避免地存在腐蚀性。近些年来，随着离子液体在各个领域的应用越来越广泛，离子液体对设备材料的腐蚀性开始引起人们关注。Bardi 等人[153]报道了 600 合金、铜和 AISI1018 碳钢三种金属在 225℃的离子液体[C_4MIM][Tf_2N]中腐蚀 20 天的结果，最终在金属表面被检测到含有一定量的 O、S、F、N 元素，作者认为这种现象可能是由于[C_4MIM][Tf_2N]在高温的作用下发生了分解。此外，他们还分别研究了高温下 AZ91D 镁铝合金和镍、黄铜等几种金属在[C_4MIM][Tf_2N]中的腐蚀行为，得出了相类似的结论[154,155]，且发现温度显著影响腐蚀速率。Uerdingen[156]研究了 7 种离子液体对多种金属的腐蚀情况，发现离子液体的阴、阳离子结构对其腐蚀性能的影响较大。对于很多金属在纯离子液体中不发生腐蚀而在离子液体的水溶液中有腐蚀的现象，其解释是阴离子发生了水解加速了腐蚀。Bermúdez[157]考察了铝合金在 7 种离子液体及其水溶液中的腐蚀过程，也得出离子液体的水解会加速合金腐蚀的结论。Shkurankov[158]的研究证明了 AZ91D 合金在不含水的[BMIM]CF_3SO_3 离子液体中有表面钝化现象，利用原子力显微镜没有在合金表面检测到腐蚀产物。

电化学测试技术是一种重要的腐蚀研究方法,可以用于快速测定腐蚀速率,评价金属的腐蚀规律和研究介质对金属材料的腐蚀机理。常用的电化学测试技术包括电极电位的测量、极化曲线测量、电化学阻抗测量、伏安测试以及电化学噪声等。

极化曲线的测定是研究电极反应的机理和探究电极反应影响因素的重要方法之一。通过分析极化曲线,可以判断腐蚀反应的类型,如活化极化、扩散控制、钝化、过钝化等,获得金属的腐蚀特性、腐蚀机理、特征电位值(腐蚀电位、孔蚀电位等)。此外,还能得到曲线的塔菲尔参数、计算缓蚀剂的缓蚀效率、研究缓蚀剂的作用机理等。电化学阻抗谱(EIS)近年来在腐蚀研究中得到了广泛应用,成为一种研究电极反应动力学及电极界面现象的重要电化学方法。但是腐蚀是非常复杂的过程,在实际研究中最好是几种方法同时使用以确定腐蚀的过程。有时,电化学方法需要与其他的表面分析方法同时使用,互相印证,才能探明金属的腐蚀机理或介质的耐蚀机理。

我国台湾 Chang 研究小组[159]用电化学方法考察了离子液体 $AlCl_3$-EMIC 对碳钢、304 不锈钢和钛的腐蚀特性,碳钢和 304 不锈钢表现出钝化现象,钛却被严重腐蚀。随后,他们用电化学技术结合扫描电镜(SEM)分析研究了镍、铜和 316 不锈钢在 $AlCl_3$-EMIC 中的腐蚀机理,镍有较宽的钝化区间和较低的维钝电流,铜没有钝化现象,316 不锈钢在 0.6V(相对于自腐蚀电位)左右发生点蚀,但是当继续极化时,腐蚀电流又突然减小,表现出明显的钝化[160]。

与传统溶剂相比,离子液体挥发度极小,而且性质稳定,液态范围广,许多研究表明,离子液体有可能成为吸收式热泵的新工作介质。热泵工作介质的选择对于热泵的使用寿命和工作性能很重要。Zhao 课题组[161]运用电化学测试技术和 SEM 研究了 1-乙基-3-甲基咪唑磷酸二乙酯([EMIM][DEP])离子液体的水溶液对 316L 不锈钢的腐蚀性,并与传统热泵工作介质 LiBr 溶液进行了比较。结果表明,316L 不锈钢在离子液体溶液中有明显的自钝化现象,钝化区间和电化学阻抗值都大于 LiBr 电解质,自腐蚀电流密度比 LiBr 水溶液中的小。此外,为了解释两种工作介质中的腐蚀机理,作者基于密度泛函理论计算了离子的范德华体积、氢键以及离子对的相互作用能,分析表明,316L 不锈钢在 LiBr 水溶液中最容易发生点蚀,而在 [EMIM][DEP] 水溶液中最难发生点蚀。

由此可见,有关离子液体腐蚀科学的研究已经引起人们重视,其重要性直接与离子液体的应用相关联。诚然如此,这方面的工作仍然缺乏系统性,例如有关酸性离子液体腐蚀行为的研究就很少。国内吴有庭等人[162]在研究酸性离子液体催化醇酸酯化反应时，采用全浸试验的方法考察了反应条件下五种酸性离子液体（图2-40）对316L奥氏体不锈钢样品的腐蚀性，测定结果列于表2-11。

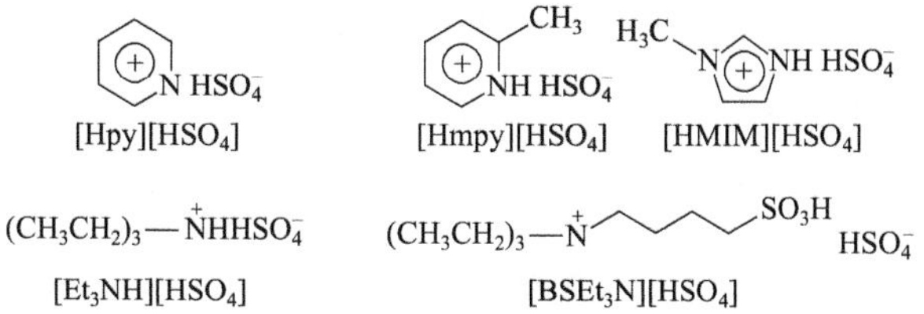

图 2-40 BAILs 结构

表 2-11 316L 不锈钢在 BAILs 反应溶液中的腐蚀速率①

离子液体	质量损失/[g/(g·h)]	腐蚀速率/(mm/a)
[Hpy][HSO$_4$]	0.487×10^{-4}	0.021
[Hmpy][HSO$_4$]	0.422×10^{-4}	0.019
[HMIM][HSO$_4$]	0.251×10^{-4}	0.011
[Et$_3$NH][HSO$_4$]	14.8×10^{-4}	1.30
[BSEt$_3$N][HSO$_4$]	128×10^{-4}	11.2

① BAILs：25%（质量分数）；乙酸：0.5mol；正丁醇：0.5mol；85℃，50h。

所考察的离子液体中，[Hpy][HSO$_4$]、[Hmpy][HSO$_4$] 和 [HMIM][HSO$_4$] 的年腐蚀速率分别为 0.021mm/a、0.019mm/a 和 0.011mm/a，可以认为基本无腐蚀性。磺酸功能化离子液体 [BSEt$_3$N][HSO$_4$] 因为具有强酸性（$H_0=1.03$），表现出很强的腐蚀性，年腐蚀速率达到了 11.2mm/a。

最近，作者课题组运用极化曲线法和电化学阻抗谱法测量了 Fe、Ni 和 304 不锈钢三种金属在两种磺酸功能化离子液体水溶液中的腐蚀行为，并结合 SEM 表征探讨了温度、浓度、阴离子结构对三种金属在离子液体水溶液中腐蚀性能的影响及腐蚀机理[163]。图2-41 显示了两种磺酸功能化离子液体的结构以及不同温度下不同浓度溶液中 Fe、Ni 和 304 不锈钢的典型塔菲尔（Tafel）曲线。

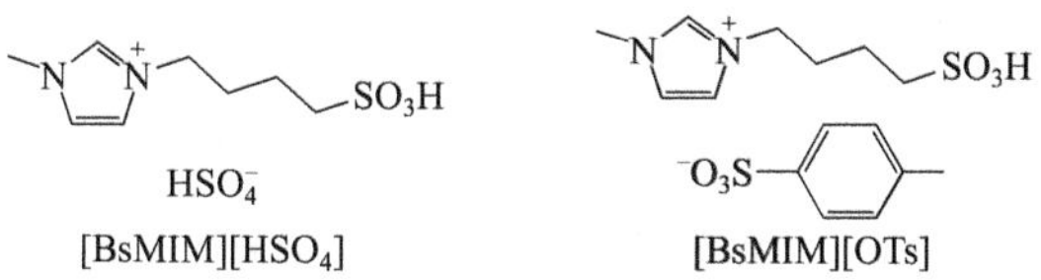

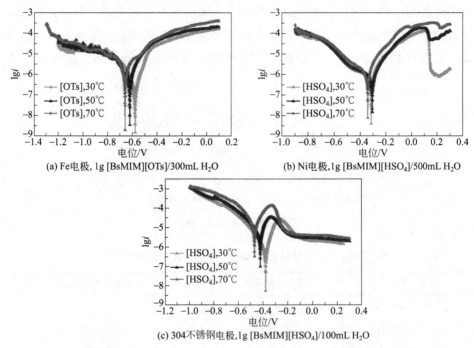

图 2-41　磺酸功能化离子液体及三种金属的典型塔菲尔曲线

研究结果显示，温度对金属的腐蚀行为有较大影响，随温度升高，腐蚀电位负移，腐蚀电流密度升高，金属的腐蚀速率加快。观察阳极极化曲线可以发现，Fe 的阳极曲线没有出现钝化区，而 Ni 和 304 不锈钢都有明显的钝化区。对于 Ni 而言，较高温度下钝化层被破坏，导致极化电流升高，腐蚀加快。304 不锈钢阳极钝化区较为稳定，随温度的变化不明显，表现出较好的耐腐蚀性。三种金属的阴极极化曲线在不同温度下表现为相互平行，说明温度的变化并没有改变腐蚀机理。

增加离子液体水溶液浓度，被测金属的腐蚀程度加剧，但是不同浓度溶液中 Tafel 曲线的形状相似，表明腐蚀机理没有发生变化。图 2-42 是 30℃下 304 不锈钢电极在两种离子液体水溶液中尼奎斯特（Nyquist）图随浓度的变化。由图中可以看出，在 1g [BsMIM][HSO$_4$]/100mL 溶液中，阻抗谱上存在两个时间常数，即高频区的容抗弧与低频区的感抗弧。容抗弧对应于阳极腐蚀反应的电极过程，感抗弧对应于不稳定点蚀的形成或者是与气泡的脱附相关。除此之外，其他浓度下，阻抗谱仅表现出一个容抗弧，对应着电极表面与溶液形成的双电层反应过程。同时，随着溶液中离子液体浓度的增加，容抗弧逐渐收缩，极化电阻也不断减小，容抗的弥散指数也不断减小，说明高浓度的离子液体溶液中金属腐蚀程度变大。

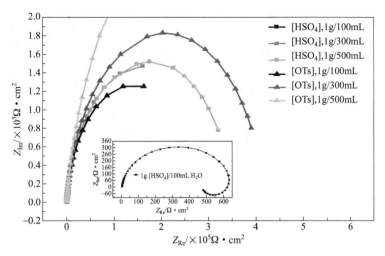

图 2-42　304 不锈钢电极在 30℃不同浓度离子液体水溶液中的 Nyquist 图

离子液体阴离子结构对金属的腐蚀行为也有不同程度的影响，30℃时，在浓度为 1g IL/300mL H_2O 的溶液中，金属电极在［BsMIM］［OTs］中的腐蚀电流密度比在［BsMIM］［HSO_4］中的小，表明在前者的水溶液中腐蚀速率较低。其原因可能和［BsMIM］［OTs］较低的酸性以及较大的阴离子体积有关，OTs^- 吸附于电极表面阻碍了金属与氧化性物质的进一步接触。

图 2-43 是三种金属试片在 40℃的离子液体水溶液中浸泡 48h 后的 SEM 图。通过比较发现，Fe 在两种离子液体溶液中浸泡后，均发生了较严重的腐蚀，表面附着了腐蚀产物，变得粗糙［图 2-43（a）、（b）］。在［BsMIM］［HSO_4］水溶液中浸泡过的 Ni 试片表面附着了一层致密的腐蚀产物［图 2-43（c）］，而在［BsMIM］［OTs］水溶液中浸泡过的试样表面粗糙程度明显变小［图 2-43（d）］。对于在［BsMIM］［OTs］水溶液中浸泡过的 304 不锈钢试片，其表面较为光滑，甚至可以观察到机械打磨的痕迹［图 2-43（f）］。而［BsMIM］［HSO_4］中的试样表面也出现了一层均匀致密的腐蚀产物［图 2-43（e）］。

与电化学测试的结果一致，在［BsMIM］［HSO_4］水溶液中被测金属都发生了明显的腐蚀，而在 304 不锈钢表面形成了均一致密的钝化膜，避免了金属与腐蚀介质的进一步接触，耐蚀性增强。

2.3.9　阴离子功能化离子液体的性质

阳离子和阴离子的种类与结构、取代基类型都对离子液体的性质有重要影响，其中，阴离子主要影响着离子液体的熔点和黏度。虽然到现在阴离子功能

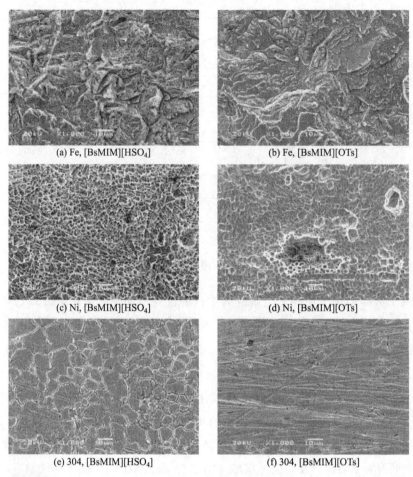

图 2-43 金属试片在 40℃的 1g IL/100mL H_2O 溶液中浸泡 48h 后的 SEM 图

化离子液体的种类和数量还达不到阳离子功能化离子液体的水平,但是由于阴离子功能化后离子液体常常具有某些异乎寻常的性质,因此使它们能应用于许多特殊的领域。

多氟取代烷基三氟化硼阴离子 $[R_fBF_3]^-$ 与咪唑类、脂肪族季铵类、吡咯烷类等多种阳离子组成的离子液体通常具有低的熔点和黏度,这主要源于 $[R_fBF_3]^-$ 阴离子的对称性低、电荷分散性好和构象自由度高等一系列优异特性。此外,这类阴离子的 R_f 基团易于置换组合的特点不仅十分有利于对离子液体黏度、电导率等性质在很大程度上进行优化,而且提供了系统研究阴离子结构组成对离子液体性质影响规律的平台,这恰恰是普通阴离子所不具备的。Zhou 等人[50,164]设计和合成了多种环状季铵阳离子与 $[R_fBF_3]^-$ 组成的功能化离子液体(图 2-44),为了进一步认识阳离子母体结构及取代基类型、阴离子氟代烷基链长度与离子液体物理化学性质之间的关系,详细研究了它们的相变行为、热稳定性、密度、黏度、离子电导率和电化学窗口等基本物理化学性质。阳离子母体结构为吡咯烷和哌啶的离子液体具有更低的黏度和更高的电导率,在阳离子上引入含醚键的取代基有利于增加流动性和电导率,但是对热稳定性和电化学稳定性有不利影响。三种阴离子中,全氟烷基功能化的 $[R_fBF_3]^-$ 阴离子独有的电荷高分散性和高的构象自由度有利于降低离子液体的黏度。作者认为,此类以 $[R_fBF_3]^-$ 为阴离子的离子液体中,拥有低熔点、低黏度、高热稳定性、高电导率和宽电化学窗口的功能化离子液体极有可能在高能量密度装置中获得应用,而今后研究的热点将集中于发展新的性能更加灵活多变且体积更小的阴离子,通过与小体积的季铵阳离子组合来构建更低熔点的功能化离子液体。

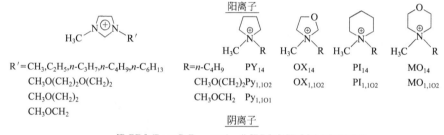

图 2-44 环状季铵阳离子和三类阴离子

Tong 等人[165]研究了阴离子为四氰基硼酸根的功能化离子液体 $[C_2MIM][B(CN)_4]$ 的密度和表面张力。采用最小二乘法对 283.15~338.15K 范围内密度测定值进行拟合,得到了经验方程 $\ln(\rho/\rho_0)=0.03579-7.59\times10^{-4}(T-298.15)$。式中,$\rho_0=1g/cm^3$,相关系数达到 0.99999。由 298.15K 下的密度值得出 $[C_2MIM][B(CN)_4]$ 的分子体积 V_m 为 $0.3623nm^3$。对于烷基咪唑类离子液体,例如 $[C_nMIM][AlCl_4]$[166]、$[C_nMIM][Ala]$[167] 和 $[C_nMIM][BF_4]$[168],每个亚甲基(—CH_2—)对离子液体分子体积的贡献值分别为 $0.00270nm^3$、$0.00278nm^3$ 和 $0.00275nm^3$。以 $0.00275nm^3$ 作为平均值,对 $[C_nMIM][B(CN)_4]$($n=3,4,5,6$)的分子体积进行预测,结果见表 2-12,该系列离子液体标准熵和晶格能的预测值也一并列出。

采用 Kabo[169] 和 Rebelo[170] 提出的经验模型,预测 $[C_2MIM][B(CN)_4]$ 在 298K 下的摩尔气化焓($\Delta_l^g H_m^\ominus$)为 166.3kJ/mol,而在假设的标准沸点温度 680K 下的摩尔气化焓($\Delta_l^g H_m^\ominus$)为 61.2kJ/mol。

表 2-12　[C_nMIM][B(CN)$_4$]离子液体 298.15K 时体积性质的预测值

离子液体	ρ/(g/cm^3)	V_m/nm^3	$S^\ominus$/[J/(K·mol)]	V/(cm^3/mol)	U_{POT}/(kJ/mol)
[C_2MIM][B(CN)$_4$]	1.03641[①]	0.3623[①]	481.1[①]	218.1[①]	433[①]
[C_3MIM][B(CN)$_4$]	1.02295	0.3898	515.4	234.7	425
[C_4MIM][B(CN)$_4$]	1.01127	0.4173	549.7	251.2	418
[C_5MIM][B(CN)$_4$]	1.00103	0.4448	584.0	267.8	411
[C_6MIM][B(CN)$_4$]	0.99199	0.4723	618.2	284.3	405

① 实验测定值。

以羧酸根为阴离子的离子液体对纤维素、壳聚糖及木材等生物质具有很好的溶解性，因此最近几年来持续受到关注。但是此类离子液体的基本物理化学性质数据还十分有限，以至于对该系列离子液体的构效关系缺乏系统的认识。Xu 等人[171,172]先后研究了阳离子为 [C_4MIM]$^+$，阴离子不同的两个系列羧酸根阴离子功能化离子液体的物理化学性质。如图 2-45 所示，一个系列的阴离子为不同碳原子数的脂肪族羧酸根，另一个系列的阴离子结构中与羧基相连的基团各不相同。

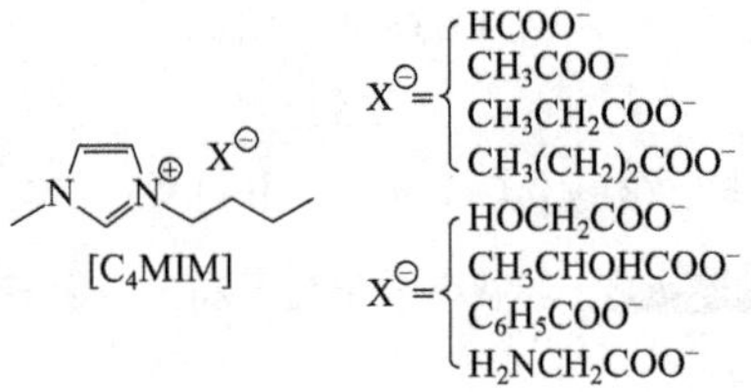

图 2-45　[C_4MIM]X 羧酸阴离子功能化离子液体结构

作者测定了 298.15～343.15K 范围内这些离子液体的密度和表面张力，分析了离子液体物理化学性质随阴离子结构不同的变化规律。对于阴离子为不同碳原子数的脂肪族羧酸根的四种离子液体，随着羧酸根阴离子烷基链碳原子数增多，密度和表面张力都呈现下降的趋势。通过密度和各个离子液体的摩尔质量可以计算出摩尔体积 V_m，取一定温度下的 V_m 值对相应的阴离子烷基碳原子数作图，可以得到一条直线。以 298.15K 为例，所得直线的斜率为 16.0cm^3/mol，表明阴离子烷基链每增加一个 CH_2 基团，离子液体的摩尔体积就增加 16.0cm^3/mol。此结果与 CH_2 位于阳离子侧链时对离子液体摩尔体积的贡献值接近，如对于 [C_nMIM][Ala][167] 和 [C_nMIM][NTf$_2$][168]，每增加一个 CH_2，对摩尔体积的贡献值为 16.7cm^3/mol 和 16.6cm^3/mol，而且也与普通有机化合物同系物预测的结果相一致，比如 CH_2 对正构烷基醇、正构烷基胺和正构烷烃摩尔体积的贡献值分别为 16.9cm³/mol、16.4cm³/mol 和 16.1cm³/mol[173]，因此 CH_2 对摩尔体积的贡献与离子液体阴阳离子的属性无关。

在 298K 温度下，各离子液体的标准熵 $S^{\ominus}$ 与阴离子烷基链碳原子数也呈线性相关，即随着碳链的增长而线性增加，意味着烷基链越长则离子液体的有序性越弱。阴离子烷基链每增加一个 CH_2 基团，离子液体的标准熵增加 33.0J/(K·mol)，与 $[C_n MIM]^+$ 阳离子碳链上 CH_2 基团对标准熵的贡献值相符。此外，从晶格能的计算值发现，随着羧酸阴离子烷基碳链碳原子数的递增，离子液体晶格能呈现下降趋势，该规律在 $[C_n MIM][Ala]$ 离子液体中也存在[147]。利用不同温度下的密度值计算出四种离子液体的等压热膨胀系数 α_p，发现与水的 α_p 值相近，并且在给定温度下，α_p 值随羧酸阴离子烷基碳链碳原子数的递增而增加，说明离子液体的有序性在变差，与标准熵的变化趋势相吻合。

众所周知，离子液体的蒸气压极低，因此实验上很难测得它们的摩尔气化焓（$\Delta_l^g H_m^{\ominus}$），但是从 Kabo 和 Verevkin 提出的经验方程[169]，仍旧可以间接地对其 $\Delta_l^g H_m^{\ominus}$ 值进行估计。

$$\Delta_l^g H_m^{\ominus} = A(\gamma V_m^{2/3} N_A^{1/3}) + B$$

由上式计算出 $[C_4MIM][HCOO]$、$[C_4MIM][CH_3COO]$、$[C_4MIM][CH_3CH_2COO]$ 和 $[C_4MIM][CH_3(CH_2)_2COO]$ 的 $\Delta_l^g H_m^{\ominus}$ 值分别为 95.2kJ/mol、124.0kJ/mol、121.6kJ/mol 和 120.5kJ/mol。离子液体的溶解度参数（δ_H）可以通过 Hildebrand 法[174]计算得到，计算式如下：

$$\delta_H = \left(\frac{\Delta_l^g H_m^{\ominus} - RT}{V_m}\right)^{0.5}$$

$[C_4MIM][HCOO]$、$[C_4MIM][CH_3COO]$、$[C_4MIM][CH_3CH_2COO]$ 和 $[C_4MIM][CH_3(CH_2)_2COO]$ 的 δ_H 值分别为 23.2MPa$^{0.5}$、25.4MPa$^{0.5}$、24.1MPa$^{0.5}$ 和 23.2MPa$^{0.5}$。有报道指出，利用溶解度参数可以预测生物大分子在离子液体中的溶解度，当生物大分子的 δ_H 值与离子液体的 δ_H 值一致时，有最大溶解度[175]。例如，$[C_4MIM][CH_3CH_2COO]$ 的 δ_H 值为 24.1MPa$^{0.5}$，非常接近于木质素的 δ_H 值（24.1MPa$^{0.5}$），因此可以推测 $[C_4MIM][CH_3CH_2COO]$ 能够很好地溶解木质素。实验结果也证实，$[C_4MIM][CH_3CH_2COO]$ 对木质素的溶解能力要强于其他三种。

Xu 等人合成的另一系列四种羧酸阴离子功能化离子液体分别是 $[C_4MIM][HOCH_2COO]$、$[C_4MIM][CH_3CH_2OHCOO]$、$[C_4MIM][C_6H_5COO]$ 和

[C₄MIM][H₂NCH₂COO]，即将 [C₄MIM][CH₃COO] 阴离子上与羧基相连的 CH₃ 基团进行了替换。研究发现，CH₃COO⁻ 的 CH₃ 被取代后，离子液体的密度、摩尔体积和标准熵都有所上升。四种离子液体的表面张力大小具有如下顺序：[C₄MIM][C₆H₅COO] < [C₄MIM][CH₃CH₂OHCOO] < [C₄MIM][HOCH₂COO] < [C₄MIM][H₂NCH₂COO]。说明阴离子羧基上的取代基性质对表面张力有较大影响。与 [C₄MIM][CH₃COO] 相比，CH₃ 中 H 被—OH 或—NH₂ 取代后，导致表面张力显著增高，从 39.2mJ/m²[171] 分别升高到 49.7mJ/m² 和 54.5mJ/m²。但是 CH₃ 被—C₆H₅ 取代后，表面张力变化不大。

四种离子液体的表面过剩熵和表面过剩能也明显高于 [C₄MIM][CH₃COO] 的值，这表明，CH₃ 被取代后，降低了离子液体的组织有序性，同时增强了阳离子和阴离子之间的相互作用。利用 Kabo 和 Verevkin 的经验方程[169]，同样可以计算出这些离子液体的摩尔气化焓 $\Delta_l^g H_m^\ominus$，其值略大于 [C₄MIM][CH₃COO]，表明蒸气压更低。通过 Hildebrand 法计算出的溶解度参数（δ_H）顺序如下：[C₄MIM][C₆H₅COO]（25.5MPa$^{0.5}$）< [C₄MIM][HOCH₂COO]（26.1MPa$^{0.5}$）< [C₄MIM][CH₃CHOHCOO]（28.6MPa$^{0.5}$）< [C₄MIM][H₂NCH₂COO]（30.0MPa$^{0.5}$）。显然改变阴离子取代基的种类可以调节离子液体的溶解度参数。

氨基酸离子液体（amino acid ionic liquids，AAILs）作为一种新型绿色溶剂，由于其具有更好的环境友好性、生物相容性、生物降解功能等受到科学工作者的广泛关注。另外，以氨基酸作为阴离子，借助其天然手性，可以为离子液体提供稳定的手性中心，成为少数几个可以由阴离子提供手性的例子。AAILs 的各种性质，如熔点、玻璃化转变温度、热稳定性、黏度及导电性等，受到氨基酸侧链或官能团的影响，因此研究氨基酸离子液体的物理性质，丰富氨基酸离子液体的热力学数据，将为以后的应用提供大量科学依据。

Ohno[176] 小组通过 [EMIM]OH 与氨基酸进行简单的酸碱中和反应合成了 20 多种氨基酸作为阴离子的手性离子液体。这些离子液体产品多数在室温下呈现液态，近乎无色透明，能够和多种有机溶剂（如甲醇、乙腈和氯仿等）相混溶，其溶解性与氨基酸阴离子侧链结构有关。除此之外，作者还对离子液体的玻璃化转变温度（T_g）、热稳定性、离子电导率以及黏度等进行了测试。发现此类离子液体没有熔点，但存在玻璃化转变温度（T_g），其范围为 −65~6℃。氨基酸侧链结构对 T_g 有较大影响，通过比较 [EMIM][Ala]、[EMIM][Val]、[EMIM][Leu] 和 [EMIM][Ile] 等氨基酸离子液体，发现它们的 T_g 随烷基侧链的增长而相应地增加，这主要源于烷基侧链间范德华力的增强。另外，氨基酸离子液体含有不同的官能团时，如 $H_2N—$、$H_2NCO—$、$HOOC—$ 等，对 T_g 也有不同的影响，如[EMIM][Lys]（-47℃）＜[EMIM][Gln]（-12℃）＜[EMIM][Glu]（6℃）。

一般而言，AAILs 的热稳定性较常规的离子液体要差。Ohno[176,177]等人研究发现，多数氨基酸阴离子离子液体的热分解温度位于 200℃ 附近，阳离子的对称性越高，离子液体的热稳定性就越好，如 [N_{2226}][Ala]、[N_{444}][Ala]、[P_{14}][Ala]、[EMIM][Ala] 和 [TBP][Ala] 的热分解温度分别为 150℃、162℃、176℃、212℃ 和 286℃。[EMIM][Ala] 比 [TBP][Ala] 的热稳定性差，主要是因为咪唑环上 C2 位活泼氢的存在。

25℃ 时，Ohno 合成的 20 种氨基酸阴离子离子液体的电导率范围在 $10^{-9} \sim 10^{-4}$ S/cm 之间，其中大多数离子液体的电导率与它们的 T_g 之间存在线性关系，即氨基酸离子液体的 T_g 越低，其电导率越高，表明对于给定数目的带电离子，离子液体的电导率主要由其运动性所决定。[EMIM][His] 和 [EMIM][Glu] 具有相对较低的电导率，或许是受离子液体中的氢键或者其他因侧链所产生的离子间相互作用的影响较大。

Fukumoto 和 Ohno[178,179]合成了一系列阴离子由氨基酸修饰的疏水手性离子液体，该类离子液体由四丁基鏻（[TBP]）和 [BMIM] 阳离子与氨基酸衍生的含有手性基团的 N-三氟甲磺酰基氨基酸甲酯（[$CF_3SO_2NCH(R)COOCH_3$]$^-$，R 为氨基酸侧链）阴离子组成。相比于双三氟甲磺酰亚胺盐离子液体，该类型离子液体有较低的熔点，并且由于阴离子的不对称亚胺结构和相对较小的分子量，使其黏度要比一些传统离子液体小。经过旋光测定发现，在该离子液体的制备过程中，没有明显的消旋化发生，而且将离子液体加热到 100℃ 也不会发生消旋。溶解性测定显示[BMIM][$CF_3SO_2NCH(R)COOCH_3$]全部溶解于水中，而[TBP][$CF_3SO_2NCH(R)COOCH_3$]却不溶于水。

将 N-三氟甲磺酰基氨基酸酯在碱性条件下水解得到相应的盐，然后经质子交换树脂处理，得到相应的酸，再与氢氧化季鏻盐发生中和反应得到具有弱疏水性的氨基酸衍生阴离子离子液体[180,181]（图 2-46）。

这几种氨基酸衍生阴离子功能化离子液体的熔点在 51～64℃ 范围内，其中只有阳离子为 [P_{4448}] 的离子液体没有熔点，其玻璃化转变温度 T_g 为 -50℃。所有离子液体都与水有低临界溶解温度行为（LCST），这种现象在氨基酸离子液体/水体系中并不多见。该现象与阴离子的结构没有关系，但是阴离子中的羧酸基团对此类离子液体的 LCST 相分离行为起着至关重要的作

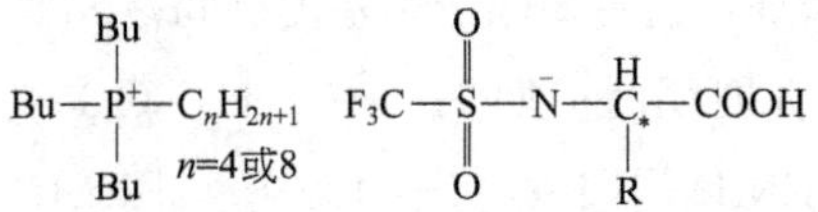

阳离子	R	T_m/℃	$[\alpha]_D^{25}$
[P$_{4444}$]	CH(CH$_3$)$_2$	51	4.5
[P$_{4444}$]	CH$_2$CH(CH$_3$)$_2$	64	9.8
[P$_{4448}$]	CH$_2$CH(CH$_3$)$_2$	$-50(T_g)$	7.0
[P$_{4444}$]	CH(CH$_3$)C$_2$H$_5$	51	3.6
[P$_{4444}$]	CH$_2$(C$_6$H$_5$)	64	1.5

图 2-46 氨基酸衍生阴离子功能化离子液体的结构和部分性质

用。研究发现,两相分离温度与水含量和离子结构有关,增加水含量或侧链疏水性都可以降低该温度。实验结果表明,可以通过控制氨基酸的结构和水与离子液体的比例达到控制相分离温度的目的。

2.3.10 小结

离子液体从最初不被人了解,到现在已经成为在绿色化学化工、工程材料、资源环境、航空航天以及生命科学等诸多领域得到研究与应用的新型介质与功能性材料。离子液体种类繁多,总量巨大,离子液体的功能化是其发展的主要方向。功能化离子液体不仅扩展了离子液体应用领域,也通过和电磁学、光学、摩擦学、生物学、纳米技术、信息技术、超临界技术等的结合,引领着离子液体研究的前沿。与此同时,人们也要看到,功能化离子液体的物理性质、热力学性质、动力学性质以及工程应用等方面基础数据还十分匮乏,特别是功能性基团的引入对性能的调变与提升的规律性认识还未达到理论高度。已有的关于功能化离子液体的物性数据过于零散,并且由于很多报道中对离子液体制备、表征等过程描述不清,使得同一体系的实验数据存在较大偏差。这些问题带来的直接后果是无法建立起结构、性质和功能之间的定量构效关系,和提出适合的理论预测模型,进而指导功能化离子液体的设计和应用。所以,所有关于功能化离子液体的物性数据必须建立在一定纯度和测定准确度基础之上,并就这些离子液体进行尽可能全面的性质测定,对数据进行分析与归纳,建立构效关系模型,指导功能化离子液体的按需设计,实现为我所用。

参 考 文 献

[1] Holbrey J D, Turner M B, Reichert W M, Rogers R D. New ionic liquids containing an appended hydroxyl functionality from the atom-efficient, one-pot reaction of 1-methylimidazole and acid with propylene oxide. Green Chem, 2003, 5: 731-736.

[2] Wang L, Li H, Li P. Task specific ionic liquid as a base, ligand and reaction medium for the palladium catalyzed Heck reaction. Tetrahedron, 2009, 65: 364-368.

[3] Pretti C, Chiappe C, Baldetti I, Brunini S, Monni G, Intorre L. Acute toxicity of ionic liquids for three freshwater organisms: Pseudokirchneriella subcapitata, Daphnia magna and Danio rerio. Ecotoxicol Environ Saf, 2009, 72: 1170-1176.

[4] Bellina F, Bertoli A, Melai B, Scalesse F, Signori F, Chiappe C. Synthesis and properties of glycerylimidazolium based ionic liquids: A promising class of task specific ionic liquids. Green Chem, 2009, 11: 622-629.

[5] Zhang Z, Xie Y, Li W, Hu S, Song J, Jiang T, Han B. Hydrogenation of carbon dioxide is promoted by task specific ionic liquid. Angew Chem Int Ed, 2008, 47: 1127-1129.

[6] Chen Z J, Liu S M, Li Z P, Zhang Q H, Deng Y Q. Dialkoxy functionalized quaternary ammonium ionic liquids as potential electrolytes and cellulose solvents. New J Chem, 2011, 35: 1596-1606.

[7] Yang B Q, Zhang Q H, Fei Y Q, Zhou F, Wang P X, Deng Y Q. Biodegradable betaine-based aprotic task-specificionic liquids and their application in efficient SO_2 absorption. Green Chem, 2015, 17: 3798-3805.

[8] 夏春谷, 李臻, 陈静, 刘佳梅. 含磺酸酯基侧链室温离子液体及其制备方法和应用. CN 101456844A. 2007.

[9] Somers A E, Howlett P C, MacFarlane D R, Forsyth M. A review of ionic liquid lubricants. Lubricants, 2013, 1(1): 3-21.

[10] Ye C F, Liu W M, Chen Y X, Yu L G. Room temperature ionic liquids: A kind of novel versatile lubricant. Chem Commun, 2001, 2244-2245.

[11] Chen Y X, Ye C F, Wang H Z, Liu W M. Tribological performance of an ionic liquid as a lubricant for steel/aluminium contacts. J Synth Lubr, 2003, 20: 217-225.

[12] 刘维民, 牟宗刚, 周峰, 王海忠. 含膦酸酯官能团的离子液体及其制备方法和用途. CN 1329491C. 2003.

[13] Mu Z G, Zhou F, Zhang S X, Ling Y M, Liu W M. Preparation and characterization of new phosphonyl-substituted imidazolium ionic liquids. Helv Chim Acta, 2004, 87(10): 2549-2555.

[14] Mu Z G, Liu W M, Zhang S X, Zhou F. Functional room-temperature ionic liquids as lubricants for an aluminum-on-steel system. Chem Lett, 2004, 33(5): 524-525.

[15] Mi X L, Luo S Z, Cheng J P. Ionic liquid-immobilized Quinuclidine-catalyzed Morita-Baylis-Hillman reactions. J Org Chem, 2005, 70: 2338-2341.

[16] Mi X L, Luo S Z, Xu H, Zhang L, Cheng J P. Hydroxyl ionic liquid(HIL)-immobilized quinuclidine for Baylis-Hillman catalysis: Synergistic effect of ionic liquids as organocatalyst supports. Tetrahedron, 2006, 62: 2537-2544.

[17] Schottenberger H, Wurst K, Horvath U E I, Cronje S, Lukasser J, Polin J, McKenzie J M, Raubenheimer H G. Synthesis and characterisation of organometallic imidazolium compounds that include a new organometallic ionic liquid. Dalton Trans, 2003, 4275-4281.

[18] Fei Z F, Zhao D B, Scopelliti R, Dyson P J. Organometallic complexes derived from alkyne-

functionalized imidazolium salts. Organometallics, 2004, 23(7): 1622-1628.

[19] Moret M E, Chaplin A B, Lawrence A K, Scopelliti R, Dyson P J.Synthesis and characterization of organometallic ionic liquids and a heterometallic carbene complex containing the chromium tricarbonyl fragment. Organometallics, 2005, 24(16): 4039-4048.

[20] Gao Y, Twamley B, Shreeve J M. The first(Ferrocenylmethyl)imidazolium and(Ferrocenylmethyl) triazolium room temperature ionic liquids. Inorg Chem, 2004, 43(11): 3406-3412.

[21] Cole A C, Jensen J L, Ntai I, Tran K L T, Weave K J, Forbes D C, Davis J H Jr. Novel Brφnsted acidic ionic liquids and their use as dualsolvent-catalysts. J Am Chem Soc, 2002, 124: 5962-5963.

[22] Wang Y, Jiang D, Dai L. Novel Brφnsted acidic ionic liquids based onbenzimidazolium cation: Synthesis and catalyzed acetalization of aromaticaldehydes with diols. Catal Commun, 2008, 9: 2475-2480.

[23] Liu X F, Xiao L F, Wu H, Li Z, Chen J, Xia C G. Novel acidic ionic liquids mediated zinc chloride: Highly effective catalysts for the Beckmann rearrangement. Catal Commu, 2009, 10(5): 424-427.

[24] Liu X F, Zhao Y W, Li Z, Chen J, Xia C G.Pyrrolidine-based dicationic acidic ionic liquids: Efficient and recyclable catalysts for esterifications. Chin J Chem, 2010, 28: 2003-2008.

[25] 夏春谷, 李臻, 刘佳梅, 陈静, 唐中华. 以酸功能化四烷基胍为阳离子的酸性室温离子液体及其制备方法. CN 102040545A. 2011.

[26] Liu J M, Wang F, Li Z, Zhou J W, Chen J, Xia C G. Novel guanidinium zwitterion and derived ionic liquids: Physicochemical properties and DFT theoretical studies. Struct Chem, 2011, 22: 1119-1130.

[27] Zolfigol M A, Khazaei A, Moosavi-Zare A R, Zare A. 3-Methyl-1-sulfonic acid imidazolium chloride as a new, efficient and recyclable catalyst and solvent for the preparation of N-sulfonyl imines at room temperature. J Iran Chem Soc, 2010, 7: 646-651.

[28] Zolfigol M A, Khazaei A, Moosavi-Zare A R, Zare A. Ionic liquid 3-methyl-1-sulfonic acid imidazolium chloride as a novel and highly efficient catalyst for the very rapid synthesis of bis (indolyl)methanes under solvent-free conditions. Org Prep Proced Int, 2010, 42: 95-102.

[29] Zolfigol M A, Khazaei A, Zare A R M, Zare A, Khakyzadeh V. Rapid synthesis of 1-amidoalkyl-2-naphthols over sulfonic acid functionalized imidazolium salts. Appl Catal A, 2011, 400: 70-81.

[30] Kore R, Dhilip Kumar T J, Srivastava R. Hydration of alkynes using Brönsted acidic ionic liquids in the absence of Nobelmetal catalyst/H_2SO_4. J Mol Catal A: Chem, 2012, 360: 61-70.

[31] Kore R, Srivastava R. Influence of-SO_3H functionalization(N-SO_3H or N-R-SO_3H, where R= alkyl/benzyl) on the activity of Brφnsted acidic ionic liquidsin the hydration reaction. Tetrahedron Lett, 2012, 53: 3245-3249.

[32] Kore R, Srivastava R. Synthesis and applications of highly efficient, reusable, sulfonic acid groupfunctionalized Brφnsted acidic ionic liquid catalysts. Catal Commun, 2011, 12: 1420-1424.

[33] Kore R, Srivastava R. Synthesis and applications of novel imidazole and benzimidazole based sulfonicacid group functionalized Brφnsted acidic ionic liquid catalysts. J Mol Catal A: Chem, 2011, 345: 117-126.

[34] Hanelt H, Liebscher J. A novel and versatile access to task specific ionicliquids based on 1,2,3-

triazolium salts. Syn Lett, 2008, 1058-1060.

[35] Yang J Z, Tian P, He L L, Xu W G. Studies on room temperature ionic liquid $InCl_3$-EMIC. Fluid Phase Equilib, 2003, 204: 295-302.

[36] Abbott A P, Capper G, Davies D L, Munro H L, Rasheed R K, Tambyrajah V. Preparation of novel, moisture-stable, Lewis-acidic ionic liquids containing quaternary ammonium salts with functional side chains. Chem Commun, 2001, 2010-2011.

[37] Sitze M S, Schreiter E R, Patterson E V, Freeman R G. Ionic liquids based on $FeCl_3$ and $FeCl_2$. Raman scattering and ab initio calculations. Inorg Chem, 2001, 40: 2298-2304.

[38] Bica K, Gaertner P. Metal-containing ionic liquids as efficient catalysts for hydroxymethylation in water. Eur J Org Chem, 2008, 20: 3453-3456.

[39] Gao H S, Xing J M, Li Y G, Li W L, Liu Q F, Liu H Z. Desulfurization of diesel fuel by extraction with Lewis-acidic ionic liquid. Sep Sci Technol, 2009, 44: 971-982.

[40] Atkins M P, Seddon K R, Swadźba-Kwaśny M. Oligomerisation of linear 1-olefins using a chlorogallate(III) ionic liquid. Pure and Applied Chemistry, 2011, 83: 1391-1406.

[41] Estager J, Holbrey J D, Swadźba-Kwaśny M. Halometallate ionic liquids-revisited. Chem Soc Rev, 2014, 43: 847-886.

[42] Guo Z H, Zhang T T, Liu T T, Du J, Jia B, Gao S J, Yu J. Nonaqueous system of iron-based ionic liquid and DMF for the oxidation of hydrogen sulfide and regeneration by electrolysis. Environ Sci Technol, 2015, 49(9): 5697-5703.

[43] Brown R J C, Dyson P J, Ellis D J, Welton T. 1-Butyl-3-methylimidazolium cobalt tetracarbonyl [BMIM][Co(CO)$_4$]: A catalytically active organometallic ionic liquid. Chem Commun, 2001, 1862-1863.

[44] Deng F G, Hu B, Sun W, Chen J, Xia C G. Novel pyridinium based cobalt carbonyl ionic liquids: Synthesis, full characterization, crystal structure and application in catalysis. Dalton Trans, 2007, 4262-4267.

[45] 邓凡果, 胡斌, 孙伟, 夏春谷. 甲基丁基咪唑四羰基钴离子液体的改进合成与表征. 分子催化, 2008, 22(6): 491-496.

[46] Dyson P J, McIndoe J S, Zhao D B. Direct analysis of catalysts immobilised in ionic liquids using electrospray ionisation ion trap mass spectrometry. Chem Commun, 2003, 508-509.

[47] Bourlinos A B, Raman K, Herrera R, Zhang Q, Archer L A, Giannelis E P. A liquid derivative of 12-tungstophosphoric acid with unusually high conductivity. J Am Chem Soc, 2004, 126(47): 15358-15359.

[48] Rickert P G, Antonio M R, Firestone M A, Kubatko K A, Szreder T, Wishart J F, Dietz M L. Tetraalkylphosphonium polyoxometalates: Electroactive "task-specific" ionic liquids. Dalton Trans, 2007, 36(5): 529-531.

[49] Zhang P F, Gong Y T, Lv Y Q, Guo Y, Wang Y, Wang C M, Li H R. Ionic liquids with metal chelate anions. Chem Commun, 2012, 48: 2334-2336.

[50] Zhou Z B, Matsumoto H, Tatsumi K. Low-melting, low-viscous, hydrophobic ionic liquids: 1-Alkyl

(alkyl ether)-3-methylimidazolium perfluoroalkyltrifluoroborate.Chem Eur J, 2004, 10: 6581-6591.

[51] Zhou Z B, Takeda M, Ue M. New hydrophobic ionic liquids based on perfluoroalkyltrifluoroborate anions. J Fluorine Chem, 2004, 125: 471-476.

[52] Zhou Z B, Matsumoto H, Tatsumi K. Low-viscous, low-melting, hydrophobic ionic liquids: 1-Alkyl-3-methylimidazolium trifluoromethyltrifluoroborate. Chem Lett, 2004, 33: 680-681.

[53] Katritzky A R, Singh S, Kirichenko K, Holbrey J D, Smiglak M, Reichert W M, Rogers R D. 1-Butyl-3-methylimidazolium 3, 5-dinitro-1, 2, 4-triazolate: A novel ionicliquid containing a rigid, planar energetic anion. Chem Commun, 2005, 868-870.

[54] Ye C, Xiao J C, Twamley B, Shreeve J M. Energetic salts of azotetrazolate, iminobis(5-tetrazolate) and 5,5'-bis(tetrazolate). Chem Commun, 2005, 2750-2752.

[55] Schneider S, Hawkins T, Rosander M, Mills J, Vaghjiani G, Chambreau S. Liquid azide salts and their reactions with common oxidizers IRFNA and N_2O_4. Inorg Chem, 2008, 47: 6082-6089.

[56] Schneider S, Hawkins T, Rosander M, Mills J, Brand A, Hudgens L, Warmoth G, Vij A. Liguid azide salts. Inorg Chem, 2008, 47(9): 3617-3624.

[57] Smiglak M, Hines C C, Wilson T B, Singh S, Vincek A S, Kirichenko K, Katritzky A R, Rogers R D. Liquids based on azolate anions. Chem Eur J, 2010, 16: 1572-1584.

[58] McCrary P D, Beasley P A, Kelley S P, Schneider S, Boatz J A, Hawkins T W, Perez J P, McMahon B W, Pfiel M, Son S F, Anderson S L, Rogers R D. Tuning azolium azolate ionic liquids to promote surface interactions with titanium nanoparticles leading to increased passivation and colloidal stability. Phys Chem Chem Phys, 2012, 14: 13194-13198.

[59] Yang M, Zhao J N, Liu Q S, Sun L X, Yan P F, Tan Z C, Welz-Biermann U.Low-temperature heat capacities of 1-alkyl-3-methylimidazoliumbis(oxalato)borate ionic liquids and the influence of anion structuralcharacteristics on thermodynamic properties. Phys Chem Chem Phys, 2011, 13: 199-206.

[60] Shah F U, Glavatskih S, MacFarlane D R, Somers A, Forsyth M, Antzukin O N.Novel halogen-free chelated orthoborate-phosphonium ionic liquids: Synthesis and tribophysical properties. Phys Chem Chem Phys, 2011, 13: 12865-12873.

[61] Karolina Matuszek K, Chrobok A, Coleman F, Seddon K R, Swadźba-Kwaśny M.Tailoring ionic liquid catalysts: Structure, acidity and catalytic activity of protonic ionic liquids based on anionic clusters, $[(HSO_4)(H_2SO_4)_x]^-$ ($x=0,1$, or 2). Green Chem, 2014, 16: 3463-3471.

[62] Yoshizawa M, Ogihara W, Ohno H. Novel polymer electrolytes prepared by copolymerization of ionic liquid monomers. Polym Adv Technol, 2002, 13: 589-594.

[63] Ohno H, Yoshizawa M, Ogihara W. Development of new class of ion conductive polymers based on ionic liquids. Electrochim Acta, 2004, 50: 255-261.

[64] Walker A J, Bruee N C. Combined biological and chemical catalysis in the preparation of oxycodone. Tetrahedron, 2004, 60(3): 561-568.

[65] Wang X H, Tao G H, Zhang Z Y, Kou Y. Synthesis and characterization of dual acidic ionic liquids. Chinese Chem Lett, 2005, 16(12): 1563-1565.

[66] Liu S W, Xie C X, Yu S T, Liu F S. Dimerization of rosin using Brϕnsted-Lewis acidic ionic liquid as

catalyst. Catal Commun, 2008, 9(10): 2030-2034.

[67] Liu S W, Xie C X, Yu S T, Xian M, Liu F S. A Brφnsted-Lewis acidic ionic liquid: Its synthesis and use as the catalyst in rosin dimerization. Chinese J Catal, 2009, 30(5): 401-406.

[68] Liang X Z, Qi C Z. Synthesis of a novel ionic liquid with both Lewis and Brφnsted acid sites and its catalytic activities. Catal Commun, 2011, 12: 808-812.

[69] 梁学正. 一种兼具B酸中心和L酸中心的离子液体及其制备方法、用途. CN 102060738A. 2011.

[70] Jiang X, Ye W, Song X, Ma W X, Lao X J, Shen R P. Novel ionic liquid with both Lewis and Brφnsted acid sites for Michael addition. Int J Mol Sci, 2011, 12: 7438-7444.

[71] Zare A R M, Zolfigol M A, Noroozizadeh E, Khakyzadeh V, Zare A, Tavasoli M. Di-sulfonic acid imidazolium chloroaluminate, efficiently catalyzed the synthesis of N-sulfonyl imines in solventless media with high TOF. Phosphorus, Sulfur, and Silicon, 2014, 189: 149-156.

[72] Wang S S, Wang L, Daković M, Popović Z, Wu H H, Liu Y. Bifunctional ionic liquid catalyst containing sulfoacid group and hexafluorotitanate for room temperature sulfoxidation of sulfides to sulfoxides using hydrogen peroxide. ACS Catal, 2012, 2: 230-237.

[73] Vafaeezadeh M, Hashemi M M. Dual catalytic function of the task-specific ionic liquid: Green oxidation of cyclohexene to adipic acid using 30% H_2O_2. Chem Eng J, 2013, 221: 254-257.

[74] An H L, Kang L J, Gao W, Zhao X Q, Wang Y J. Synthesis and characterization of novel Brφnsted-Lewis acidic ionic liquids. Green and Sustainable Chemistry, 2013, 3: 32-37.

[75] Walrafen G E, Dodd D M. Infra-red absorption spectra of concentrated aqueous solutions of sulphuric acid. Part 2. H_2SO_4 and HSO_4^- vibrational fundamentals and estimates of $(F_{298.15}^{\ominus} - H_0^{\ominus})/T$ and $S_{298.15}^{\ominus}$ for H_2SO_4 gas. Trans Faraday Soc, 1961, 57: 1286-1296.

[76] Yacovitch T I, Wende T, Jiang L, Heine N, Meijer G, Neumark D M, Asmis K R. Infrared spectroscopy of hydrated bisulfate anion clusters: $HSO_4^-(H_2O)_{1\sim16}$. J Phys Chem Lett, 2011, 2: 2135-2140.

[77] Knoll H, Billing R, Hennig H, Stufkens D J. Ion-pair charge transfer(IPCT) between bipyridinium cations and the tetracarbonylcobaltate anion. Spectroscopy and thermal and photochemical reactions. Inorg Chem, 1990, 29: 3051-3053.

[78] Harmer M A, Junk C P, Rostovtsev V V, Marshall W J, Grieco L M, Vickery J, Miller R, Work S. Catalytic reactions using superacids in new types of ionic liquids. Green Chem, 2009, 11: 517-525.

[79] Bockman T M, Kochi J K. Charge-transfer ion pairs. Structure and photoinduced electron transfer of carbonylmetalate salts. J Am Chem Soc, 1989, 111: 4669-4683.

[80] 吴芹, 董斌琦, 韩明汉, 左宜赞, 金涌. 新型Brφnsted酸性离子液体的合成与表征. 光谱学与光谱分析, 2007, 27(10): 2027-2031.

[81] Alvim H G O, Bataglion G A, Ramos L M, Oliveira A L, Oliveria H C B, Eberlin M N, Macedo J L, Silva W A, Neto B A D. Task-specific ionic liquid incorporating anionic heteropolyacid catalyzed Hantzsch and Mannich multicomponent reactions. Ionic liquid effect probed by ESI-MS(/MS). Tetrahedron, 2014, 70: 3306-3313.

[82] Gozzo F C, Santos L S, Augusti R, Consorti C S, Dupont J, Eberlin M N. Gaseous supramolecules

of imidazolium ionic liquids: "Magic" numbers and intrinsic strengths of hydrogen bonds. Chem Eur J, 2004, 10: 6187-6193.

[83] Castner E W, Wishart J F, Shirota H. Intermolecular dynamics, interactions, and salvation in ionic liquids. Acc Chem Res, 2007, 40: 1217-1227.

[84] Berg R W, Riisager A, Fehrmann R. Formation of an ion-pair molecule with a single $NH^+ \cdots Cl^-$ hydrogen bond: Raman spectra of 1,1,3,3-tetramethylguanidinium chloride in the solid state, in solution, and in the vapor phase. J Phys Chem A, 2008, 112: 8585-8592.

[85] Berg R W, Lopes J N C, Ferreira R, Rebelo L P N, Seddon K R, Tomaszowska A A. Raman spectroscopic study of the vapor phase of l-methylimidazolium ethanoate, a protic ionic liquid. J Phys Chem A, 2010, 114: 10834-10841.

[86] Iwata K, Okajima H, Saha S, Hamaguchi H O. Local structure formation in alkyl-imidazolium-based ionic liquids as revealed by linear and nonlinear Raman spectroscopy. Acc Chem Res, 2007, 40: 1174-1181.

[87] Kunze M, Jeong S, Paillard E, Schönhoff M, Winter M, Passerini S. New insights to self-aggregation in ionic liquid electrolytes for high-energy electrochemical devices. Adv Energy Mater, 2011, 1: 274-281.

[88] Steinruck H P. Recent developments in the study of ionic liquid interfaces using X-rayphotoelectron spectroscopy and potential future directions. Phys Chem Chem Phys, 2012, 14: 5010-5029.

[89] Lovelock K R J, Kolbeck C, Cremer T, Paape N, Schulz P S, Wasserscheid P, Maier F, Steinruk H P. Influence of different substituents on the surface composition of ionic liquids studied using ARXPS. J Phys Chem B, 2009, 113: 2854-2864.

[90] Kolbeck C, Cremer T, Lovelock K R J, Paape N, Schulz P S, Wasserscheid P, Maier F, Steinruck H P. Influence of different anions on the surface composition of ionic liquids studied using ARXPS. J Phys Chem B, 2009, 113: 8682-8688.

[91] Santos A R, Blundell R K, Licence P. XPS of guanidinium ionic liquids: A comparison of charge distribution in nitrogenous cations. Phys Chem Chem Phys, 2015, 17: 11839-11847.

[92] Niedermaier I, Kolbeck C, Taccardi N, Schulz P S, Li J, Drewello T, Wasserscheid P, Steinrück H P, Maier F. Organic reactions in ionic liquids studied by in situ XPS. Chem Phys Chem, 2012, 13: 1725-1735.

[93] Lee J S, Quan N D, Hwang J M, Bae J Y, Kim H, Cho B W, Kim H S, Lee H. Ionic liquids containing an ester group as potential electrolytes.Electrochem Commun, 2006, 8: 460-464.

[94] Liu J M, Li Z, Chen J, Xia C G.Synthesis, properties and catalysis of novel methyl- or ethyl-sulfate-anion-based acidic ionic liquids. Catal Commu,2009, 10: 799-802.

[95] Holbrey J D, Reichert W M, Swatloski R P, Broker G A, Pitner W R, Seddon K R, Rogers R D. Efficient, halide free synthesis of new, low cost ionic liquids: 1,3-Dialkylimidazolium salts containing methyl- and ethyl-sulfate anions. Green Chem, 2002, 4: 407-413.

[96] Zhao Y W, Li Z, Xia C G.Alkyl sulfonate functionalized ionic liquids: Synthesis, properties, and their application in esterification. Chin J Catal, 2011, 32(3): 440-445.

[97] O'Brien R A, Mirjafari A, Jajam V, Capley E N, Stenson A C, West K N, Davis J H J. Functionalized ionic liquids with highly polar polyhydroxylated appendages and their rapid synthesis via thiol-ene click chemistry. Tetrahedron Letters, 2011, 52: 5173-5175.

[98] Wu T Y, Su S G, Lin K F, Lin Y C, Wang H P, Lin M W, Gung S T, Sun I W. Voltammetric and physicochemical characterization of hydroxyl- and ether-functionalized onium bis(trifluoromethanesulfonyl)imide ionic liquids. Electrochim Acta, 2011, 56: 7278-7287.

[99] Pinkert A, Ang K L, Marsh K N, Pang S S. Density, viscosity and electrical conductivity of protic alkanolammonium ionic liquids. Phys Chem Chem Phys, 2011, 13: 5136-5143.

[100] Restolho J, Serro A P, Mata J L, Saramago B. Viscosity and surface tension of 1-ethanol-3-methylimidazolium tetrafluoroborate and 1-methyl-3-octylimidazolium tetrafluoroborate over a wide temperature range. J Chem Eng Data, 2009, 54: 950-955.

[101] Deng Y, Husson P, Delort A M, Besse-Hoggan P, Sancelme M, Gomes M F C. Influence of an oxygen functionalization on the physicochemical properties of ionic liquids: Density, viscosity, and carbon dioxide solubility as a function of temperature. J Chem Eng Data, 2011, 56: 4194-4202.

[102] Fraga-Dubreuil J, Famelart M H, Bazureau J P. Ecofriendly fast synthesis of hydrophilic poly(ethyleneglycol)-ionic liquid matrices for liquid-phase organic synthesis. Org Process Res Dev, 2002, 6: 374-378.

[103] Yeon S H, Kim K S, Choi S, Lee H, Kim H S, Kim H. Physical and electrochemical properties of 1-(2-hydroxyethyl)-3-methyl imidazolium and N-(2-hydroxyethyl)-N-methyl morpholinium ionic liquids. Electrochim Acta, 2005, 50: 5399-5407.

[104] Chiappe C, Pomelli C S, Rajamani S. Influence of structural variations in cationic and anionic moieties on the polarity of ionic liquids. J Phys Chem B, 2011, 115: 9653-9661.

[105] Ab Rani M A, Brant A, Crowhurst L, Dolan A, Lui M, Hassan N H, Hallett J P, Hunt P A, Niedermeyer H, Perez-Arlandis J M, Schrems M, Welton T, Wilding R. Understanding the polarity of ionic liquids. Phys Chem Chem Phys, 2011, 13: 16831-16840.

[106] Huang M M, Jiang Y, Sasisanker P, Driver G W, Weingartner H. Static relative dielectric permittivities of ionic liquids at 25℃. J Chem Eng Data, 2011, 56: 1494-1499.

[107] MacFarlane D R, Forsyth M, Izgorodina E I, Abbott A P, Annat G, Fraser K. On the concept of ionicity in ionic liquids. Phys Chem Chem Phys, 2009, 11: 4962-4967.

[108] Fraser K J, Izgorodina E I, Forsyth M, Scott J L, MacFarlane D R. Liquids intermediate between "molecular" and "ionic" liquids: Liquid ion pairs? Chem Commun, 2007, 3817-3819.

[109] Ganapatibhotla L V N R, Zheng J, Roy D, Krishnan S. PEGylated imidazolium ionic liquid electrolytes: Thermophysical and electrochemical properties. Chem Mater, 2010, 22: 6347-6360.

[110] Zhou Z B, Matsumoto H, Tatsumi K. Low-melting, low-viscous, hydrophobic ionic liquids: Aliphatic quaternary ammonium salts with perfluoroalkyltrifluoroborates. Chem Eur J, 2005, 11: 752-766.

[111] Matsumoto H, Sakaebe H, Tatsumi K. Preparation of room temperature ionic liquids based on aliphatic onium cations and asymmetric amide anions and their electrochemical properties as a

lithium battery electrolyte. J Power Sources, 2005, 146: 45-50.

[112] Fang S, Yang L, Wang J, Li M, Tachibana K, Kamijima K. Ionic liquids based on functionalized guanidinium cations and TFSI anion as potential electrolytes. Electrochim Acta, 2009, 54: 4269-4273.

[113] Fang S, Yang L, Wei C, Jiang C, Tachibana K, Kamijima K. Ionic liquids based on guanidinium cations and TFSI anion as potential electrolytes. Electrochim Acta, 2009, 54: 1752-1756.

[114] Tsunashima K, Sugiya M. Physical and electrochemical properties of low-viscosity phosphonium ionic liquids as potential electrolytes. Electrochem Commun, 2007, 9: 2353-2358.

[115] Schrekker H S, Silva D O, Gelesky M A, Stracke M P, Schrekker C M L, Gonçalves R S, Dupont J. Preparation, cation-anion interactions and physicochemical properties of ether-functionalized imidazolium ionic liquids. J Braz Chem Soc, 2008, 19: 426-433.

[116] Mantz R A, Trulove P C. Ionic Liquids in Synthesis. Wasserscheid P, Welton T, editors. Vol.1. Weinheim: Wiley-VCH, 2008: 72-88.

[117] Kuhlmann E, Himmler S, Giebelhaus H, Wasserscheid P. Imidazolium dialkylphosphates-a class of versatile, halogen-free and hydrolytically stable ionic liquids. Green Chem, 2007, 9: 233-242.

[118] Sato T, Masuda G, Takagi K. Electrochemical properties of novel ionic liquids for electric double layer capacitor applications. Electrochim Acta, 2004, 49: 3603-3611.

[119] Siqueira L J A, Ribeiro M C C. Alkoxy chain effect on the viscosity of a quaternary ammonium ionic liquid: Molecular dynamics simulations. J Phys Chem B, 2009, 113: 1074-1079.

[120] Nogrady T, Burgen A S V. Spin-lattice relaxation of methyl protons in some compounds of biological interest. J Am Chem Soc, 1969, 91: 3890-3893.

[121] Smith G D, Borodin O, Li L, Kim H, Liu Q, Bara J E, Gin D L, Nobel R. A comparison of ether- and alkyl-derivatized imidazolium-based room-temperature ionic liquids: A molecular dynamics simulation study. Phys Chem Chem Phys, 2008, 10: 6301-6312.

[122] Bonhote P, Dias A P, Michel A, Papageorgiou N, Kalyanasundaram K, Grätzel M. Hydrophobic, highly conductive ambient-temperature molten salts. Inorg Chem, 1996, 35: 1168-1178.

[123] Donato R K, Migliorini M V, Benvegnú M A, Dupont J, Gonçlves R S, Schrekker H S. The electrochemical properties of a platinum electrode in functionalized room temperature imidazolium ionic liquids. J Solid State Electrochem, 2007, 11: 1481-1487.

[124] Dzyuba S V, Bartsch R A. Expanding the polarity range of ionic liquids. Tetrahedron Lett, 2002, 43: 4657-4659.

[125] Petiot P, Charnay C, Martinez J, Puttergill L, Galindo F, Lamaty F, Colacino E. Synthesis of a new hydrophilic poly(ethylene glycol)-ionic liquid and its application in peptide synthesis. Chem Commun, 2010, 8842-8844.

[126] Schrekker H S, Stracke M P, Schrekker C M. L, Dupont J. Ether-functionalized imidazolium hexafluorophosphate ionic liquids for improved water miscibilities. Ind Eng Chem Res, 2007, 46: 7389-7392.

[127] Ahrens S, Peritz A, Strassner T. Maßgeschneiderte aryl-alkyl-substituierte ionische flüssigkeiten

(TAAILs)-die nächste generation ionischer flüssigkeiten. Angew Chem, 2009, 121: 8048-8051.

[128] Ahrens S, Peritz A, Strassner T. Tunable aryl alkyl ionic liquids(TAAILs): The next generation of ionic liquids. Angew Chem Int Ed, 2009, 48: 7908-7910.

[129] Plechkova N V, Seddon K R. Applications of ionic liquids in the chemical industry. Chem Soc Rev, 2008, 37: 123-150.

[130] Schulz T, Ahrens S, Meyer D, Allolio C, Peritz A, Strassner T. Electronic effects of para-substitution on the melting points of TAAILs. Chem Asian J, 2011, 6: 863-867.

[131] Ziyada A K, Bustam M A, Wilfred C D, Murugesan T. Densities, viscosities, and refractive indices of 1-hexyl-3-propanenitrile imidazolium ionic liquids incorporated with sulfonate-based anions. J Chem Eng Data, 2011, 56: 2343-2348.

[132] Ziyada A K, Wilfred C D. Effect of temperature and anion on densities, viscosities, and refractive indices of 1-octyl-3-propanenitrile imidazolium-based ionic liquids. J Chem Eng Data, 2014, 59(5): 1385-1390.

[133] Gu Z, Brennecke J F. Volume expansivities and isothermal compressibilities of imidazolium and pyridinium-based ionic liquids. J Chem Eng Data, 2002, 47(2): 339-345.

[134] Kilaru P, Baker G A, Scovazzo P. Density and surface tension measurements of imidazolium-, quaternary phosphonium-, and ammonium-based room-temperature ionic liquids: Data and correlations. J Chem Eng Data, 2007, 52(6): 2306-2314.

[135] Brocos P, Piñeiro Á, Bravo R, Amigo A. Refractiveindices, molar volumes and molar refractions of binary liquid mixtures: Concepts and correlations. Phys Chem Chem Phys, 2003, 5(3): 550-557.

[136] Hasse B, Lehmann J, Assenbaum D, Wasserscheid P, Leipertz A, Fröba A P. Viscosity, interfacial tension, density, and refractive index of ionic liquids [EMIM][$MeSO_3$], [EMIM][$MeOHPO_2$], [EMIM][$OcSO_4$] and [BBIM][NTf_2] in dependenceon temperature at atmospheric pressure. J Chem Eng Data, 2009, 54(9): 2576-2583.

[137] Carrera G V S M, Frade R F M, Aires-de-Sousa J, Afonso C A M, Branco L C. Synthesis and properties of new functionalized guanidinium based ionic liquids as non-toxic versatile organic materials. Tetrahedron, 2010, 66: 8785-8794.

[138] Yasuda T, Kinoshita H, Miran M S, Tsuzuki S, Watanabe M. Comparative study on physicochemical properties of protic ionic liquids based on allylammonium and propylammonium cations. J Chem Eng Data, 2013, 58: 2724-2732.

[139] Zhang Q H, Ma X Y, Liu S M, Yang B Q, Lu L J, He Y D, Deng Y Q. Hydrophobic 1-allyl-3-alkylimidazolium dicyanamide ionic liquids with low densities. J Mater Chem, 2011, 21: 6864-6868.

[140] Diedichs A, Gmehling J. Measurement of heat capacities of ionic liquids by differential scanning calorimetry. Fluid Phase Equilib, 2006, 244: 68-77.

[141] Du Z Y, Li Z P, Guo S, Zhang J, Zhu L Y, Deng Y Q. Investigation of physicochemical properties of lactam-based Brønsted acidic ionic liquids. J Phys Chem B, 2005, 109: 19542-19546.

[142] Wu F, Xiang J, Chen R J, Li L, Chen J Z, Chen S. The structure-activity relationship and physicochemical properties of acetamide-based Brϕnsted acid ionic liquids. J Phys Chem C, 2010, 114: 20007-20015.

[143] Yang J, Zhang Q H, Zhu L Y, Zhang S G, Li J, Zhang X P, Deng Y Q. Novel ionic liquid crystals based on N-Alkylcaprolactam as cataions. Chem Mater, 2007, 19: 2544-2550.

[144] Li H X, Li Z, Yin J M, Li C P, Chi Y S, Liu Q S, Zhang X L, Welz-Biermann U. Liquid-liquid extraction process of amino acids by a new amide-based functionalized ionic liquid. Green Chem, 2012, 14: 1721-1727.

[145] Liu Q S, Li Z, Welz-Biermann U, Li C P, Liu X X. Thermodynamic properties of a new hydrophobic amide-based task-specific ionic liquid [EimCH$_2$CONHBu][NTf$_2$]. J Chem Eng Data, 2013, 58: 93-98.

[146] Cai S F, Wang L S, Yan G Q, Li Y. Solubilities of 1-methyl-3-(3-sulfopropyl)-imidazolium hydrogensulfate in selected solvents. Chin J Chem Eng, 2010, 18: 1008-1012.

[147] Amarasekara A S, Owereh O S. Thermal properties of sulfonic acid group functionalized Brϕnsted acidic ionic liquids. J Therm Anal Calorim, 2011, 103: 1027-1030.

[148] Meng Y L, Liu J M, Li Z, Wei H M. Synthesis and physicochemical properties of two SO$_3$H-functionalized ionic liquids with hydrogen sulfate anion. J Chem Eng Data, 2014, 59: 2186-2195.

[149] Adamson A W. Physical Chemistry of Surfaces. New York: John-Wiley Science Press, 1976.

[150] Shereshefsky J L. Surface tension of saturated vapors and the equation of Eötvös. J Phys Chem, 1931, 35: 1712-1720.

[151] Korosi G, Kovatz E. Density and surface tension of 83 organic liquids. J Chem Eng Data, 1981, 26: 323-332.

[152] Torrecilla J S, Palomar J, García J, Rodríguez F. Effect of cationic and anionic chain lengths on volumetric, transport, and surface properties of 1-alkyl-3-methylimidazolium alkylsulfate ionic liquids at (298.15 and 313.15) K. J Chem Eng Data, 2009, 54: 1297-1301.

[153] Bardi U, Chenakin S P, Caporali S, Lavacchi A, Perissi I, Tolstogouzov A. Surface modification of industrial alloys induced by long-term interaction with an ionic liquid. Surf Interface Anal, 2006, 38: 1768-1772.

[154] Caporali S, Ghezzi F, Giorgetti A, Lavacchi A, Tolstogouzov A, Bardi U. Interaction between an imidazolium based ionic liquid and the AZ91D magnesium alloy. Adv Eng Mater, 2007, 9(3): 185-190.

[155] Perissi I, Bardi U, Caporali S, Lavacchi A. High temperature corrosion properties of ionic liquids. Corros Sci, 2000, 48: 2349-2362.

[156] Uerdingen M, Treber C, Balser M, Schmitt G, Werner C. Corrosion behaviour of ionic liquids. Green Chem, 2005, 7: 321-325.

[157] Bermúdez M D, Jiménez A E, Martinez-Nicolás G. Study of surface interactions of ionic liquids with aluminium alloys in corrosion and erosion-corrosion processes. Appl Surf Sci, 2007, 253(17): 7295-7302.

[158] Shkurankov A, Abedin S Z Ei, Endres F. AFM-assisted investigation of the corrosion behaviour of magnesium and AZ91 alloys in an ionic liquid with varying water content. Aust J Chem, 2007, 60: 35-42.

[159] Tseng C H, Chang J K, Chen J R, Tsai W T, Deng M J, Sun I W. Corrosion behaviors of materials in aluminum chloride-1-ethyl-3-methylimidazolium chloride ionic liquid. Electrochem Commun, 2010, 12: 1091-1094.

[160] Lin P C, Sun I W, Chang J K, Su C J, Lin J C. Corrosion characteristics of nickel, copper, and stainless steel in a Lewis neutral chloroaluminate ionic liquid. Corros Sci, 2011, 53: 4318-4323.

[161] Yuan X L, Zhang X D, Li X L, Fan H Q, Zhao Z C. Corrosion of 316L stainless steel in ionic liquid working fluids used for absorption heat pumps or refrigerators. Corros Eng Sci Techn, 2013, 48: 388-394.

[162] Tao D J, Lu X M, Lu J F, Huang K, Zhou Z, Wu Y T. Noncorrosive ionic liquids composed of [HSO_4] as esterification catalysts. Chem Eng J, 2011, 171: 1333-1339.

[163] Ma Y, Han F, Li Z, Xia C G.Corrosion behavior of metallic materials in acidic-functionalized ionic liquids. ACS Sustainable Chem Eng, 2016, 4: 633-639.

[164] Zhou Z B, Matsumoto H, Tatsumi K. Cyclic quaternary ammonium ionic liquids with perfluoroalkyltrifluoroborates: Synthesis, characterization, and properties. Chem Eur J, 2006, 12: 2196-2212.

[165] Tong J, Liu Q S, Kong Y X, Fang D W, Welz-Biermann U, Yang J Z. Physicochemical properties of an ionic liquid [C_2MIM][B(CN)$_4$]. J Chem Eng Data, 2010, 55: 3693-3696.

[166] Tong J, Liu Q S, Xu W G, Fang D W, Yang J Z. Estimation of physicochemical properties of ionic liquids 1-alkyl-3-methylimidazolium chloroaluminate. J Phys Chem B, 2008, 112: 4381-4386.

[167] Fang D W, Guan W, Tong J, Wang Z W, Yang J Z. Study on physicochemical properties of ionic liquids based on alanine [C_nMIM][Ala]($n=2,3,4,5,6$). J Phys Chem B, 2008, 112: 7499-7505.

[168] Glasser L. Lattice and phase transition thermodynamics of ionic liquids. Thermochim Acta, 2004, 421: 87-93.

[169] Zaitsau D H, Kabo G J, Strechan A A, PaulechkaY U, Tschersich A, Verevkin S P, Heintz A. Experimental vapor pressures of 1-alkyl-3-methylimidazolium bis(trifluoromethylsulfonyl) imides and a correlation scheme for estimation of vaporization enthalpies of ionic liquids. J Phys Chem A, 2006, 110: 7303-7306.

[170] Rebelo L P N, Canongia J N, Esperanca J M S S, Filipe E. On the critical temperature, normal boiling point, and vapor pressure of ionic liquids. J Phys Chem B, 2005, 109: 6040-6043.

[171] Xu A R, Wang J J, Zhang Y J, Chen Q T. Effect of alkyl chain length in anions on thermodynamic and surface properties of 1-butyl-3-methylimidazolium carboxylate ionic liquids. Ind Eng Chem Res, 2012, 51: 3458-3465.

[172] Xu A R, Zhang Y J, Li Z Y, Wang J J. Effect of substituent groups in anions on some physicochemical properties of 1-butyl-3-methylimidazolium carboxylate ionic liquids. J Chem Eng Data, 2013, 58: 2496-2501.

[173] Gannon T J, Law G, Watson P R, Carmichael A J, Seddon K R. First observation of molecular composition and orientation at the surface of a room-temperature ionic liquid. Langmuir, 1999, 15: 8429-8434.

[174] Lee S H, Lee S B. The Hildebrand solubility parameters, cohesive energy densities and internal energies of 1-alkyl-3-methylimidazolium-based room temperature ionic liquids. Chem Commun, 2005, 3469-3471.

[175] Foco G M, Bottini S B, Quezada N, de la Fuente J C, Peters C J. Activity coefficients at infinite dilution in 1-alkyl-3-methylimidazolium tetrafluoroborate ionic liquids. J Chem Eng Data, 2006, 51: 1088-1091.

[176] Fukumoto K, Yoshizawa M, Ohno H. Room temperature ionic liquids from 20 natural amino acids. J Am Chem Soc, 2005, 127: 2398-2399.

[177] Kagimoto J, Fukumoto K, Ohno H. Effect of tetrabuty-phonium cation on the physico-chemical properties of amino-acid ionicliquids. Chem Commun, 2006, 2254-2256.

[178] Fukumoto K, Ohno H. Design and synthesis of hydrophobic and chiral anion from amino acids as precursor for functional ionic liquids. Chem Commun, 2006, 3081-3083.

[179] Fukumoto K, Kohno Y, Ohno H. Chiral stability of phosphonium-type amino acid ionic liquids. Chem Lett, 2006, 35: 1252-1253.

[180] Fukumoto K, Ohno H. Effect of tetrabutylphosphonium cation on the phsico-chemical properties of amino acid ionic liquids. Angew Chem, Int Ed, 2006, 46: 1852-1855.

[181] Ohno H, Fukumoto K. Amino acid ionic liquids. Acc Chem Res, 2007, 40: 1122-1129.

第3章 负载功能化离子液体的合成与表征

3.1 负载功能化离子液体概述

功能化离子液体作为催化剂、催化剂载体、溶剂和稳定剂等已在众多有机合成反应中获得应用。以功能化离子液体为催化剂的均相反应具有活性高、选择性好的优势,但离子液体成本较高,用量较大时不可避免会产生废弃物,造成后处理困难。另外,离子液体通常黏度较大,而且功能化修饰有时会进一步增高黏度,导致反应底物扩散受阻,影响了产物收率。对于难挥发或不挥发的反应物及产物,分离离子液体与反应混合物也非常烦琐。这些不利因素势必阻碍离子液体的大规模应用。因此,如何更加有效地利用离子液体独特的催化活性(或载体性质)成为科研人员不断追求的目标。

非均相催化具有催化剂易分离和重复使用且用量低、腐蚀性小、易于连续化操作的优点,如果将功能化离子液体进行负载化,可以把离子液体和多相催化的优点结合在一起,提高离子液体的催化和使用效率,并显著改善分离过程,提升过程的经济性。功能化离子液体的负载方法大致可以分为两种:一种是通过物理作用将功能化离子液体吸附于有机聚合物或无机材料的表面和/或孔道内,如浸渍法;另一种是通过化学作用将功能化离子液体键合于有机聚合物或无机材料表面和/或孔道内,包括后嫁接法、溶胶-凝胶法等。

所谓浸渍法是指将离子液体滴加到固体载体上至载体完全湿润或者将载体与过量离子液体混合,待载体完全浸润后用索氏抽提器抽提除去载体上未被吸附的离子液体,最后经干燥处理即可得到物理吸附型的负载化离子液体。这种方法制备过程较为简单,主要依靠离子液体与载体之间的非化学键力将离子液体吸附于载体表面,所以离子液体的负载量通常较低,而且容易脱落。

为了克服浸渍法的缺陷,研究人员又发展了通过化学键合的方式将离子液体锚链到载体上的负载化方法。通常，在以无机材料为载体的离子液体固载化过程中，需要离子液体结构中含有活泼基团，通过离子液体的活泼基团与载体材料表面的活泼基团发生缩合反应，将离子液体嫁接到载体上。此种方法可以有效增加离子液体固载的稳定性。载体表面的活泼基团通常有—OH、—COOH、—CN、—NH_2等。以有机聚合物为载体时，通常是先在聚合物单体分子中引入离子液体结构，然后再经聚合即可制得键合型的负载离子液体。这种后嫁接的方式所键合的离子液体稳定性较好，但是分布状态不易控制，制备过程较为烦琐。除了后嫁接法，还可通过溶胶-凝胶法，即将离子液体前驱物、硅源、模板剂进行凝胶反应，原位制备无机载体负载功能化离子液体材料。本章中将主要讲述作者所在课题组在负载功能化离子液体方面的研究工作。

3.2 负载碱功能化离子液体

Xia研究组[1]以氯球为载体，采用后嫁接法制备了树脂负载的碱性离子液体。制备过程如图3-1所示，氯球与N-甲基咪唑在甲苯中回流24h后，经过滤、洗涤、真空干燥，即得到树脂负载功能化离子液体，记作SIL1。随后，将得到的SIL1与氢氧化钾或碳酸氢钾在水中进行阴离子交换反应，经过滤、洗涤、干燥，分别得到负载碱性离子液体SBIL2和SBIL3。

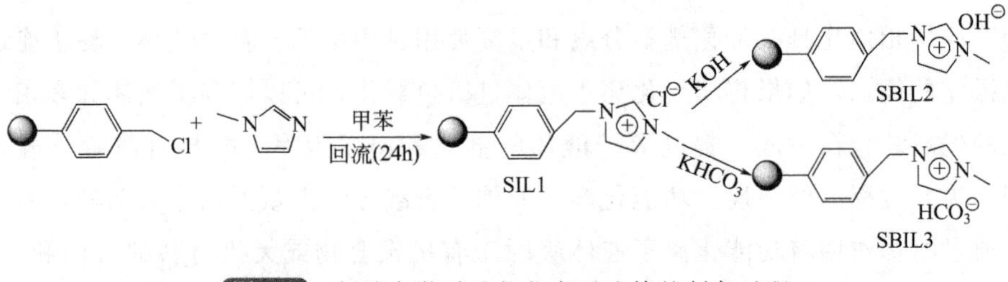

图3-1 树脂负载碱功能化离子液体的制备过程

对制备的负载型离子液体进行FTIR表征，可以观察到，在SIL1中，载体氯球中C—Cl键在1263 cm^{-1}处的吸收峰消失，而在1750 cm^{-1}处出现了咪唑环的特征吸收峰。SBIL2中3390 cm^{-1}处出现了羟基的特征吸收峰，而在SBIL3的谱图中出现的1404 cm^{-1}处的吸收峰则归属于碳酸氢根的吸收峰[2]。这些红外光谱数据表明，离子液体已经负载到载体上。

以磁性材料作为均相催化剂的载体可以进一步简化分离操作过程，因此，近年来，磁性材料负载催化剂的研究引起了学术界的极大关注。然而，纳米级的磁性材料由于具有高的面积/体积比和粒子间的偶极-偶极作用，极易发生团聚。通过在其表面包覆惰性的材料，如聚合物、碳材料或二氧化硅等，可以有效抑制团聚现象，并改善磁性材料的化学稳定性。Xia 研究组选取了一种无机纳米羟基磷灰石 $Ca_{10}(PO_4)_6(OH)_2$ 作为包覆材料，通过改进的硅烷化学的方法制备了两类核壳结构的羟基磷灰石包覆磁性 $\gamma\text{-}Fe_2O_3$ 负载碱性离子液体材料[3,4]，制备过程如图 3-2 所示。

首先是羟基磷灰石包覆磁性 $\gamma\text{-}Fe_2O_3$ 核壳材料的制备。在 Ar 气氛下，将一定比例的氯化亚铁和氯化铁溶于一定量的水中，在搅拌下缓慢滴加氨水溶液，控制氨水的滴加量以获得细小均匀的 Fe_3O_4 纳米粒子；之后逐滴加入 pH 值为 11 的硝酸钙和磷酸氢二铵溶液，将得到的牛乳状溶液加热至 90℃ 保持 2h，然后冷却至室温并静置过夜；最后过滤出深褐色沉淀，用去离子水多次洗涤直至中性，真空干燥 24h 后，于 300℃ 焙烧 3h，得到羟基磷灰石包覆磁性 $\gamma\text{-}Fe_2O_3$ 核壳材料（HAP-γ-Fe_2O_3）。N_2 等温吸附-脱附表征显示所合成的 HAP-γ-Fe_2O_3 的吸附-脱附等温曲线符合 IUPAC 规定的第Ⅳ加Ⅱ型，表明材料具有介孔-微孔复合结构，与 Kohsuke Mori[5] 所制备的材料明显不同（N_2 吸附-脱附等温线为Ⅲ型，无微孔存在）。材料的磁性表征证实 HAP-γ-Fe_2O_3 的饱和磁化强度（M_s）为 4.7emu/g，包覆 HAP 晶格中的 $\gamma\text{-}Fe_2O_3$ 的 M_s 为 43 emu/g，比 Kohsuke Mori[5] 报道的结果（HAP-γ-Fe_2O_3 的 M_s 为 55emu/g）和文献 [6] 中 $\gamma\text{-}Fe_2O_3$ 的 M_s（76emu/g）都低。材料磁性强度降低可能是由于 $\gamma\text{-}Fe_2O_3$ 磁核具有较小的纳米尺寸，或者是 HAP 外壳的去磁化效应造成的[7,8]。与 Kiyotomi Kaneda[5] 所报道的室温超顺磁性材料（无磁滞现象，零剩磁和零矫顽力）相比，通过该方法制备的 HAP-γ-Fe_2O_3 平均矫顽力为 0.9 Oe❶，较弱的矫顽力表明该材料具有亚铁磁性行为。

为了将离子液体阳离子母体咪唑嫁接到 HAP-γ-Fe_2O_3 载体的表面，需要利用硅烷偶联剂对咪唑化合物进行硅烷化修饰，即利用 3-氯丙基三乙氧基硅烷与 N-烷基咪唑或咪唑在一定条件下反应得到 1-烷基-3-(3-丙基三乙氧基硅烷)基咪唑氯盐和 1-(3-丙基三乙氧基硅烷)基咪唑。最后一步是将修饰后的咪唑接枝于 HAP-γ-Fe_2O_3 载体表面，根据碱性基团所处的位置，该过程又可分为两种情况。

第一种情况为图 3-2 中左边所示以碱性基团作为离子液体阴离子。首先将载体 HAP-γ-Fe_2O_3 在 200℃ 真空预活化 2h，冷却至室温后，在惰性气氛下与

---

❶ 1Oe=79.5775A/m。

硅烷化咪唑氯盐在无水乙醇中回流反应 24h，反应结束后磁性分离固体，用无水乙醇抽提。将得到的固体在 CH_2Cl_2 中与 KOH 室温下反应 5h，磁性分离固体，用去离子水反复洗涤至中性，真空干燥，即得到磁性载体负载的阴离子碱性离子液体材料（SBILs b～e）。图 3-2 右边所示为碱性基团在阳离子上的制备过程。首先将 1-(3-丙基三乙氧基硅烷)基咪唑加入二乙基氨基氯乙烷盐酸盐的无水乙醇溶液中，加热回流 3h，反应结束后旋蒸除去溶剂，得到的黄色油状液体经四氢呋喃洗涤后直接加入 NaOH 的水溶液中，室温搅拌，再加入 CH_2Cl_2 和 KPF_6，继续搅拌 30min 后，水相用 CH_2Cl_2 萃取，收集有机相并用无水硫酸钠干燥，过滤，滤液减压除去 CH_2Cl_2 即得到 1-(2′-二乙基氨基)乙基-3-(3-丙基三乙氧基硅烷)基咪唑六氟磷酸盐。最后一步同样在惰性气氛中进行，预活化的 HAP-γ-Fe_2O_3 载体与上一步产物在无水乙醇中搅拌回流 24h，冷却至室温后磁性分离出固体，用无水甲醇抽提，真空干燥，即得到磁性载体负载的阳离子碱性离子液体（SBILs a）。

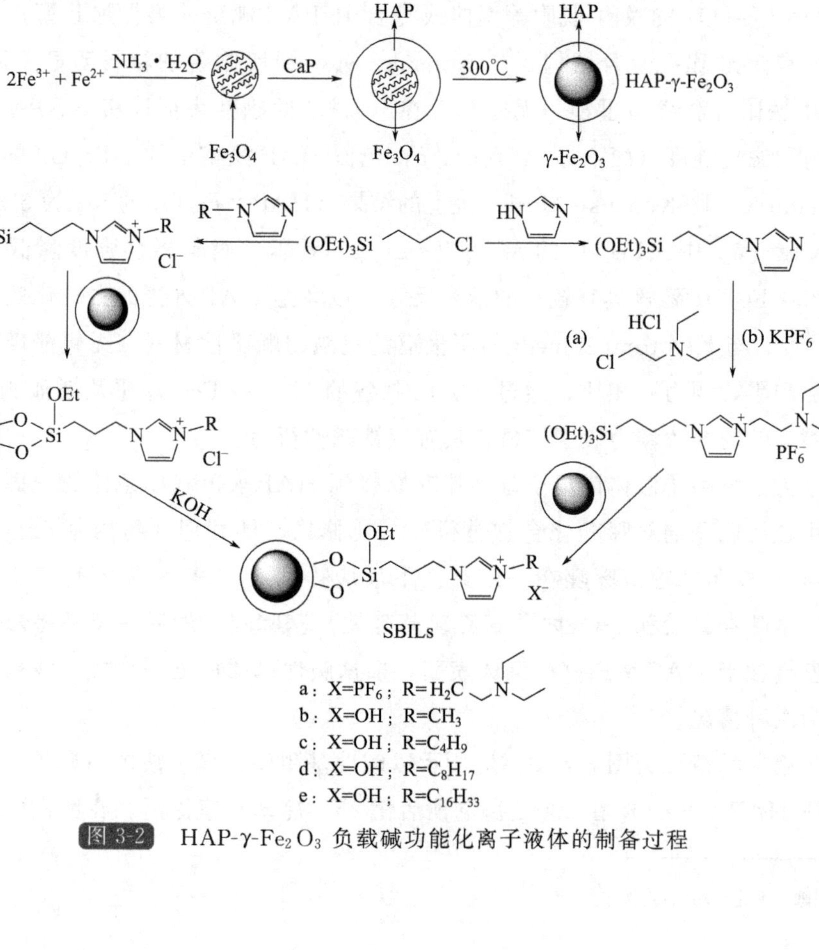

图 3-2　HAP-γ-Fe_2O_3 负载碱功能化离子液体的制备过程

a：X=PF_6；R=H_2C—N(Et)$_2$
b：X=OH；R=CH_3
c：X=OH；R=C_4H_9
d：X=OH；R=C_8H_{17}
e：X=OH；R=$C_{16}H_{33}$

所有制备的磁性材料负载碱性离子液体都进行了较为详细的表征，从材料的 XRD 表征谱图（图 3-3）可以看出，HAP 包覆 γ-Fe_2O_3 后，其衍射图在 30.2°、35.7°和 43.6°处分别出现了 γ-Fe_2O_3 （220）、（311）和（400）晶面的衍射峰，而无其他铁氧化物晶相存在。从 HAP-γ-Fe_2O_3 的 XPS 表征数据来看，Fe $2P_{3/2}$ 和 Fe $2P_{1/2}$ 的电子结合能分别为 710.5eV 和 724.3eV，这与标准 γ-Fe_2O_3 的结合能相一致，证实了材料的核粒子是 γ-Fe_2O_3。通过比较 HAP、HAP-γ-Fe_2O_3 和 SBILs b 的 XRD 谱图，发现 HAP-γ-Fe_2O_3 负载离子液体后衍射峰型没有明显变化，说明负载离子液体之后没有改变载体结构的有序度，其他几种材料的 XRD 谱图与 SBILs b 的相一致。

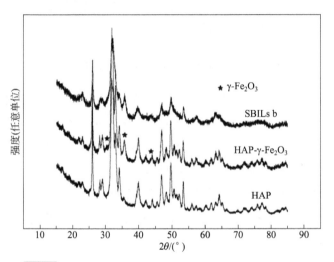

图 3-3　HAP、HAP-γ-Fe_2O_3 和 SBILs b 的 XRD 谱图

利用 FTIR 对负载型离子液体中的主要官能团进行了表征，发现 HAP-γ-Fe_2O_3 负载离子液体后的 FTIR 谱图中，在 3170cm^{-1} 和 3121cm^{-1} 处出现了咪唑环上 C—H 键的伸缩振动特征吸收，同时在 2980cm^{-1} 和 2936cm^{-1} 处分别出现了—CH_3 和—CH_2 的伸缩振动峰，1574cm^{-1} 处则出现咪唑环上 C—C 和 C—N 键的伸缩振动峰，而且对于 SBILs a，在 844cm^{-1} 处出现了 P—F 键的伸缩振动吸收峰，这些红外数据说明离子液体已经成功负载于载体上。

图 3-4 给出了载体 HAP-γ-Fe_2O_3 和负载碱性离子液体 SBILs b 的高分辨透射电镜照片。从 HAP-γ-Fe_2O_3 的 HRTEM 照片可以看出，γ-Fe_2O_3 外层包覆了一层 HAP，具有明显的核壳结构特征，而且具有较小尺寸的 γ-Fe_2O_3（平均粒径为 1～3nm）均匀地分散在 HAP 的晶格中。与载体相比，SBILs b 的 HRTEM 照片中出现了面积较大的黑色区域，其形成原因可能是由于纳米

粒子之间的团聚，也可能是由于被负载的离子液体所覆盖，结合 FTIR 光谱和元素分析结果，可将其归因于离子液体对载体材料的修饰。

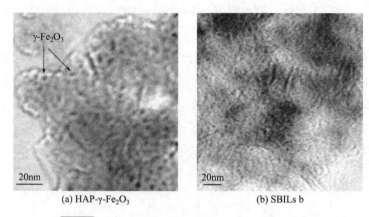

图 3-4　HAP-γ-Fe$_2$O$_3$ 和 SBILs b 的 HRTEM 图

从材料的 N$_2$ 吸附-脱附表征来看，负载离子液体后具有与载体 HAP-γ-Fe$_2$O$_3$ 相类似的等温曲线，说明负载的离子液体对载体的结构并未产生破坏。但是与载体 HAP-γ-Fe$_2$O$_3$ 相比，表面负载离子液体后，材料的比表面积、孔径和孔容都有不同程度的下降，其原因可能是功能性基团的存在堵塞了 HAP 的孔道或者是接枝离子液体后减小了粒子间的距离。比较 SBILs b～e 样品发现，比表面积、孔径和孔容随着咪唑阳离子上取代烷基链长的增加而增加，其原因可能是因为烷基链长度增加，相应的碱性离子液体由于位阻增大而难以负载，而且负载量随着烷基链长度的增加而减少。

图 3-5 是 HAP-γ-Fe$_2$O$_3$ 和 SBILs a 的室温磁滞回线和低外磁场的滞后回线。图中显示，样品在 1.2T 的外磁场作用下达到饱和磁化状态，并且在零磁感应强度时存在剩余矫顽力，较弱的矫顽力表明两种材料均具有亚铁磁性行为。载体 HAP-γ-Fe$_2$O$_3$ 的饱和磁化强度（M_s）和矫顽磁力（H_c）分别达到 4.7 emu/g 和 0.9 Oe，负载离子液体 SBILs a 的饱和磁化强度（M_s）和矫顽磁力（H_c）分别为 6.4 emu/g 和 1.4 Oe，经比较可以看出，HAP-γ-Fe$_2$O$_3$ 负载离子液体后，磁学性质在很大程度上得到增强，这或许是由于负载的碱性离子液体对 HAP-γ-Fe$_2$O$_3$ 的表面磁性具有调节作用，从而产生了更强的磁学行为。图中的照片显示出在外加磁场作用下，具有强磁性的纳米粒子可以非常容易地从水溶液中分离出来。

Chen 研究组[9]以介孔分子筛 SBA-15 为载体，采用接枝的方法将碱性离子液体固载到其表面，制备过程如图 3-6 所示。首先将经干燥处理的 SBA-15

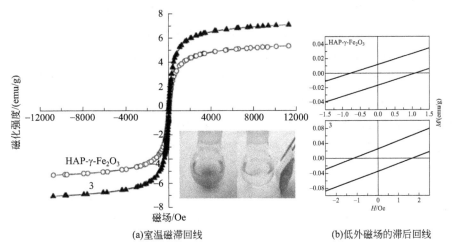

图 3-5　HAP-γ-Fe$_2$O$_3$ 和 SBILs a 的室温磁滞回线和低外磁场的滞后回线

与氯丙基三乙氧基硅烷试剂（CPTES）在甲苯中于 N$_2$ 保护下回流反应 24h，得到的固体在索氏抽提器中用 CH$_2$Cl$_2$ 洗涤 24h，以确保将表面物理吸附的 CPTES 彻底除去，然后过滤并于 60℃ 真空干燥 12h，得到 CPTES/SBA-15（步骤 I）；第二步将 CPTES/SBA-15 与 N-烷基咪唑在甲苯中于 N$_2$ 保护下回流反应 24～48h，反应结束后冷却至室温，过滤并依次用甲苯和甲醇洗涤，最后于 60℃ 真空干燥 24h，得到负载离子液体氯盐（SCIL，步骤 II）；最后将 SCIL 与一定量的 KHCO$_3$ 在水中充分搅拌 24h，使发生阴离子交换反应，过滤得到的固体产物用去离子水反复洗涤至中性，于 70℃ 真空干燥 24h，就得到 SBA-15 负载碱功能化离子液体。

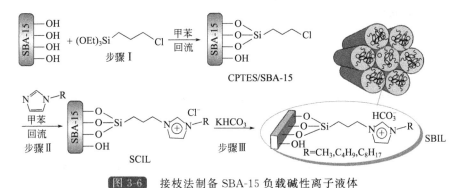

图 3-6　接枝法制备 SBA-15 负载碱性离子液体

图 3-7 显示了样品 SBA-15、CPTES/SBA-15 和 SBIL 的小角度 XRD 谱图。从图中可以看出，样品 SBA-15 在小角度范围内显示了三个特征衍射峰，其中位于 0.8° 附近的强衍射峰可归属于样品（100）晶面衍射峰，位于较高角

度的另外两个弱衍射峰可分别归属于（110）和（200）晶面衍射峰，三个特征衍射峰清晰明朗，说明 SBA-15 样品具有典型的介孔六角相孔结构，并且具有很高的结构有序度[10]。表面接枝硅烷试剂后，样品 CPTES/SBA-15 在小角度范围内仍然显示了相应的三个特征衍射峰，表明接枝硅烷试剂后并未破坏 SBA-15 分子筛的六角相孔结构。进一步接枝离子液体后，样品 SBIL 的（100）晶面衍射峰强度明显减小，另外两个较高角度的衍射峰几乎消失，这或许是接枝离子液体后，降低了载体骨架和孔道之间的散射对比度所致[11]。另外，相对于纯硅基 SBA-15，表面改性后样品 CPTES/SBA-15 和 SBIL 的（100）主衍射峰的位置均向大角度方向偏移，这表明表面改性后样品的孔尺寸有所下降，说明硅烷化试剂和离子液体被成功地接枝到了 SBA-15 分子筛表面[12]。

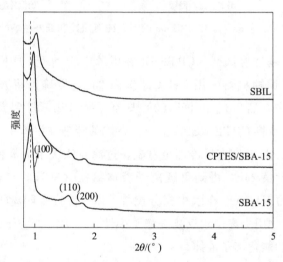

图 3-7　样品 SBA-15、CPTES/SBA-15 和 SBIL 的小角度 XRD 谱图

样品 SBA-15 和 SBIL 的 N_2 吸附-脱附等温线和孔径分布如图 3-8 所示。由图可以看出，SBA-15 和 SBIL 的等温线均为 Ⅳ 型等温线，并在 0.6～0.8 相对压力范围内均伴有 HI 型滞后环，滞后环较为陡峭，这些结果表明两个样品均具有高度有序介孔结构，同时也表明固载离子液体后并未改变 SBA-15 分子筛的孔结构。载体 SBA-15 的比表面积和最大孔径分别为 $574m^2/g$ 和 8.7nm，负载离子液体后比表面积降为 $361m^2/g$，孔径减小为 6.3nm，表明离子液体被成功地接枝到 SBA-15 分子筛的孔道表面。

图 3-9 为样品的 IR 谱图表征结果，可以看出，所有样品中位于 $3430cm^{-1}$ 和 $1630cm^{-1}$ 的两处红外吸收峰可归属于样品表面吸附水分子的振动吸收。位于 $1080cm^{-1}$ 和 $804cm^{-1}$ 附近的两处吸收峰可归属于 SBA-15 分子筛骨架中

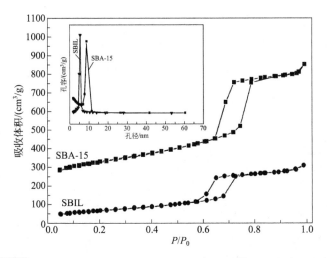

图 3-8 样品 SBA-15 和 SBIL 的 N_2 吸附-脱附等温线和孔径分布

Si—O—Si 键的振动吸收。960cm^{-1} 附近处的红外吸收峰可归属于样品表面的 Si—OH 的振动吸收。SBA-15 表面接枝硅烷化试剂和离子液体后，960cm^{-1} 处的红外吸收峰强度明显下降，这表明载体表面的 Si—OH 已经被硅烷化试剂所占据[13]。CPTES/SBA-15 和 SBIL 中位于 2978cm^{-1} 和 2928cm^{-1} 的红外吸收峰为表面接枝的硅烷化试剂中的 C—H 键振动吸收，表明硅烷化试剂成功地锚链在载体的表面。与 SBA-15 和 CPTES/SBA-15 相比，SBIL 在 1574cm^{-1} 附近出现一个红外吸收峰，可归属于咪唑环上 C—C 和 C—N 键的振动吸收[14]，这表明离子液体被成功地固载到了硅烷化修饰的 SBA-15 分子筛表面。

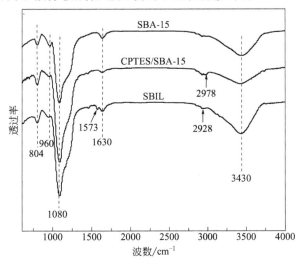

图 3-9 样品 SBA-15、CPTES/SBA-15 和 SBIL 的 IR 谱图

图 3-10 所示负载离子液体 SBIL 的 TEM 照片显示出典型的六角相直孔道结构，这表明经过碱性离子液体表面改性后，载体 SBA-15 的孔结构未遭到破坏，这与前面 XRD 和 N_2 吸附-脱附的表征结果相一致。

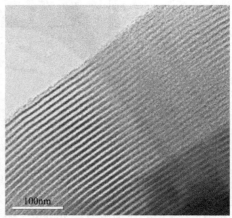

图 3-10　样品 SBIL 的 TEM 照片

3.3 负载酸功能化离子液体

2006 年，Yokoyama 及其合作者[15]通过自由基链转移反应将 1-丙烯基咪唑磺酸功能化离子液体共价键合到经化学修饰的硅胶表面，制备了硅胶负载的酸功能化离子液体，其制备过程如图 3-11 所示。首先将 1-丙烯基咪唑与磺酸

图 3-11　硅胶负载酸功能化离子液体的制备过程

内酯反应制得 1-丙烯基咪唑磺酸内盐 1 和 2。内盐与三氟甲基磺酸反应得到 1-丙烯基咪唑 B 酸功能化离子液体 3，进一步与二氯亚砜反应得到 L 酸功能化离子液体 4。在制备负载离子液体前，利用 3-巯基丙基三甲氧基硅烷（MPS）对硅胶表面进行修饰，然后以 AIBN 为引发剂，与 1-丙烯基咪唑酸功能化离子液体在乙腈中反应得到硅胶负载酸功能化离子液体。

作者利用 FTIR 和固体 ^{13}C NMR 对制备的负载功能化离子液体结构和组成进行了确认，在最终产物的红外光谱中，归属于烯丙基 C═C 键和巯基 S—H 键的 1647cm^{-1} 和 2565cm^{-1} 谱峰消失，而 1563cm^{-1} 处归属于咪唑环的特征峰仍然存在，从而表明离子液体的确是通过巯基与烯丙基之间的反应化学键合在硅胶表面。在两种负载型酸功能化离子液体的 ^{13}C NMR 谱中，仅出现了咪唑环碳谱峰，而没有观察到烯基碳的信号，再次表明烯丙基与巯基之间发生了反应。

2009 年，Qiu 小组[16]采用同样的方法制备了硅胶负载磺酸功能化离子液体，并进行了拉曼光谱和 XPS 的表征。如图 3-12 所示，巯基修饰的硅胶（MPS）在 2580cm^{-1} 处出现了巯基的特征峰，而负载离子液体的拉曼光谱中 2580cm^{-1} 谱峰消失，而饱和 C—H 键在 2930cm^{-1} 处的特征峰增强。另外，合成的硅胶负载磺酸功能化离子液体在 1420cm^{-1} 和 1040cm^{-1}

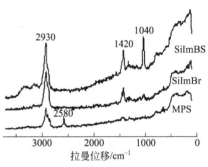

图 3-12　MPS、SiImBr、SiImBS 的拉曼光谱图

处分别出现了咪唑环不饱和 C—H 键和磺酸基团的特征谱峰。

MPS 和两种负载化离子液体 SiImBr 和 SiImBS 的 XPS 表征显示（图 3-13），硅胶表面负载离子液体后，C 1s 的 285.0eV 电子结合能增强，而 Si 2p 在 103.1eV 处电子结合能峰值减弱。负载离子液体的 XPS 谱中，401.5eV 处均出现了咪唑环上 N 1s 电子结合能特征峰，SiImBS 的 XPS 谱在 685.8eV 位置还出现 F 1s 电子结合能特征峰。此外，值得注意的是 S 2p 的电子结合能由 164.1eV（MPS）位移至 163.4eV（SiImBr），而 SiImBS 的 S 2p 谱则分裂成两个，分别位于 163.4eV 和 167.8eV。前者与 SiImBr 中 S 2p 结合能位置相同，可以归属为 S—C 键中 S 2p 特征峰，后者则可归属于阳离子中磺酸基团或阴离子 CF$_3$SO$_3^-$ 中 S 2p 的特征峰。

利用硅胶表面丰富的羟基与硅烷化试剂之间的反应，可以得到表面被反应性基团修饰的硅胶，这些反应性基团可以进一步与其他功能性化合物反应，实

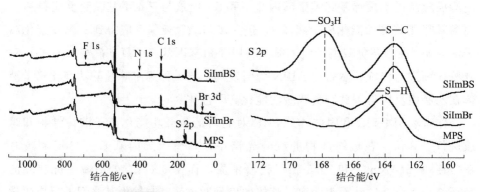

图 3-13　MPS、SiImBr、SiImBS 的 XPS 谱图

现对硅胶表面的进一步修饰。图 3-14 显示了利用表面接枝的方法将 Brφnsted 酸功能化离子液体化学键合到介孔硅胶表面的过程[17]。

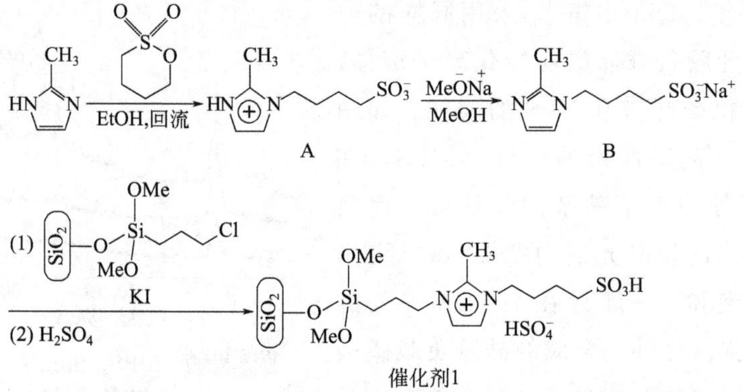

图 3-14　介孔硅胶负载酸功能化离子液体的制备过程

该合成方法的第三步中加入了 KI，是利用原位形成 3-碘丙基修饰硅胶来促进 B 与硅胶表面基团的反应，最后经硫酸酸化得到介孔硅胶负载酸功能化离子液体。在催化剂 1 的 FTIR 表征谱图中，604cm^{-1} 和 1177cm^{-1} 处分别出现了 S—O 和 S=O 的伸缩振动特征峰，而 1429cm^{-1} 和 1503cm^{-1} 的位置则出现咪唑环 C=N 特征峰，从而表明离子液体成功键合在硅胶表面。

图 3-15 是合成材料的热重分析图，70℃附近的失重归因于制备过程中物理吸附的残余水和（或）有机溶剂，350～500℃附近的质量损失则是由于硅胶表面共价键合的离子液体发生了分解。

在载体的选择上，除了常用的无机和有机载体，也有研究者提出采取有机/无机杂化的方式进行负载，这样更能发挥两类载体各自的优势。Guan 研究组[18]设计制备了一种表面修饰有氯甲基聚苯乙烯的硅胶材料，作为有机/无

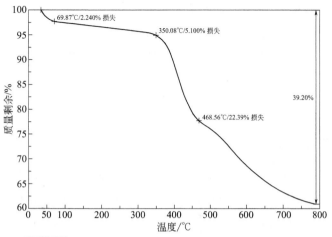

图 3-15 硅胶负载磺酸功能化离子液体的热重分析图

机杂化载体与咪唑基酸功能化离子液体反应,合成出负载酸功能化离子液体 IL/PS-SG,制备过程如图 3-16 所示。

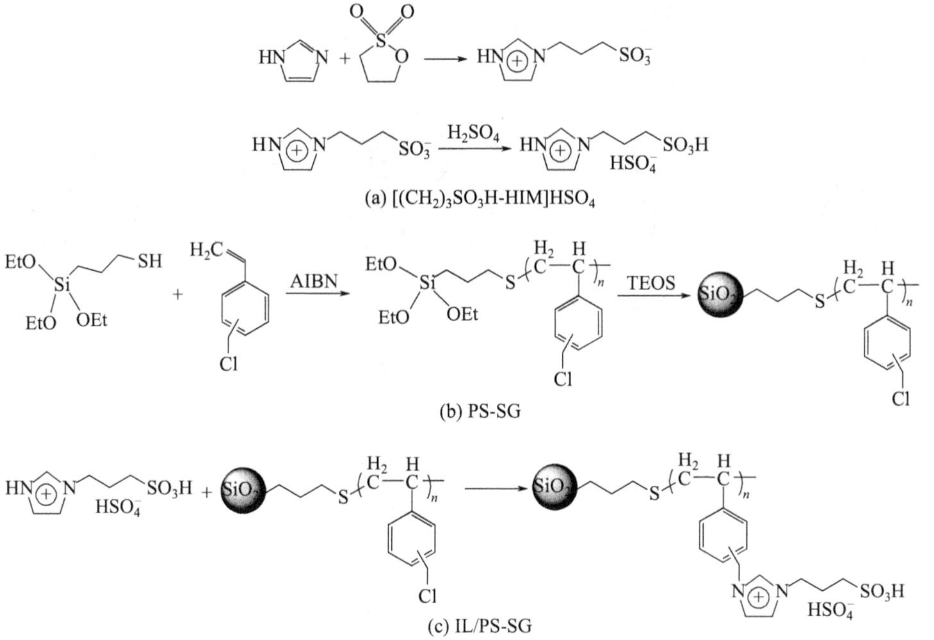

(a) [(CH$_2$)$_3$SO$_3$H-HIM]HSO$_4$

(b) PS-SG

(c) IL/PS-SG

图 3-16 PS-SG 有机/无机杂化载体负载离子液体的制备过程

表 3-1 中列出了硅胶、PS-SG 和 IL/PS-SG 的结构参数。由于接枝的聚合物链堵塞了硅胶表面的微孔,导致 PS-SG 的比表面积和孔容(187.4m^2/g 和 0.13cm^3/g)均比载体硅胶的小(346.3m^2/g 和 0.96cm^3/g)。负载离子液体之后,所得 IL/PS-SG 的比表面积和孔容值与载体相比略有降低,表明

[(CH$_2$)$_3$SO$_3$H-HIM]HSO$_4$ 已经成功固定在 PS-SG 表面。

表 3-1 硅胶、PS-SG 和 IL/PS-SG 的结构参数

样品	孔容/(cm^3/g)	比表面积/(m^2/g)	平均孔径/nm
Silica gel	0.96	346.3	11.0
PS-SG	0.13	187.4	2.8
IL/PS-SG[①]	0.10	129.2	3.0

① IL/PS-SG：[(CH$_2$)$_3$SO$_3$H-HIM]HSO$_4$/PS-SG。

图 3-17 是材料的 SEM 照片，未修饰的球形硅胶颗粒聚集在一起，尺寸约为 2~5μm [图 3-17（a）]，接枝聚合物后，硅小球被氯甲基聚苯乙烯包覆形成杂化 PS-SG。随着聚合度的上升，硅胶颗粒完全被覆盖，表面形成致密的聚合物层 [图 3-17（b）]。化学键合 [(CH$_2$)$_3$SO$_3$H-HIM]HSO$_4$ 后，表面形貌未出现明显变化 [图 3-17（c）]。

(a) SG   (b) PS-SG   (c) IL/PS-SG

图 3-17 SG、PS-SG、IL/PS-SG 的 SEM 照片

图 3-14 中的方法还可用于制备磁性纳米粒子负载酸功能化离子液体（IL-Fe$_3$O$_4$@SiO$_2$），所不同的是载体选用了 SiO$_2$ 包覆的磁性 Fe$_3$O$_4$。在硅烷偶联剂 3-氯丙基三甲氧基硅烷存在下，[SO$_3$H(CH$_2$)$_3$-HIM][HSO$_4$] 与 Fe$_3$O$_4$@SiO$_2$ 反应合成 IL-Fe$_3$O$_4$@SiO$_2$ 的过程如图 3-18 所示[19]。

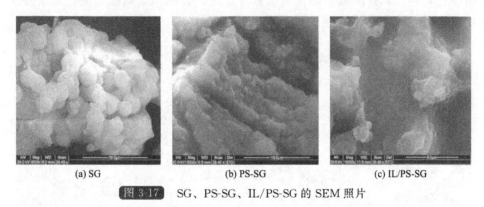

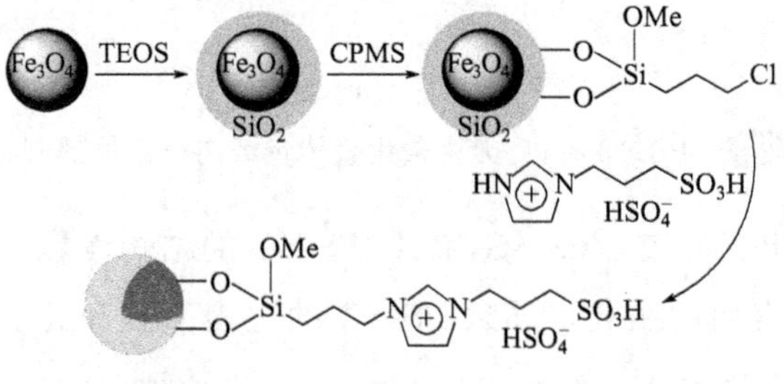

图 3-18 IL-Fe$_3$O$_4$@SiO$_2$ 合成示意图

图 3-19 为 Fe_3O_4、$Fe_3O_4@SiO_2$ 和 $IL-Fe_3O_4@SiO_2$ 的广角 XRD 谱图。从谱线 a 可见，Fe_3O_4 具有典型的立方反尖晶石结构。谱线 b 和 c 中，2θ 在 $15°\sim25°$ 之间的宽衍射峰归属于材料中的无定形 SiO_2，而 Fe_3O_4 的特征谱峰依然保留，这表明硅胶包覆未对 Fe_3O_4 结构产生影响。

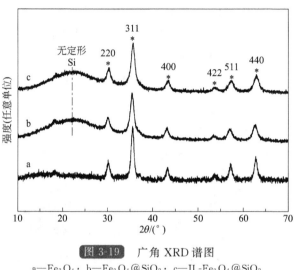

图 3-19 广角 XRD 谱图

a—Fe_3O_4；b—$Fe_3O_4@SiO_2$；c—$IL-Fe_3O_4@SiO_2$

材料的 FTIR 光谱表征结果示于图 3-20。图中 $597cm^{-1}$ 和 $1088cm^{-1}$ 两处吸收峰归属于 Fe—O—Fe 和 Si—O—Si 的振动吸收特征峰，并且在 $IL-Fe_3O_4@SiO_2$ 和回收 $IL-Fe_3O_4@SiO_2$ 的 FTIR 谱图中，$1180cm^{-1}$ 和 $1046cm^{-1}$ 的位置可以清晰看到磺酸基团中 S═O 的非对称和对称伸缩振动吸收峰。负载了

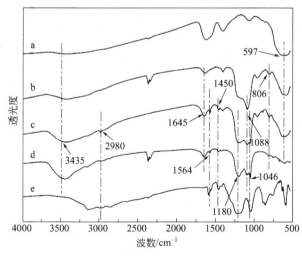

图 3-20 FTIR 谱图

a—Fe_3O_4；b—$Fe_3O_4@SiO_2$；c—$IL-Fe_3O_4@SiO_2$；d—回收 $IL-Fe_3O_4@SiO_2$；e—IL

离子液体的材料在 $1410cm^{-1}$ 和 $2980cm^{-1}$ 附近还出现了烷基链的变形振动和伸缩振动特征峰，咪唑环的振动峰出现在 $1564cm^{-1}$ 处。此外，在 $1645cm^{-1}$ 的位置还有 Si—OH 基团的特征峰。上述 FTIR 的表征结果可进一步证实离子液体已成功固载于功能化的 $Fe_3O_4@SiO_2$ 表面。

通过 SEM 和 TEM 表征可以进一步了解材料的表面结构特征和内部的精细结构。如图 3-21 (a)、(c)、(e) 的 SEM 照片所示，载体 $Fe_3O_4@SiO_2$ 为表面光滑的球形，并且具有相对较窄的粒径分布，负载离子液体后表面变得较为粗糙。从 $Fe_3O_4@SiO_2$ 的 TEM 照片 [图 3-21 (b)] 可以观察到载体具有深色的磁性核和灰色的 SiO_2 壳，壳层厚度约为 50nm。选区电子衍射图 (SAED) 表明 Fe_3O_4 纳米颗粒具有多晶结构。负载离子液体后材料的 TEM 图 [图 3-21 (d)、(f)] 与载体的相类似，即内部结构未发生明显变化。

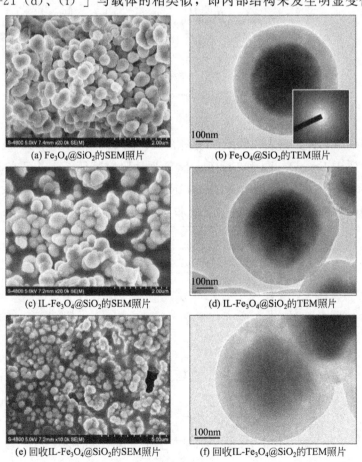

(a) $Fe_3O_4@SiO_2$ 的SEM照片
(b) $Fe_3O_4@SiO_2$ 的TEM照片
(c) IL-$Fe_3O_4@SiO_2$ 的SEM照片
(d) IL-$Fe_3O_4@SiO_2$ 的TEM照片
(e) 回收IL-$Fe_3O_4@SiO_2$ 的SEM照片
(f) 回收IL-$Fe_3O_4@SiO_2$ 的TEM照片

图 3-21　$Fe_3O_4@SiO_2$、IL-$Fe_3O_4@SiO_2$、回收 IL-$Fe_3O_4@SiO_2$ 的 SEM 和 TEM 照片
（插图为 Fe_3O_4 的 SAED 照片）

利用振动样品磁强计（VSM）对材料的磁化曲线、磁化率等磁学性质进行研究，结果表明，所制备的磁性纳米颗粒具有超顺磁行为，并且未检测到剩磁。IL-Fe_3O_4@SiO_2的饱和磁化强度值为26.1emu/g，比载体Fe_3O_4@SiO_2的值（38.0emu/g）略低，其原因在于负载的IL不具有磁性。分散的IL-Fe_3O_4@SiO_2在外加磁场作用下可快速聚集，因此在催化反应中可以方便地与产物分离。

在以硅胶为载体制备负载功能化离子液体的过程中，经常使用甲苯和乙腈作为反应介质，环境不友好。Chou研究组[20]最近报道了在乙醇中制备硅胶负载酸功能化离子液体的方法，其过程如图3-22所示。作者利用该方法在较为温和的条件下合成了四种硅胶负载离子液体，分别为IL/SiO_2、IL-HSO_4/SiO_2、IL-SO_3H/SiO_2和IL-SO_3H-HSO_4/SiO_2。

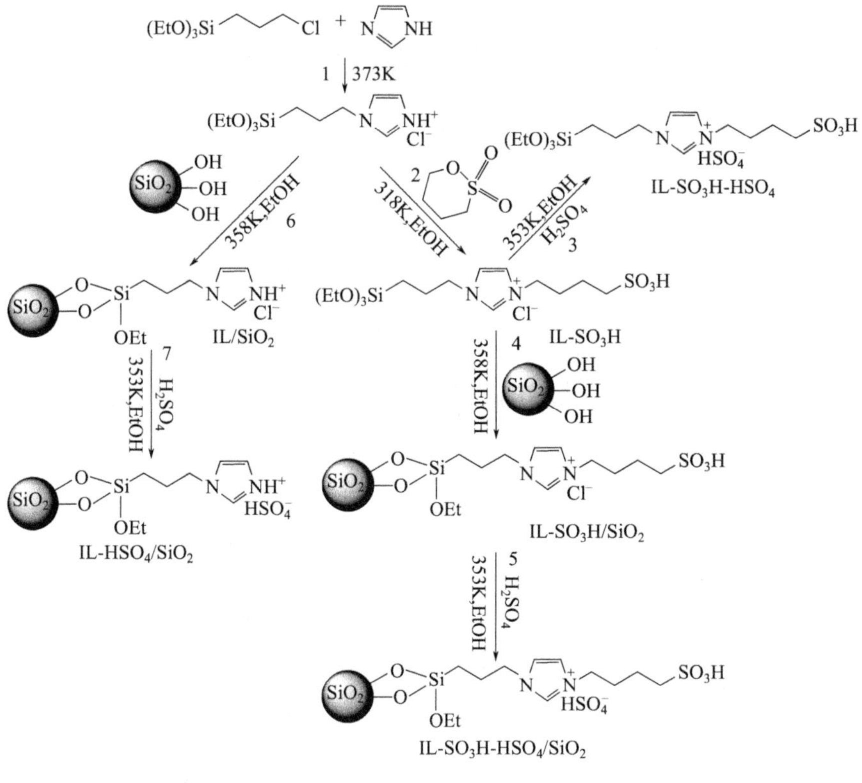

图3-22 多孔硅胶负载酸功能化离子液体合成示意图

从材料的^{29}Si CP-MAS NMR谱图中可以清晰辨认出−92、−101和−109处归属于Q^2、Q^3和Q^4的谱线[Q^n＝$Si(OSi)_n(OH)_{4-n}$]，表明硅胶表面含有残留的硅羟基。化学位移在−59和−67处的谱线表明，3-氯丙基三乙氧基硅烷（CPTES）与硅胶中的硅原子经一个或两个 Si—O—Si 键相连。IL-SO_3H-HSO_4/SiO_2 的 ^{13}C CP-MAS NMR 谱图显示出与 IL-SO_3H-HSO_4 的 ^{13}C NMR 谱图相一致的化学位移，证明离子液体已键合在硅胶表面（图 3-23）。

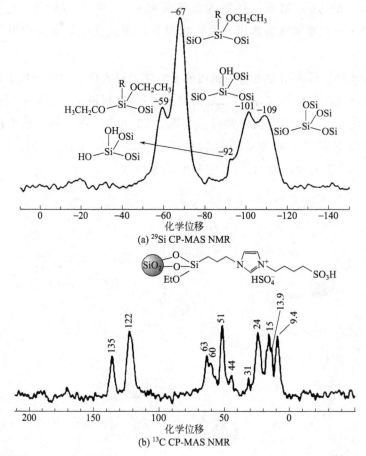

图 3-23　IL-SO_3H-HSO_4/SiO_2 的 ^{29}Si CP-MAS NMR 和 ^{13}C CP-MAS NMR 谱图

图 3-24 是硅胶载体和负载离子液体的 N_2 吸附-脱附等温曲线和 BJH 孔径分布，可以看出所有样品的吸附-脱附等温线都属于典型的Ⅳ型吸附-脱附等温线，并伴有 H1 滞后环，故均为介孔结构。表面嫁接离子液体后对载体的比表面积和孔径分布都有显著影响。例如，载体硅胶的比表面积和孔容分别为 $361m^2/g$ 和 $0.97cm^3/g$，负载 IL-SO_3H-HSO_4 离子液体后，所得材料的比表面积和孔容分别下降到 $155m^2/g$ 和 $0.38cm^3/g$。

值得一提的是，作者运用酸碱滴定的方法对硅胶负载离子液体的酸性进行了测定。以 5.05×10^{-2} mol/L 的 NaOH 溶液为滴定剂，酚酞为指示剂，各硅胶负载离子液体的酸性位测定结果列于表 3-2。

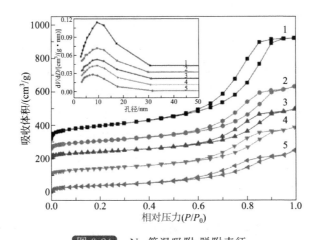

图 3-24 N_2 等温吸附-脱附表征

1—SiO_2；2—IL/SiO_2；3—$IL-SO_3H/SiO_2$；4—$IL-HSO_4/SiO_2$；5—$IL-SO_3H-HSO_4/SiO_2$

表 3-2 硅胶负载酸功能化离子液体酸性表征数据

样品	负载量/(mmol/g)[①]		酸含量/(mmol/g)
	1/2 N	S	
IL/SiO_2	1.8	0	0.9
$IL-SO_3H/SiO_2$	2.1	0.4	1.0
$IL-HSO_4/SiO_2$	1.5	1.5	1.5
$IL-SO_3H-HSO_4/SiO_2$	1.8	1.9	2.0

① 元素分析计算结果（负载量=N 或 S 的百分含量×1g/N 或 S 的原子量）。

不难看出，滴定测得 $IL-HSO_4/SiO_2$ 和 $IL-SO_3H-HSO_4/SiO_2$ 的酸性位含量分别为 1.5mmol/g 和 2.0mmol/g，与元素分析所计算的结果相一致。通过比较同一种材料中 S 含量和酸性位含量可以发现，前者的值略小于后者，其原因与咪唑环上的 H^+ 有关。对于 $IL-SO_3H/SiO_2$，其酸性位含量（1.0mmol/g）远高于元素分析所得—SO_3H 基团的含量（S 含量 0.4mmol/g），这表明咪唑与磺酸内酯之间的反应是不完全的。虽然，已有很多文献报道了硅胶负载酸性离子液体的制备与应用，但是对其酸性的研究并不多见，以至于很少有人注意到咪唑与磺酸内酯之间的反应是否完全，因此，Chou 等人的工作为同行们提供了很好的借鉴。

3.4 负载多金属氧酸盐功能化离子液体

多金属氧酸及其盐具有强酸性和强氧化性，长久以来都被当作环境友好的催化剂而广泛使用。大多数基于多金属氧酸（盐）的催化反应都是在均相体系中进行的,尽管有着较高的催化效率,但是产物和催化剂的分离以及催化剂的重复使用比较困难。为解决这一难题,很多以多金属氧酸(盐)为基础的有效的多相体系发展起来,例如温控相转移体系[21]、有机无机负载催化剂体系[22~27]等。将离子液体的优异性能与多金属氧酸(盐)相结合是构筑新型催化材料的创新思路,往往会产生出乎意外的好结果。比如,离子液体修饰的SiO_2表面可以成功地将Prandi型多酸阴离子$\{[W(=O)(O_2)_2(H_2O)]_2(\mu\text{-}O)\}^{2-}$[28]和$[\gamma\text{-}H_2SiV_2W_{10}O_{40}]^{4-}$[29]进行负载,不但避免了催化剂中钨物种的流失,以及由于低比表面积和表面亲油性引起的底物与氧化剂不易接触的问题,而且规避了载体引起的双氧水降解和催化剂的活性降低等缺点。

Xia研究组[30]采用有机聚合物氯球为载体,经离子液体修饰后制备了一种聚合物负载的磷钨酸阴离子功能化离子液体催化剂PS-IL-PW。其制备过程如图3-25所示。

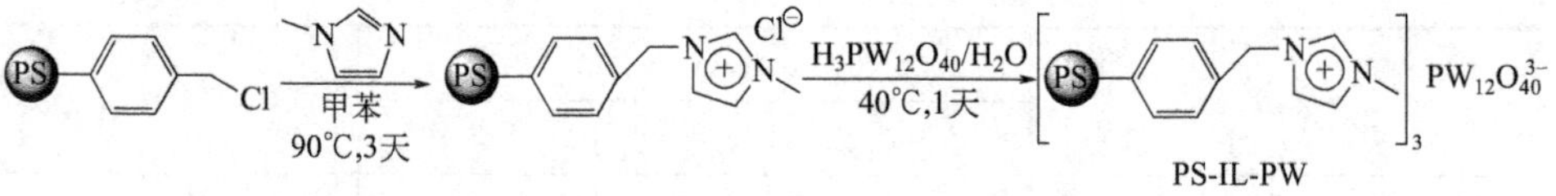

图 3-25 聚合物负载磷钨酸阴离子功能化离子液体的制备过程

首先制备出氯球负载的N-甲基咪唑氯盐,之后与$H_3PW_{12}O_{40}$的水溶液在40℃下搅拌反应24h,使阴离子交换完全。过滤出固体,用丙酮、水多次洗涤,最后真空干燥12h,即得到PS-IL-PW。

PS-IL-PW的FTIR谱图中,在3150cm^{-1}、2950cm^{-1}、2850cm^{-1}、1570cm^{-1}和1460cm^{-1}处出现了离子液体咪唑阳离子的特征吸收峰,同时在图中还出现了明显的Keggin构型的多金属氧酸盐$[\alpha\text{-}PW_{12}O_{40}]^{3-}$的特征峰,如$\nu(P\text{—}O_a)(1080cm^{-1})$、$\nu(W\text{—}O_d)(982cm^{-1})$、$\nu(W\text{—}O_b\text{—}W)(891cm^{-1})$和$\nu(W\text{—}O_c\text{—}W)(801cm^{-1})$,表明在负载型离子液体制备过程中磷钨酸盐的基本构型得到了很好的保持。在XPS谱图上,531.1eV、402.2eV、285.0eV、135.1eV、38.69eV和40.79eV处的峰分别归属于O 1s、N 1s、C 1s、P 2p、W $4f_5$和W $4f_7$,说明磷钨酸阴离子功能化离子液体已经接枝于氯球表面。

图3-26是PS-IL-PW的TG/DTA/DSC曲线。作者认为第一个阶段24.3~123.5℃的质量减少可归于样品中残留水的失去;123.5~235.2℃的质量减少可能是$[\alpha\text{-}PW_{12}O_{40}]^{3-}$阴离子结构中结晶水的丧失所引起;从460℃开始的质量骤减是由于$[\alpha\text{-}PW_{12}O_{40}]^{3-}$的Keggin结构破坏和其中95.6%的咪唑母体结构以及聚合物载体的降解。

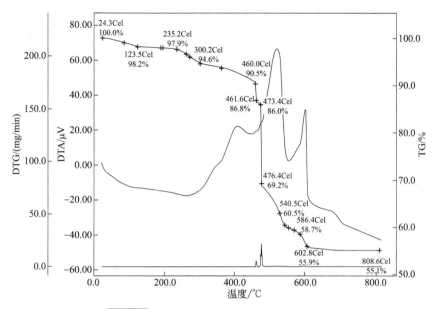

图 3-26　PS-IL-PW 的 TG/DTA/DSC 曲线

利用溶胶-凝胶法制备基于咪唑阳离子的硅胶负载型离子液体，然后通过与杂多酸或其盐进行阴离子交换反应，同样可以制备出负载多金属氧酸盐离子液体。如图 3-27 所示，Xia 小组[31]将 N-甲基咪唑与 3-氯丙基-三乙氧基硅烷在甲苯中 Ar 气氛中回流反应 48h，得到氯化 1-三乙氧基硅基丙基-3-甲基咪唑。在溶胶-凝胶反应步骤中，作者首先将一定量的氯化 1-三乙氧基硅基丙基-3-甲基咪唑溶解于乙醇中，然后加入原硅酸乙酯，并于 60℃下搅拌使两者充分混合；随后在剧烈搅拌下，缓慢加入稀盐酸，继续搅拌 3h 后停止，在 60℃条件下静置，溶胶慢慢凝结形成透明凝胶。将该凝胶在 60℃下老化 12h，然后在 80℃下真空干燥以除去溶剂及挥发性物质，得到氯化 1-丙基-3-甲基咪唑修

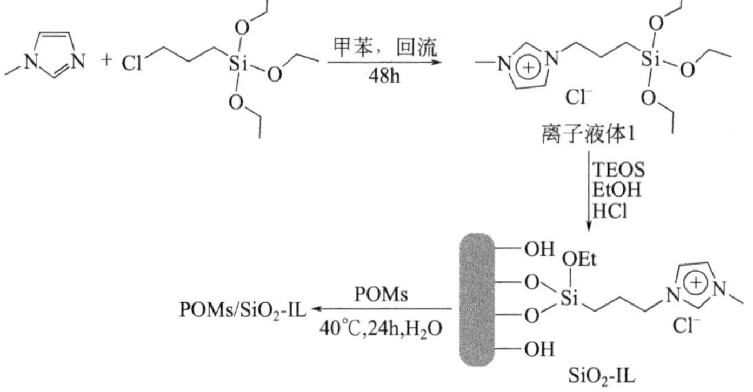

图 3-27　POMs/SiO$_2$-IL 的制备过程

饰的二氧化硅白色固体 SiO_2-IL。在最后一步离子交换反应中，先称取一定量杂多酸溶解在去离子水中，并加热至 40℃，在搅拌下加入 SiO_2-IL，在该温度下继续搅拌反应 24h，之后过滤，用大量去离子水洗涤固体产物至滤液为中性，真空干燥后即得到硅胶负载的杂多酸阴离子功能化离子液体，记作 POMs/SiO_2-IL。

作者对以磷钨酸、硅钨酸和磷钼酸为原料制备的三种负载型杂多酸阴离子离子液体 PW/SiO_2-IL、SiW/SiO_2-IL、PMo/SiO_2-IL 分别采用 FTIR、XRD 和 XPS 进行了表征。从图 3-28 所示的 FTIR 谱图可见，SiO_2-IL 的红外谱图在 $1060cm^{-1}$ [ν_{as}(Si—O—Si)]、$940cm^{-1}$ [ν(Si—OH)]、$800cm^{-1}$ [ν_s(Si—O—Si)] 和 $440cm^{-1}$ [ν(Si—O—Si)] 的位置出现了载体二氧化硅的特征吸收峰[32]，而在 $3160cm^{-1}$ [ν(CH)]、$2950cm^{-1}$ [ν_{as}(CH$_2$)]、$2850cm^{-1}$ [ν_s(CH$_2$)] 和 $1570cm^{-1}$ [ν(C=N)] 处则出现了咪唑盐母体化合物的特征吸收峰，说明二氧化硅载体表面嫁接了咪唑基离子液体。相比于 SiO_2-IL，三种负载杂多酸阴离子离子液体材料的红外谱图在 $700\sim1100cm^{-1}$ 范围内均出现了四个特征吸收峰。以 PW/SiO_2-IL 为例，在 $1080cm^{-1}$ [ν_{as}(P—O$_a$)]、$980cm^{-1}$ [ν_{as}(W=O$_d$)]、$890cm^{-1}$ [ν_{as}(W—O$_b$—W)] 以及 $810cm^{-1}$ [ν_{as}(W—O$_c$—W)][24]处的四个吸收峰是 Keggin 结构磷钨酸特有的吸收峰。SiW/SiO_2-IL 和 PMo/SiO_2-IL 在该波数范围内的吸收峰同 PW/SiO_2-IL 接近，其吸收峰分别为 $1070cm^{-1}$ [ν_{as}(Si—O$_a$)]、$970cm^{-1}$ [ν_{as}(W=O$_d$)]、$910cm^{-1}$ [ν_{as}(W—O$_b$—W)]、$800cm^{-1}$ [ν_{as}(W—O$_c$—W)] 及 $1080cm^{-1}$ [ν_{as}(P—O$_a$)]、$950cm^{-1}$ [ν_{as}(Mo=O$_d$)]、$900cm^{-1}$ [ν_{as}(Mo—O$_b$—Mo)]、$800cm^{-1}$ [ν_{as}(Mo—O$_c$—Mo)]。这表明负载前后杂多酸的结构没有变化，而且被成功地负载于离子液体修饰的二氧化硅上。

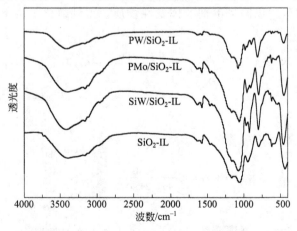

图 3-28　SiO_2-IL 和 POMs/SiO_2-IL 的 FTIR 谱图

表 3-3 是硅胶负载杂多酸阴离子功能化离子液体的 XPS 表征分析数据，从中可见 PW/SiO$_2$-IL 中磷原子的 2p 电子结合能为 134.5eV，与 [C$_4$MIM]$_3$PW$_{12}$O$_{40}$ 中磷原子的 2p 电子结合能数值相一致。由于 P 元素周围的配位环境不同，PMo/SiO$_2$-IL 中磷原子的 2p 电子结合能略小一些，为 134.0eV。这可能是由于 W 与 Mo 的电负性不同造成的，W 的鲍林标度电负性为 2.36，而 Mo 的鲍林标度电负性为 2.16，电负性越大，吸电子作用越强，导致电子结合能增加。对于 SiW/SiO$_2$-IL，其硅原子的 2p 电子结合能为 103.3eV。三种含 W 的催化剂中，W 的 4f 电子结合能在 36.1eV 左右，比较接近。Mo 的 4d 电子结合能为 233.1eV。

表 3-3　POMs/SiO$_2$-IL 的 XPS 表征分析结果

催化剂	电子结合能/eV			
	P 2p$_{3/2}$	Si 2p$_{3/2}$	W 4f$_{7/2}$	Mo 3d$_{5/2}$
[C$_4$MIM]$_3$PW$_{12}$O$_{40}$	134.4	—	36.2	—
PW/SiO$_2$-IL	134.5	—	36.0	—
SiW/SiO$_2$-IL	—	103.3	36.1	—
PMo/SiO$_2$-IL	134.0	—	—	233.1

以负载磷钨酸阴离子离子液体为例的 XRD 表征结果见图 3-29。磷钨酸晶体的特征吸收峰 2θ 角分别为 10.3°、20.6°、25.6°和 34.5°。磷钨酸负载到载体上后可能会以微小晶体的形态聚集在载体表面，因而会出现相应的特征吸收峰[33]。然而 PW/SiO$_2$-IL 的 XRD 谱图并未出现磷钨酸的特征峰，只有无定形的 SiO$_2$ 的峰形，这说明载体上没有磷钨酸晶体出现。因此作者认为应该是由于离子液体的负载量较大，磷钨酸根同氯负离子之间离子交换进行得彻底，使得磷钨酸可以均匀分布在载体上，这也说明离子液体的引入可能有利于磷钨酸的分散。

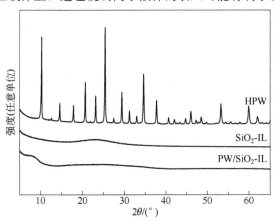

图 3-29　负载磷钨酸阴离子功能化离子液体的 XRD 谱图

3.5 负载离子液体-金属配合物

离子液体对过渡金属配合物具有良好的溶解能力和稳定作用,可通过液-液两相催化过程实现催化剂和离子液体的回收和循环使用,即使在较高的温度和真空条件下也会保持较低的蒸气压,既可以替代传统的挥发性有机溶剂,也可以克服超临界二氧化碳($scCO_2$)和全氟烃溶剂对催化剂溶解度低的缺点。而且,离子液体具有高极化潜力和弱配位能力,能通过电性、立体化学性质或催化中心上自由配位位置的影响对溶解的均相催化剂起活化作用[34,35]。

将金属配合物与离子液体所构成的均相催化体系高分散地装载于固体材料中,在保持金属配合物离子液体体系的活性和选择性的同时,又具有负载催化剂高度分散、用量少、易于分离的优点,是发展性能优良催化剂的新途径。因此,近年来金属配合物与离子液体相结合的催化剂如何实现负载化并应用于催化反应成为了新的研究热点。

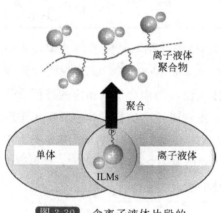

图 3-30 含离子液体片段的聚合物示意图

为得到负载离子液体-金属配合物催化材料,可以采用聚合的方法,即将离子液体片段修饰上可聚合基团(如乙烯基),然后通过自聚或者共聚的方式得到具有离子液体片段的聚合物材料,即高分子链上含有离子中心,重复单元与常见离子液体结构类似的聚合物[36],如图3-30所示。将制备出的含离子液体片段的聚合物与金属前体反应,就可得到负载离子液体-金属配合物催化剂。

2006年,Luis[37]等人制备了一种含有咪唑离子液体片段的聚合物负载 Pd(0) 催化剂,可以高效催化流动相中的 Heck 反应。该负载型催化剂循环使用 6 次后仍能保持 99% 的产物收率,表明在此体系中催化活性中心 Pd(0) 可以被载体提供的微环境所稳定。2010 年,韩布兴等人[38]将含有氨基侧链的乙烯基咪唑离子液体和 DVB(二乙烯基苯)共聚生成含有氨基侧链的共聚物,随后将 $PdCl_2$ 负载于该聚合物上,经 $NaBH_4$ 还原成 Pd(0),从而制备出交联型聚合物负载的 Pd 纳米催化剂(图 3-31)。该催化剂在 Heck 反应中表现出很好的催化活性和底物适用性,并且催化剂循环 4 次后活性几乎不下降。

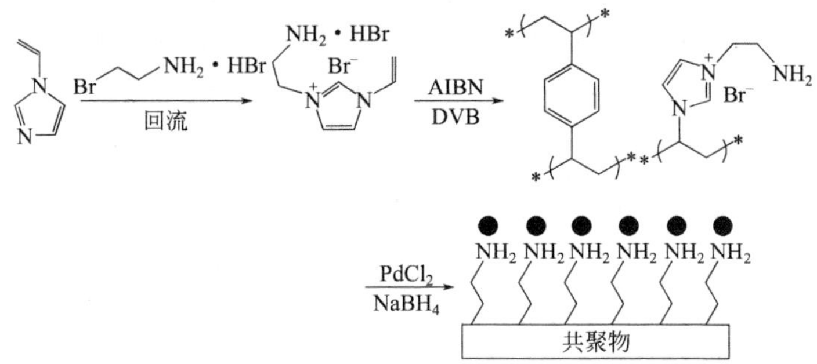

图 3-31 含氨基侧链咪唑离子液体基团的聚合物负载 Pd 催化剂的制备过程

羰基化反应是通过催化的方法在化合物分子中引入羰基和其他基团而成为含氧化合物的反应,在催化科学研究中占有重要地位。但是,以往的羰基化反应都依赖于有机溶剂,造成了环境污染,并且作为活性组分的贵金属流失严重,造成了极大的浪费。含离子液体片段的聚合物负载金属催化剂的优异性能引起了研究人员的注意,希望能通过这种方法构建高效且环境友好的新型羰基化反应体系。2011 年,Xia 研究组发展了一种交联型离子液体聚合物负载的金属催化剂,并用于催化水相中氨基醇氧化羰基化反应和羰基化 Sonogashira 偶联反应[39,40]。该催化剂的制备过程如图 3-32 所示。首先 N-乙烯基咪唑与碘代正丁烷反应得到正丁基乙烯基咪唑碘盐 [VBIM] I;接下来在引发剂偶氮二异丁腈 AIBN 作用下,[VBIM] I 与交联剂二乙烯基苯 DVB 在氮气气氛下于 75℃发生交联聚合反应,产物经丙酮、四氢呋喃、甲醇洗涤,得到聚合物 P(DVB-IL),真空干燥后研碎备用;最后将制得的聚合物 P(DVB-IL) 与 Pd(OAc)$_2$ 在 DMSO 中加热搅拌反应 6h 后,过滤出褐色的固体产物,并分别用去离子水、CH$_2$Cl$_2$、丙酮洗涤,得到的固体粉末于 50℃真空干燥 12h 即得到交联型离子液体聚合物负载的 Pd 催化剂 P(DVB-IL)-Pd。

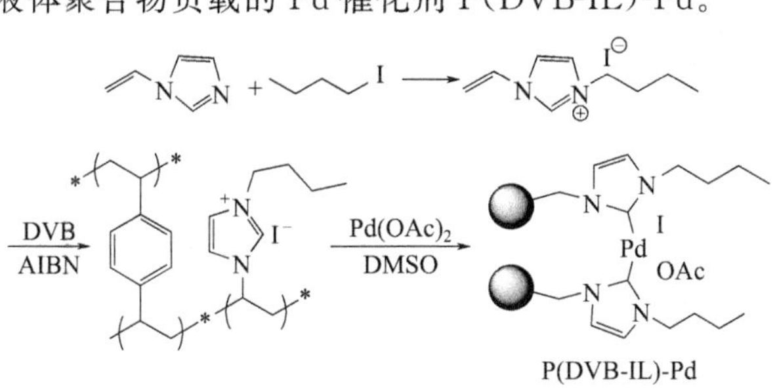

图 3-32 交联型离子液体聚合物负载 Pd 催化剂的制备过程

聚合物 P(DVB-IL)-Pd 中 Pd 的含量通过原子吸收光谱仪测得为 2.43%（质量分数）。图 3-33 是材料的 TGA 表征结果。TGA 曲线上 210℃ 之前的少量质量损失，可认为是催化剂中少量水分的损失，210~410℃ 之间质量的减少是催化剂中离子液体的损失，证实了该催化剂中离子液体片段的存在[38]。热重数据表明，该催化剂可用于催化温度低于 200℃ 的反应。

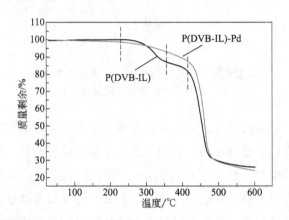

图 3-33　聚合物和聚合物负载的 Pd 催化剂的 TGA 分析

从图 3-34 中 P(DVB-IL)-Pd 的能谱表征数据来看，P(DVB-IL)-Pd 中含有 C、N、I、O 和 Pd，其中，Pd $3d_{5/2}$ 和 Pd $3d_{3/2}$ 的结合能分别为 338.0eV 和 343.3eV，表明化合物中 Pd 的价态为二价。对比 PdI_2 和 $Pd(OAc)_2$ 中 Pd 的 $3d_{5/2}$ 结合能，分别为 336.2eV 和 338.6eV，可以推断出 Pd 和碘离子、乙酸根成键，形成类似于卡宾的形式。高分辨透射电镜照片显示，Pd 颗粒的大小在 20nm 左右，分散很均匀，另外还有一部分 Pd 分散在载体的缝隙中。

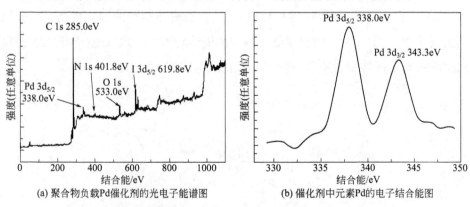

图 3-34　聚合物负载 Pd 催化剂的光电子能谱图

最近，Xia课题组[41]通过自由基聚合的方式合成了两种双咪唑鎓盐离子液体聚合物，并以Na_2PdCl_4为钯源相应制备了两种离子液体聚合物负载Pd纳米粒子催化材料，用于催化Suzuki羰基化偶联反应。材料的合成路线如图3-35所示。1-乙烯基咪唑分别与1,4-二溴丁烷、二(2-氯乙烯基)胺盐酸盐在一定条件下反应得到两种双咪唑离子液体聚合物单体原料，$[(VIM)_2C_4]Br_2$与$[(VIM)_2C_4N]Cl_2$。接下来将单体与二乙烯基苯在引发剂AIBN作用下发生交联聚合反应，得到两种聚合物，分别记作P(DVB-DIIL)和P(DVB-NDIIL)，二者的区别在于连接两个咪唑阳离子的基团不同，前者为—$(CH_2)_4$—，后者为—$(CH_2)_2$—NH—$(CH_2)_2$—。在最后一步中，取上述离子液体聚合物(1.0g)，加入40mL水，在室温下搅拌2h，之后加入氯钯酸钠(57mg)，室温搅拌10h。离心分离出固体，用去离子水洗涤后再次放入圆底烧瓶中，加入50mL去离子水并搅拌，逐滴加入10mL硼氢化钠水溶液，反应混合物由红棕色变为黑色，待反应完全后离心分离，用去离子水多次洗涤后，于80℃真空干燥12h，即得到双咪唑离子液体聚合物负载型Pd纳米催化剂，记作P(DVB-DIIL)-Pd和P(DVB-NDIIL)-Pd。

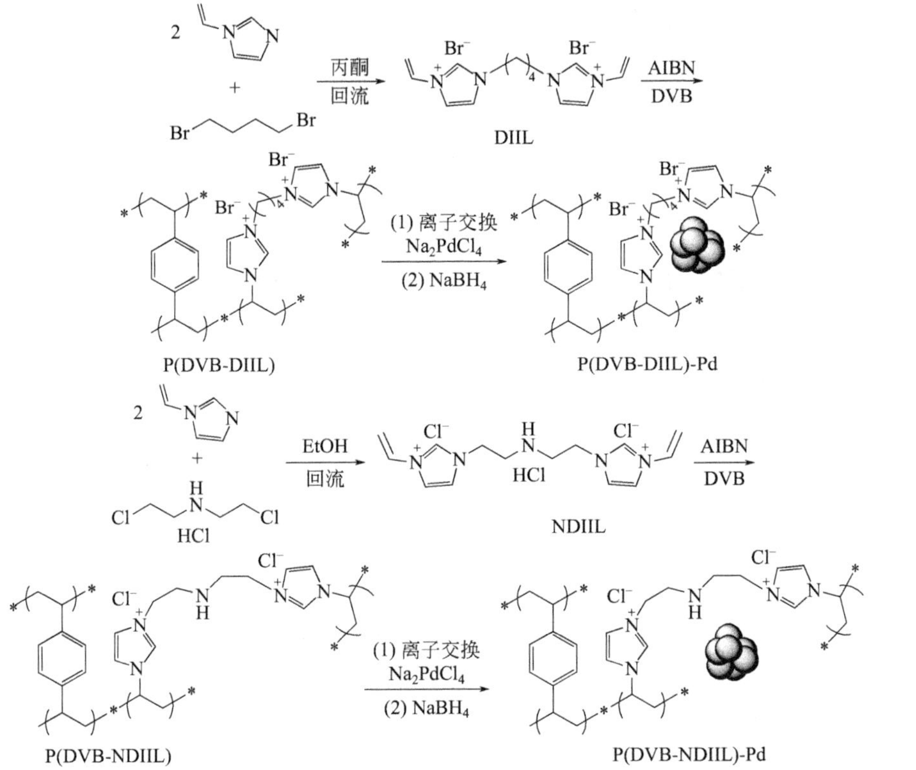

图3-35 双咪唑离子液体聚合物负载型Pd纳米催化剂合成路线

采用透射电镜观察所合成材料的结构和形貌，发现两个阳离子间含氨基的离子液体聚合物 P(DVB-NDIIL) 与不含氨基的聚合物 P(DVB-DIIL) 相比，前者对 Pd 纳米颗粒的分散性更好。另外，聚合物中离子液体的比例对金属纳米颗粒的分散度及尺寸大小都有影响，即聚合物中离子液体的成分含量越高，Pd 纳米颗粒尺寸越小且分布越均匀。

所有样品的 FTIR 谱图中，在 $3420cm^{-1}$ 处都显示出宽的吸收峰，归属于咪唑环上 C—H 和 N—H 键的伸缩振动。而且负载 Pd 纳米粒子前后，样品的红外谱图非常相似，说明在负载金属纳米粒子后聚合物结构未发生变化。

图 3-36 给出了样品 P(DVB^1-NDIIL^1) 和 P(DVB^1-NDIIL^1)-Pd 的热重曲线。230℃ 之前的质量损失主要由聚合物吸附水分减少导致；230~350℃ 之间的质量损失来自离子液体的分解；390℃ 以上的质量损失是由 PDVB 的降解所致[38]。从以上数据可知，样品在低于 230℃ 范围内具有不错的热稳定性。

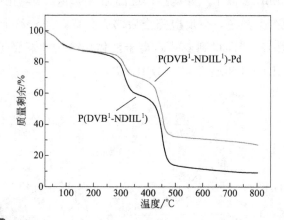

图 3-36　样品 P(DVB^1-NDIIL^1) 和 P(DVB^1-NDIIL^1)-Pd 的热重曲线

参 考 文 献

[1] Xiao L F, Yue Q F, Xia C G, Xu L W. Supported basic ionic liquid: Highly effective catalyst for the synthesis of 1,2-propylene glycol from hydrolysis of propylene carbonate. J Mol Catal A: Chem, 2008, 279: 230-234.

[2] 吴平霄，廖宗文. 改性碳酸氢铵的结构特征及其肥效增效机理研究. 矿物岩石，2003, 113-116.

[3] Zhang Y, Zhao Y W, Xia C G. Basic ionic liquids supported on hydroxyapatite-encapsulated γ-Fe$_2$O$_3$ nanocrystallites: An efficient magnetic and recyclable heterogeneous catalyst for aqueous Knoevenagel condensation. J Mol Catal A: Chem, 2009, 306: 107-112.

[4] Zhang Y, Xia C G. Magnetic hydroxyapatite-encapsulated-Fe$_2$O$_3$ nano-particles functionalized with basic ionic liquids for aqueous Knoevenagel condensation. Appl Catal A: Gen, 2009, 366: 141-147.

[5] Hara T, Kaneta T, Mori K, Mitsudome T, Mizugaki T, Ebitani K, Kaneda K. Magnetically recoverable

heterogeneous catalyst: Palladium nanocluster supported on hydroxyapatite-encapsulated γ-Fe_2O_3 nanocrystallites for highly efficient dehalogenation with molecular hydrogen. Green Chem, 2007, 9: 1246-1251.

[6] Craik D J. Magnetic Oxides. Wiley: New York, 1975: 697.

[7] Shen L, Laibinis P E, Hatton T A. Bilayer surfactant stabilized magnetic fluids: Synthesis and interactions at interfaces. Langmuir, 1999, 15: 447-453.

[8] Homola A, Lorenz M, Mastrangelo C, Tilbury T. Novel magnetic dispersions using silica stabilized particles. IEEE Trans Magn, 1986, 22: 716-719.

[9] Yuan C Y, Huang Z W, Chen J. Basic ionic liquid supported on mesoporous SBA-15: An efficient heterogeneouscatalyst for epoxidation of olefins with H_2O_2 as oxidant. Catal Commun, 2012, 24: 56-60.

[10] Zhao D Y, Huo Q S, Feng J L, Chmelka B F, Stucky G D. Nonionic triblock and star diblock copolymer and oligomeric surfactant syntheses of highly ordered, hydrothermally stable, mesoporous silica structures. J Am Chem Soc, 1998, 120: 6024-6036.

[11] Zhang W H, Shi J L, Wang L Z, Yan D S. Preparation and characterization of zno clusters inside mesoporous silica. Chem Mater, 2000, 12: 1408-1413.

[12] Wu S S, Wang J, Zhang W H, Ren X Q. Preparation of keggin and preyssler heteropolyacid catalysts on amine-modified SBA-15 and their catalytic performances in esterification of *n*-butanol with acetic acid. Catal Lett, 2008, 125: 308-314.

[13] Zhao L Y, Wang S C, Wu Y, Hou Q F, Wang Y, Jiang S M. Salicylidene schiff base assembled with mesoporous silica SBA-15 as hybrid materials for molecular logic function. J Phys Chem C, 2007, 111: 18387-18391.

[14] Nanbu N, Sasaki Y, Kitamura F. In situ FT-IR spectroscopic observation of a room-temperature molten salt | gold electrode interphase. Electrochem Commun, 2003, 5: 383-387.

[15] Qiao K, Hagiwara H, Yokoyama C. Acidic ionic liquid modified silica gel as novel solid catalysts for esterification and nitration reactions. J Mol Catal A: Chem, 2006, 246: 65-69.

[16] Qiu H D, Wang L C, Liu X, Jiang S X. Preparation and characterization of silica confined ionic liquids as chromatographic stationary phases through surface radical chain-transferreaction. Analyst, 2009, 134: 460-465.

[17] Vafaeezadeh M, Dizicheh Z B, Hasemi M M. Mesoporous silica-functionalized dual Brɸnsted acidic ionic liquid as anefficient catalyst for thioacetalization of carbonyl compounds in water. Catal Commun, 2013, 41: 96-100.

[18] Shao Y B, Wang H, Miao J M, Guan G F. Synthesis of an immobilized Brɸnsted acidic ionic liquid catalyst on chloromethyl polystyrene grafted silica gel for esterification. Reac Kinet Mech Cat, 2013, 109: 149-158.

[19] Wu Z W, Li Z, Wu G M, Wang L L, Lu S Q, Wang L, Wang H, Guan G F. Brɸnsted acidic ionic liquid modified magnetic nanoparticle: An efficient and green catalyst for biodiesel production. Ind Eng Chem Res, 2014, 53: 3040-3046.

[20] Xu H M, Zhao H H, Song H L, Miao Z C, Yang J, Zhao J, Liang N, Chou L J. Functionalized ionic liquids supported on silica as mild and effective heterogeneous catalysts for dehydration of biomass to furan derivatives. J Mol Catal A Chem, 2015, 410: 235-241.

[21] Hamamoto H, Suzuki Y, Yamada Y M A, Tabata H, Takahashi H, Ikegami S. A recyclable catalytic system based on a temperature-responsive catalyst. Angew Chem Int Ed, 2005, 44: 4536-4538.

[22] Neumann R, Miller H. Alkene oxidation in water using hydrophobic silica particles derivatized with polyoxometalates as catalysts. J Chem Soc, Chem Commun, 1995, 2277-2278.

[23] Sakamoto T, Pac C. Selective epoxidation of olefins by hydrogen peroxide in water using a polyoxometalate catalyst supported on chemically modified hydrophobic mesoporous silica gel. Tetrahedron Lett, 2000, 41: 10009-100012.

[24] Kovalchuk T, Sfihi H, Zaitsev V, Fraissard J. Recyclable solid catalysts for epoxidation of alkenes: Amino- and oniumsilica-immobilized $\{HPO_4[W_2O_2(\mu\text{-}O_2)_2(O_2)_2]\}^{2-}$ anion. J Catal, 2007, 249: 1-14.

[25] Wang S S, Yang G Y. Recent advances in polyoxometalate-catalyzed reactions. Chem Rev, 2015, 115 (11): 4893-4962.

[26] Bentaleb F, Makrygenni O, Brouri D, Diogo C C, Mehdi A, Proust A, Launay F, Villanneau R. Efficiency of polyoxometalate-based mesoporous hybrids as covalently anchored catalysts. Inorg Chem, 2015, 54 (15): 7607-7616.

[27] Nlate S, Plault L, Astruc D. Synthesis of 9- and 27-armed tetrakis (diperoxotungsto) phosphate-coreddendrimers and their use as recoverable and reusable catalysts in the oxidation of alkenes, sulfides, and alcohols with hydrogen peroxide. Chem Eur J, 2006, 12: 903-914.

[28] Yamaguchi K, Yoshida C, Uchida S, Mizuno N. Peroxotungstate immobilized on ionic liquid-modified silica as a heterogeneous epoxidation catalyst with hydrogen peroxide. J Am Chem Soc, 2005, 127: 530-531.

[29] Kasai J, Nakagawa Y, Uchida S, Yamaguchi K, Mizuno N. [γ-1,2-$H_2SiV_2W_{10}O_{40}$] immobilized on surface modified SiO_2 as a heterogeneous catalyst for liquid-phase oxidation with H_2O_2. Chem Eur J, 2006, 12: 4176-4184.

[30] Lang X J, Li Z, Xia C G. [α-$PW_{12}O_{40}$]$^{3-}$ immobilized on ionic liquid-modified polymer as a heterogeneous catalyst for alcohol oxidation with hydrogen peroxide. Synth Commun, 2008, 38: 1610-1616.

[31] Zhao M T, Zhou J W, Li Z, Chen J, Xia C G. Polyoxometalates based supported ionic liquid catalysis for alcohol oxidation with hydrogen peroxide. J Mol Catal(China), 2011, 25: 97-104.

[32] Sousa J L C, Santos I C M S, Simoes M M Q, Cavaleiro J A S, Nogueira H I S, Cavaleiro A M V. Iron(Ⅲ)-substituted polyoxotungstates immobilized on silica nanoparticles: Novel oxidative heterogeneous catalysts. Catal Commun, 2011, 12: 459-463.

[33] 樊合利, 黄兆伟, 王丹红, 张明慧, 李伟, 陶克毅. 负载型磷钨酸催化剂的制备及催化合成ETBE的性能研究. 分子催化, 2009, 5: 429-435.

[34] 韩彦丽, 李亚明, 张华. 室温离子液体在过渡金属催化反应中的应用研究进展. 分子催化, 2005, 19: 72-79.

[35] Dupont J, de Souza R F, Suarez P A Z. Ionic liquid (molten salt) phase organometallic catatlysis. Chem Rev, 2002, 102: 3667-3692.

[36] Shaplov A S, Lozinskaya E I, Ponkratov D O, Malyshkina I A, Vidal F, Aubert P H, Okatova O G V, Pavlov G M, Komarova L I, Wandrey C, Vygodskii Y S. Bis(trifluoromethylsulfonyl) amide based "polymeric ionic liquids": Synthesis, purification and peculiarities of structure-properties relationships.Electrochimica Acta, 2011, 57: 74-90.

[37] Karbass N, Sans V, Garcia-Verdugo E, Burguete M I, Luis S V. Pd(0) supported onto monolithic polymers containing IL-like moieties continuous flow catalysis for the Heck reaction in near-critical EtOH. Chem Commun, 2006, 3095-3097.

[38] Liu G, Hou M Q, Song J Y, Fan H L, Zhang Z F, Han B X. Immobilization of Pd nanoparticles with functional ionic liquid grafted onto cross-linked polymer for solvent-free Heck reaction. Green Chem, 2010, 12: 65-69.

[39] Wang Y, Liu J H, Xia C G. Cross-linked polymer supported palladium catalyzed carbonylative Sonogashira coupling reaction in water.Tetrahedron Lett, 2011, 52: 1587-1591.

[40] Wang Y, Liu J H, Xia C G. Oxidative carbonylation of 2-amino-1-alkanols catalyzed by cross-linked polymer supported palladium in water. Chin J Catal, 2011, 32: 1782-1786.

[41] Jiao N M, Li Z L, Wang Y, Liu J H, Xia C G. Palladium nanoparticles immobilized onto supported ionic liquid-like phases (SILLPs) for the carbonylative Suzuki coupling reaction. RSC Adv, 2015, 5: 26913-26922.

第4章 功能化离子液体催化的各类反应

离子液体由于具有非常宽的液态温度范围，从低于或接近室温到300℃，而且蒸气压极低，不易挥发，也不易燃烧，有较高的热稳定性和化学稳定性，性能可调等，可代替传统有机溶剂广泛应用于有机合成反应、电化学和液-液萃取分离中，并且已经显示出了良好的效果及应用前景。

在有机合成反应中，离子液体常常被用作反应的溶剂或者溶剂兼催化剂，并表现出一般有机溶剂无法比拟的优越性质。例如，将催化剂溶于离子液体中，催化剂可以兼具有均相催化效率高、多相催化易分离的优点，而且可以与离子液体一起循环使用，因此离子液体在有机合成中得到了广泛的应用。由于离子液体提供的是纯离子环境，化学反应在其中的反应机理和途径可能不同于在传统有机溶剂中，有可能通过改变反应机理而使催化剂的活性和稳定性更好，反应转化率和反应选择性更高。

1989年，Jaeger等人[1]第一次应用[$EtNH_3$][NO_3]离子液体取代传统有机溶剂进行环戊二烯和丙烯酸甲酯、甲基乙烯基酮之间的Diels-Alder环加成反应研究。与非极性有机溶剂相比，离子液体中的反应具有较高的内型(endo)选择性和较快的反应速率。

作者课题组[2,3]曾研究了离子液体与二氯甲烷的混合溶剂体系中金属卟啉配合物催化烃类的氧化反应，多数烯烃的环氧化收率和选择性都在80%以上，最高达到98%。虽然反应为均相体系，但是离子液体的存在实现了均相金属卟啉催化剂的重复使用。

Seddon等人[4]研究了不同芳烃在[EMIM]Cl-$AlCl_3$中的乙酰化反应，该反应中离子液体既作溶剂又作催化剂，并且目标产物的收率、选择性高于或等于文献值。以离子液体[BMIM]Cl-$AlCl_3$作为催化剂和溶剂，在蒽与乙二酰氯的傅克酰基化反应中，当[BMIM]Cl与$AlCl_3$的摩尔比为1∶2时，产物收率最高可达88.2%，选择性达到98.2%[5]。

氯铝酸盐离子液体由于具有很强的Lewis酸性,在酯化反应中表现出了较高的活性[6],但其容易水解而不易保存及不易循环使用的缺点在应用中受到了很大的限制。Zhu等人[7]将酸性离子液体[HMIM][BF$_4$]作为催化剂兼溶剂应用于酯化反应中,在较温和的条件下得到非常高的酯化产率,并且离子液体可通过重力沉降实现与产物的分离。以[BMIM][BF$_4$]和[BMIM][PF$_6$]为代表的中性离子液体具有稳定的化学性质,作为溶剂也可促进酯化反应的进行[8,9],其原因一方面是此类离子液体与产物酯不相溶,从而促进反应平衡向生成酯的方向移动。另一方面是由于[BF$_4$]$^-$和[PF$_6$]$^-$阴离子在一定条件下发生水解,会产生[BF$_3$OH]$^-$、[BF$_2$(OH)$_2$]$^-$、[BF(OH)$_3$]$^-$、[PO$_2$F$_2$]$^-$和[PO$_3$F]$^{2-}$等氟化物阴离子以及HF[10~13],从而使体系具有一定酸性,发生了催化酯化反应。例如,在40℃时,[C$_8$MIM][BF$_4$]的水溶液pH值为4.5~5.5,这源于[BF$_4$]$^-$阴离子发生了如下的一系列水解反应[14]:

$$[BF_4]^-(aq) + H_2O(l) \longrightarrow [BF_3OH]^-(aq) + HF(aq)$$

$$[BF_3OH]^-(aq) + H_2O(l) \longrightarrow [BF_2(OH)_2]^-(aq) + HF(aq)$$

$$[BF_2(OH)_2]^-(aq) + H_2O(l) \longrightarrow [BF(OH)_3]^-(aq) + HF(aq)$$

$$[BF(OH)_3]^-(aq) \longrightarrow B(OH)_3(aq) + F^-(aq)$$

可以看出在早期,离子液体应用于有机合成反应主要充当溶剂,部分反应中还兼作催化剂,因此离子液体的用量通常都较大。虽然离子液体在反应后可实现重复使用,但是离子液体价格较高,而且循环使用过程中的流失不能忽略,势必会阻碍其大规模应用。为大幅度减少离子液体的用量,同时保持其对某一类反应特有的催化作用,最简单且行而有效的方法就是在离子液体的阳离子或阴离子中引入具有催化活性的功能性基团。2002年,Cole等人[15]首次制备了阳离子含有—SO$_3$H基团的Brφnsted酸功能化离子液体,在催化酯化反应、醚化反应和频哪醇重排反应中显示出良好的催化活性,此类酸性离子液体稳定性好、与产物易分离,反应后处理十分简便。相关文章发表后很快引起关注,此后以功能化离子液体替代传统催化剂的应用研究蓬勃发展起来。

4.1 酸功能化离子液体催化

酸功能化离子液体包括Lewis酸功能化、Brφnsted酸功能化以及Lewis酸-Brφnsted酸双功能化三种类型。Lewis酸功能化离子液体能够接受外界电子对,主要由金属卤化物MCl$_x$和有机卤化物混合反应制成。混合物中金属卤化物MCl$_x$的含量直接影响着离子液体的Lewis酸性。氯铝酸类、氯化锌类、氯化铁类离子液体是研究较多的 Lewis 酸功能化离子液体[16~19]。真正意义上的 Brϕnsted 酸功能化离子液体始于 Cole 等人[15]的工作。在离子液体的阳离子上引入酸性基团（如羧基、磺酸基等）或 Brϕnsted 酸与中性离子液体混合都可以得到性能可调的新型 Brϕnsted 酸体系。酸功能化离子液体最突出的特点是具有较强的酸性，也因此具备了替代传统液体酸催化剂的潜质，有望实现若干重要化学品的清洁合成。

4.1.1 酯化反应

羧酸与醇的酯化反应是有机合成中最古老、最重要的反应之一[20]，其产物羧酸酯是一大类重要的精细化学品和化工中间体，应用于生产生活的各个方面。阳离子含磺酸基的强酸型功能化离子液体催化酯化反应不仅活性高、选择性好，而且产物易分离，催化剂可循环利用[21~23]。这些明显好于浓硫酸的优势促使各种含有酸性基团的离子液体被开发，并在催化酯化反应中得到了广泛的研究[24~29]（图 4-1）。

图 4-1　用于酯化反应的酸功能化离子液体

从文献中可以发现，已报道的多数离子液体催化酯化反应存在离子液体用量偏大的问题，即使是功能化离子液体，其用量也通常大于 10%（摩尔分数）。与传统有机溶剂和催化剂相比，离子液体的成本相对较高，因此从经济性考虑在实际应用中应该减少离子液体的用量。另一方面，用量大也使得各类离子液体催化性能的差异无法表现出来，不能对其优劣进行可靠的对比。同时，已有文献中对于离子液体结构与催化性能之间关系的系统考察还远远不够[30~32]。

在酸催化的反应中，催化剂的性能与其酸强度密不可分，因此有必要关联离子液体的酸强度与其活性之间的关系。对于非水溶液中酸强度的测定，Hammett 酸度法是一种普遍使用的有效方法，其原理是使用一种碱性指示剂

（命名为 I）来结合溶剂中解离的质子，借助紫外可见光谱通过测定指示剂的质子化程度（[I]/[IH⁺]）来计算得到 Hammett 酸度值（H_0），由此确定所研究体系的 Brϕnsted 酸度。在一给定的溶剂（s）中，Hammett 酸度值定义为：

$$H_0 = pK(\mathrm{I})_{aq} + \lg([\mathrm{I}]_s/[\mathrm{IH}^+]_s)$$

其中，$pK(\mathrm{I})_{aq}$ 为所选择指示剂的 Hammett 常数。

以 Hammett 酸度值 H_0 作为酸功能化离子液体酸强度的量化指标，发现当使用催化量的离子液体时，图 4-2 所示各种离子液体的 Hammett 酸度值与其酯化反应的活性有较好的对应关系（表 4-1）[33]。

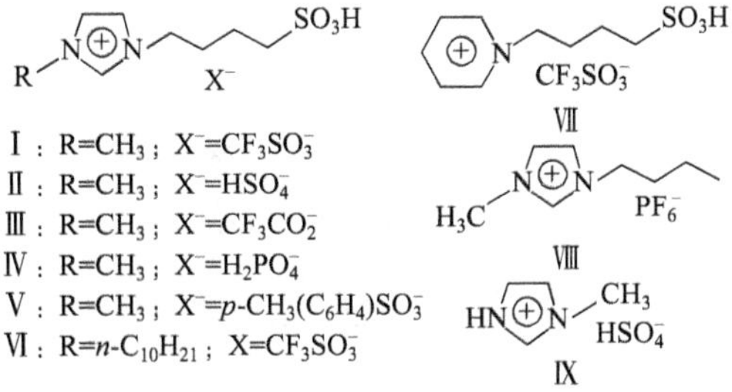
SO3H
R
X⁻
SO3H
CF3SO3⁻
Ⅶ
Ⅰ：R=CH3；X⁻=CF3SO3⁻
Ⅱ：R=CH3；X⁻=HSO4⁻
Ⅲ：R=CH3；X⁻=CF3CO2⁻
Ⅳ：R=CH3；X⁻=H2PO4⁻
Ⅴ：R=CH3；X⁻=p-CH3(C6H4)SO3⁻
Ⅵ：R=n-C10H21；X=CF3SO3⁻
H3C
PF6⁻
Ⅷ
CH3
HSO4⁻
Ⅸ

图 4-2　正丁酸甲酯化反应的酸功能化离子液体催化剂

表 4-1　离子液体的 H_0 及其在正丁酸甲酯化反应中的催化活性①

序号	离子液体	H_0	正丁酸甲酯收率②/%
1	—	—	2
2	Ⅰ	0.23	93
3	Ⅱ	0.88	92
4	Ⅲ	—	16
5	Ⅳ	—	13
6	Ⅴ	1.15	85
7	Ⅵ	−0.02	89
8	Ⅶ	1.06[34]	92
9	Ⅷ	—	3
10	Ⅸ	—	6
11	H_2SO_4	—	84
12	—	—	2
13	Ⅲ	2.86	16
14	Ⅷ	—	3
15	Ⅸ	—	6

① 反应条件：正丁酸 0.05mol，甲醇 0.2mol，离子液体 0.25mmol，80℃回流 2h。

② GC 收率。

注：UV-Vis 光谱测试条件：序号 1～11，溶剂 CH_2Cl_2，指示剂 4-硝基苯胺 [$pK(\mathrm{I})_{aq}=0.99$)]，20℃；序号 12～15，溶剂 CH_2Cl_2，指示剂二甲基黄 [$pK(\mathrm{I})_{aq}=3.3$)]，20℃。

在 Hammett 酸度值的测定中，溶剂和指示剂的选择很重要，对于某些离子液体，由于没有找到合适的溶剂和指示剂，所以没有得到相应的酸强度值。但是从已测得的数据仍然可以找到一些大致的规律。表 4-1 中各种离子液体的 Brønsted 酸强度的大小顺序为阴离子为 $CF_3SO_3^-$ 和 HSO_4^- 的磺酸功能化离子液体（Ⅰ、Ⅱ和Ⅵ）＞阴离子为 $CF_3CO_2^-$ 的磺酸功能化离子液体Ⅲ＞非功能化离子液体（Ⅷ和Ⅸ），很显然，这与它们的催化活性顺序保持了一致。

磺酸功能化离子液体Ⅰ对于其他长链脂肪酸的甲酯化反应也具有良好的催化效果，如表 4-2 所示，在适当延长反应时间的条件下，各种长链脂肪酸的转化率均能达到 80% 以上。

表 4-2 磺酸功能化离子液体Ⅰ催化长链脂肪酸与甲醇的酯化反应

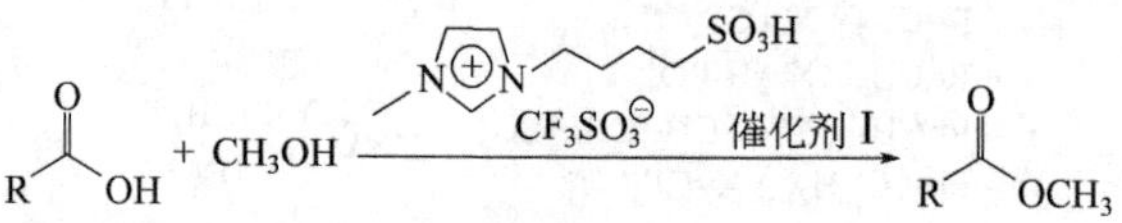

$$RCOOH + CH_3OH \xrightarrow{\text{催化剂 I}} RCOOCH_3$$

催化剂 I：1-丁基磺酸-3-甲基咪唑 三氟甲磺酸盐

序号	R（脂肪酸）	转化率[①]/%
1	$n\text{-}C_{17}H_{33}$（硬脂酸）	74[②]
2	$n\text{-}C_{17}H_{33}$（硬脂酸）	83
3	$Z\text{-}C_8H_{17}CH=CHC_7H_{14}$（油酸）	80
4	$n\text{-}C_{15}H_{31}$（棕榈酸）	84
5	$n\text{-}C_{13}H_{27}$（肉豆蔻酸）	87
6	$n\text{-}C_{11}H_{23}$（月桂酸）	93

① 按酸量计算的脂肪酸转化率。
② 回流 2h。
注：反应条件：脂肪酸 0.05mol，甲醇 0.2mol，离子液体 0.25mmol，80℃回流 6h。

在正丁酸甲酯的合成反应中，利用离子液体极低的挥发性，采用直接蒸馏的方法将产物与未反应的原料一同蒸出，使离子液体催化剂得以回收与循环使用，结果显示，磺酸功能化离子液体Ⅰ显示了非常好的循环使用能力，连续使用六次，正丁酸甲酯的产率仍在 90% 以上，到第十次时，正丁酸甲酯的产率仍在 87% 以上。这表明催化量的离子液体具有很高的稳定性。

将多个功能性基团引入离子液体骨架的设计可以使离子液体在某些性能方面获得突破。如图 4-3 所示的基于吡咯烷阳离子骨架的磺酸功能化离子液体，作者对其密度、黏度、电导率、热稳定性、玻璃化转变温度、酸强度和溶解性进行了研究。

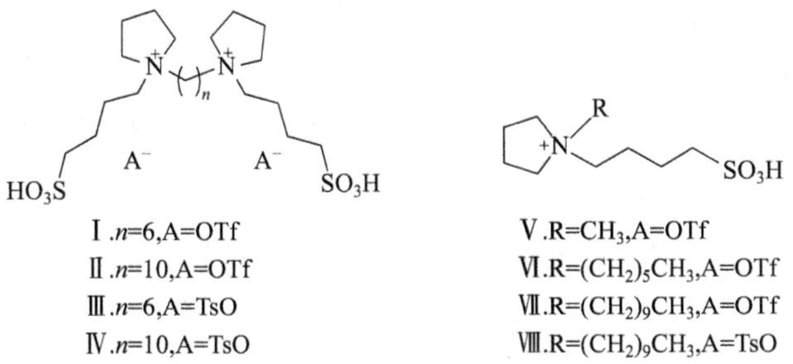

I. n=6,A=OTf
II. n=10,A=OTf
III. n=6,A=TsO
IV. n=10,A=TsO

V. R=CH$_3$,A=OTf
VI. R=(CH$_2$)$_5$CH$_3$,A=OTf
VII. R=(CH$_2$)$_9$CH$_3$,A=OTf
VIII. R=(CH$_2$)$_9$CH$_3$,A=TsO

图 4-3 基于吡咯烷阳离子骨架的磺酸功能化离子液体

表 4-3 磺酸功能化离子液体(Ⅰ~Ⅷ)的部分物理化学性质

离子液体	密度/(g/mL)		黏度/mPa·s		T_g/℃	T_d/℃	离子电导率/(S/m)
	40℃	100℃	40℃	100℃			
Ⅰ	—	1.3311	—	550.8	−56.4	279.2	$2.99×10^{-2}$
Ⅱ	—	1.3248	—	611.2	−57.2	294.7	$1.68×10^{-2}$
Ⅲ	—	1.3374	—	642.5	−52.2	239.5	$2.10×10^{-2}$
Ⅳ	—	1.3330	—	719.8	−52.8	258.1	$1.23×10^{-2}$
Ⅴ	1.3129	1.2737	576.8	43.15	−43.0	329.6	$5.09×10^{-2}$
Ⅵ	1.2737	1.2335	2988	138.3	−58.4	325.6	$4.28×10^{-2}$
Ⅶ	—	1.1865	—	251.2	−58.6	324.8	$3.41×10^{-2}$
Ⅷ	—	1.2007	—	313.1	−52.5	265.7	$1.88×10^{-2}$

表 4-4 25℃时磺酸功能化离子液体(Ⅰ~Ⅷ)的酸性和溶解性

序号	离子液体	H_0[①]	溶解性[②]					
			水	甲醇	乙酸乙酯	氯仿	甲苯	乙醚
1	Ⅰ	−0.727	+++	++	—	—	—	—
2	Ⅱ	−0.202	+++	++	—	—	—	—
3	Ⅲ	0.607	+++	++	—	—	—	—
4	Ⅳ	0.838	+++	+++	—	+	+	+
5	Ⅴ	0.412	+++	+++	—	—	+	+
6	Ⅵ	0.434	+++	+++	+	—	+	+
7	Ⅶ	0.531	+++	+++	++	+	++	+
8	Ⅷ	1.273	+++	+++	++	+	++	++

① 离子液体 Hamette 常数。
② +++表示易溶,++表示可溶,+表示微溶,—表示不溶。

从表4-3所列数据可以发现,双阳离子离子液体的密度和黏度均高于含相同阴离子的单阳离子离子液体,但是前者的热分解温度略有下降。阴离子种类对密度、黏度和热稳定性也有不同程度的影响。因具有较大的体积和黏度，离子液体Ⅰ～Ⅳ的电导率值也略低于Ⅴ～Ⅷ。酸强度和溶解性是影响酸性离子液体催化的两个重要因素，与催化性能和分离循环性能密切关联。从表4-4可见，所列八种离子液体的酸性顺序为Ⅰ＞Ⅱ＞Ⅴ＞Ⅵ＞Ⅶ＞Ⅲ＞Ⅳ＞Ⅷ，并且均与水互溶。由于结构中含有两个—SO_3H基团，离子液体Ⅰ～Ⅳ除在甲醇中具有较好的溶解性外，几乎不溶于其他常规的有机溶剂。

表 4-5 酸性离子液体Ⅰ～Ⅷ催化苯甲酸甲酯化反应结果[①]

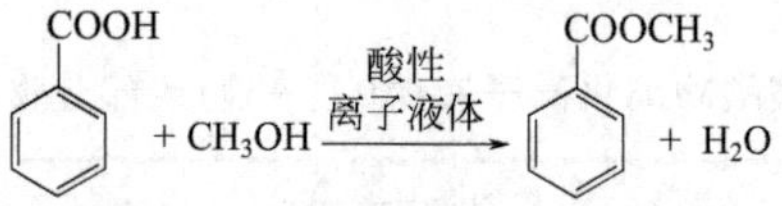

$$\text{C}_6\text{H}_5\text{COOH} + \text{CH}_3\text{OH} \xrightarrow{\text{酸性离子液体}} \text{C}_6\text{H}_5\text{COOCH}_3 + \text{H}_2\text{O}$$

序号	离子液体	苯甲酸甲酯含量/%		总酯收率[④]/%
		上层	下层[③]	
1	Ⅰ	＞99.9	＜0.1	94
2	Ⅱ	99.7	0.3	94
3	Ⅲ	98.2	1.8	79
4	Ⅳ	96.9	3.1	78
5[②]	Ⅴ	92.1	7.9	92
6[②]	Ⅵ	83.3	16.7	92
7[②]	Ⅶ	74.5	25.5	93
8[②]	Ⅷ	47.5	52.5	76

① 反应条件：80℃，8h，酸/醇/离子液体＝1∶1.5∶0.02。
② 酸/醇/离子液体＝1∶1.5∶0.04。
③ 离子液体相。
④ 粗产品收率。色谱分析产物纯度≥95%。

八种酸性离子液体均可催化苯甲酸的甲酯化反应，在80℃反应8h，苯甲酸甲酯的收率在74%～94%之间。从表4-5所列结果来看，双阳离子和单阳离子离子液体对苯甲酸与甲醇的酯化反应催化活性相差不大，但是由于双阳离子离子液体对酯的溶解性很差，使酯产物在离子液体相分布极少，在催化剂与产物分离方面比后者更具有优势。选择催化活性最好的离子液体Ⅰ用于催化剂的循环使用实验，在酸/醇/离子液体摩尔比为1∶1.5∶0.02的条件下，反应结束后，倾出上层的产物，离子液体在真空干燥箱中于110℃下干燥1h后可以重复使用。结果如图4-4所示，催化剂循环使用十次后，苯甲酸甲酯的收率仍有89%，说明该催化体系具有很好的循环使用性能。该催化剂体系对于长链或短链脂肪酸与甲醇或乙醇的酯化反应都具有较高的催化活性，特别是对于长链脂肪酸的酯化反应更有利[35]。

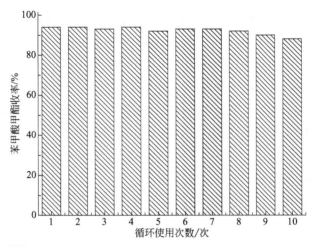

图 4-4 酸性离子液体Ⅰ在苯甲酸甲酯化反应中的循环使用性能

以硫酸单甲酯为阴离子的磺酸酯基双功能化离子液体被证实也可以有效催化羧酸的酯化反应，并且活性远高于非功能化离子液体，与磺酸功能化离子液体相当[36]，对于正丁酸甲酯、苯乙酸甲酯，最高收率可分别达到 93% 和 86%[37]。ESI-MS 表征结果证实，离子液体催化剂的阴阳离子、水与羧酸之间存在协同作用，推测酯化反应历程如图 4-5 所示。首先硫酸单甲酯阴离子与底物羧酸作用，产生具有催化性能的硫酸氢根，启动酯化反应发生；阳离子的磺酸甲酯基团在副产物水的作用下原位产生强的 Brønsted 酸中心，促使了酯化反应的快速进行。

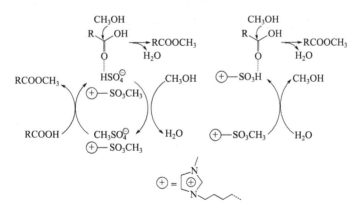

图 4-5 推测磺酸酯基功能化离子液体催化酯化反应历程

4.1.2 醛三聚反应

酸性离子液体可以用于催化醛类化合物的三分子聚合反应。Gui 等人[38]

曾研究了酸性离子液体催化异丁醛的三聚反应，在最优的反应条件下（异丁醛与离子液体的摩尔比为 60∶1，298K，1h），异丁醛的转化率和三聚产物的选择性分别为 93% 和 100%。该体系中无须加入有机溶剂且反应结束后体系分为两相，分离得到的离子液体相经过真空干燥除水后仍可重复使用。作者将 4,4-联吡啶骨架进行功能化修饰后，制得双磺酸基功能化离子液体，用于催化异丁醛的环化三聚反应。研究发现，所考察的离子液体中，含双磺酸基的离子液体表现出优异的催化性能，并且阴离子对催化活性有显著影响（图 4-6），当阴离子为三氟甲磺酸根（$CF_3SO_3^-$）时，在 25℃，仅使用 1% 的催化剂反应 1h，异丁醛的转化率达到了 98.8%，产物的选择性接近 100%，并且离子液体可以稳定地重复使用 8 次[39]。

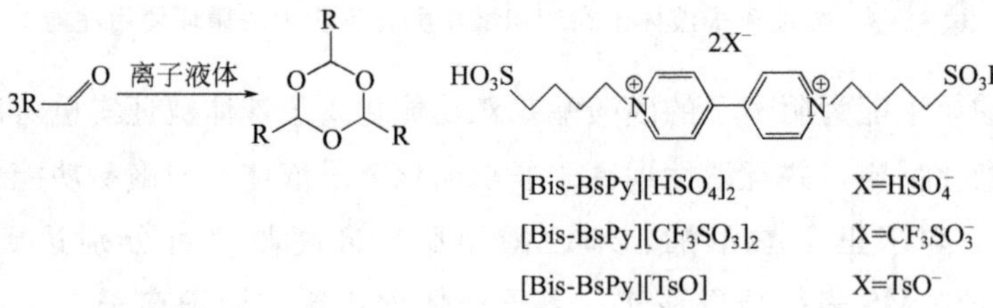

图 4-6　双磺酸基功能化离子液体催化醛的环化三聚反应

醛三聚反应是典型的酸催化反应，催化剂的酸性是影响催化活性的主要因素，从理论上来讲，离子液体催化剂的活性好坏应与其酸性强弱相对应。图 4-7 所示的七种酸性离子液体 BAILs 在催化丙醛三聚反应中表现出不同的催化性能（图 4-8），利用吡啶红外探针法和紫外可见光谱法对它们的酸性进行了详细研究[40]。

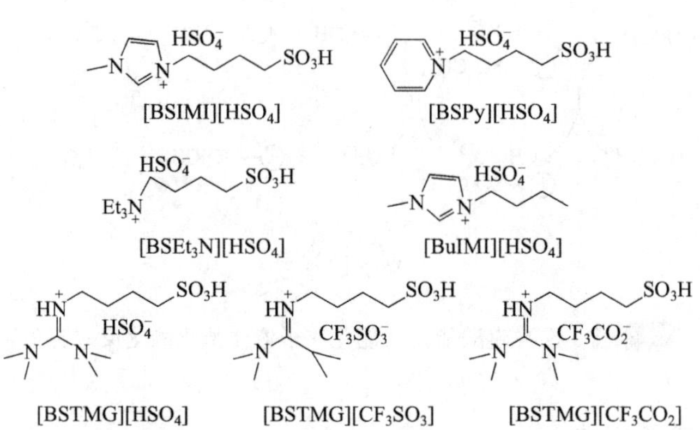

图 4-7　用于催化丙醛三聚的离子液体催化剂

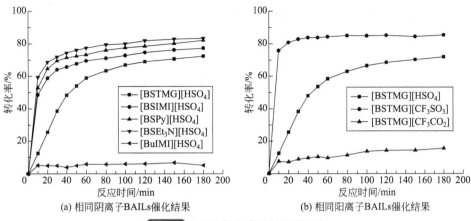

(a) 相同阴离子BAILs催化结果　　(b) 相同阳离子BAILs催化结果

图 4-8　丙醛转化率随时间的变化

表 4-6　七种不同 BAILs 的 H_0 酸强度值

序号	离子液体	A_{max}	[I]/%	[IH$^+$]/%	H_0
1	[BSIMI][HSO$_4$]	0.349	76.4	23.6	1.500
2	[BSPy][HSO$_4$]	0.347	75.9	24.1	1.488
3	[BSEt$_3$N][HSO$_4$]	0.345	75.5	24.5	1.479
4	[BuIMI][HSO$_4$]	0.416	91.0	9.0	1.995
5	[BSTMG][HSO$_4$]	0.346	75.7	24.3	1.483
6	[BSTMG][CF$_3$SO$_3$]	0.372	81.4	18.6	1.631
7	[BSTMG][CF$_3$CO$_2$]	0.489	92.3	7.7	2.065
8	空白	0.457	100	0	—

注：指示剂 4-硝基苯胺（5mg/L，$pK_a=0.99$），离子液体（25mmol/L）。

从图 4-9 的红外光谱图可以看出，在离子液体与吡啶探针分子混合物的 IR 光谱中，1540cm^{-1} 处均有峰出现，说明被测离子液体中含有 Brønsted 酸性位点。以 4-硝基苯胺为指示剂，通过紫外可见光谱法计算的酸强度值列于表 4-6。对于阴离子同为 [HSO$_4$] 的离子液体，阳离子结构中不含磺酸基团的 [BuIMI][HSO$_4$] 显示出最低的酸强度，$H_0=1.995$，对应于 [BuIMI][HSO$_4$] 在 1540cm^{-1} 处的峰强度比其他含—SO$_3$H 基团的离子液体的峰强度要弱很多[41]，而在丙醛三聚反应中该离子液体表现出最差的催化活性。观察磺酸功能化离子液体的 H_0 值（表 4-6，序号 1~3、5），虽然比较相近，但是催化活性相差较大（图 4-8）。由此，作者认为离子液体的酸性并非影响其催化活性的唯一因素。如表 4-6 所示，三种具有相同阳离子的离子液体的酸性顺序为[BSTMG][HSO$_4$]＞[BSTMG][CF$_3$SO$_3$]＞[BSTMG][CF$_3$CO$_2$]（序号 5~7），其中 [BSTMG][CF$_3$SO$_3$] 的酸性适中，催化活性却好于其他离子液体。或许 [CF$_3$SO$_3$]$^-$ 阴离子极弱的亲核性和高的稳定性更有利于催化剂磺酸基与丙醛之间的相互作用，促使质子从活性中心向底物转移。

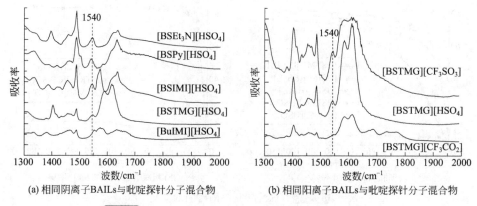

(a) 相同阴离子BAILs与吡啶探针分子混合物　　(b) 相同阳离子BAILs与吡啶探针分子混合物

图 4-9　BAILs 与吡啶探针分子混合物的 FTIR 谱图

根据动力学实验，推测磺酸功能化离子液体首先与第一分子底物形成活性物种碳正离子配合物 M*，该物种与第二分子醛作用形成中间体 M*S，进一步与第三分子醛作用生成 M*S$_2$，最后通过分子内的亲核反应得到六元环产物，并释放出催化剂，其反应历程如图 4-10 所示。

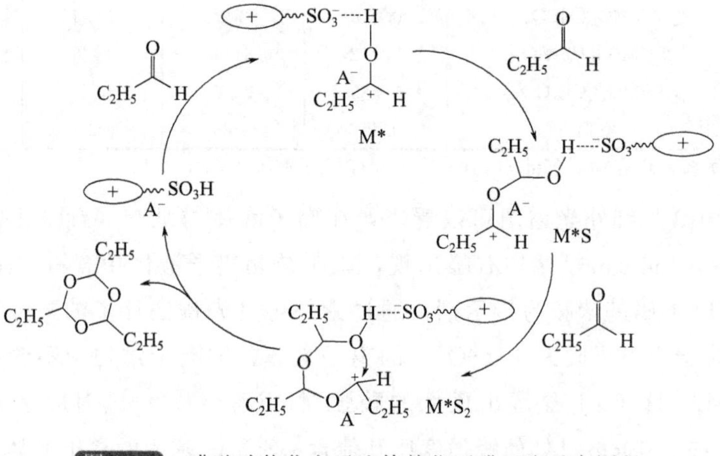

图 4-10　磺酸功能化离子液体催化丙醛三聚反应历程

为了能从分子水平上进一步认识功能化离子液体的催化作用本质，作者采用密度泛函理论（DFT）对离子液体催化剂的微观结构及其与反应物之间的相互作用进行了研究。结果发现，离子液体中阴阳离子间的作用力大小既与阳离子结构有关，也与阴离子种类有关，并且对磺化功能化离子液体而言，阴阳离子间较强的氢键相互作用与其催化活性有密切关系。当离子液体以离子对形式与反应底物发生作用时，较强的相互作用使得底物更易被活化。

4.1.3 缩醛（酮）反应

离子液体在缩醛（酮）反应中的应用早在 2002 年就有报道。乔焜[42]等人报道了基于 1-烷基吡啶和 1-甲基-3-烷基咪唑盐与无水 $AlCl_3$ 构成的氯铝酸室温离子液体介质中醛和酮与甲醇的缩合反应。虽然研究发现该反应体系具有中等以上的转化率和选择性，并且产物易于分离，但是由于氯铝酸离子液体对水敏感，因此未能实现催化循环。Wu 等人[43]将质子化离子液体 [HMIM]BF_4 作为催化剂和反应溶剂用于新戊二醇、乙二醇、甲醇与不同醛、酮的缩合反应，结果表明，大多数反应物的转化率都在 90％以上，选择性达到 100％。该催化体系的优势体现在反应过程无须加入有机溶剂进行分水，反应中生成的少量水溶解在离子液体中，而产物与离子液体不溶，形成了离子液体-有机物两相体系，使得产物的分离和离子液体的循环使用更简单。

酸功能化离子液体的催化效果明显优于烷基咪唑氟硼酸等离子液体。2004 年 Li[44]等人合成的一系列羧酸、亚砜、磺酸功能化离子液体（图 4-11），在催化丁醛和异戊醇的缩醛反应中表现出了很高的催化活性。

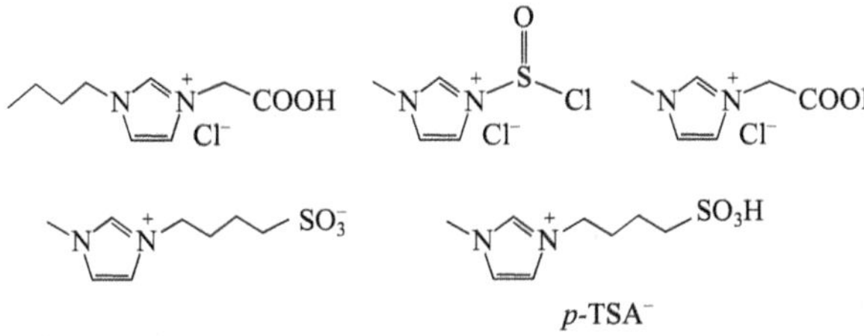

图 4-11 用于催化丁醛和异戊醇缩醛反应的功能化离子液体

与常用的硫酸、三氟甲磺酸等酸性催化剂相比，离子液体的价格较高，因此在不影响催化效果的前提下，应尽量减少其使用量。作者选择酸性强的磺酸功能化离子液体作为催化剂，在 1％（摩尔分数，相对于醛）用量下，可以实现一系列醇与醛（酮）化合物之间的缩醛（酮）化反应[45]。

表 4-7 磺酸功能化离子液体催化缩醛（酮）反应①

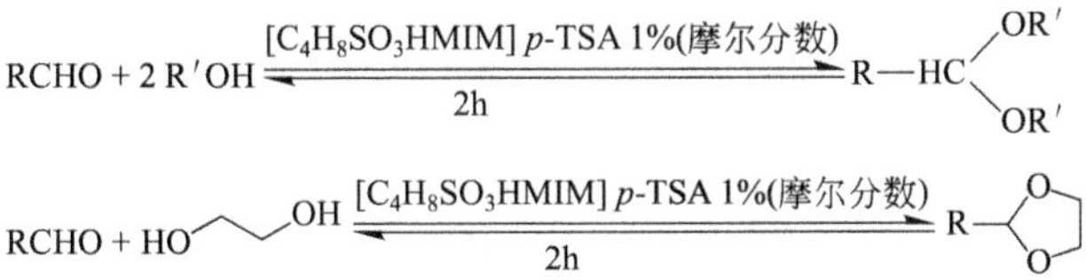

$$RCHO + 2R'OH \xrightleftharpoons[2h]{[C_4H_8SO_3HMIM]\ p\text{-}TSA\ 1\%(摩尔分数)} R-HC\begin{matrix}OR'\\OR'\end{matrix}$$

$$RCHO + HO\text{—}OH \xrightleftharpoons[2h]{[C_4H_8SO_3HMIM]\ p\text{-}TSA\ 1\%(摩尔分数)} R\text{(1,3-dioxolane)}$$

序号	醛(酮)	醇	产物	收率/％
1	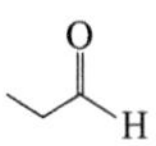 丙醛	CH_3OH	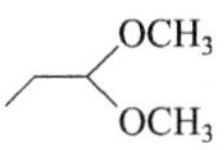 1,1-二甲氧基丙烷	>99

续表

序号	醛(酮)	醇	产物	收率/%
2	CH₃CH₂CH₂CHO	CH₃OH	CH₃CH₂CH₂CH(OCH₃)₂	94.6
3	(CH₃)₂CHCH₂CHO	CH₃OH	(CH₃)₂CHCH₂CH(OCH₃)₂	88.1
4	CH₃CH₂CH₂CHO	CH₃CH₂OH	CH₃CH₂CH₂CH(OCH₂CH₃)₂	92.5
5	CH₃CH₂CH₂CHO	CH₃(CH₂)₃CH₂OH	CH₃CH₂CH₂CH(O(CH₂)₄CH₃)₂	82.3
6	CH₃CH₂CH₂CHO	PhCH₂OH	CH₃CH₂CH₂CH(OCH₂Ph)₂	0
7[②]	CH₃CH₂CH₂CHO	PhCH₂OH	CH₃CH₂CH₂CH(OCH₂Ph)₂	43.9
8	CH₃CH₂CH₂CHO	HOCH₂CH₂OH	2-丙基-1,3-二氧戊环	>99
9	PhCHO	HOCH₂CH₂OH	2-苯基-1,3-二氧戊环	58.5
10[②]	PhCHO	HOCH₂CH₂OH	2-苯基-1,3-二氧戊环	78.5
11[②]	2-HOC₆H₄CHO	HOCH₂CH₂OH	2-(2-羟基苯基)-1,3-二氧戊环	18.7
12[②]	4-O₂NC₆H₄CHO	HOCH₂CH₂OH	2-(4-硝基苯基)-1,3-二氧戊环	90.2
13	CH₃COCH₂CH₃	HOCH₂CH₂OH	2-甲基-2-乙基-1,3-二氧戊环	61.6
14	环己酮	HOCH₂CH₂OH	1,4-二氧杂螺[4.5]癸烷	92.5
15	PhCOCH₃	HOCH₂CH₂OH	2-甲基-2-苯基-1,3-二氧戊环	30.4

① 反应条件：醛（酮）0.02mol，醇 0.08mol（甘油 0.04mol），离子液体 [C₄H₈SO₃HMIM] p-TSA 1%（摩尔分数，相对于醛），反应温度 50℃，反应时间 2h。

② 反应条件：醛（酮）0.02mol，醇 0.08mol（甘油 0.04mol），离子液体 [C₄H₈SO₃HMIM] p-TSA 1%（摩尔分数，相对于醛），甲苯 10mL，反应温度 120℃，反应时间 2h。

由于缩醛（酮）反应为亲核加成反应，与羰基相连的基团分散羰基碳正电荷的能力以及亲核试剂的亲核能力都对反应结果有较大的影响。从表 4-7 可见，脂肪醇和脂肪醛的缩合反应都能得到 82% 以上的收率，但随着醇的碳链增长，产物的收率依次下降，其主要原因在于碳链增长导致羟基的亲核能力降低。苯甲醇由于其空间位阻较大而反应活性较低，在温和的条件下几乎没有产物生成，即使在以甲苯为带水剂分水的条件下也只能得到 43.9% 的收率。乙二醇的分子结构决定了其形成的缩醛（酮）产物具有五元环的稳定结构，且分子中含有两个活泼羟基，因此产物产率很高。芳香醛（如苯甲醛）与乙二醇的反应结果不尽如人意，尤其是当苯环上连有给电子基团后，产率下降非常明显，如水杨醛和乙二醇的缩合反应，即使在使用带水剂分水的条件下，其产物收率也不到 20%。在苯环上引入吸电子基团如硝基后，产物收率有所提高。经分析认为，苯甲醛分子中苯环直接和醛基相连，构成了一个共轭体系，从而分散了羰基碳正电荷，苯环上带有给电子基团使羰基碳上正电荷减少，所以反应活性降低；苯环上吸电子基团的引入则增加了羰基碳上的正电荷，故反应活性有所升高。相对于醛，酮的立体结构决定其分子空间位阻较大，因此反应活性较低。苯乙酮由于苯环的共轭效应，其羰基碳正电性明显降低，同时又具有较大的空间位阻，因此反应活性很差。但环己酮由于其羰基凸出环外，空间位阻小，所以表现出了较高的活性。催化剂的重复使用结果表明，功能化离子液体经简单处理后，经十次催化循环，活性未见明显降低。

磺酸功能化离子液体催化甘油与甲醛水溶液的反应也得到了相当好的效果[46]。在 [$C_4H_8SO_3HMIM$] OTf 离子液体催化下，于 100℃ 反应 4h，产物甘油缩甲醛收率达到 85.2%，其中六元环产物与五元环产物的比例为 72∶28，并且催化剂可实现循环使用。

甲醛与甲醇、二甲醚或甲缩醛在一定条件下反应可以生成一系列化学式为 $CH_3O(CH_2O)_nCH_3$（$n \geqslant 1$，一般小于 10）的低分子量缩醛聚合物，称为聚甲氧基二甲醚，又名聚甲醛二甲醚、聚氧亚甲基二甲醚、聚甲氧基甲缩醛，反应式如下：

$$2CH_3OH + nHCHO \longrightarrow CH_3O(CH_2O)_nCH_3 + H_2O \quad (1)$$

$$CH_3OCH_3 + nHCHO \longrightarrow CH_3O(CH_2O)_nCH_3 \quad (2)$$

$$CH_3OCH_2OCH_3 + nHCHO \longrightarrow CH_3O(CH_2O)_{n+1}CH_3 \quad (3)$$

因为 n 在 3～8 之间的聚甲氧基二甲醚理化性质与柴油非常相似，且氧含量高（45%～51%），平均十六烷值大于等于 78，与柴油调和可改善柴油低温流动性和燃烧质量，提高热效率，降低污染物排放，所以近年来有关聚甲氧基二甲醚的合成反应研究受到关注。

作者采用酸功能化离子液体替代硫酸、三氟甲磺酸等液体酸，用于催化甲醇与三聚甲醛反应合成聚甲氧基二甲醚，结果显示，在离子液体用量占总反应物质量的 0.01%～10%，反应温度为 60～130℃，压力为 0.5～4MPa 的条件下，原料三聚甲醛的转化率最高可达 90.3%，单程 DMM_n 收率达到 50%，其中 n 为 3～8 的产物选择性可达 70%～80%[47]。离子液体催化剂体系的活性和选择性都远好于传统液体酸性催化剂的效果，且分离过程简单而易于操控，适合开发连续化制备工艺[48~50]。酸功能化离子液体也可催化甲缩醛与三聚甲醛反应制备聚甲氧基二甲醚[51]，在 n(三聚甲醛)∶n(甲缩醛)＝0.1～3.0，催化剂用量为总投料质量的 0.5%～8.0%。反应温度为 110～120℃，反应压力为 1.5～3.0MPa 的条件下，三聚甲醛的转化率最高可达 95%，产物中 n 为 3～8 的选择性可达 53.4%[52]。

在聚甲氧基二甲醚合成反应中，底物三聚甲醛如何参与反应、产物分布的内在控制因素以及体系中水的影响等问题一直以来都未能引起人们足够的重视。最近，作者采用密度泛函理论计算的方法对磺酸功能化离子液体催化聚甲氧基二甲醚合成反应过程进行了研究[53]，在微观层面上给这些问题提供了合理的诠释。计算模拟结果表明，在三聚甲醛解聚、甲醛与甲醇或甲缩醛的反应中，离子液体催化剂主要通过阴、阳离子间以及与底物间的氢键协同作用，实现质子的转移，活化底物促进反应发生，同时通过形成 C—O 键以及氢键稳定碳正离子中间体和反应过渡态。理论计算研究还发现，原料三聚甲醛在离子液体作用下首先经两步机理解离为单分子甲醛，再参与到后续反应中。对不同封端试剂的反应过程计算显示，甲醇与甲醛的反应遵循"半缩醛-碳正离子机理"（图 4-12，路线 a），而甲缩醛与甲醛反应则遵循"碳正离子机理"（图 4-12，路线 b）。由于碳正离子被封端的过程在能量上更有利，且碳正离子的稳定性随着链的增长而降低，因此链越长的产物越难以生成。基于理论计算的研究，作者绘制了如图 4-12 所示的反应路线图。

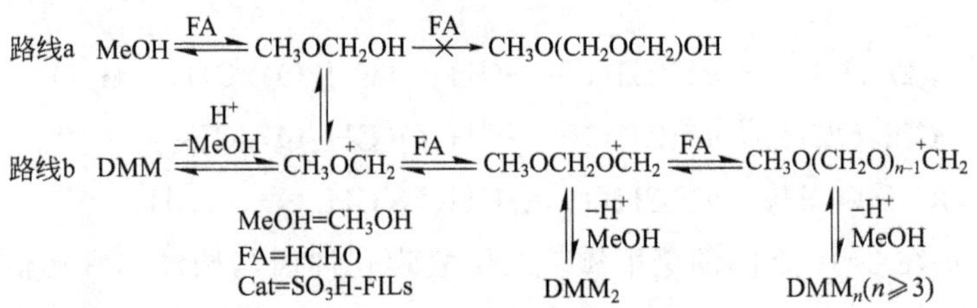

路线a $MeOH \xrightleftharpoons{FA} CH_3OCH_2OH \xrightarrow{FA}\!\!\!\!\!\!\!\!\!\!\!\!\!\!/\; CH_3O(CH_2OCH_2)OH$

路线b $DMM \xrightleftharpoons[-MeOH]{H^+} CH_3OCH_2^+ \xrightleftharpoons{FA} CH_3OCH_2OCH_2^+ \xrightleftharpoons{FA} CH_3O(CH_2O)_{n-1}CH_2^+$

MeOH=CH₃OH
FA=HCHO
Cat=SO₃H-FILs

$\downarrow -H^+ \; MeOH$ → DMM_2
$\downarrow -H^+ \; MeOH$ → $DMM_n (n \geqslant 3)$

图 4-12　酸功能化离子液体催化聚甲氧基二甲醚合成反应路线图

4.1.4 Prins 缩合反应

烯烃与甲醛在酸催化作用下发生的缩合反应称为 Prins 反应，后泛指一类历经氧鎓离子中间态的烯烃与羰基的加成反应。作为形成碳碳键或碳氧键的重要手段[54]，Prins 反应在有机合成中具有重要地位。质子酸、Lewis 酸、固体酸都可用于催化 Prins 缩合反应。近年来，离子液体用于 Prins 反应的研究逐渐引起关注。

Yadav 等人[55]采用 10% （摩尔分数）的 $InBr_3$/[BMIM]PF_6 催化烯烃类和多聚甲醛的反应，作为新型可循环使用的催化体系，反应条件温和，产物产率高且选择性好。该体系中作为溶剂的离子液体，其阴阳离子的种类对反应结果有重要影响，但是作者并未对此做进一步的深究。Wang 等人[56]将 6 种基于咪唑阳离子的 Brønsted 酸功能化离子液体用于催化苯乙烯和甲醛水溶液的 Prins 反应，其中 [BMIM]HSO_4 表现出最好的催化性能，在 10% （摩尔分数）催化剂用量下，苯乙烯的转化率达到了 95.8%，产物选择性高达 100%。反应液经冷却分为两相，催化剂相经减压蒸馏后循环使用数次，催化活性基本不变。Fang 等人[57]考察了磺酸功能化烷基胺离子液体催化苯乙烯与甲醛的反应，在 5%～10% 的催化剂用量下，不仅具有高的转化率和高达 100% 的产物选择性，而且实现了催化剂的重复使用。

作者课题组宋河远等人[58]首次研究了酸功能化离子液体催化脂肪族端烯与甲醛水溶液的 Prins 反应（图 4-13），考察了离子液体催化剂结构、催化剂用量、烯醛摩尔比、反应温度和时间对反应的影响。对于丙烯和甲醛的反应，在 [$C_4H_8SO_3HMIM$]OTf 的用量仅为 2% 时，甲醛的转化率达到了 87%，产物 4-甲基-1,3-二噁烷的选择性达到了 90.6%，并且催化剂可以重复使用多次，反应转化率和选择性几乎不变。对于其他简单烯烃，如乙烯、丁烯和异丁烯，在 [$C_4H_8SO_3HMIM$]OTf 催化剂作用下，同样可以得到相应的 Prins 缩合产物。

图 4-13 酸功能化离子液体催化甲醛与烯烃的 Prins 缩合反应

从上述研究中可知，酸功能化离子液体催化体系与传统液体酸催化剂相比，催化活性、循环使用次数和反应的选择性及产物产率均有提高，且产物纯化和催化剂分离等后处理过程更为简单。

作者研究酸功能化离子液体催化三聚甲醛与烯烃的 Prins 反应发现，含有相同阴离子的磺酸功能化离子液体的阳离子母体结构对苯乙烯与三聚甲醛反应的催化效果相差不大，苯乙烯的转化率达到 100%，产物 4-苯基-1,3-二氧己环收率在 71%～81%之间，而非功能化离子液体[BMIM]HSO_4 对该反应几乎没有催化作用。含相同阳离子的磺酸功能化离子液体，阴离子的类型对反应影响显著，其中阴离子为 HSO_4^- 的离子液体[BsTmG][HSO_4]具有最好的催化活性（图 4-14）[59]。

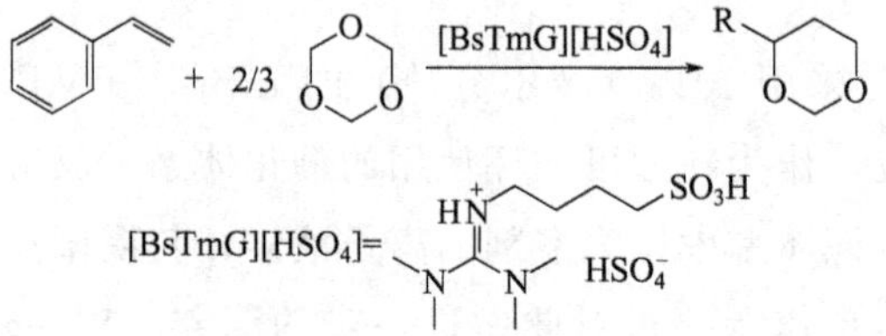

图 4-14 [BsTmG][HSO_4]催化三聚甲醛与烯烃的 Prins 缩合反应

底物适应性实验表明，烯烃底物苯环对位连有弱给电子基团时，可以获得 80%以上的产物收率，而连有吸电子基团或为萘环时，产率均有不同程度的下降。该催化剂体系因不含水，反应液经冷却后自动分层，下层催化剂经简单处理即可直接循环使用。

4.1.5 Beckmann 重排反应

Beckmann 重排反应是工业上一个非常重要的反应，也是工业上生产 ε-己内酰胺的一个最主要的方法。传统途径往往需要过量的浓硫酸作为催化剂，反应结束后需用氨水中和过量硫酸而产生大量的硫酸铵。

最初离子液体在 Beckmann 重排反应中大多用作溶剂，仅作为催化剂的报道并不多见，且多使用常规非功能化离子液体。离子液体和含磷化合物组成的催化体系可以高效地实现环己酮肟重排制己内酰胺的反应（图 4-15）。2001年，Peng 等人[60]以室温离子液体为单一反应介质，以含磷化合物为催化剂，在温和的条件下实现了 Beckmann 重排反应。环己酮肟的转化率接近 100%，己内酰胺的选择性高达 99%。同年，Ren 等人[61]使用 P_2O_5 或 Eaton 试剂（含 7.7% P_2O_5 的甲烷磺酸）为催化剂在离子液体中催化 Beckmann 重排反

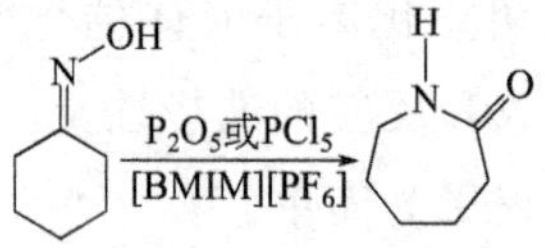

图 4-15 离子液体体系中环己酮肟重排制己内酰胺

应,己内酰胺的收率可以达到 99%。

Gui 等人[62]使用磺酰氯功能化的离子液体作为 Beckmann 重排的催化剂可以获得 100% 的环己酮肟转化率和 97.8% 的己内酰胺收率。己内酰胺产物可以用水从离子液体中萃取出来,但该离子液体催化剂却不能实现重复使用。他们认为碱性产物与磺酰基团结合是导致催化剂失活的主要原因。

中国科学院兰州化学物理研究所邓友全小组[63]利用对甲苯磺酰氯为催化剂在疏水离子液体 [BMIM][PF_6] 中有效地将环己酮肟重排为己内酰胺,该法没有使用毒性较大的含磷化合物,产物可以方便地用水萃取得到,不但避免了废料的生成,而且离子液体和催化剂还可以重复使用。Song 等人[64]用微波加热的方法在 [BMIM][BF_4]、[BMIM][PF_6]、[BMIM]SbF_6、[BMIM][OTf] 等离子液体中研究了多种芳香酮肟的 Beckmann 重排,不仅克服了传统有机溶剂在微波辐射下挥发性强的缺点,而且用少量的 (5%,摩尔分数) 硫酸就可以在短时间内 (60~120s) 实现完全反应。

2010 年,Blasco 等人[65]利用原位多核固体 NMR 光谱技术研究了环己酮肟在 [C_4MIM]PF_6、[C_4mpyr]PF_6、[C_4MIM]PF_6 和 [C_4MIM]BF_4 离子液体中的 Beckmann 重排反应。结果显示,在反应条件下,[C_4MIM]PF_6 和 [C_4mpyr]PF_6 的 PF_6^- 阴离子发生微弱的水解,产生 10^{-6} 数量级的 HF 是促使发生 Beckmann 重排的真实催化活性组分。

具有强酸性的酸功能化离子液体同时拥有固体酸和液体酸的优点,可替代硫酸和盐酸等传统液体强酸用于催化 Beckmann 重排反应。2006 年,邓友全小组[66]使用含己内酰胺阳离子的 Brønsted 酸性离子液体为催化剂和溶剂研究了环己酮肟的 Beckmann 重排反应,在 100℃ 时得到 90% 以上的环己酮肟转化率和接近 90% 的己内酰胺选择性。由于己内酰胺是离子液体组成部分之一,己内酰胺产物与离子液体之间可能存在动力学交换,大大减小了己内酰胺产物与酸性离子液体之间的结合力,反应结束后产物可以通过乙醚萃取从反应体系中分离出来。

作者利用图 4-16 所示的双磺酸功能化离子液体与 $ZnCl_2$ 组成复合催化剂体系 (IL:$ZnCl_2$=1:1),在较低离子液体用量 (5%,摩尔分数) 下,高效实现了一系列芳香酮肟底物的 Beckmann 重排反应[67,68]。在优化的反应条件下,苯乙酮肟的重排产物 N-苯基乙酰胺的收率达到了 99%。底物的电子效应对反应有较大的影响,当苯环上有供电子基团存在时,催化剂的催化活性比较高,而当苯环连有吸电子基团时,几乎没有产物生成。将反应底物由苯乙酮肟改变为 α-萘乙酮肟时,其相应的产物收率达到了 93%。

该催化体系对环十二酮有非常好的催化活性，得到 94% 的重排产物。但是，当反应底物为环己酮肟时，反应结束后，仅得到了 37% 的 ε-己内酰胺收率，而使用丙酮肟作为底物时，几乎没有检测到 Beckmann 重排产物的生成。这说明该催化体系对于芳香酮肟的催化活性比脂肪酮肟的高。

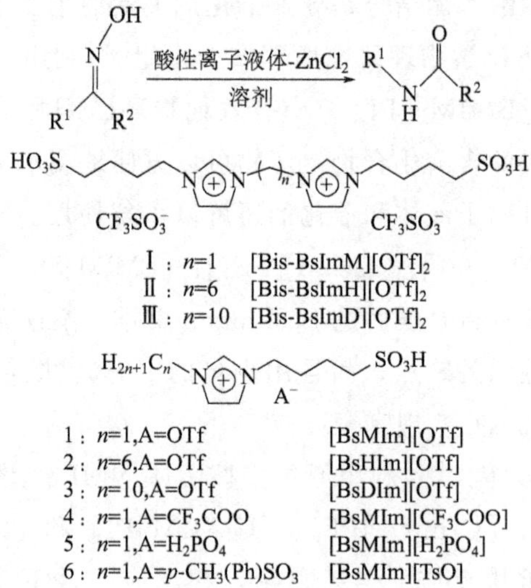

$$\underset{R^1\ \ \ R^2}{\overset{N-OH}{\|}} \xrightarrow[\text{溶剂}]{\text{酸性离子液体-ZnCl}_2} \underset{H}{\overset{O}{\underset{\|}{R^1-N-R^2}}}$$

Ⅰ：n=1 [Bis-BsImM][OTf]$_2$
Ⅱ：n=6 [Bis-BsImH][OTf]$_2$
Ⅲ：n=10 [Bis-BsImD][OTf]$_2$

1：n=1, A=OTf　　　　　　　[BsMIm][OTf]
2：n=6, A=OTf　　　　　　　[BsHIm][OTf]
3：n=10, A=OTf　　　　　　 [BsDIm][OTf]
4：n=1, A=CF$_3$COO　　　　[BsMIm][CF$_3$COO]
5：n=1, A=H$_2$PO$_4$　　　　　[BsMIm][H$_2$PO$_4$]
6：n=1, A=p-CH$_3$(Ph)SO$_3$　[BsMIm][TsO]

图 4-16　用于催化 Beckmann 重排反应的酸功能化离子液体

单咪唑阳离子酸功能化离子液体与 ZnCl$_2$ 组成的催化剂体系同样可催化酮肟的 Beckmann 重排反应，只是活性略低于双功能化离子液体。而且阴离子对催化剂活性影响较大，其中 [MBsIm][CF$_3$COO]、[MBsIm][H$_2$PO$_4$] 和 [MBsIm][TsO] 的活性很差。

作者对 [bis-BsImD][OTf]$_2$-ZnCl$_2$(1∶1) 催化剂体系在催化苯乙酮肟的 Beckmann 重排反应中的重复使用性进行了考察。由于结构中有两个亲水的—SO$_3$H 基团，[bis-BsImD][OTf]$_2$ 在有机溶剂中的溶解性能比较差，易于与产物形成两相。反应后，催化剂相简单处理后直接用于第二次反应，得到了 94% 的产率，但是在第三次重复使用时，N-苯基乙酰胺的产率下降到 62%，其原因很可能是由于催化剂流失造成的。

基于作者的研究工作，最近，印度的 Kore 等人[69]改变酸性离子液体的种类，同样与 ZnCl$_2$ 进行复合用于催化酮肟的 Beckmann 重排反应，得到了类似的反应结果。他们借助乙腈红外探针法表征了复合催化剂体系的 Lewis 酸性，发现当离子液体与 ZnCl$_2$ 的摩尔比为 1∶1 时，复合催化剂具有最强的 Lewis 酸强度。而且吡啶红外探针法证实复合催化剂体系同时具有 Brønsted

酸性和 Lewis 酸性。当使用 $CuCl_2$、$MnCl_2$、$AlCl_3$、$FeCl_3$、$CoCl_2$、$CeCl_3$ 或 $SnCl_4$ 替代 $ZnCl_2$ 后，反应结果均不理想。$AlCl_3$ 和 $CoCl_2$ 都是较强的 Lewis 酸，反应结果却不好，由此可见，适宜的 Lewis 酸强度以及金属与离子液体之间的协同作用或许是复合催化剂体系产生高活性的内在原因。

4.1.6 苯酚与叔丁醇烷基化反应

苯酚和叔丁醇（TBA）的烷基化反应具有重要的工业应用研究价值和学术研究意义。烷基苯酚在工业上应用非常广泛，主要用于合成树脂、耐用表面涂层、表面活性剂、橡胶化学品、抗氧剂、阻聚剂、润滑油添加剂和高分子材料的热稳定剂等[70~73]。苯酚与叔丁醇烷基化反应使用的催化剂主要有液体酸（磷酸、硫酸、氢氟酸、高氯酸等）、金属氧化物、铝盐、阳离子交换树脂、黏土、中孔材料、沸石、分子筛和超临界水[70~76]。液体无机酸催化剂易引起设备腐蚀和环境污染，而固体酸催化剂存在容易积炭失活而需要活化再生等问题。苯酚与叔丁醇烷基化反应产物的分布与酸催化剂的酸性及反应温度都有关系。烷基化酸催化剂酸性的强弱对于苯酚与叔丁醇烷基化反应产物的分布有关键性的影响，通常可以通过这个反应来定性地反映酸催化剂的酸性性质[70,74,75]。

2003 年，Shen 等人使用常规的 [BMIM][PF_6] 离子液体为催化剂兼溶剂研究了苯酚和 TBA 的烷基化反应，得到较高的转化率和 2,4-二叔丁基苯酚 (2,4-DTBP) 选择性[77]。分析认为可能是 PF_6^- 水解产生氢氟酸催化了该反应，因此，这个体系存在安全和腐蚀问题，并且 Shen 等人没有讨论离子液体的循环使用。Gui 等人将—SO_3H 功能化咪唑离子液体用于苯酚与叔丁醇的烷基化反应[78,79]，避免了卤素的腐蚀性问题，并且成功地实现了催化剂的循环使用，苯酚的转化率达到 80.4%，2,4-DTBP 选择性为 60.2%。但是该体系离子液体的用量比较大，在最优条件下离子液体用量为苯酚的 1.5 倍。

作者合成了一类具有较强酸性的磺酸功能化 N-烷基吗啉类离子液体，用于催化苯酚与叔丁醇的选择性烷基化反应（图 4-17），研究离子液体结构和用量、反应时间、反应温度和原料摩尔比对烷基化反应的影响，并考察了离子液体的循环使用性能[80]。

表 4-8 不同离子液体催化苯酚与 TBA 烷基化反应

序号	离子液体	苯酚转化率/%	选择性/%			H_0
			o-TBP	p-TBP	2,4-DTBP	
1	I	84.2	20.7	41.4	37.7	0.372

续表

序号	离子液体	苯酚转化率/%	选择性/%			H_0
			o-TBP	p-TBP	2,4-DTBP	
2	Ⅱ	89.1	19.5	39.6	40.9	0.408
3	Ⅲ	91.6	18.3	39.3	42.4	0.472
4	Ⅳ	36.1	40.1	28.2	29.8	0.964
5	Ⅴ	38.5	41.6	24.7	31.9	1.164
6	Ⅵ	40.2	45.2	22.1	32.3	1.230

注：反应条件：苯酚 10mmol，TBA 10mol，离子液体 1mmol，温度 70℃，时间 8h。

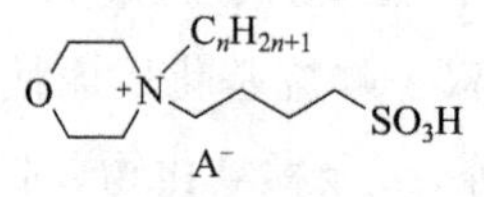

Ⅰ. n=1,[BsMM][OTf],A=CF_3SO_3
Ⅱ. n=6,[BsHM][OTf],A=CF_3SO_3
Ⅲ. n=10,[BsDM][OTf],A=CF_3SO_3
Ⅳ. n=1,[BsMM][TsO],A=p-$CH_3(Ph)SO_3$
Ⅴ. n=6,[BsHM][TsO],A=p-$CH_3(Ph)SO_3$
Ⅵ. n=10,[BsDM][TsO],A=p-$CH_3(Ph)SO_3$

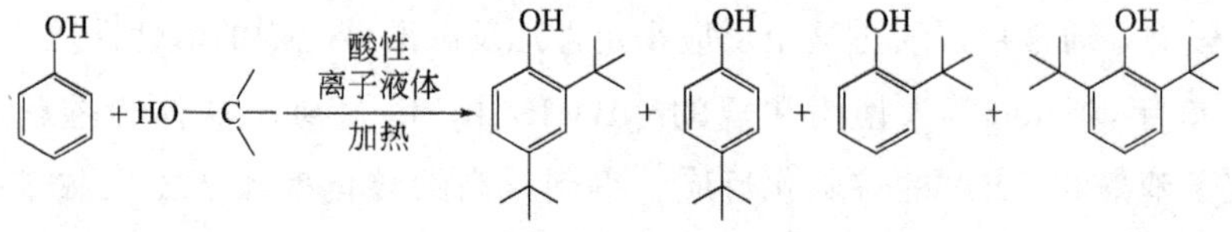

2,4-DTBP　　*p*-TBP　　*o*-TBP　　2,6-DTB

图 4-17　吗啉基磺酸功能化离子液体结构及苯酚与叔丁醇选择性烷基化反应

从表 4-8 所列数据可以看出，在吗啉基磺酸功能化离子液体催化作用下，烷基化反应产物为邻叔丁基苯酚（*o*-TBP）、对叔丁基苯酚（*p*-TBP）和 2,4-二叔丁基苯酚（2,4-DTBP）。即使在苯酚转化率很高的情况下，也没有 2,6-二叔丁基苯酚、苯基叔丁基醚（*t*-BPE）或间叔丁基苯酚（*m*-TBP）生成。

离子液体吗啉环氮原子所连烷基链长对催化性能几乎没有影响，而阴离子种类对苯酚转化率和产物选择性有较显著的影响。以三氟甲磺酸根为阴离子的离子液体（序号 1～3）的催化活性明显高于以对甲苯磺酸根为阴离子的离子液体（序号 4～6），这与它们各自的酸强度大小相对应，即酸性强的离子液体具有好的催化性能。

选择效果最好的离子液体Ⅲ为催化剂，对反应条件进行优化，在离子液体/苯酚/TBA＝1∶5∶5、70℃下反应 8h，苯酚转化率为 92.4%，2,4-DTBP 的选择性达到 63.8%。催化剂经萃取分离，真空干燥后循环使用，第三次之后，苯酚转化率和 2,4-DTBP 的选择性分别为 90.9% 和 62.9%,显示出良好的重复使用性能。

4.1.7 羰基化反应

羰基化反应是通过催化的方法在化合物分子中引入羰基和其他基团而成为含氧化合物的一类重要反应,羰基化反应因具有"原子经济性"反应的高选择性和对环境的友好性,可充分利用资源和保护环境,符合绿色化学发展趋势,备受学术界及工业界青睐,现已发展成为碳一化学化工与石油化工紧密结合的桥梁,也是当前碳一资源高值化利用的重要研究方向之一[81]。

以往的羰基化反应主要以一氧化碳气体作为羰基的来源,近年来以 CO_2、甲醛、甲酸盐、金属羰基配合物如 $Mo(CO)_6$ 等作为羰基来源的新型羰基化反应研究逐渐发展起来。

Koch 反应是醇和 CO 或烯烃、CO 和 H_2O 合成羧酸及羧酸酯的反应,具有重要的工业应用背景。在酸性催化剂作用下的 Koch 羰基化反应已在大量的基础化工中得到广泛应用。但是现有的均相酸催化或高压法的生产工艺存在酸耗量大、产物不易分离、设备腐蚀和环境污染严重等缺陷。现阶段,开展反应条件温和的 Koch 羰基化反应研究,以满足未来精细化学品的市场需求显得非常紧迫。

酸功能化离子液体在一系列酸催化反应中的成功应用为寻找到一种能在温和条件下实现 Koch 羰基化反应的催化剂体系提供了可能。2011 年,作者报道了磺酸功能化咪唑离子液体在甲醛羰基化制乙醇酸甲酯反应中的应用[82]。乙醇酸甲酯用途广泛,是重要的有机合成和药物合成的中间体。以甲醛水溶液和合成气为反应原料,经羰基化、酯化反应合成乙醇酸甲酯,乙醇酸甲酯再加氢即可得到重要的有机化工原料乙二醇,可以解决由石油路线得到乙二醇的原料紧张问题,是一条原料易得的碳一化学路线(图 4-18)[83]。

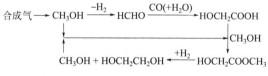

图 4-18 甲醛羰基化法制乙二醇路线

作者采用一锅两步法,以 BAIL 作为催化剂,以三聚甲醛作为甲醛供体,以环丁砜作为反应溶剂,在水/甲醛/BAIL=10∶5∶2(摩尔比)、170℃、$P_{CO}(r.t.)=5.0MPa$ 条件下反应 8h,结果如表 4-9 所示。从表中数据可以看出，咪唑阳离子侧链的长度对反应结果影响甚微，而阴离子对离子液体催化性能的影响较为显著。Koch 反应是典型的酸催化反应，催化剂酸性的强弱是影响催化活性的主要因素。利用紫外可见探针法对阳离子相同而阴离子不同的 3 种离子液体酸强度进行表征，发现酸性顺序为 IL2(H_0=1.74)＞IL4(H_0=1.86)＞IL5(H_0=2.08)，与它们催化甲醛羰基化反应的活性顺序一致[81]。由此可指出，阴离子对离子液体的酸强度具有调节作用，并且阴离子本身的质子亲和力、亲水亲油性也是进行功能化离子液体设计时必须考虑的因素[84]。

表 4-9 磺酸功能化离子液体催化甲醛羰基化反应活性的比较

BAILs 结构：

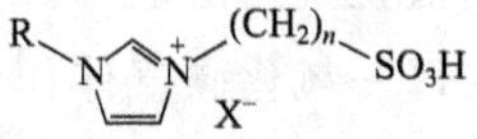

IL1：R=CH_3, n=3, X=CF_3SO_3
IL2：R=CH_3, n=4, X=CF_3SO_3
IL3：R=$(CH_2)_3CH_3$, n=4, X=CF_3SO_3
IL4：R=CH_3, n=4, X=HSO_4
IL5：R=CH_3, n=4, X=p-$(CH_3)C_6H_4SO_3$

酸性离子液体	甲醛转化率/%	产率/%			乙醇酸甲酯选择性/%
		乙醇酸甲酯	甲氧基乙酸甲酯	甲酸甲酯	
IL1	98.9	96.4	1.5	0.02	97.4
IL2	99.3	97.6	1.0	0.6	98.3
IL3	97.9	82.3	15.3	0.3	84.1
IL4	90.2	85.2	2.6	0.01	92.6
IL5	76.3	73.6	0.1	2.6	92.8
p-TsOH	38.3	36.1	1.2	1.0	94.1

注：反应条件：离子液体/甲醛=0.4∶1（摩尔比），水/甲醛=2∶1（摩尔比），170℃，5.0MPa CO, 8h。

在 IL2 催化作用下，乙醇酸甲酯的收率达到了 97.6%，甲醛转化率达到 99.3%，并且该催化剂体系重复使用 8 次，反应活性未见明显下降。酸性离子液体的使用一方面解决了液体酸腐蚀严重、环境污染、不能重复使用等缺陷，另一方面克服了固体酸催化剂用量大、活性低、易结焦等问题。

对于 Koch 反应的机理，公认的过程是首先反应物分子被来自酸性催化剂的质子 H^+ 引发生成碳正离子，继而与 CO 反应形成酰阳离子，再与水反应，生成有机羧酸及羧酸进一步与醇反应生成羧酸酯。据此，作者推测酸功能化离子液体催化甲醛羰基化的反应机理如图 4-19 所示。首先，在酸性条件下三聚甲醛解聚生成甲醛；甲醛在离子液体作用下质子化生成羟基碳正离子；后者再与 CO 反应生成羰基碳正离子；最后和水反应生成乙醇酸。

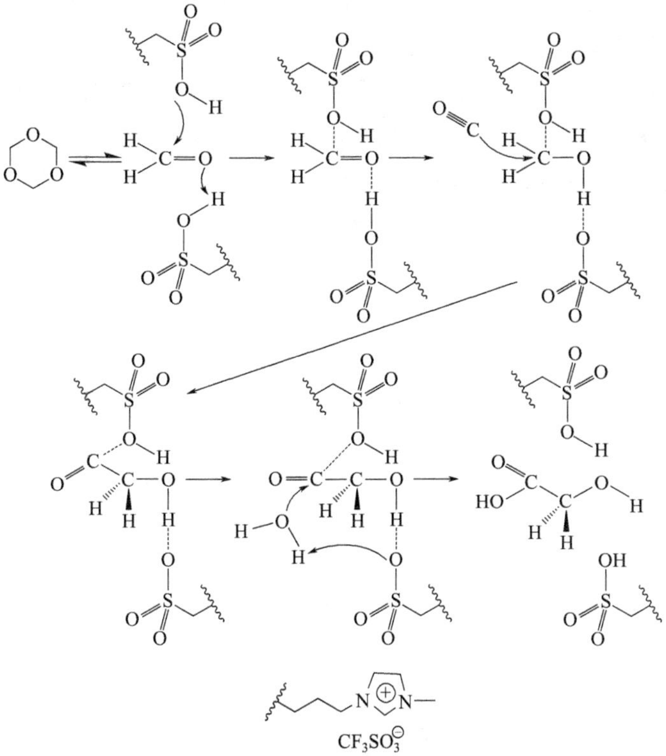

图 4-19 酸功能化离子液体催化甲醛羰基化反应的可能机理

2014 年，作者又报道了一种结构新颖的基于 4-丁基硫代吗啉-1,1-二氧化物骨架的酸功能化离子液体催化甲醛羰基化反应的研究工作，在最优化条件下，甲醛转化率为 98%，乙醇酸甲酯产率和选择性分别达到 92% 和 94%。该催化剂体系的反应条件更加温和，离子液体催化剂用量仅为 2.5%（摩尔分数，相对于甲醛），反应温度也降到了 160℃，并且催化剂实现了重复使用[85]。

4.1.8 烯烃氢胺化反应

氢胺化反应，即胺对烯或炔的直接加成反应，是一类原子经济性的构建 C—N 键的重要方法，其产物胺、烯胺和亚胺等是重要的药物和有机合成中间体。与胺类氮源相比，酰胺和氨基甲酸酯等与烯烃的分子间氢胺化反应由于能够一步得到保护的伯胺类化合物，此中间体在温和条件下能够脱去保护基从而得到伯胺，因此这类氮源参与的氢胺化反应近几年备受人们关注并获得了较大的进展。但是已开发的催化体系仍或多或少存在以下缺陷，如需要用昂贵、有毒的重金属作催化剂，催化剂用量大，烯烃用量大，需要添加膦配体，反应条件不够温和，操作烦琐等。因此，发展具有普适性、廉价且相对绿色环保的催化剂体系就显得非常重要。

作者将磺酸功能化离子液体用于催化氨基甲酸酯和酰胺类氮源参与的氢胺化反应，发现催化量的磺酸功能化吡啶三氟甲磺酸根离子液体 [BsPy]OTf 显示出高的催化活性和良好的底物适用性（图 4-20），并且实现了分离回收和重复使用[86]。该反应不仅不需要在惰性气氛中进行，而且在放大实验时仍能得到相当好的产率。

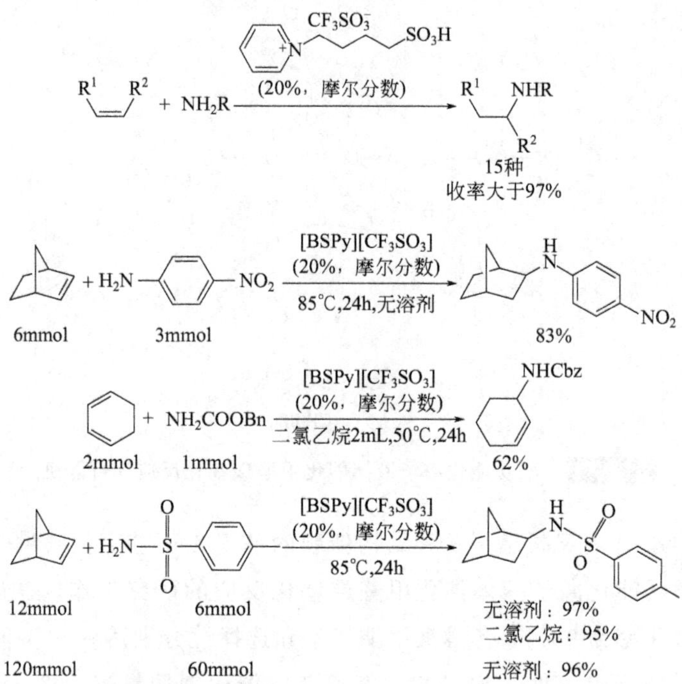

图 4-20　[BsPy]OTf 催化烯烃氢胺化反应

4.1.9　杂-Michael 加成反应

传统的 Michael 加成[87,88]是指碳负离子作为亲核体对 α,β-不饱和醛、酮、酯、腈和硝基等化合物的共轭加成反应，是有机合成化学中构建碳-碳键极为重要的方法之一[89]，是由美国化学家 Arthur Michael 于 1887 年发现的[90]。当亲核体为杂原子时，通过杂-Michael 加成可以构建 C—N（氮杂-Michael）、C—O（氧杂-Michael）、C—S（硫杂-Michael）等碳-杂原子键，进而可以形成 β-氨基羰基化合物、β-烷氧基酮、β-巯基酮等在有机合成及药物化学中起着重要作用的有机结构单元[91~93]。

一般来说，Michael 受体和供体在杂-Michael 反应中都需要被活化。其中，典型的活化方法就是在强碱的作用下，亲核试剂去质子化，形成稳定的负离子，然后再与 α,β-不饱和羰基化合物发生共轭加成反应[94~99]。近年来，多种催化剂被用于催化杂-Michael 反应，包括：均相催化剂，例如 Bi(NO$_3$)$_3$[100]、(CF$_3$SO$_2$)$_2$NH[101]、[Pd(CH$_3$CN)$_2$Cl$_2$][102,103]、烷基膦及其衍生物[104,105]、Me$_4$NF[106]、BF$_3$·OEt$_2$[107]、硼砂[108]、VO(OTf)$_2$[109]等；非均相催化剂，主要有全氟磺酸树脂 SAC-13[110]、KF/Al$_2$O$_3$[111]、阳离子交换的 Si/Al 沸石[112]、HClO$_4$-SiO$_2$[113]。均相催化剂和非均相催化剂各有其优缺点，为了保持均相催化的优点并利用非均相催化的可回收使用的特色，作者思考利用酸功能化离子液体作催化剂，催化 α,β-不饱和酮的杂-Michael 加成反应，来实现"均相催化，两相分离"的策略。

以环己烯-1-酮与氨基甲酸乙酯的反应为探针，考察图 4-21 所示的离子液体在杂-Michael 反应中的活性。结果显示，中性离子液体 [BMIM]BF$_4$ 和 [BMIM]PF$_6$ 没有活性，其余六种酸性离子液体表现出不同程度的催化活性，其中 N-甲基咪唑对甲苯磺酸离子液体（[HMIM]OTs）是最有效的催化剂[114]。

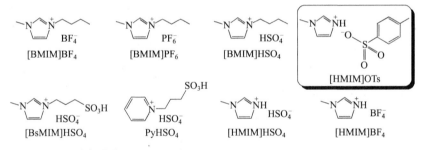

图 4-21　用于催化杂-Michael 加成反应的离子液体

[HMIM]OTs 由化学当量的甲基咪唑和对甲苯磺酸反应制得，属于质子化酸性离子液体（protic ionic liquids, PILs)[115~117]。研究表明，PILs 并非完全离子化，而是存在中性分子和离子化合物的动态平衡。PILs 在三维空间具有纳米聚集体结构，其形成和大小与阴离子的性质有很大关系。体积小、多齿以及电荷密度高的阴离子有利于与阳离子的质子氢形成氢键网络；而体积大、电荷分散的阴离子不利于形成聚集体。比较具有相同阳离子结构的 [HMIM][OTs]、[HMIM][HSO$_4$] 和 [HMIM][BF$_4$] 在催化环己烯酮与氨基甲酸乙酯的杂-Michael 加成反应中的活性（表 4-10，序号 7~9），可以看出阴离子的不同所带来的催化性能的差异。OTs$^-$ 具有较大的体积，其负电荷分散度高，

因此不利于形成聚集体，阳离子质子氢的活性高。而 HSO_4^- 和 BF_4^- 的体积相对较小，电荷较集中，容易与阳离子形成氢键网络，不利于阳离子质子氢的解离。

表 4-10 离子液体催化环己烯-1-酮与氨基甲酸乙酯反应活性的比较

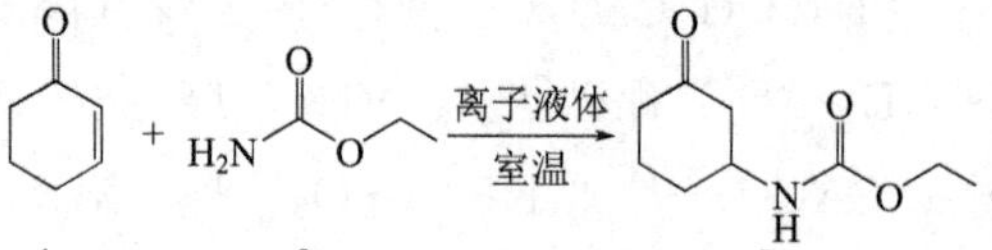

序号	离子液体	收率/%
1	—	NR
2	[BMIM]BF_4	NR
3	[BMIM]PF_6	NR
4	[BMIM]HSO_4	53
5	[BsMIM]HSO_4	62
6	PyHSO_4	50
7	[HMIM]HSO_4	70
8	[HMIM]OTs	89
9	[HMIM]BF_4	71

紫外可见光谱对酸性的测定也表明，[HMIM]OTs 具有与 H_2SO_4 和 HCl 相接近的 H_0 值，分别为 1.91、1.99 和 1.80，说明体积大的 OTs^- 的确抑制了聚集体的产生，有利于质子氢的转移。

[HMIM]OTs 的底物适用性非常好，可在无溶剂条件下高效催化氨基甲酸酯类、含氮杂环类、醇类、硫酚以及苯硫酚类亲核试剂与芳香类或脂肪类 α,β-不饱和羰基化合物之间的杂-Michael 加成反应（图 4-22）。反应结束后，离子液体催化剂经分离、洗涤、干燥后重复使用，结果显示活性没有明显降低。

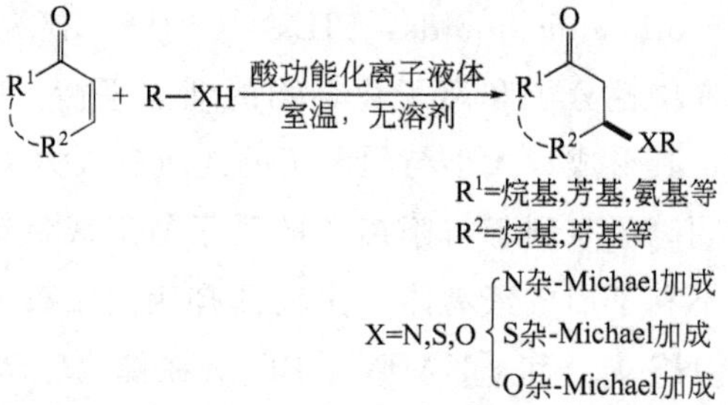

图 4-22 酸功能化离子液体催化杂-Michael 加成反应

4.1.10 N-烷基化反应

N-烷基化反应是构建 C—N 原子键,合成有机胺及其衍生物的一种重要方法[118]。有机胺及其衍生物是重要的有机中间体,在有机合成、制药、高分子材料、精细化学品以及日用化工方面中有着重要的用途[119~121]。

2010 年,Le 等人[122]报道了碱性离子液体 [BMIM][OH] 催化的苯并三氮唑的 N-烷基化反应,溴代和氯代烷烃都可以得到较高的产率和中等的区域选择性。与卤代烃等亲电试剂相比,使用醇作为亲电试剂的直接胺化反应更加符合绿色化学的要求。2011 年,朱安莲等人[123]发展了基于锌的 Lewis 酸性离子液体（[ChCl][ZnCl$_2$]$_2$）作为催化剂和反应介质的醇直接胺化构建 C—N 键的方法,发现胆碱类 Lewis 酸性离子液体能很好地促进胺、酰胺、磺酰胺等亲核试剂对醇的直接取代反应。研究虽然取得了一些进展,但是过渡金属锌引入反应中,而且催化剂及亲核试剂的用量很大,底物的适用范围还有待于进一步拓展。朱安莲等人认为反应经历了碳正离子机理,并通过紫外可见光谱证实了碳正离子的存在。

将图 4-23 所示的一系列吡啶类、季鏻盐类、胍类、咪唑类、吡咯烷类以及吗啉类磺酸功能化离子液体用于催化醇的直接胺化反应。在对甲苯磺酰胺与二苯甲醇的反应中,发现了很强的阴离子效应,即不论阳离子是否含有磺酸基团,阴离子为 Br$^-$、BF$_4^-$、PF$_6^-$、樟脑磺酸根、HSO$_4^-$、甲烷磺酸根、对甲苯磺酸根的离子液体对胺化反应不起作用,只有阴离子为三氟甲磺酸根时才可以有效催化胺化反应的发生。此外,还发现咪唑阳离子和吡咯烷阳离子侧链碳链长度对反应活性有显著影响,其中阳离子咪唑环一侧烷基链碳原子数为 14 的 [BsTdIM][OTf] 具有最好的催化活性,产物 N-二苯甲基-4-甲基苯磺酰胺收率达到 92%。该研究中阴离子和碳链长度影响离子液体催化性能的内在原因还有待进一步探究。

该催化剂体系可以扩展到包括取代二苯甲醇、二级苄醇、烯丙醇、炔丙醇和三级苄醇在内的各种醇类与对甲基苯磺酰胺及对硝基苯胺的 N-烷基化反应,并且对氮源的普适性也很好。以 [BsTdIM][OTf] 为催化剂,对包括磺酰胺类、酰胺类、芳香胺以及各种含 N-杂环类在内的 21 种氮源与二苯甲醇和查耳醇的直接胺化反应进行了考察,对应产物的收率都在 70% 以上,有的甚至达到 99%[124]。

Han 等人利用光学纯的 (R)-α-苯乙醇（>99% ee）与 4-硝基苯胺为模板反应,[TG][OTf] 作催化剂,于 140℃下反应 24h,获得了 67% 的外消旋产

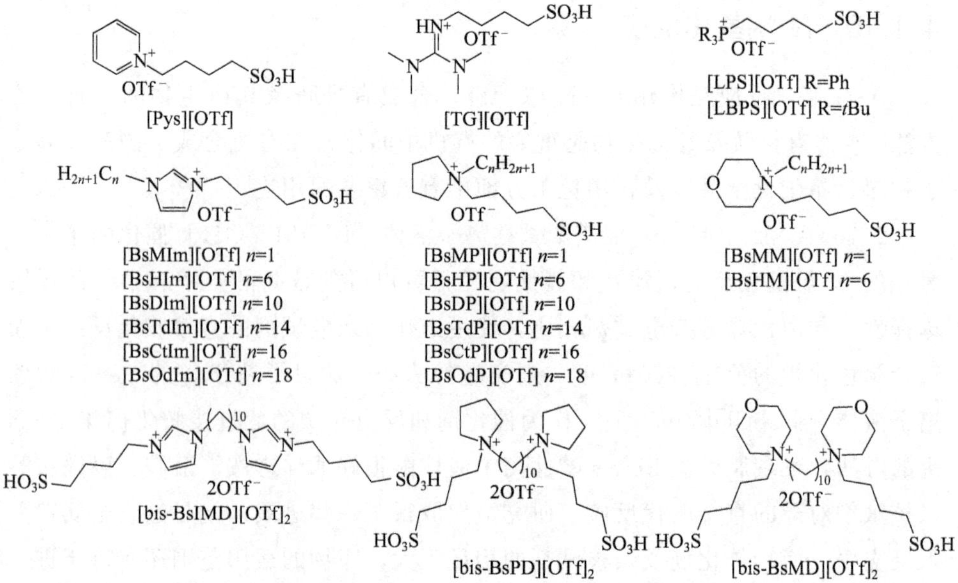

图 4-23 用于催化 N-烷基化反应的功能化离子液体

物。由此推测反应历程如下：酸功能化离子液体活化醇生成碳正离子中间体，然后在亲核试剂的进攻下，生成相应的胺化产物，并且该取代反应经历了 SN^1 历程。离子液体催化剂在反应结束后可通过去离子水与产品分离，经洗涤、干燥后重复使用，循环 6 次的结果显示活性没有明显下降，表明催化剂稳定性和重复使用性能很好。作者尝试了胺化反应的放大量实验，放大量 20 倍，胺化产物产率可达 75%，为该反应的规模化放大提供了一种可能（图 4-24）。

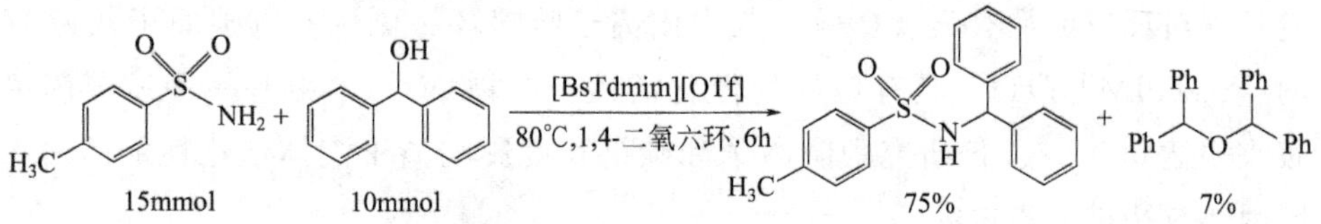

图 4-24 醇直接胺化反应放大研究

4.1.11 偶联反应

C—C 键的构建是有机化学中重要的研究内容[125]，在理论研究和工农业生产中具有重要的应用价值，有效并选择性地构建 C—C 键是有机合成中重要的课题[90]。碳氢化合物的烷基化是最基本的构建 C—C 键的方法之一，在精细石油化工及药物合成等领域得到了广泛的应用[126]。从环境友好和原子经济的角度来看，醇和烯烃的直接偶联是构建 C—C 键行之有效的方法，由于醇和烯烃廉价易得，并且直接偶联反应中水是唯一的副产物，故而近年来受到科研工作者的青睐[127,128]。

2011年，姬建新小组[129]发现催化量的Brønsted酸TfOH（7.5％，摩尔分数）可以催化醇与烯的偶联反应构建C—C键，从而以较好的产率合成了多取代的烯烃化合物，反应中虽然使用了催化量的酸，但不能够实现催化剂的循环使用。因此，发展无金属、高效、可循环使用的催化体系用于烯烃的C—H烷基化反应具有十分重要的意义。Xia研究组[130]利用酸功能化离子液体兼具离子液体和固体酸的优点，酸性位密度高、对空气和水稳定、易于分离和循环使用，建立了无金属、高效、环境友好、催化剂可循环使用的醇与醇以及醇与烯烃的脱水交叉偶联反应体系（图4-25）。

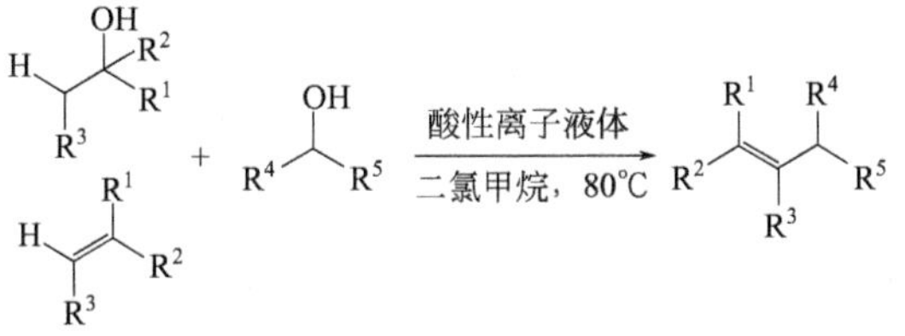

图4-25 酸功能化离子液体催化脱水交叉偶联反应

他们从合成的一系列酸功能化离子液体中筛选出了一种含有C_{18}长链烷基的吡咯烷阳离子磺酸功能化离子液体催化剂，不仅可高效催化不同的α-苯乙醇与二苯甲醇衍生物之间的交叉偶联反应，也能实现一系列烯烃化合物与二苯基甲醇类化合物的交叉偶联反应，从而高收率得到了结构多样的多取代烯烃化合物（图4-26）。

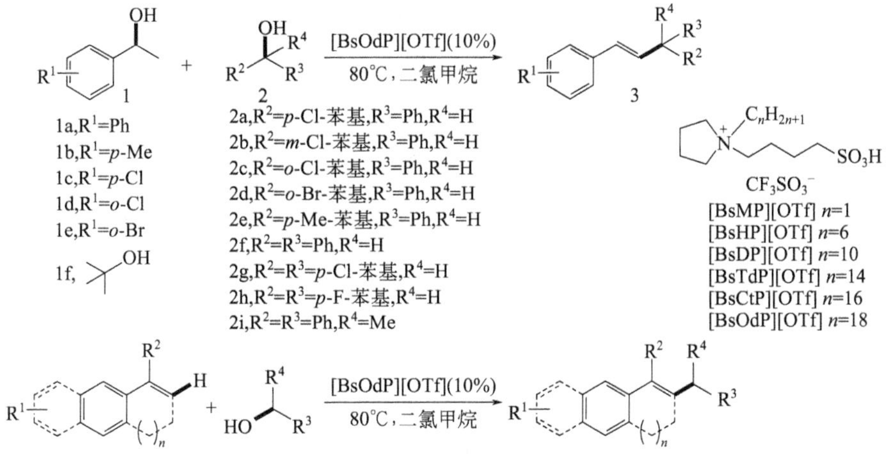

图4-26 [BsOdP][OTf]催化交叉偶联反应

离子液体催化剂不仅能实现重复使用，而且该反应可成功放大到克级，放大实验中，产品 (E)-3-(对氯苯基)-1,3-二苯基-1-丙烯分离收率为 72%，1,1,3,3-四苯基-1-丙烯收率高达 91%。

为了对反应机理有较明晰的认识，作者进行了动力学同位素竞争实验，计算出 $K_H/K_D=2.1$，据此推测醇交叉偶联反应中，C—H 键的断裂可能为决速步骤。虽然离子液体催化此类反应的确切机理还不十分清楚，作者总结实验和前人的工作，认为反应经历了碳正离子中间体的过程（图 4-27）。

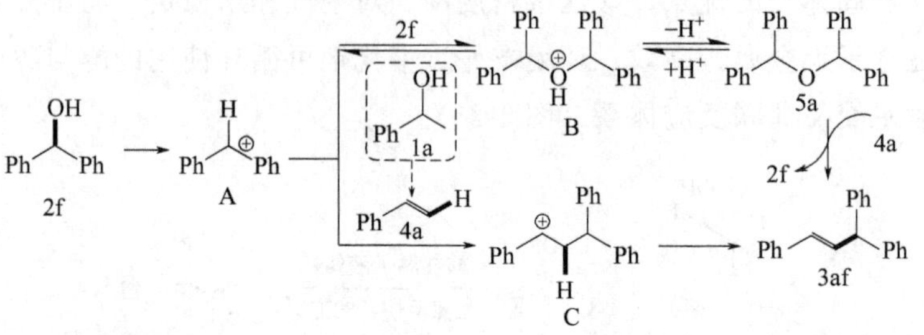

图 4-27 酸功能化离子液体催化的醇交叉偶联反应的可能机理

吲哚是许多生物活性化合物和天然产物的重要组成单元，其衍生物作为极其有用的分子在农业和医药领域受到越来越多的关注。乙烯基吲哚可以看作二烯类化合物用于合成多功能吲哚衍生物，虽然合成乙烯基吲哚的方法很多，但是通过吲哚与酮类化合物的直接脱水偶联反应被认为是一条更为清洁的合成路线。

2014 年，Gu 小组[131] 报道了通过吲哚 C3 位直接烯基化合成 3-乙烯基吲哚的催化反应体系，他们采用一种结构中含有磺酰基的磺酸功能化离子液体为催化剂，在无金属、无溶剂体系中，温和条件下高效实现了一系列吲哚与简单酮类化合物之间的脱水偶联反应（图 4-28）。

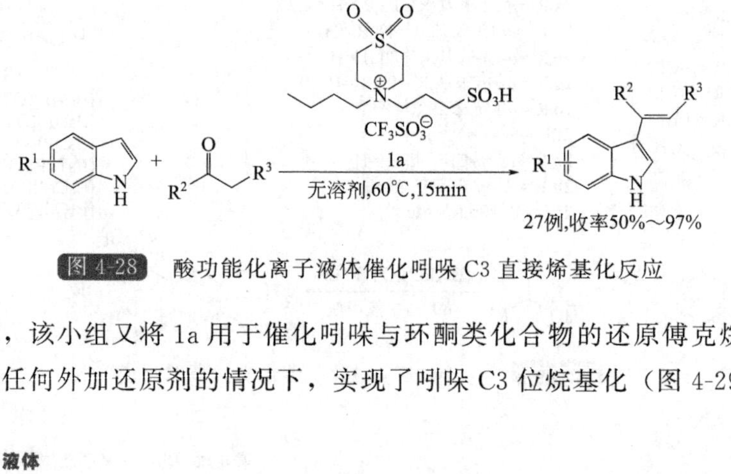

图 4-28 酸功能化离子液体催化吲哚 C3 直接烯基化反应

最近，该小组又将 1a 用于催化吲哚与环酮类化合物的还原傅克烷基化反应，在无任何外加还原剂的情况下，实现了吲哚 C3 位烷基化（图 4-29）[132]。

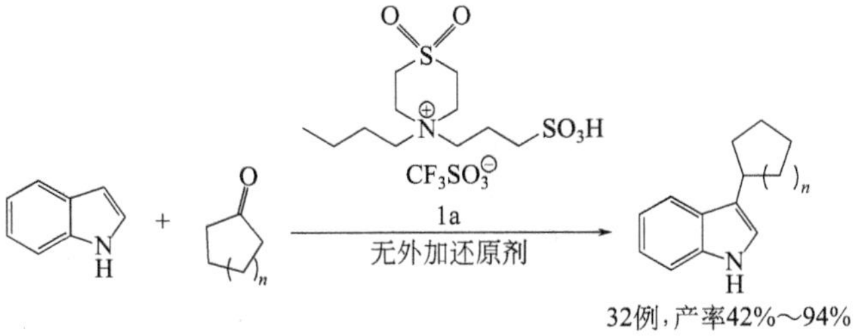

图 4-29 酸功能化离子液体催化吲哚 C3 还原烷基化反应

4.1.12 酯交换聚合反应

聚对苯二甲酸乙二醇酯（PET）是重要的合成纤维原料之一，在塑料及其他工业领域都有着重要的用途。对苯二甲酸二甲酯（DMT）与乙二醇的酯交换法是生产 PET 的主要方法之一，目前主要采用的催化剂包括锑系、锗系、钛系等金属催化剂，或多或少存在反应条件苛刻、价格高、污染环境、产品纯度低等缺陷。夏春谷小组[133]研究了无溶剂体系酸功能化离子液体催化 DMT 与乙二醇的酯交换聚合反应，由于反应需要在 150℃ 的高温下进行，离子液体的稳定性显得尤为重要。研究发现，阴离子为对甲苯磺酸根的磺酸功能化咪唑和吡啶离子液体显示出较好的催化性能，当原料配比 $n(EG):n(DMT)=2:1$，反应温度为 150℃，离子液体的用量为 3.5% 时，PET 收率分别达到 94.1% 和 87.4%。底物配比和催化剂用量等因素对产物分子量有一定影响，在优化条件下，分子量 M_w 可保持在 2000 左右。通过对反应历程进行分析，作者认为该聚合反应经历了酯交换和聚合两个阶段。

2012 年，该小组[134]以磺酸功能化离子液体为催化剂，以 3-羟基丙酸甲酯（3-HPM）为原料，采用自身酯交换法合成了具有生物可降解性能的聚 3-羟基丙酸酯（PHP）。研究表明，离子液体的催化活性与其酸度直接相关，酸度高的 [BsMIM][OTf] 催化活性最好，在较低的温度下（120℃）就可以很好地引发 3-HPM 的酯交换聚合反应，得到 M_w 在 10000 左右的白色粉末状 PHP，产率达到 80% 以上（图 4-30）。作者进一步对制备的 PHP 进行了结构表征和相关性能的测试，离子液体催化得到了分子量分布系数相似的 PHP，分解温度均在 250~300℃ 之间，并且产品中未检测到离子液体的残留。由此可见，以离子液体为催化剂克服了已有的金属催化剂体系在安全、分离、回收等方面的不足，得到的产品纯度高，在生物医药领域具有潜在应用价值，但是离子液体催化剂的寿命还有待于进一步延长。

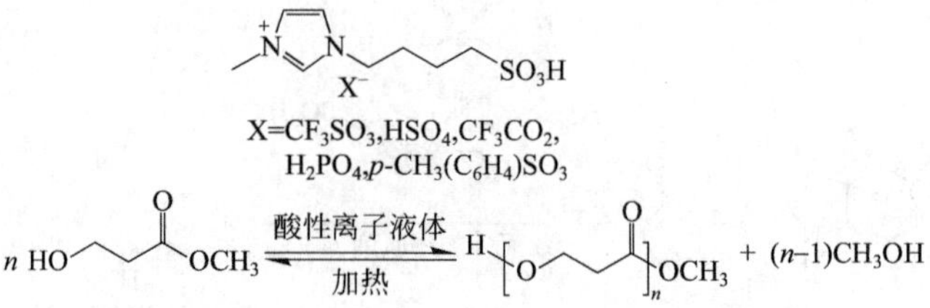

图 4-30 酸功能化离子液体催化 3-HPM 酯交换聚合

4.1.13 单糖脱水反应

葡萄糖、果糖和木糖都属于单糖，在酸催化剂作用下可以脱水生成羟甲基糠醛（HMF）、乙酰丙酸（LA）等重要的小分子平台化合物。传统的单糖催化水解工艺大多采用盐酸、硫酸、有机酸等液体酸[135~137]为催化剂，存在设备腐蚀严重、副产物较多、后处理工艺复杂、废水排放量大等问题，不符合当今绿色化工的发展趋势。

2006 年，Moreau[138]等人使用离子液体 1-H-甲基咪唑的氯盐为溶剂和催化剂，有效地促进了果糖和蔗糖脱水制备 HMF 的反应，在 90℃下反应 15～45min，HMF 的产率高达 92%。Zhang[139]小组研究了离子液体 1-乙基-3-甲基咪唑氯盐中加入 $CrCl_3$ 对葡萄糖脱水制备 HMF 的影响，结果证明，$CrCl_3$ 的加入有效地促进了 HMF 的生成，在 100℃下反应 3h，葡萄糖的转化率达到 98%，HMF 产率为 60%。这一研究为离子液体-金属离子复合体系下碳水化合物的脱水反应提供了理论基础。

Tao 等人[140]则研究了磺酸功能化离子液体催化果糖的脱水反应，见图 4-31。结果显示，1-(4-磺酸基丁基)-3-甲基咪唑硫酸氢盐（IL-6）具有很好的催化活性，果糖转化率为 98.2%，产物 HMF 产率高达 92.1%。离子液体的用量、果糖的浓度、温度和时间以及水含量都对果糖的水解过程有影响。在优化的条件下，果糖实现了 100% 的转化，HMF 收率达到 94.6%，并且离子液体催化剂可重复使用数次，催化活性未见明显下降。

木糖脱水制备糠醛的反应是以生物质为基础的碳水化合物替代以石油为基础的化工燃料的重要化学反应之一。研究表明，水-甲基异丁基甲酮两相体系中以酸性离子液体 IL-6 作为催化剂可以有效促进反应的进行。当反应在 150℃下进行 25min 时，木糖的转化率达到 95.3%，糠醛产率为 91.5%，催化剂 IL-6 重复利用 5 次之后仍然保持了很高的活性[141]。

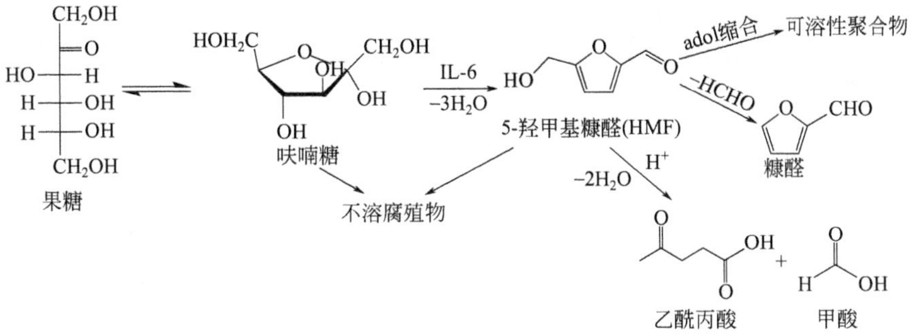

图 4-31 果糖脱水反应制备 HMF 示意图

磺酸基功能化的离子液体对葡萄糖脱水制备羟甲基糠醛（HMF）同样具有较高的催化活性。离子液体的酸度是反应的主导因素，较高的酸性对应较好的催化效果。以 1-(4-磺酸基丁基)-3-甲基咪唑三氟甲磺酸盐离子液体为催化剂，在 140℃下进行 360min，葡萄糖的转化率达到 99.3%，HMF 产率为 78.5%，并且离子液体重复利用 5 次之后仍然保持较高的活性。

4.1.14 纤维素水解反应

纤维素是自然界再生量最多的可再生资源，纤维素及其衍生物在纺织、造纸、医药卫生、食品以及涂料工业上有广泛而重要的应用[142,143]，对人类社会的进步和发展有着重要的影响。5-羟甲基糠醛（HMF）及糠醛是重要的呋喃基化合物，由于分子中含有醛基和羟甲基，化学性质比较活泼，可作为许多化学品的反应中间体，有望成为新的平台化合物[144,145]，近年来被科研工作者一致认为是介于生物质化学和石油基工业有机化学之间的关键中间体。

2007 年，Zhang[146]提出离子液体中加入金属氯化物可以有效促进单糖转化为 HMF，这一发现为"金属离子-离子液体复合体系下生物质的催化转化"研究提供了理论基础。随后，Lee[147]研究发现，酸性离子液体中加入铬的卤化物对橡树类生物质转化为 HMF 有明显的促进作用。Rogers[148]小组以氯基离子液体中加入镧系元素为例，通过一系列的分析表征，证实了离子液体与镧系金属之间存在重要的配位作用，得到的中间体可以有效地促进生物质降解过程中单糖的异构化，从而提高目标产物的选择性。

在酸性催化剂作用下，纤维素首先水解为葡萄糖，随后在适当的反应条件下，溶液中的葡萄糖异构化为果糖，果糖在催化剂的作用下发生脱水反应生成 HMF 及少量的副产物，HMF 可进一步降解得到乙酰丙酸和甲酸或失去一分子的甲醛生成另一主要产物糠醛（图 4-32）。

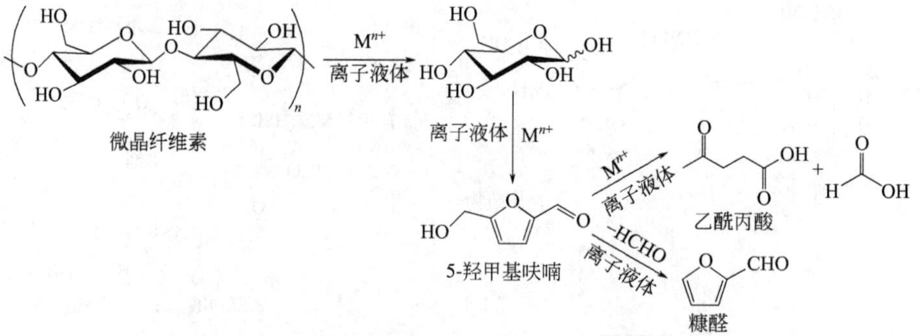

图 4-32 微晶纤维素水解制备小分子化合物反应途径

Tao等人深入研究了磺酸功能化离子液体中加入可溶性金属盐（氯化物、硫酸盐、硝酸盐）所形成的复合体系对纤维素催化水解的影响[149~153]。图 4-33 和图 4-34 分别给出了所用到的离子液体结构式和不同离子液体中纤维素的水解反应结果。

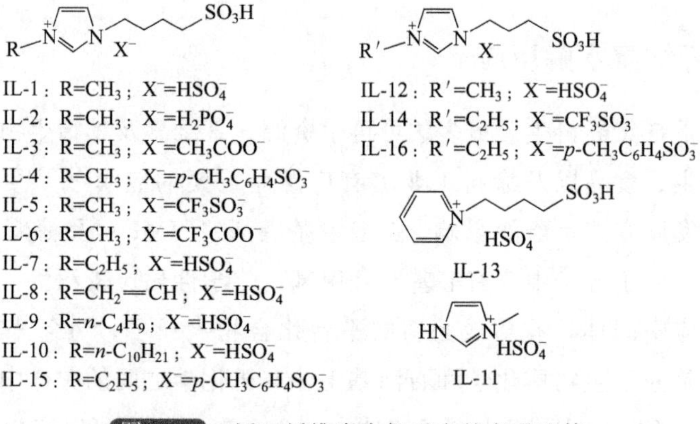

IL-1: R=CH$_3$; X$^-$=HSO$_4^-$
IL-2: R=CH$_3$; X$^-$=H$_2$PO$_4^-$
IL-3: R=CH$_3$; X$^-$=CH$_3$COO$^-$
IL-4: R=CH$_3$; X$^-$=p-CH$_3$C$_6$H$_4$SO$_3^-$
IL-5: R=CH$_3$; X$^-$=CF$_3$SO$_3^-$
IL-6: R=CH$_3$; X$^-$=CF$_3$COO$^-$
IL-7: R=C$_2$H$_5$; X$^-$=HSO$_4^-$
IL-8: R=CH$_2$=CH; X$^-$=HSO$_4^-$
IL-9: R=n-C$_4$H$_9$; X$^-$=HSO$_4^-$
IL-10: R=n-C$_{10}$H$_{21}$; X$^-$=HSO$_4^-$
IL-15: R=C$_2$H$_5$; X$^-$=p-CH$_3$C$_6$H$_4$SO$_3^-$

IL-12: R′=CH$_3$; X$^-$=HSO$_4^-$
IL-14: R′=C$_2$H$_5$; X$^-$=CF$_3$SO$_3^-$
IL-16: R′=C$_2$H$_5$; X$^-$=p-CH$_3$C$_6$H$_4$SO$_3^-$

IL-13

IL-11

图 4-33 用于纤维素水解反应的离子液体

从图中可以看出，离子液体的酸性和结构对纤维素的水解有着明显的影响。一般而言，在磺酸功能化的离子液体中，阴离子的种类对其催化活性有重要影响。对于微晶纤维素的水解反应，阴离子为 HSO$_4^-$、CF$_3$SO$_3^-$ 和 p-CH$_3$C$_6$H$_4$SO$_3^-$ 的离子液体（IL-1、IL-4 及 IL-5）表现出很高的催化活性，甚至高于 p-CH$_3$C$_6$H$_4$SO$_3$H 的活性（相同的催化条件下，HMF 及糠醛的产率分别为 27.42% 和 14.63%）。酸功能化离子液体在纤维素水解反应中具有双重功能，一方面可以溶解纤维素，另一方面可以通过结合糖苷键上的氧原子，有效降低糖苷键的键能，促进纤维素向还原性糖的转化。

图 4-34 的结果显示，金属氯化物对纤维素的水解有促进作用，以 IL-5 为

例，在 $MnCl_2$ 的助催化作用下，HMF 及糠醛的最高产率达到 40.2% 和 19.7%，在相同条件下，IL-14 则表现出最高的反应活性，MCC 的转化率约为 90.0%，HMF 及糠醛的选择性分别为 45.7% 和 26.3%。

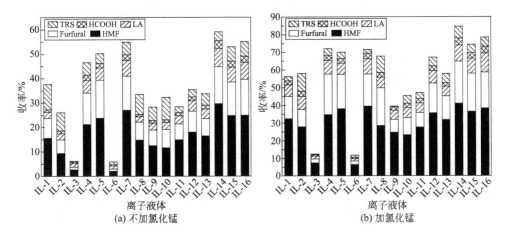

图 4-34 不同离子液体中纤维素的水解
(0.5g 微晶纤维素，1.5g 离子液体，1mL H_2O 或 0.2mol/L $MnCl_2$，
9mL 甲基异丁基酮，$T=150℃$，$t=300min$，$P=2.5atm$)

阴离子为 CH_3COO^- 和 CF_3COO^- 的离子液体（IL-3 及 IL-6）由于酸性很弱，因此催化活性极差。为了关联离子液体的酸性强弱与其催化性能的关系，Tao 使用 4-硝基苯胺作为碱性指示剂，在 CH_2Cl_2 中对 16 种离子液体的 Hammett 酸常数（H_0）进行测定，结果列于表 4-11。由于离子液体 IL-2、IL-4、IL-13 及 IL-15 在 CH_2Cl_2 中不溶，并且非磺酸基功能化的离子液体 IL-11 的酸性太弱，几乎与 4-硝基苯胺无反应，因此无法计算 H_0。

根据表 4-11 所列的数据，不同离子液体的酸度顺序可以概括为 IL-5＞IL-14＞IL-12＞IL-16＞IL-7＞IL-1＞IL-8＞IL-9＞IL-10＞IL-3＞IL-6，但是该酸性顺序并没有与它们各自的催化活性顺序完全对应，其原因在于离子液体阳离子的结构对纤维素的水解也有不同程度的影响。从图 4-34 可知，在 $MnCl_2$ 存在下，阴离子同为 HSO_4^- 的离子液体 IL-1、IL-7~IL-10 中，IL-7 表现出最高的反应活性，纤维素的转化率达到 91.2%，HMF、糠醛及 LA 的产率分别为 39.3%、19.4%和 8.5%。这五种离子液体仅仅是阳离子咪唑环上的 R 取代基有所不同，R 为 n-C_4H_9 和 n-$C_{10}H_{21}$ 的离子液体 IL-9 和 IL-10 显示出相对较低的催化活性。作者认为金属离子与离子液体之间存在一种配位作用，而 n-C_4H_9 和 n-$C_{10}H_{21}$ 的长链结构不利于这种相互作用的形成，从而抑制了纤维素的水解。阳离子咪唑环与磺酸基团之间的碳链长度对催化活性也有一定程度的影响，例如对于 IL-1 和 IL-12，含丙烷磺酸基的 IL-12 表现出更高的催化活性，HMF、糠醛及 LA 的选择性分别达到 41.1%、19.5% 及 8.0%。阳离子母体为吡啶环的离子液体 IL-13 具有较好的催化活性，MCC 的转化率为 73.2%，HMF 的选择性高达 43.4%，这似乎归因于吡啶环平面结构更有利于与金属离子之间的配位。由此可见，在催化纤维素水解反应中，离子液体阴离子主要通过对酸性的调控影响其催化活性，而阳离子则通过结构上的差异在一定程度上影响着金属离子与离子液体之间形成配位化合物的能力，进而影响了纤维素的水解。

表 4-11 离子液体 Hammett 酸常数的计算

序号	离子液体	H_0	微晶纤维素转化率/%	
			无 $MnCl_2$	有 $MnCl_2$
1	—	—	2.94	3.12
2	IL-1	0.7921	70.00	84.72
3	IL-2	—	65.47	77.43
4	IL-3	1.2640	20.15	28.40
5	IL-4	—	72.47	82.36
6	IL-5	0.2455	74.25	85.10
7	IL-6	1.4382	17.41	27.98
8	IL-7	0.6202	74.01	91.20
9	IL-8	0.8112	68.47	80.43
10	IL-9	0.9359	65.17	78.92
11	IL-10	1.0004	62.05	76.14
12	IL-11	—	59.48	72.14
13	IL-12	0.5816	74.83	86.43
14	IL-13	—	61.49	73.16
15	IL-14	0.5434	78.38	89.97
16	IL-15	—	76.05	87.76
17	IL-16	0.5852	74.83	86.95

Tao 等人详细研究了微晶纤维素在磺酸基功能化的离子液体 1-(4-磺酸基丁基)-3-甲基咪唑硫酸氢盐与 $FeCl_3$ 组成的复合催化剂体系作用下的水解行为，利用 FTIR 光谱证实了呋喃类化合物的存在，并指出纤维素在反应过程中发生了晶型 I 到晶型 II 的转化。借助 ESI-MS 表征技术证明了亚稳态配合物 $[FeCl_2(SO_4)_n]^{2n-}$ 的形成，并提出了金属离子助催化下纤维素水解机理（图 4-35）[149]。

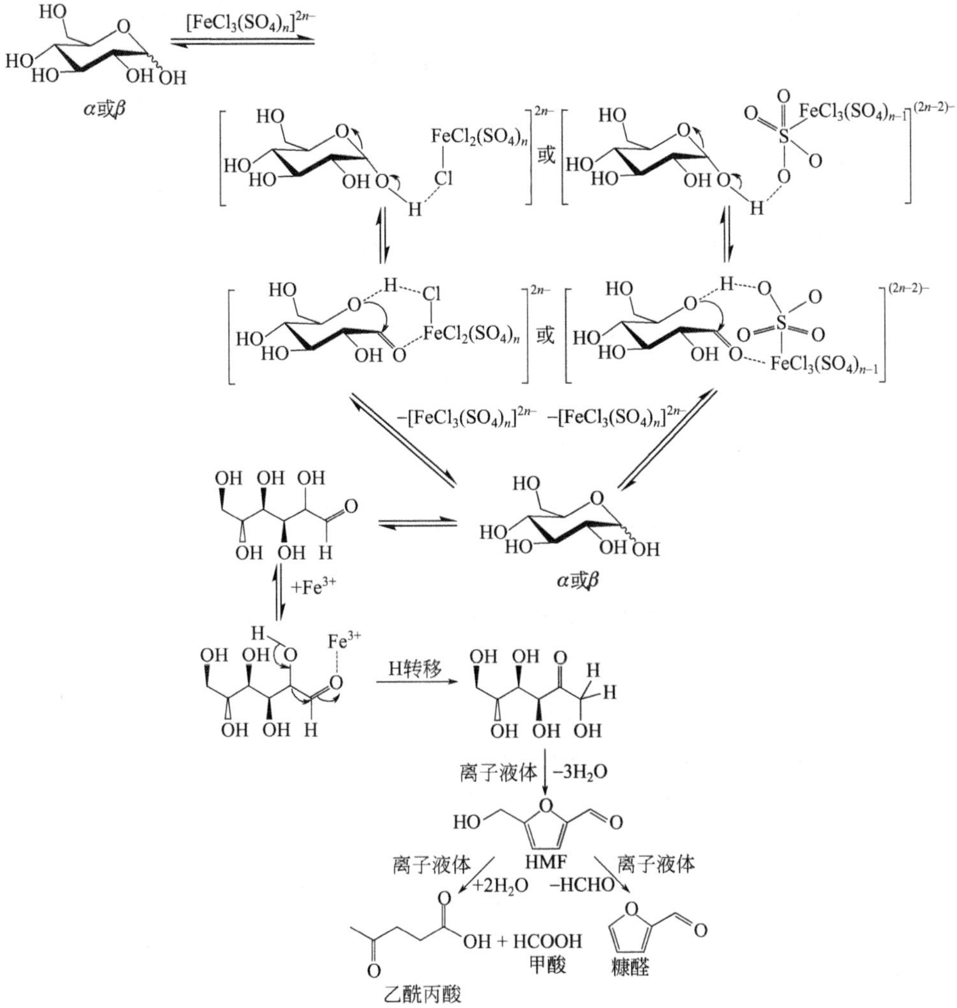

图 4-35 FeCl$_3$-IL-1 复合体系作用下纤维素水解机理

4.2 碱功能化离子液体催化

碱催化在化学工业中占有重要的地位，一直备受关注。按照相态不同，碱催化剂分为固体碱催化剂和液体碱催化剂。传统的液体碱催化剂如三乙胺和吡啶等，催化活性较高，但催化剂和反应产物不易分离。固体碱催化反应具有选择性好以及产物易于分离等优点，但催化剂制备复杂，成本昂贵，强度较差，极易被大气中的 CO_2 和 H_2O 等杂质污染[154]。碱功能化离子液体结构中含有碱性功能基团，又具有离子液体本身的特殊性，在碱催化反应中既具有传统液体碱的高活性，又兼顾固体碱易于分离的优点。因此，近年来有关碱性离子液体的研究越来越受到人们的广泛关注，也是离子液体研究的主要方向。

碱功能化离子液体也可以分为 Lewis 碱功能化和 Brønsted 碱功能化两大类，即能够给出电子对的离子液体为 Lewis 碱功能化离子液体，能够接受质子的离子液体为 Brønsted 碱功能化离子液体[155]。以乳酸根[156]、羧酸根[157,158]、二氰胺根（dca）[159~161]、咪唑阴离子[162]以及含卤素负离子[161,162]为阴离子的离子液体具有潜在 Lewis 碱性。在离子液体的阳离子部分接入能够给出电子对的功能化基团，可以得到阳离子具有潜在 Lewis 碱性的功能化离子液体。这类离子液体主要包括阳离子含有氨基的离子液体[163~167]和 1,4-二氮杂二环 [2.2.2] 辛烷类离子液体[158,168]。

4.2.1 氮杂 Michael 加成反应

胺类氮源的杂-Michael 加成反应已有很多研究，但是许多方法或多或少存在着一些缺陷，如催化剂昂贵、反应效率差、反应温度高、底物适用性有限等，而且大多数已有催化剂只对脂肪胺有效，对于芳香胺和芳香杂环类化合物作为氮源成功的例子并不多。2003 年，Yadav 等人[169]和作者课题组[170]分别研究了中性离子液体在杂-Michael 加成反应中的应用，结果显示，离子液体对脂肪胺的氮杂偶联加成反应具有明显的促进作用。

2005 年，Ranu 等人[171]首次报道了碱性离子液体催化的 Michael 加成反应，当使用 [BMIM]OH 作为催化剂时，对于大部分底物，产物收率都在 90% 以上。Lin 等人[172]以 [BMIM]OH 为反应介质兼催化剂，报道了脂肪胺的杂-Michael 加成反应，具有反应条件温和、离子液体可重复使用的特点，但是离子液体用量比较大。李雪辉等人[173]也考察了 [C_nMIM]OH 离子液体作为溶剂兼催化剂在 α,β-不饱和化合物与丙二酸酯的 Michael 加成反应中的应用，在最佳条件下，产物收率高达 90%，且产物易于分离，离子液体能重复使用。

在离子液体的使用中，低用量的情况下保持其应有的突出效果，更能有效发挥离子液体的优势。此外，大量有毒的挥发性有机溶剂的使用也带来环境污染和过程复杂等缺点。因此，无溶剂反应体系成为实现"绿色化学"的一个有力途径。

作者[174]在研究环己烯酮与苯胺的杂-Michael 加成反应中发现，使用催化量的碱性离子液体 [BMIM]OH 可以实现室温无溶剂条件下苯胺的杂-Michael 加成，适当延长反应时间，产物收率可以达到 90%。[BMIM]OH 的催化活性远远高于简单的无机碱或有机碱，并且可以实现重复使用。如图 4-36 所示，该体系同样适用于含各种取代基的芳香胺与 α,β-不饱和羰基化合物的杂-

Michael 加成反应，而且能很好地催化咪唑和吡唑对丙烯腈、丙烯酸酯的杂-Michael 加成反应。

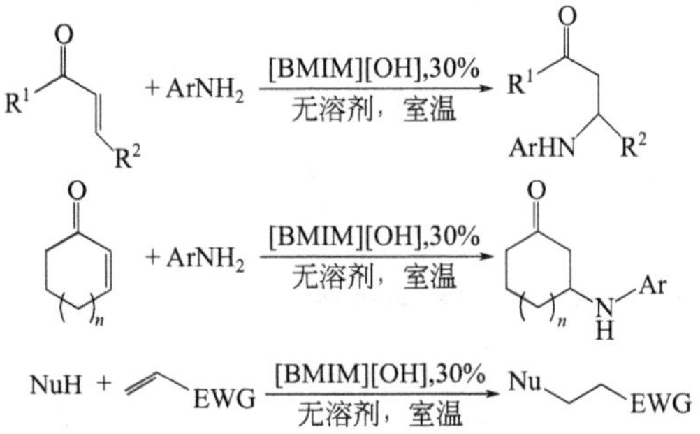

图 4-36 [BMIM]OH 催化杂-Michael 加成反应

4.2.2 酯交换反应

CO_2 是最主要的温室气体，也是丰富廉价的碳一资源，实现二氧化碳的化学利用对于保护环境、实现可持续发展有着非常重要的意义。但作为碳的最终氧化态，CO_2 有一定的化学惰性，从而限制了其工业化的应用。近年来，利用 Lewis 碱功能化离子液体对 CO_2 进行固定和催化转化的研究取得了很大进展[175,176]。目前由 CO_2 与环氧乙烷合成碳酸乙烯酯（EC）在工业上已经成熟，EC 作为 CO_2 的间接利用，有效克服了 CO_2 直接催化转化中的不足，开辟了 CO_2 温和利用的新途径。

甘油与 EC 的酯交换反应通常需要碱性催化剂，反应产物之一甘油碳酸酯是重要的有机溶剂和化工中间体，在材料、化工生产领域有广泛的应用，由于反应联产重要的聚酯原料 1,2-二元醇，该反应成为合成甘油碳酸酯的首选。作者制备了基于咪唑阳离子的碱功能化离子液体及氯球负载碱性离子液体，研究了它们催化甘油与 EC 的酯交换反应（图 4-37）[177]。

在所考察的一系列离子液体中，[BMIM]OH 显示出最好的催化活性，甘油碳酸酯的收率达到 87%，远远好于常规碱性催化剂如 K_2CO_3、KF 和 KOH 的效果。将反应结束后的溶液经柱色谱分离可将产物和催化剂分离，回收得到的 [BMIM]OH 在重复使用过程中催化活性有一定降低，这与后处理过程中的少量损失有关。

通过接枝将离子液体负载到有机材料或无机材料上，在分离回收操作上将更有利。研究结果表明，三种氯球负载的碱性离子液体都可催化甘油与 EC 的酯交换反应，虽然催化效果比相应的均相体系低，但是方便回收利用，重复使

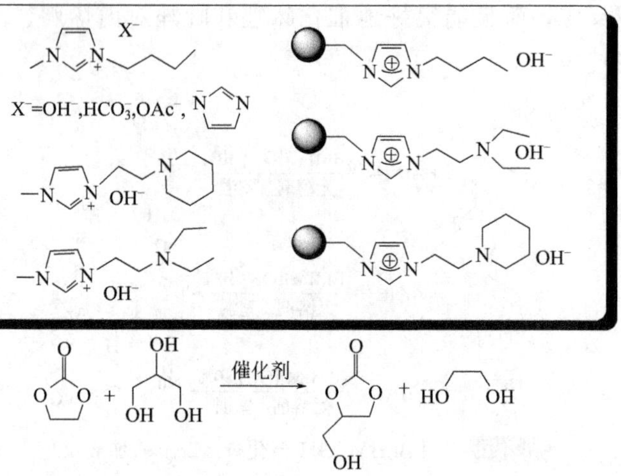

图 4-37　碱功能化离子液体催化酯交换反应

用五次后活性未有降低。

[BMIM]OH 对于其他的环状碳酸酯与甘油的反应同样有效，如对于碳酸丙烯酯和碳酸苯烯酯，甘油碳酸酯的收率分别达到 78% 和 85%。

4.2.3　水解反应

1,2-丙二醇是重要的化工原料之一，其应用领域十分广泛。碳酸丙烯酯在碱催化剂存在下，经水解可以得到 1,2-丙二醇。Xia 小组[178]以氯球为载体，采用后嫁接法制备了两种树脂负载的碱性离子液体，考察了负载离子液体在碳酸丙烯酯水解反应中的催化活性（图 4-38）。

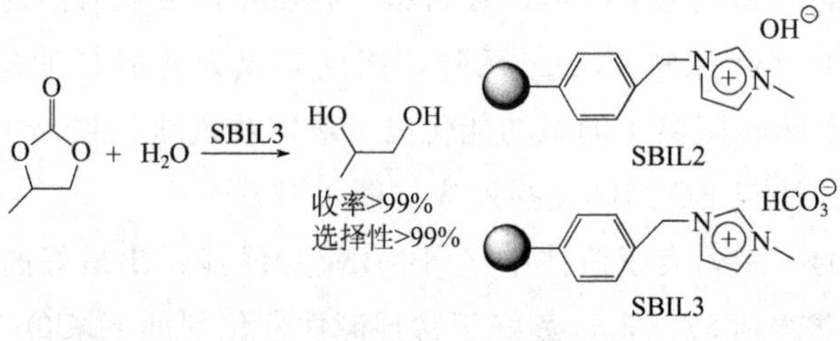

图 4-38　负载碱性离子液体催化碳酸丙烯酯水解反应

在相同条件下，1,2-丙二醇的选择性都在 99% 以上，其中催化剂 SBIL 3 具有最佳的反应活性，产物 1,2-丙二醇的产率达到 99% 以上。水解反应一个最大的弊端就是，为了得到高收率，需要使用大量的水。在 SBIL 3 作用下，当使用化学计量的水时，能得到 92% 的 1,2-丙二醇收率，说明负载碱性离子液体对该反应有很高的催化活性。此外，负载离子液体催化剂在重复使用中保持了非常好的稳定性，在第六次使用时，产物收率仍能达到 98%。

4.2.4 Knoevenagel 缩合反应

将具有优异磁学性能的磁性纳米粒子与具有催化性能的材料相结合制备的磁性纳米催化剂，可以在外加磁场作用下实现简单分离。近年来，以磁性材料作载体的多相催化剂已经引起学术界的极大关注。Xia 研究组[179,180]改进羟基磷灰石 $[Ca_{10}(PO_4)_6(OH)_2]$ 包覆磁性 $\gamma\text{-}Fe_2O_3$ 的制备方法，得到了具有核壳结构的磁性载体 HAP-γ-Fe$_2$O$_3$，并通过硅烷化学的方法制备了两类 HAP-γ-Fe$_2$O$_3$ 负载的碱性离子液体催化剂（图 4-39）。从表 4-12 所列结果可见，这类催化剂对羰基化合物与丙二腈在水相中的 Knoevenagel 缩合反应具有较高催化活性，大多数底物的转化率在 80% 以上，对于环己酮、糠醛和苯甲醛的反应，转化率接近 100%。包覆的核壳载体可以有效地避免磁性粒子的团聚，使用外加磁场很容易实现催化剂的分离，循环使用四次后催化活性未见明显降低。通过对比实验证明，催化剂的高活性主要源于碱性载体和碱性离子液体之间的协同活化作用。

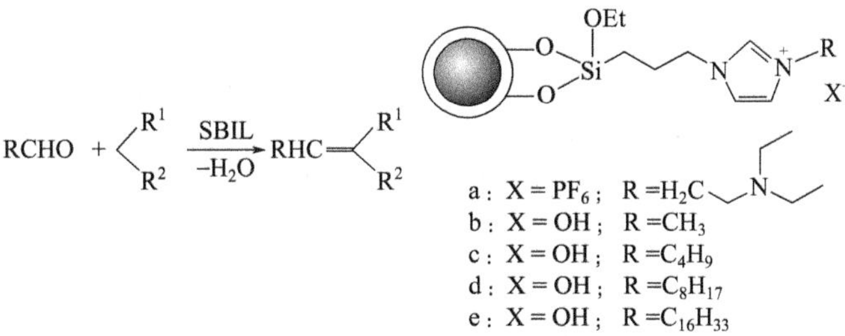

图 4-39 磁性纳米粒子负载碱性离子液体催化 Knoevenagel 缩合

表 4-12 负载离子液体 a 催化 Knoevenagel 缩合反应结果

序号	底物			T/℃	t/h	转化率/%
	RCHO	R^1	R^2			
1	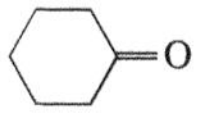 环己酮	—CN	—CN	30	1	>99
2	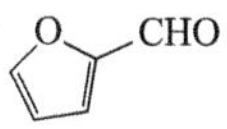 糠醛	—CN	—CN	30	1	>99
3	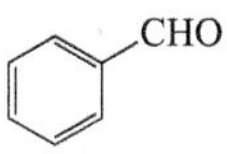 苯甲醛	—CN	—CN	30	1	>99

续表

序号	底物			$T/℃$	t/h	转化率/%
	RCHO	R^1	R^2			
4	O_2N-C$_6$H$_4$-CHO	—CN	—CN	30	1	91.6
5	HO-C$_6$H$_4$-CHO	—CN	—CN	30	1	89.4
6	2-HO-C$_6$H$_4$-CHO	—CN	—CN	30	1	80.3
7	(CH$_3$)$_2$CH-CHO	—CN	—CN	30	1	92.1
8	CH$_3$(CH$_2$)$_6$CHO	—CN	—CN	30	1	75.1
9	PhCH$_2$CH$_2$CHO	—CN	—CN	30	1	72.9
10	PhCH=CHCHO	—CN	—CN	30	1	60.7
11	PhCHO	—CN	—COOEt	50	3	88.3
12	PhCHO	—COOC$_2$H$_5$	—COOC$_2$H$_5$	50	8	50.1
13	PhCHO	—COCH$_3$	—COCH$_3$	80	9	91.1
14	PhCHO	—COCH$_3$	—COOC$_2$H$_5$	80	10	86.9

4.2.5 烯烃环氧化反应

烯烃环氧化反应作为有机化学中一类重要的反应，一直受到人们广泛的关注，其环氧产物是很有用的有机合成中间体[181]。近年来，以双氧水为氧化剂，在碱性介质中进行烯烃环氧化反应的报道不断出现。在此反应体系下，使用固体碱作为催化剂，以双氧水作为氧化剂，同时需要引入腈类化合物作为反应助剂。很多固体碱催化剂由于活性物种的流失问题而无法用于以水或者醇作为溶剂的反应体系，这大大限制了该反应体系的实际应用。为了解决上述问题，近年来人们先后发展了一系列新型固体碱催化剂，可以用于含水和醇的反应体系而无活性组分流失现象。

2012 年，Chen 等人[182]将制备的 SBA-15 介孔分子筛负载碱性离子液体催化剂用于催化双氧水氧化烯烃（图 4-40）。作者研究发现，使用负载碱性离子液体作为催化剂，反应体系中没有检测到除环氧产物以外的其他副产物，说明碱性条件抑制了环氧化合物的开环。当咪唑环上烷基取代基为甲基时，催化剂 SBIL-1 表现出最好的催化活性，其原因被认为是与位阻有关。固体碱催化双氧水为氧化剂的烯烃环氧化反应一般需要加入腈类化合物作为反应助剂。在该体系中，同样发现不加任何腈类化合物时，环氧化反应不发生，以苯甲腈为反应助剂时得到了最好的反应结果。

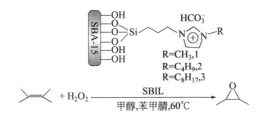

图 4-40　SBA-15 负载碱性离子液体催化烯烃环氧化

SBIL-1 不仅可以重复使用数次，催化活性基本保持，而且对于环戊烯、环辛烯、苯乙烯的环氧化反应都表现出良好的催化效果，环氧化产率在 76%～94%之间。作者认为，固体碱催化双氧水为氧化剂的烯烃环氧化反应可能经历了如图 4-41 所示的反应机理。

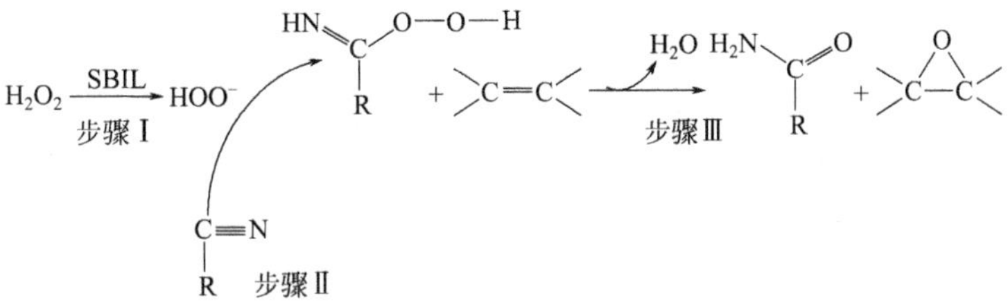

图 4-41　SBIL 催化烯烃环氧化反应机理推测

4.2.6　加成-环化反应

2-噁唑烷酮类化合物是一类重要的五元含氮杂环羰基化合物，在医药、不对称合成、环境化学以及精细化学品的合成中得到了广泛的应用。自从 1974 年杜邦公司发现第一个具有抗菌活性的噁唑烷酮 S63123，并在 1981 年被作为手性辅助配合剂以来，2-噁唑烷酮类化合物的合成方法就备受化学家们的重视。

2-噁唑烷酮类化合物通常可以采用光气作为羰基化试剂与氨基醇羰基化反应制得，但是由于光气的剧毒和对环境的负面影响，近年来相继发展了多种符合"原子经济"和"绿色化学"要求的非光气合成方法。环氧化合物在碱性催化剂作用下与氨基甲酸酯反应合成 2-噁唑烷酮就是非光气法的典型例子。该方法主要利用了环氧化合物容易受到亲核试剂的进攻发生开环加成的特性，生成的中间产物经分子内关环就可以得到相应的 2-噁唑烷酮类化合物。Deng 小组[183]使用氨基功能化离子液体替代挥发性有机胺催化剂实现了一系列 2-噁唑烷酮化合物的合成（图 4-42）。

在环氧丙烷与氨基甲酸乙酯的反应中，离子液体 i-Pr$_2$NEMimCl 显示出最好的催化性能，环氧丙烷的转化率达到 97%，产物 5-甲基-2-噁唑烷酮的选择性高达 99%，产物分离收率为 96%。催化剂重复使用实验表明，每次反应环氧丙烷的转化率都有轻微的下降，考虑到离子液体 i-Pr$_2$NEMimCl 回收率为 95%，可以认为离子液体的催化活性在循环使用中基本保持。对于大多数的环氧化合物和氨基甲酸酯类化合物的反应，在 i-Pr$_2$NEMimCl 的催化作用下，都能以中等以上的收率得到相应的 2-噁唑烷酮产物。

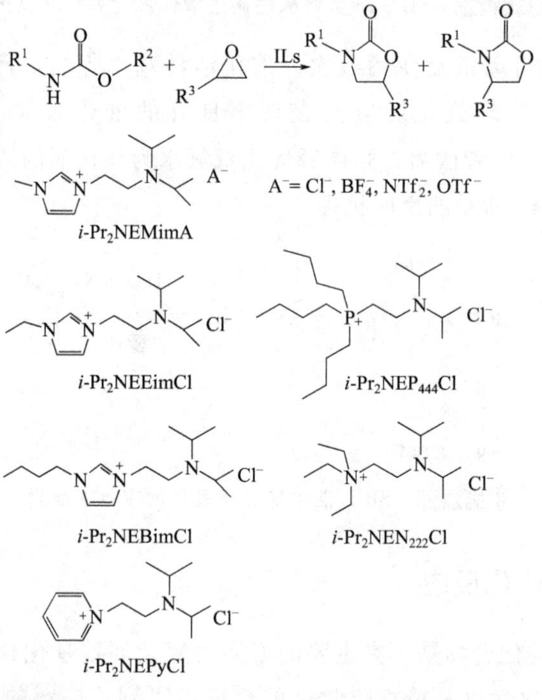

图 4-42　氨基功能化离子液体催化合成 2-噁唑烷酮

4.3 羰基金属阴离子功能化离子液体催化烷氧羰基化反应

环氧化合物在醇存在下发生羰基化开环反应,生成 β-羟基羧酸酯,这就是所说的环氧化合物氢酯基化反应。β-羟基羧酸酯是一种稳定、重要的双官能团化合物,可以进一步转化为二酮及 1,3-二元醇等重要的有机中间体及聚酯原料[184]。

作者课题组[185,186]曾报道了用于消旋和手性环氧丙烷氢酯基化反应的 $Co_2(CO)_8$/3-羟基吡啶以及 $Co_2(CO)_8$/吡唑两种催化剂体系,并且对反应生成 β-羟基丁酸甲酯的机理进行了探讨。含 N 配体,如吡啶,可以看成路易斯酸,能够促进 $Co_2(CO)_8$ 中 Co—Co 键的断裂以形成四羰基钴阴离子催化活性物质。基于离子液体基团能有效稳定四羰基钴阴离子的性质,作者尝试将 N-烷基吡啶四羰基钴离子液体[187]用于催化环氧丙烷的氢酯基化反应(图 4-43),结果显示,在不添加助催化剂的前提下,甲醇既作为反应物也作为溶剂,底物转化率在 95% 以上,产物选择性接近 100%,且催化剂能够循环利用 5 次,活性与选择性仅略有下降。

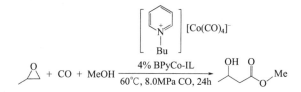

图 4-43 四羰基钴阴离子离子液体催化环氧丙烷的烷氧羰基化反应

4.4 多金属氧酸盐功能化离子液体催化

多金属氧酸盐属于纳米级金属-氧负离子群的一大类,具有多功能性和易调变性的特点,因此在很多方面,特别是在催化方面,有着很广泛的应用。利用离子液体来调变多金属氧酸盐的性质,是获得多功能有机-无机杂化新材料的创新方法。醇选择性氧化为相应的羰基化合物是有机合成中一类比较重要的官能团转换过程[188],Wang 等人[189]通过阴离子交换反应制备了阴离子为 $[PW_{12}O_{40}]^{3-}$ 杂多酸根的钌配合物功能化离子液体,并用作以氧气为氧化剂的醇氧化反应催化剂,取得了较好的催化效果。该催化剂具有优良的抗水解和抗氧化能力,保证了循环使用性能(图 4-44)。

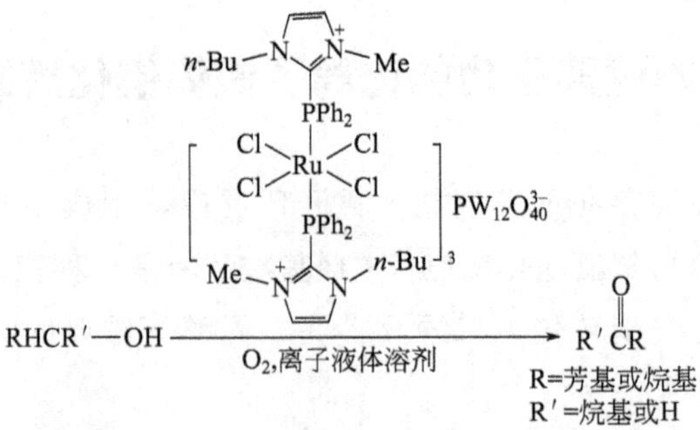

$$\text{RHCR}'\text{—OH} \xrightarrow[\text{O}_2,\text{离子液体溶剂}]{\left[\text{Me-}\underset{\underset{\text{Me}}{|}}{\overset{\overset{n\text{-Bu}}{|}}{\text{N}^+}}\text{—}\underset{\text{PPh}_2}{\overset{\text{PPh}_2}{\text{Ru}}}\text{(Cl)}_4\right]_3[\text{PW}_{12}\text{O}_{40}]^{3-}} \text{R}'\text{CR=O}$$
R=芳基或烷基
R'=烷基或H

图 4-44 杂多酸阴离子离子液体催化醇氧化反应

作者从 2007 年开始探索多金属氧酸盐与离子液体相结合的催化反应研究[190],发展了一系列多金属氧酸盐功能化离子液体,并研究了它们在氧化反应中的应用。

在液相条件下,许多含有金属钨和钼的催化剂被用来活化 H_2O_2 进行醇类的氧化,其中钨酸钠或者钨酸是常用的含钨催化剂。离子液体与含钨催化剂结合在催化氧化方面已经有了很多成功的例子[191~193]。作者将催化量的不同结构离子液体与钨酸钠结合组成环己醇氧化的催化剂体系,研究了离子液体的阴/阳离子结构对反应的影响。结果表明,含有酸性基团的离子液体与钨酸钠结合具有较高的催化活性,这归功于酸功能化离子液体对反应体系酸性的调节。此外,钨酸钠在 H_2O_2 存在下,与酸性离子液体相互作用原位生成的钨过氧化物 $\{SO_4[W_2O_2(\mu\text{-}O_2)_2(O_2)_2]\}^{2-}$ 和 $\{PO_4[W_2O_2(\mu\text{-}O_2)_2(O_2)_2]_2\}^{3-}$,可能是氧化反应的真正催化剂。在所考察的离子液体中,磺酸功能化烷基吡啶磷酸二氢根离子液体 $[(CH_2)_4SO_3HPy][H_2PO_4]$ 与钨酸钠组合具有最高的催化活性,环己酮收率达到 87.5%。该催化过程在水-底物两相体系中进行,反应结束后催化剂容易分离回收,重复使用五次后活性几乎不变(图 4-45)[194]。

在温和条件下环境友好的催化氧化一直都是化学工作者们不懈追求的目标,而这一目标的实现有赖于高性能催化材料的研制。通过缺位取代可以在多金属氧酸盐的结构中引入不同的金属,甚至是有机分子片段,从而实现性能的调变。作者以离子液体修饰的聚合物为载体,制备了负载型磷钨酸催化剂(PS-IL-PW),在多相条件下实现了 H_2O_2 对一系列醇类化合物的氧化[195]。

PS-IL-PW 在重复利用五次时,催化剂的活性基本没有改变,表现出极好的循环使用性能。通过对回收催化剂进行红外光谱表征,作者提出了如图 4-46 所示的催化过程。

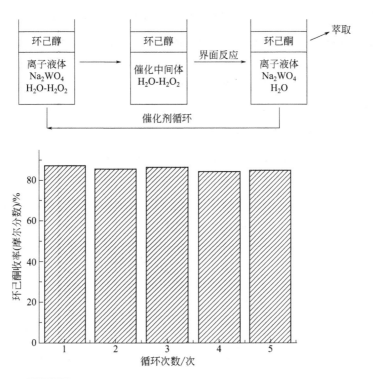

图 4-45 水-底物两相体系中醇的氧化及催化剂的重复使用

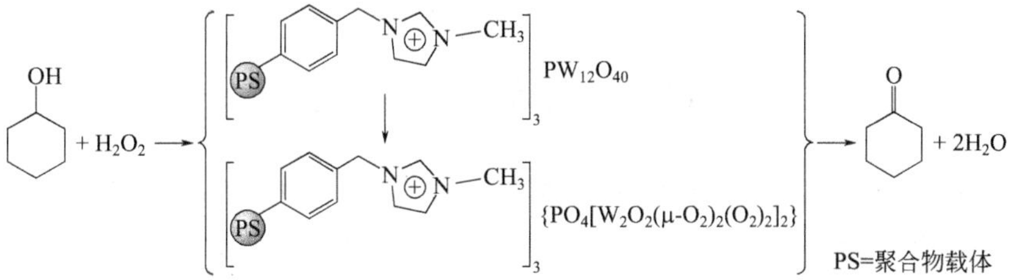

图 4-46 PS-IL-PW 催化环己醇氧化过程

将一层很薄的离子液体固定在具有高比表面积的多孔材料的表面上,制成负载离子液体相固体材料(SILP),一方面可以降低离子液体的用量,方便催化剂的回收;另一方面载体大的比表面积增大了离子液体层与原料的接触面积,有利于增加传质效率。作者采用溶胶-凝胶方式制备离子液体修饰的硅胶基质,再通过阴离子置换将杂多酸固载在离子液体修饰的载体上,得到了杂多酸阴离子功能化负载离子液体催化剂(POMs/SiO_2-IL),并考察了在醇氧化反应中的催化性能。以 H_2O_2 为氧化剂,负载磷钨酸阴离子离子液体具有最优的催化活性,氧化产物收率能达到 93% 以上,且该催化剂经过简单的过滤即可回收，重复使用 7 次效果较好[196]。回收催化剂的 FTIR 表征显示，催化剂在反应前后结构基本没有变化，但是 $560cm^{-1}$ 和 $850cm^{-1}$ 处出现的两个新吸收峰表明磷钨酸（PW_{12}）在反应过程中同 H_2O_2 作用首先降解为过氧物种 PW_4、PW_3、PW_2 等[197]，这些过氧物种是催化氧化反应的活性组分。回收反应液的 ^{31}P NMR 表征显示，除了 PW_{12} 中的 P 在 $\delta=-14.56$ 的响应值外，还在 $\delta=-0.77$ 处出现了一个新的响应信号，该信号归属为 PW_4[198] 中 P 的响应。这也证明反应过程中，PW_{12} 同 H_2O_2 作用降解为过氧活性组分 PW_4。由于反应中 H_2O_2 相对底物过量，反应结束后可能会有一部分过氧物种仍然存在，从而在红外光谱上出现相应的吸收峰。由此，作者推测基于磷钨酸的负载离子液体相催化有如下的催化机理（图 4-47）。

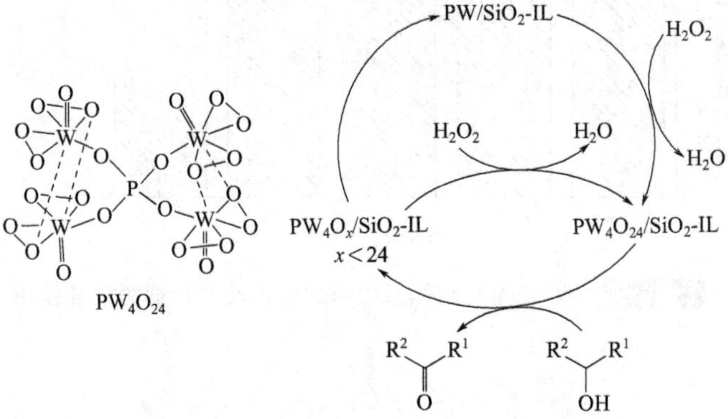

图 4-47　PW/SiO_2-IL 可能的催化机理

在负载型离子液体催化剂中，离子液体可作为催化活性中心的助剂，也可以用来调节催化剂表面活性中心的微环境。为了考察硅胶表面修饰的离子液体层的作用，作者选用不同的离子液体与均相的 [BMIM]$_3$[$PW_{12}O_{40}$] 进行组合，研究离子液体对醇氧化反应的影响。结果表明，[BMIM][Cl] 和 [BMIM][Br] 的加入使得 [BMIM]$_3$[$PW_{12}O_{40}$] 的催化活性大幅度提高，而 [BMIM][BF_4] 和 [BMIM][PF_6] 的加入却使其活性降低。图 4-48 是 [BMIM]$_3$[$PW_{12}O_{40}$]、ILs 同 H_2O_2 作用后的 ^{31}P NMR 谱图，可以看出只有在 [BMIM][Cl] 和 [BMIM][Br] 存在时，相应的谱图上在约 -0.7 处有一个响应值对应于 PW_4 中的 P，说明离子液体 [BMIM][Cl] 和 [BMIM][Br] 有助于 PW_{12} 降解为活性的 PW_4。这或许是由于卤素离子与磷钨酸根的配位作用[199]，有利于磷钨酸降解产生活性物种。

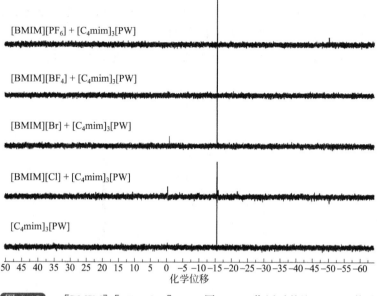

图 4-48　[BMIM]$_3$[PW$_{12}$O$_{40}$]、ILs 同 H$_2$O$_2$ 作用后的 ^{31}P NMR 谱图

4.5　金属配位化合物功能化离子液体催化

4.5.1　C—C 交叉偶联反应

钯催化的偶联反应是构建 C—C 键的常用方法，由于具有反应条件温和、活性高、底物适用范围广等特点，被广泛应用于天然产物、药物中间体以及功能材料的合成中。然而，钯催化的偶联反应一般存在钯金属昂贵、膦配体毒性大、使用有机溶剂以及配体与产物难分离的缺陷，故此，近年来，新型多相钯催化剂、可重复使用的催化体系以及溶剂绿色化成为钯催化偶联反应研究的焦点。

2009 年，Wan 等人[199]合成了离子液体修饰的卟啉钯配合物，并将其溶解于 [Bpy]BF$_4$ 中，用于催化 Heck 偶联反应，发现在温和条件（100℃，1h）和很低的催化剂浓度（0.0025%，摩尔分数）下，就能高效实现碘代芳烃与丙烯酸乙酯的偶联反应，并且催化剂可以很好地固定在离子液体相中，循环使用 7 次仍能保持良好的催化活性。

Xia[200]研究组设计制备了以咪唑离子液体为"离子标签"的 N-乙基苯并咪唑配体，并合成了水溶性的无膦钯配合物催化剂。以 TBAB/H$_2$O 为反应介质，该催化剂可以高效催化卤代芳烃和苯硼酸的 Suzuki 偶联反应，产物收率达到 70%～98%，并且反应结束后通过简单的相分离实现了催化剂的循环利用，重复使用超过 4 次活性未见下降。以丙酮/H_2O 为反应介质，使用相同的催化剂，可以实现一系列酰氯和取代苯硼酸的交叉偶联反应，最高可以得到 98% 的芳基酮收率（图 4-49）。

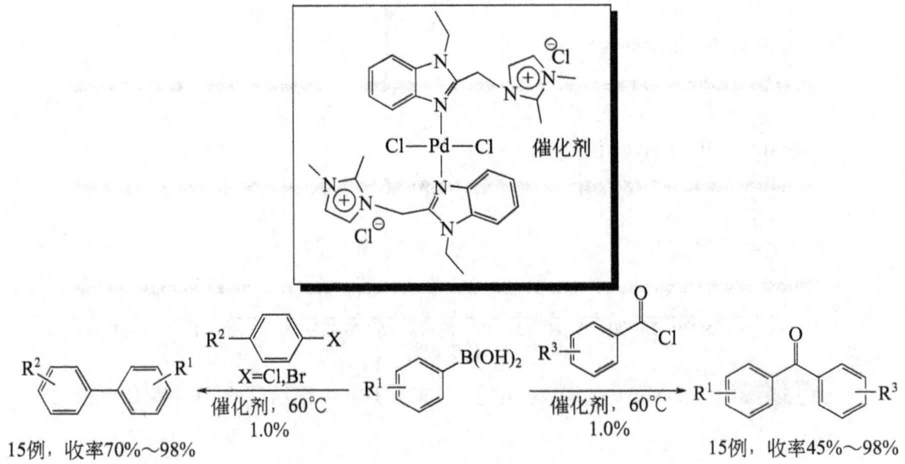

图 4-49 配位化合物功能化离子液体催化 C—C 交叉偶联反应

刘晔小组[201]设计合成了一种金属钯配合物功能化离子液体，以[BMIM]PF_6 为溶剂，在无 CuI 存在的条件下，可以高效实现 Sonogashira 偶联反应，且反应无须惰性气体保护（图 4-50）。

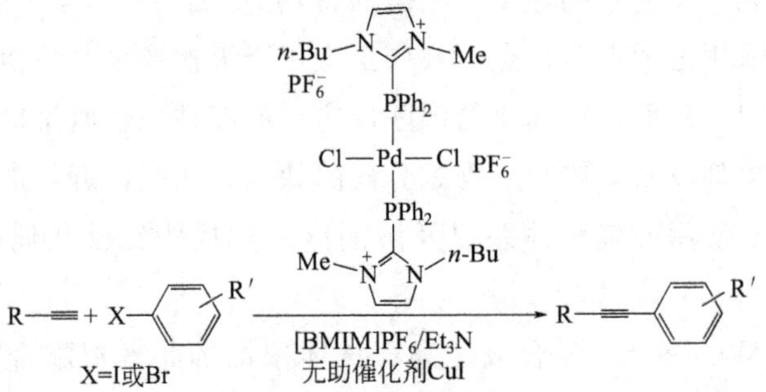

图 4-50 金属钯配合物功能化离子液体催化 Sonogashira 偶联反应

4.5.2 羰基化反应

Xia[202,203]等人将乙烯基修饰的咪唑基离子液体与二苯乙烯交联聚合，得到离子液体聚合物，利用咪唑环 C2 位形成卡宾结构与钯配位，从而将钯稳定在聚合物上得到催化剂 P(DVB-IL)-Pd。该催化剂实现了水相中催化氨基醇氧化羰基化反应和羰基化 Sonogashira 偶联反应，如图 4-51 所示。

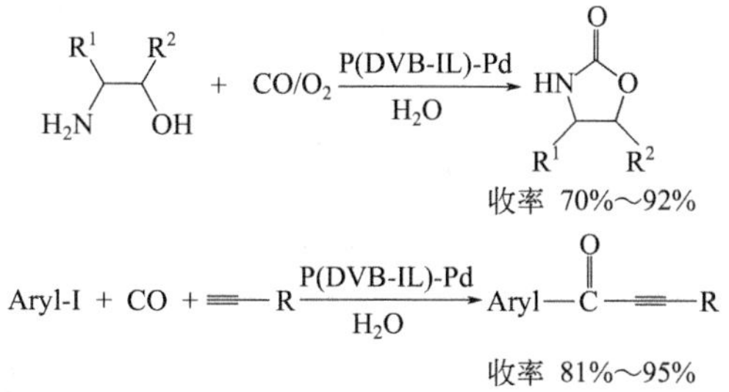

收率 70%~92%

收率 81%~95%

图 4-51 P(DVB-IL)-Pd 催化水相氨基醇氧化羰基化和羰基化 Sonogashira 偶联反应

该催化剂不仅解决了 2-氨基醇氧化羰基化反应中需要添加过量的含碘化合物，而且避免了碘代芳烃羰基化 Sonogashira 偶联反应中需要有毒的膦化合物。羰基化 Sonogashira 偶联反应中催化剂易分离回收，且循环使用 5 次活性仅略有下降。

膦配体在配位化学和均相催化领域具有举足轻重的地位，Liu 课题组[204]将膦配体通过化学键嫁接到离子液体中，构建了一系列膦配体功能化离子液体，并称之为离子型膦配体。作者研究了图 4-52 所示的"膦配体-季鏻鎓"共存的离子型配体作为双功能配体在 Pd 催化羰基化 Sonogashira 偶联反应中的应用。研究表明，配体中季鏻鎓通过具有 Lewis 酸性的 P(V)$^+$ 与 CO 中氧原子成键实现了 CO 的活化，并使形成的膦-酰中间体得以稳定。配体中的膦配体片段则主要与金属 Pd 中心配位。

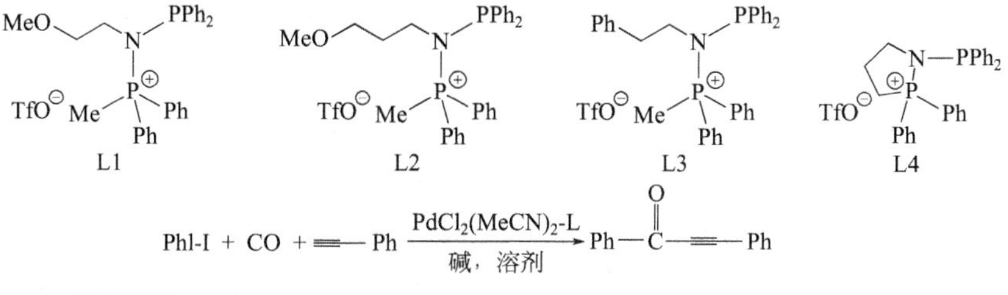

图 4-52 双功能离子型 Pd 配合物催化羰基化 Sonogashira 偶联反应

最近，Xia 课题组[205]通过自由基聚合的方式合成了两种双咪唑鎓盐离子液体聚合物，并以 Na_2PdCl_4 为钯源相应制备了两种离子液体聚合物负载 Pd 纳米粒子催化材料，用于催化 Suzuki 羰基化偶联反应（图 4-53）。研究结果显示，氨基的引入为 Pd 纳米颗粒提供了稳定基团，Pd 纳米颗粒的分散需要足够的离子液体单元提供适宜的微环境。该类催化剂在 Suzuki 羰基化偶联反应中展现出较好的活性和底物适应性，而且催化剂具有较好的稳定性，连续使用 5 次后活性没有明显降低。作者通过热过滤和汞中毒实验证明，活性 Pd 物种在反应过程中浸出到溶液中，反应完成后重新被捕获到聚合物上。

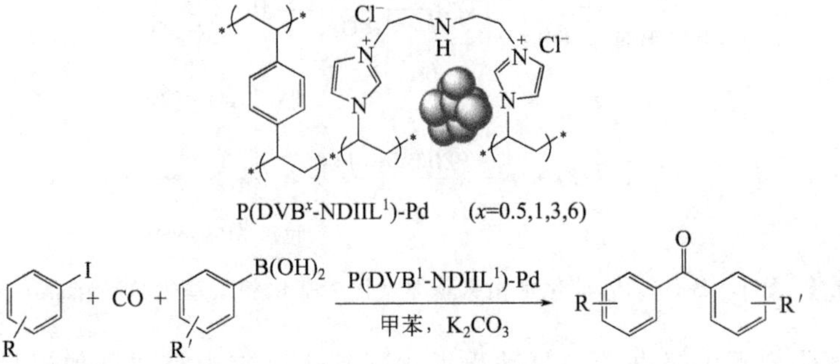

图 4-53　P（DVB^1-NDIIL^1）-Pd 催化 Suzuki 羰基化偶联反应

4.5.3　Click 反应

1,2,3-三唑化合物是重要的五元 N-杂环化合物，近年来被广泛应用于工业生产、药物研发、材料科学等多个领域，因此 1,2,3-三唑的合成受到越来越多的关注。Cu(Ⅰ) 催化的端基炔和叠氮化合物的 1,3-偶极环加成反应是合成 1,2,3-三唑化合物最有效和应用最广泛的方法，美国化学家 Sharpless 根据 Cu 催化的环加成反应的简单、高效和通用的特性提出了"Click"反应的概念。Xia 研究组[206]利用炔-炔偶联能原位形成 Cu(Ⅰ) 的特点，合成了两种离子液体聚合物负载型 Cu 催化剂，可以实现水相中卤代烷烃、端基炔烃和叠氮化钠的一锅法 Click 反应，是一种简单高效合成 1,4-二取代-1,2,3-三唑的方法。

该催化剂体系对于卤代苄参与的反应都能得到 90% 以上的三唑产物收率，负载催化剂表现出较好的催化活性和稳定性，重复使用 5 次后产物的收率仍能达到 95%。他们通过 XPS、NMR、IR 和 ESI-MS 等谱学表征的结果，认为负载型催化剂中的 Cu(Ⅱ) 在反应过程中经过炔-炔偶联的过程被还原成活性 Cu(Ⅰ)，Cu(Ⅰ) 与炔配位形成炔-铜中间态，并利用红外光谱进行了验证；H NMR 表征表明水在反应体系中起到提供质子的作用（图 4-54）。

最近十几年，氮杂环卡宾及其金属配合物在催化中的应用异常活跃，并且在均相催化这一重要学科中取得了令人难以想象的成功。Xia 等人[207]将离子液体季铵盐基团作为"离子标签"引入咪唑类氮杂环卡宾骨架，实现了对配体溶解性的调节，发展了一种可回收型离子液体功能化氮杂环卡宾金属配合物催化水相三组分 Click 反应新体系（图 4-55）。该催化剂重复使用 4 次，三唑产物收率仍能达到 84%。

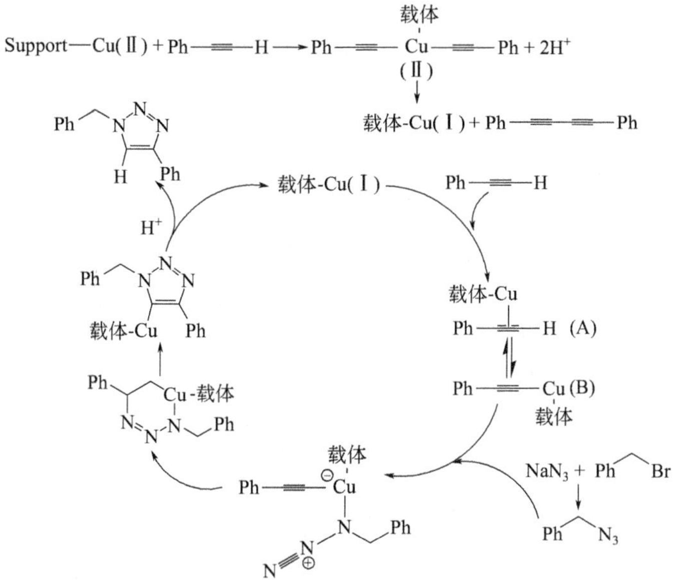

图 4-54 离子液体聚合物负载型 Cu 催化剂催化 Click 反应机理

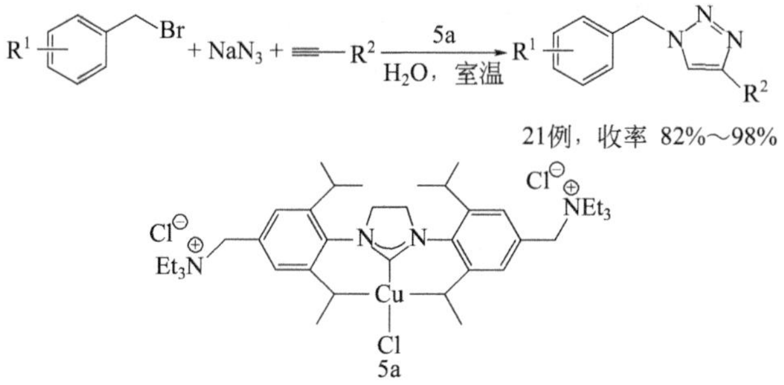

21例，收率 82%~98%

图 4-55 水相三组分 Click 反应

4.6 手性配体功能化离子液体催化不对称氢化反应

在不对称合成中，手性配体或含金属的手性配合物催化剂是必不可少的，例如手性膦配体被广泛应用于过渡金属催化的不对称氢化反应。自离子液体研究兴起之后，在离子液体中进行不对称合成获得了很大进展[208]，手性离子液体也因此而诞生。

作者以廉价易得的 D-甘露醇为原料，把具有高手性诱导能力的配体骨架引入离子液体的结构中，制备了系列离子型手性膦配体（图 4-56）[209]。与非离子型的手性膦配体相比，离子型手性膦配体的极性明显增大，且在空气中有一定程度的稳定性。它们不溶于甲苯、正己烷、乙醚、乙酸乙酯，而溶于二氯甲烷、四氢呋喃、离子液体等溶剂，这与常见离子液体的溶解性很相似。

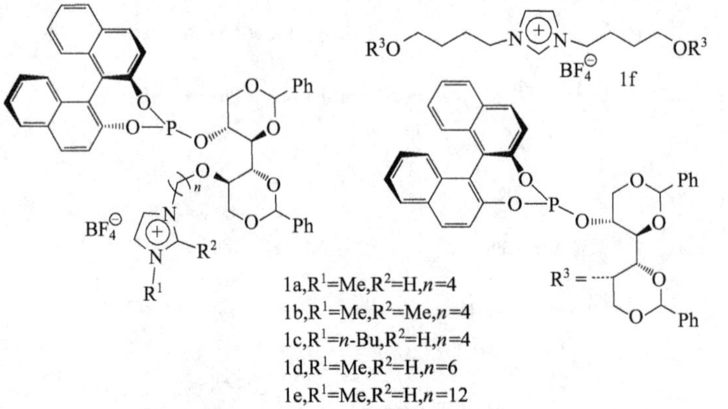
1a,R1=Me,R2=H,n=4
1b,R1=Me,R2=Me,n=4
1c,R1=n-Bu,R2=H,n=4
1d,R1=Me,R2=H,n=6
1e,R1=Me,R2=H,n=12
1f

图 4-56 离子型手性膦配体 1a～1f

这些手性亚磷酸酯功能化离子液体在二氯甲烷中对烯酰胺和 α-脱氢氨基酸酯的不对称氢化反应均显示了高活性与高对映选择性，大多数底物可以定量转化并获得 99％的对映异构选择性。各种手性亚磷酸酯功能化离子液体配体在离子液体/甲苯体系中催化烯酰胺的不对称氢化反应表现出不同的循环使用能力（图 4-57）。只有当离子性基团与离子液体的结构相似，且与配体骨架之间碳链长度相适宜时，才能获得最好的循环使用结果，在第 10 次循环时仍能保持 95％的转化率和 97％的对映异构选择性。

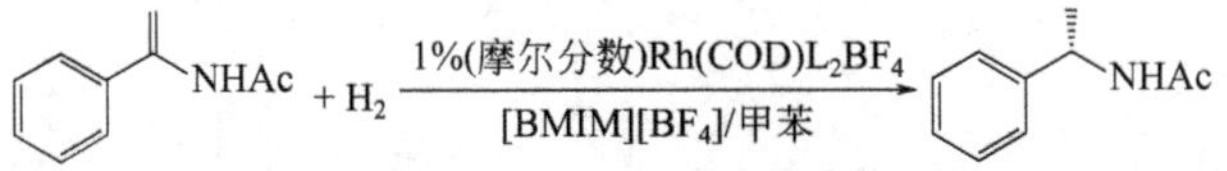
NHAc
+ H2
1%(摩尔分数)Rh(COD)L2BF4
[BMIM][BF4]/甲苯
NHAc

反应序号	L=1a		L=1b		L=1c		L=1d		L=1e		L=1f	
	转化率/%	ee/%	转化率/%	ee/%	转化率/%	ee/%	转化率/%	ee/%	转化率/%	ee/%	转化率/%	ee/%
1	100	>99	100	98	100	>99	100	>99	100	95	100	98
2	100	98	100	97	100	>99	100	99	100	93	100	97
3	100	97	96	94	89	99	100	99	100	91	84	95
4	100	97	95	93	63	98	100	98	100	92	67	90
5	100	96	92	91	46	97	100	98	98	87	57	88
6	99	96	82	90	37	95	99	97	94	85	46	83
7	94	93	77	89	28	94	97	97	90	83	39	81

图 4-57 六种离子型手性膦配体的循环使用能力

参 考 文 献

[1] Jaeger D A, Tucker C E. Diels-Alder reactions in ethylammonium nitdrate, a low-melting fused salt. Tetrahedron Lett, 1989, 30: 1785-1788.

[2] Li Z, Xia C G. Epoxidation of olefins catalyzed by manganese(Ⅲ) porphyrin in a room temperature ionic liquid. Tetrahedron Lett, 2003, 44: 2069-2071.

[3] Li Z, Xia C G, Xu C Z. Oxidaton of alkanes catalyzed by manganese(Ⅲ) porphyrin in an ionic liquid at room temperature. Tetrahedron Lett, 2003, 44: 9229-9232.

[4] Earle M J, Seddon K R, Adams C J, Roberts G. Friedel-Crafts reaction in room temperature ionic liquids. Chem Commun, 1998, 19: 2097-2098.

[5] Yuan X H, Chen M, Dai Q X, Cheng X N. Friedel-Crafts acylation of anthracene with oxalyl chloride catalyzed by ionic liquid of [BMIM]Cl/AlCl$_3$. Chem Eng J, 2009, 146: 266-269.

[6] Deng Y, Shi F, Beng J, Qiao K. Ionic liquid as a green catalytic reaction medium for esterifications. J Mol Catal A: Chem, 2001, 165(1-2): 33-36.

[7] Zhu H P, Yang F, Tang J, He M Y. Brϕnsted acidic ionic liquid 1-methylimidazolium tetrafluoroborate: A green catalyst and recyclable medium for esterification. Green Chem, 2003, 5: 38-39.

[8] Imrie C, Elago E R T, McCleland C W, Williams N. Esterification reactions in ionic liquids. The efficient synthesis of ferrocenyl esters in the ionic liquids [BMIM][BF$_4$] and [BMIM][PF$_6$]. Green Chem, 2002, 4(2): 159-160.

[9] Duan Z Y, Gu Y L, Deng Y Q. Neutral ionic liquid [BMIM]BF$_4$ promoted highly selective esterification of tertiary alcohols by acetic anhydride. J Mol Catal A: Chem, 2006, 246: 70-75.

[10] Freire M G, Neves C M S S, Marrucho I M, Coutinho J A P, Fernandes A M. Hydrolysis of tetrafluoroborate and hexafluorophosphate counter ions in imidazolium-based ionic liquids. J Phys Chem A, 2010, 114: 3744-3749.

[11] Tseng M C, Liang Y M, Chu Y H. Synthesis of fused tetrahydro-b-carbolinequinoxalinones in 1-n-butyl-2,3-dimethylimidazolium bis(trifluoromethylsulfonyl)imide ([BDMIM][Tf$_2$N]) and 1-n-butyl-2,3-dimethylimidazolium perfluorobutylsulfonate ([BDMIM][PFBuSO$_3$]) ionic liquids. Tetrahedron Lett, 2005, 46: 6131-6136.

[12] Swatloski R P, Holbrey J D, Rogers R D. Ionic liquids are not always green: Hydrolysis of 1-butyl-3-methylimidazolium hexafluorophosphate. Green Chem, 2003, 5: 361-363.

[13] Fernandez-Galan R, Manzano B R, Otero A, Lanfranchi M, Pellinghelli M A. ^{19}F and ^{31}P NMR evidence for silver hexafluorophosphate hydrolysis in solution. New palladium difluorophosphate complexes and X-ray structure determination of [Pd(η^3-2-Me-C$_3$H$_4$)(PO$_2$F$_2$)(PCy$_3$)]. Inorg Chem, 1994, 33: 2309-2312.

[14] Archer D G, Widegren J A, Kirklin D R, Magee J W. Enthalpy of solution of 1-octyl-3-methylimidazolium tetrafluoroborate in water and in aqueous sodium fluoride. J Chem Eng Data, 2005, 50: 1484-1491.

[15] Cole A C, Jensen J L, Ntai I, Tran K L T, Weave K J, Forbes D C, Davis J H Jr. Novel Brϕnsted acidic ionic liquids and their use as dual solvent-catalysts. J Am Chem Soc, 2002, 124: 5962-5963.

[16] Potdar M K, Mohile S S, Salunkhe M M. Coumarin syntheses via Pechmann condensation in Lewis acidic chloroaluminate ionic liquid. Tetrahedron Lett, 2001, 42: 9285-9287.

[17] Harjani J R, Nara S J, Salunkhe M M. Lewis acidic ionic liquids for the synthesis of electrophilic alkenes via the Knoevenagel condensation. Tetrahedron Lett, 2002, 43: 1127-1130.

[18] Stenzel O, Brüll R, Wahner U M, Sanderson R D, Raubenheimer H G. Oligomerization of olefins in a chloroaluminate ionic liquid. J Mol Catal A: Chem, 2003, 192: 217-222.

[19] He L, Tao G H, Liu W S, Xiong W, Wang T, Kou Y. One-pot synthesis of Lewis acidic ionic liquids for Friedel-Crafts alkylation. Chin Chem Lett, 2006, 17: 321-324.

[20] Larock R C. Comprehensive Organic Transformations. 2nd ed. New York: Wiley VCH, 1999.

[21] Xing H B, Wang T, Zhou Z H, Dai Y Y. Novel Brϕnsted-acidic ionic liquids for esterifications. Ind Eng Chem Res, 2005, 44: 4147-4150.

[22] Gui J Z, Cong X H, Liu D, Zhang X T, Hu Z D, Sun Z L. Novel Brϕnsted acidic ionic liquid as efficient and reusable catalyst system for esterification. Catal Commun, 2004, 5: 473-477.

[23] Gu Y L, Shi F, Deng Y Q. Esterification of aliphatic acids with olefin promoted by Brϕnsted acidic ionic liquids. J Mol Catal A: Chem, 2004, 212: 71-75.

[24] Fraga-Dubreuil J, Bourahla K, Rahmouni M, Bazureau J P, Hamelin J. Catalysed esterifications in room temperature ionic liquids with acidic counteranion as recyclable reaction media. Catal Commun, 2002, 3: 185-190.

[25] Duan Z Y, Gu Y L, Zhang J, Zhu L Y, Deng Y Q. Protic pyridinium ionic liquids: Synthesis, acidity determination and their performances for acid catalysis. J Mol Catal A, Chem, 2006, 250: 163-168.

[26] Ganeshpure P A, George G, Das J. Application of triethylammonium salts as ionic liquid catalyst and medium for fisther esterification. Arkivoc, 2007, 273-278.

[27] Wang Y Y, Li W, Xu C D, Dai L Y. Preparation and characterization of a novel benzimidazolium Brϕnsted acid ionic liquid and its application in the synthesis of arylic esters. Chin J Chem, 2007, 25: 68-71.

[28] Li X, Eli W. A green approach for the synthesis of long chain aliphatic acid esters at room temperature. J Mol Catal A: Chem, 2008, 279: 159-164.

[29] Leng Y, Wang J, Zhu D, Ren X, Ge H, Shen L. Heteropolyanion-based ionic liquids: Reaction-induced self-separation catalysts for esterification. Angew Chem Int Ed, 2009, 48: 168-171.

[30] Xing H, Wang T, Zhou Z, Dai Y. The Sulfonic acid-functionalized ionic liquids with pyridinium cations: Acidities and their acidity-catalytic activity relationships. J Mol Catal A: Chem, 2007, 264: 53-59.

[31] Ganeshpure P A, George G, Das J. Brϕnsted acidic ionic liquids derived from alkylamines as catalysts and mediums for fisther esterification: Study of structure-activity relationship. J Mol Catal A: Chem, 2008, 279: 182-186.

[32] Wells T P, Hallett J P, Williams C K, Welton T. Esterification in ionic liquids: The influence of solvent basicity. J Org Chem, 2008, 73: 5585-5588.

[33] Zhao Y W, Long J X, Deng F G, Liu X F, Li Z, Xia C G, Peng J J. Catalytic amounts of Brønsted acidic ionic liquids promoted esterification: Study of acidity-activity relationship. Catal Commu, 2009, 10: 732-736.

[34] Abdol R H, Fatemeh R. Acidic Brønsted ionic liquids. Org Prep Proced Int, 2010, 42: 285-362.

[35] Liu X F, Zhao Y W, Li Z, Chen J, Xia C G. Pyrrolidine-based dicationic acidic ionic liquids: Efficient and recyclable catalysts for esterifications. Chin J Chem, 2010, 28: 2003-2008.

[36] Liu J M, Li Z, Chen J, Xia C G. Synthesis, properties and catalysis of novel methyl- or ethyl-sulfate-anion-based acidic ionic liquids. Catal Commun, 2009, 10: 799-802.

[37] Zhao Y W, Li Z, Xia C G. Alkyl sulfonate functionalized ionic liquids: Synthesis, properties, and their application in esterification. Chin J Catal, 2011, 32: 440-445.

[38] Gui J Z, Liu D, Chen X M, Zhang X T, Song L J, Sun Z L. Cyclotrimerization of an aliphatic aldehyde catalyzed by acidic ionic liquid. React Kinet Catal Lett, 2007, 90(1): 35-43.

[39] Song H Y, Chen J, Xia C G, Li Z. Novel acidic ionic liquids as efficient and recyclable catalysts for the cyclotrimerization of aldehydes. Synth Commun, 2012, 42(2): 266-273.

[40] Wu L, Li Z, Wang F, Lei M, Chen J. Kinetics and quantum chemical study for cyclotrimerization of propanal catalyzed by Brønsted acidic ionic liquids. J Mol Catal A: Chem, 2013, 379: 86-93.

[41] Jiang F, Zhu Q, Ma D, Liu X, Han X. Direct conversion and NMR observation of cellulose to glucose and 5-hydroxymethylfurfural (HMF) catalyzed by the acidic ionic liquids. J Mol Catal A: Chem, 2011, 334(1): 8-12.

[42] 乔焜, 邓友全. 氯铝酸室温离子液体中的缩醛和缩酮反应. 化学学报, 2002, 60: 528-531.

[43] Wu H H, Yang F, Cui P, Tang J, He M Y. An efficient procedure for protection of carbonyls in Brønsted acidic ionic liquid [HMIM]BF$_4$. Tetrahedron Lett, 2004, 45: 4963-4965.

[44] Li D M, Shi F, Peng J J, Guo S, Deng Y Q. Application of functional ionic liquids possessing two adjacent acid sites for acetalization of aldehydes. J Org Chem, 2004, 69: 3582-3585.

[45] 龙金星, 赵应伟, 刘建华, 李臻, 陈静. 功能化离子液体在缩醛(酮)反应中催化性能的研究. 分子催化, 2008, 22: 199-204.

[46] 陈静, 李臻, 夏春谷, 龙金星. 一种甘油与甲醛反应合成甘油缩甲醛的方法. CN 101747311B. 2013.

[47] 陈静, 唐中华, 夏春谷, 张新志, 李臻. 聚甲氧基甲缩醛的制备方法. CN 101182367A. 2008.

[48] Xia C G, Song H Y, Chen J, Jin F X, Kang M R. System and method for continuously producing polyosymethylene dimethyl ethers. AU 2012268914B2. 2014.

[49] Chen J, Song H Y, Xia C G, Kang M R, Jin R. H. System and method for continuously producing polyoxymethylene dialkyl ethers. AU 2012268915B1. 2014.

[50] Chen J, Song H Y, Xia C G, Kang M R, Jin R H. System and method for continuously producing polyoxymethylene dialkyl ethers. US 9067188B2. 2015.

[51] 陈静, 宋河远, 夏春谷, 张新志, 唐中华. 离子液体催化合成聚甲氧基甲缩醛的方法. CN 101665414B. 2012.

[52] Chen J, Song H Y, Xia C G, Li Z. Method for synthesizing polyoxymethylene dimethyl ethers catalyzed by an ionic liquid. US 8816131B2. 2014.

[53] Wang F, Zhu G L, Li Z, Zhao F, Xia C G, Chen J. Mechanistic study for the formation of polyoxymethylene dimethyl ethers promoted by sulfonic acid-functionalized ionic liquids. J Mol Catal A: Chem, 2015, 408: 228-236.

[54] 方凯, 林国强. Prins 成环反应研究最新进展. 上海师范大学学报, 2004, 33: 1-14.

[55] Yadav J S, Reddy B V S, Bhaishya G. $InBr_3$-[BMIM]PF_6: A novel and recyclable catalytic system for the synthesis of 1,3-dioxane derivatives. Green Chem, 2003, 5(2): 264-266.

[56] Wang W J, Shao L L, Cheng W P, Yang J G, He M Y. Brϕnsted acidic ionic liquids as novel catalysts for Prins reaction. Catal Commun, 2008, 9(3): 337-341.

[57] Fang D, Jiao C M, Zhang H B, Ji B H. Synthesis of dioxanes via Prins reaction catalyzed by acyclic acidic ionic liquids. J Ind Eng Chem, 2010, 16(2): 233-237.

[58] 宋河远, 唐中华, 陈静. 功能化酸性离子液体催化甲醛与烯烃的 Prins 缩合反应. 分子催化, 2008, 22(5): 403-407.

[59] 雷敏, 赵应伟, 吴丽, 夏春谷. 酸功能化离子液体催化三聚甲醛与烯烃的 Prins 反应. 分子催化, 2013, 27(2): 107-114.

[60] Peng J J, Deng Y Q. Catalytic Beckmann rearrangement of ketoximes in ionic liquids. Tetrahedron Lett, 2001, 42(3): 403-405.

[61] Ren R X, Zueva L D, Ou W. Formation of ε-caprolactam via catalytic Beckmann rearrangement using P_2O_5 in ionic liquids. Tetrahedron Lett, 2001, 42(48): 8441-8443.

[62] Gui J Z, Deng Y Q, Hu Z D, Sun Z L. A novel task-specific ionic liquid for Beckmann rearrangement: A simple and effective way for product separation. Tetrahedron Lett, 2004, 45: 2681-2683.

[63] Du Z Y, Li Z P, Gu Y L, Zhang J, Deng Y Q. FTIR study on deactivation of sulfonyl chloride functionalized ionic materials as dual catalysts and media for Beckmann rearrangement of cyclohexanone oxime. J Mol Catal A: Chem, 2005, 237: 80-85.

[64] Lee J K, Kim D C, Song C E, Lee S. Thermal behaviors of ionic liquids under microwave irradiation and their application on microwave-assisted catalytic Beckmann rearrangement of ketoximes. Synth Commun, 2003, 33(13): 2301-2307.

[65] Blasco T, Corma A, Iborra S, Lezcano-González I, Montón R. In situ multinuclear solid-state NMR spectroscopy study of Beckmann rearrangement of cyclododecanone oxime in ionic liquids: The nature of catalytic sites. J Catal, 2010, 275: 78-83.

[66] Guo S, Du Z Y, Zhang S G, Li D M, Li Z P, Deng Y Q. Clean Beckmann rearrangement of cyclohexanone oxime in caprolactambased Brϕnsted acidic ionic liquids. Green Chem, 2006, 8: 296-300.

[67] Liu X F, Xiao L F, Wu H, Li Z, Chen J, Xia C G. Novel acidic ionic liquids mediated zinc chloride: Highly effective catalysts for the Beckmann rearrangement. Catal Commun, 2009, 10: 424-427.

[68] Liu X F, Xiao L F, Wu H, Chen J, Xia C G. Synthesis of novel gemini dicationic acidic ionic liquids and their catalytic performances in the Beckmann rearrangement. Helv Chim Acta, 2009, 92: 1014-1021.

[69] Kore R, Srivastava R. A simple, eco-friendly, and recyclable bi-functional acidic ionic liquid catalysts

[70] Sakthivel A, Badamali S K, Selvam P. Para-selective t-butylation of phenol over mesoporous H-AlMCM-41. Microporous Mesoporous Mater, 2000, 39 (3): 457-463.

[71] Krishnan A V, Ojha K, Pradhan N C. Alkylation of phenol with tertiary butyl alcohol over zeolite. Org Process Res Dev, 2002, 6 (2): 132-137.

[72] Zhang K, Zhang H B, Xu G H, Xiang S H, Xu D, Liu S Y, Li H X. Alkylation of phenol with tert-butyl alcohol catalyzed by large pore zeolites. Appl Catal A: Gen, 2001, 207 (1-2): 183-190.

[73] Benjaram M R, Meghshyam K P, Gunugunuri K R, Reddy B T, Komateedi N R. Selective tert-butylation of phenol over molybdate- and tungstate-promoted zirconia catalysts. App Catal A: Gen, 2007, 332: 183-191.

[74] Vinu A, Devassy B M, Halligudi S B, Böhlmann W, Hartmann M. Highly active and selective AlSBA-15 catalysts for the vapor phase tert-butylation of phenol. Appl Catal A: Gen, 2005, 281: 207-213.

[75] Chang C D, Hellring S D. Para-selective butylation of phenol over fairly large-pore zeolites. US 5288927. 1994.

[76] Chandra K G, Sharma M M. Alkylation of phenol with MTBE and other tert-butyl ethers: Cation exchange resins as catalysts. Catal Lett, 1993, 19(4): 309-317.

[77] Shen H Y, Judeh Z M A, Ching C B. Selective alkylation of phenol with tert-butyl alcohol catalyzed by [BMIM]PF. Tetrahedron Lett, 2003, 44(5): 981-983.

[78] Gui J Z, Ban H Y, Cong X H, Zhang X T, Hu Z D, Sun Z L. Selective alkylation of phenol with tert-butyl alcohol catalyzed by Brønsted acidic imidazolium salts. J Mol Catal A: Chem, 2005, 225: 27-31.

[79] 丛晓辉, 桂建舟, 陈晓梅, 张晓彤, 孙兆林. SO_3H-离子液体催化苯酚和叔丁醇选择性烷基化反应. 石油化工高等学校学报, 2005, 18 (2): 1-6.

[80] 刘晓飞, 陈静, 夏春谷. 吗啉基功能化酸性离子液体催化苯酚-叔丁醇选择性烷基化反应. 分子催化, 2008, 22(5): 392-397.

[81] 刘建华, 陈静, 孙伟, 夏春谷. 若干羰基化反应研究新进展. 催化学报, 2010, 31(1): 1-11.

[82] Song H Y, Li Z, Chen J, Xia C G. Brønsted acidic ionic liquids as efficient and recyclable catalysts for the carbonylation of formaldehyde. Catal Lett, 2012, 142: 81-86.

[83] Song H Y, Jin R H, Kang M R, Chen J. Progress in synthesis of ethylene glycol through C1 chemical industry routes. Chin J Catal, 2013, 34: 1035-1050.

[84] Stark A. Ionic liquid structure-induced effects on organic reactions. Top Curr Chem, 2009, 290: 41-81.

[85] Song H Y, Jing F X, Jin R H, Li Z, Chen J. Novel functional ionic liquids as metal-free, efficient and recyclable catalysts for the carbonylation of formaldehyde. Catal Lett, 2014, 144: 711-716.

[86] Yang L, Xu L W, Xia C G. Highly efficient and reusable ionic liquids for the catalyzed hydroamination of alkenes with sulfonamides, carbamates, and carboxamides. Synthesis, 2009, 12: 1969-1974.

[87] Lee V J. Comprehensive Organic Synthesis. Pergamon: Oxford, 1991.

[88] Perlmutter P. Conjugate Addition Reactions in Organic Synthesis. Pergamon Press: Oxford, 1992.

[89] Csaky A G, Herran G, Murcia M C. Conjugate addition reactions of carbon nucleophiles to electron-deficient dienes. Chem Soc Rev, 2010, 39(11): 4080-4102.

[90] 胡跃飞, 林国强. 现代有机反应: 碳-碳键的生成反应. 北京: 化学工业出版社, 2008.

[91] Comelles J, Moreno-Mañas M, Vallribera A. Michael additions catalyzed by transition metals and lanthanide species. Arkivoc, 2005, 207-238.

[92] Guo H C, Ma J A. Catalytic asymmetric tandem transformations triggered by conjugate additions. Angew Chem Int Ed, 2006, 45(3): 354-366.

[93] Castaner G. Atorvastatin calcium hypolipidemic HMG-CoA reductase inhibitor. Drugs Future, 1997, 956-968.

[94] Avendano C, Carlos M J. Chemistry of pyrazino [2,1-b] quinazoline-3,6-diones. Curr Org Chem, 2003, 7(2): 149-173.

[95] Verkade J. Very Strong Non-ionic Bases Useful in Organic Synthesis. New York: Springer, 2003.

[96] Veldurthy B, Clacens J M, Figueras F. Magnesium-Lanthanum mixed metal oxide: A strong solid base for the Michael addition reaction. Adv Synth Catal, 2005, 347(6): 767-771.

[97] Mečiarová M, Cigáň M, Toma Š, Gáplovský A. Kinetic study of Michael addition catalyzed by n-methylimidazole in ionic liquids: Residual N-methylimidazole in ionic liquids as a strong base. Eur J Org Chem, 2008, 4408-4411.

[98] Schmidt R R, Vankar Y D. 2-Nitroglycals as powerful glycosyl donors: Application in the synthesis of biologically important molecules. Acc Chem Res, 2008, 41(8): 1059-1073.

[99] Bates R W, Song P. Tetrahydropyran synthesis by intramolecular conjugate addition to enones: Synthesis of the clavosolide tetrahydropyran ring. Synthesis, 2010, 2935.

[100] Srivastava N, Banik B K. Bismuth nitrate-catalyzed versatile Michael reactions. J Org Chem, 2003, 68(6): 2109-2114.

[101] Wabnitz T C, Spencer J B. A general, Brønsted acid-catalyzed hetero-Michael addition of nitrogen, oxygen, and sulfur nucleophiles. Org Lett, 2003, 5(12): 2141-2144.

[102] Gaunt M J, Spencer J B. Derailing the wacker oxidation: Development of a palladium-catalyzed amidation reaction. Org Lett, 2000, 3(1): 25-28.

[103] Wabnitz T C, Yu J Q, Spencer J B. Evidence that protons can be the active catalysts in Lewis acid mediated hetero-Michael addition reactions. Chem Eur J, 2004, 10(2): 484-493.

[104] Stewart I C, Bergman R G, Toste F D. Phosphine-catalyzed hydration and hydroalkoxylation of activated olefins: Use of a strong nucleophile to generate a strong base. J Am Chem Soc, 2003, 125 (29): 8696-8697.

[105] Xu L W, Xia C G. Highly Efficient phosphine-catalyzed aza-Michael reactions of α,β-unsaturated compounds with carbamates in the presence of TMSCl. Tetrahedron Lett, 2004, 45 (23): 4507-4510.

[106] Ménand M, Dalla V. TMAF-Catalyzed conjugate addition of oxazolidinone and thiols. Synlett,

2005, 95-98.

[107] Bernal P, Tamariz J. Synthesis of novel β-functionalized α-oximinoketones via hetero-Michael addition of alcohols and mercaptans to enones. Tetrahedron Lett, 2006, 47(17): 2905-2909.

[108] Hussain S, Bharadwaj S K, Chaudhuri M K, et al. Borax as an efficient metal-free catalyst for hetero-Michael reactions in an aqueous medium. Eur J Org Chem, 2007: 374-378.

[109] Lin Y D, Kao J Q, Chen C T. Catalytic conjugate additions of nitrogen-, phosphorus-, and carbon-containing nucleophiles by amphoteric vanadyl triflate. Org Lett, 2007, 9(25): 5195-5198.

[110] Wabnitz T C, Yu J Q, Spencer J B. A general, polymer-supported acid catalyzed hetero-Michael addition. Synlett, 2003, 1070-1072.

[111] Yang L, Xu L W, Xia C G. Highly efficient KF/Al_2O_3-catalyzed versatile hetero-Michael addition of nitrogen, oxygen, and sulfur nucleophiles to α,β-ethylenic compounds. Tetrahedron Lett, 2005, 46(19): 3279-3282.

[112] Reiter M, Turner H, Gouverneur V. Intramolecular hetero-Michael addition of β-hydroxyenones for the preparation of highly substituted tetrahydropyranones. Chem Eur J, 2006, 12(27): 7190-7203.

[113] Khatik G L, Sharma G, Kumar R, et al. Scope and limitations of $HClO_4$-SiO_2 as an extremely efficient, inexpensive, and reusable catalyst for chemoselective carbon-sulfur bond formation. Tetrahedron, 2007, 63(5): 1200-1210.

[114] Han F, Yang L, Li Z, Xia C G. Acidic-functionalized ionic liquid as an efficient, green and reusable catalyst for hetero-Michael addition of nitrogen, sulfur and oxygen nucleophiles to α,β-unsaturated ketones. Org Biomol Chem, 2012, 10: 346-354.

[115] Nuthakki B, Greaves T L, Krodkiewska I, Weerawardena A, Iko Burgar M, Mulder R J, Drummond C J. Protic ionic liquids and iconicity. Aust J Chem, 2007, 60: 21-28.

[116] Greaves T L, Drummond C J. Protic ionic liquids: Properties and applications. Chem Rev, 2008, 108: 206-237.

[117] Chiappe C, Rajamani S. Structural effects on the physico-chemical and catalytic properties of acidic ionic liquids: An overview. Eur J Org Chem, 2011, 5517-5539.

[118] Ricci A. Modern Amination Methods. Weinheim: Wiley-VCH, 2008.

[119] Kienle M, Reddy Dubbaka S, Brade K, Knochel P. Modern amination reactions. Eur J Org Chem, 2007, 4166-4176.

[120] Lawrence S. Amines: Synthesis, Properties and Applications. Cambridge: Cambridge University Press, 2004.

[121] Czarnik A W. Guest editorial. Acc Chem Res, 1996, 29(3): 112-113.

[122] Le Z G, Zhong T, Xie Z B, Lv X X, Cao X. Synthetic communications: An international journal for rapid communication of synthetic organic chemistry. Synth Commun, 2010, 40: 2525-2530.

[123] Zhu A L, Li L J, Wang J J, Zhuo K L. Direct nucleophilic substitution reaction of alcohols mediated by a zinc-based ionic liquid. Green Chem, 2011, 13(5): 1244-1250.

[124] Han F, Yang L, Li Z, Xia C G. Sulfonic acid-functionalized ionic liquids as metal-free, efficient and

reusable catalysts for direct amination of alcohols. Adv Synth Catal, 2012, 354: 1052-1060.

[125] Bates R. Organic Synthesis Using Transition Metals. Qxford: Wiley-Blackwell, 2000.

[126] Corey E J, Cheng X M. The Logic of Chemical Synthesis. New York: Wiley, 1989.

[127] Trost B M. The atom economy: A search for synthetic efficiency. Science, 1991, 254(5037): 1471-1477.

[128] Trost B M. On inventing reactions for atom economy. Acc Chem Res, 2002, 35(9): 695-705.

[129] Yue H L, Wei W, Li M M, et al. sp^3-sp^2 C—C bond formation via Brφnsted acid trifluoromethanesulfonic acid-catalyzed direct coupling reaction of alcohols and alkenes. Adv Synth Catal, 2011, 353(17): 3139-3145.

[130] Han F, Yang L, Li Z, Zhao Y W, Xia C G. Metal-free and recyclable route to synthesize polysubstituted olefins via C—C bond construction from direct dehydrative coupling of alcohols or alkenes with alcohols catalyzed by sulfonic acid-functionalized ionic liquids. Adv Synth Catal, 2014, 356: 2506-2516.

[131] Taheri A, Liu C H, Lai B B, Cheng C, Pan X J, Gu Y L. Brφnsted acid ionic liquid catalyzed facile synthesis of 3-vinylindoles through direct C3 alkenylation of indoles with simple ketones. Green Chem, 2014, 16: 3715-3719.

[132] Taheri A, Lai B B, Cheng C, Gu Y L. Brφnsted acid ionic liquid-catalyzed reductive Friedel-Crafts alkylation of indoles and cyclic ketones without using an external reductant. Green Chem, 2015, 17: 812-816.

[133] 宋昊, 胡霄雪, 刘佳梅, 夏春谷. 功能化离子液体催化对苯二甲酸二甲酯与乙二醇的聚合反应. 分子催化, 2008, 22(5): 398-402.

[134] 徐国荣, 刘建华, 宋大勇, 陈静, 夏春谷. 磺酸功能化离子液体催化3-羟基丙酸甲酯酯交换聚合反应. 分子催化, 2012, 26(4): 293-299.

[135] Haworth W N, Jones W G M. The conversion of sucrose into furan compounds. Part Ⅰ. 5-Hydroxymethylfurfuraldehyde and some derivatives. J Chem Soc, 1944, 667-670.

[136] Kuster B F M, Temmink H M G. The influence of pH and weak-acid anions on the dehydration of D-fructose. Carbohydr Res, 1977, 54: 185-191.

[137] Mcneff C V, Nowlan D T, Mcneff L C, Yan B, Fedie R. L. Continuous production of 5-hydroxymethylfurfural from simple and complex carbohydrates. Appl Catal A: General, 2010, 384(1-2): 65-69.

[138] Moreau C, Finiels A, Vanoye L. Dehydration of fructose and sucrose into 5-hydroxymethylfurfural in the presence of 1-H-3-methyl imidazolium chloride acting bothas solvent and catalyst. J Mol Catal A: Chem, 2006, 253: 165-169.

[139] Zhang Y, Pidko E A, Hensen E J M. Molecular aspects of glucose dehydration by chromium chlorides in ionic liquids. Chem Eur J, 2011, 17: 5281-5288.

[140] Tao F R, Song H L, Chou L J. Dehydration of fructose into 5-hydroxymethylfurfural in acidic ionic liquids. RSC Adv, 2011, 1: 672-676.

[141] Tao F R, Song H L, Chou L J. Efficient process for the conversion of xylose to furfural with acidic

ionic liquid. Can J Chem, 2011, 89: 83-87.

[142] Bodin A, Bharadwaj S, Wu S, Gatenholm P, Atala A, Zhang Y. Tissue-engineered conduit using urine-derived stem cells seeded bacterial cellulose polymer in urinary reconstruction and diversion. Biomaterials, 2010, 31(34): 8889-8901.

[143] Xing R, Subrahmanyam A V, Olcay H, Qi W, Walsum G P, Pendse H, Huber G W. Production of jet and diesel fuel range alkanes from waste hemicellulose-derived aqueous solutions. Green Chem, 2010, 12: 1933-1946.

[144] Xu W, Wang H, Liu X, Ren J, Wang Y, Lu G. Direct catalytic conversion of furfural to 1,5-pentanediol by hydrogenolysis of the furan ring under mild conditions over $Pt/Co_2 AlO_4$ catalyst. Chem Commun, 2011, 47: 3924-3926.

[145] Buntara T, Noel S, Phua P H, Melián-Cabrera I, Vries J G, Heeres H J. Caprolactam from renewable resources: Catalytic conversion of 5-hydroxymethylfurfural into caprolactone. Angew Chem Int Ed, 2011, 50: 7083-7087.

[146] Zhao H, Holladay J E, Brown H, Zhang Z C. Metal chlorides in ionic liquid solvents convert sugars to 5-hydroxymethylfurfural. Science, 2007, 316: 1597-1599.

[147] Lee J W, Ha M G, Yi Y B, Chung C H. Chromium halides mediated production of hydroxymethylfurfural from starch-rich acorn biomass in an acidic ionic liquid. Carbohydrate Research, 2011, 346: 177-182.

[148] Hines C C, Cordes D B, Griffin S T, Watts S I, Cocalia V A, Rogers R D. Flexible coordination environments of lanthanide complexes grown from chloride-based ionic liquids. New J Chem, 2008, 32: 872-877.

[149] Tao F R, Song H L, Chou L J. Hydrolysis of cellulose by using catalytic amounts of $FeCl_2$ in ionic liquids. Chemsuschem, 2010, 3: 1298-1303.

[150] Tao F R, Song H L, Chou L J. Hydrolysis of cellulose in $SO_3 H$-functionalized ionic liquids. Bioresource Technology, 2011, 102: 9000-9006.

[151] Tao F R, Song H L, Chou L J. Catalytic conversion of cellulose to chemicals in ionic liquid. Carbohydrate Research, 2011, 346: 58-63.

[152] Tao F R, Song H L, Yang J, Chou L J. Catalytic hydrolysis of cellulose into furans in $MnCl_2$-ionic liquid system. Carbohydrate Polymers, 2011, 85: 363-368.

[153] Tao F R, Song H L, Chou L J. Efficient conversion of cellulose into furans catalyzed by metal ions in ionic liquids. J Mol Catal A: Chem, 2012, 357: 11-18.

[154] 李向召, 江琦. 固体酸催化剂研究进展. 天然气化工, 2005, 30(1): 42-48.

[155] 钟涛, 乐长高, 谢宗波, 曹霞, 吕雪霞. 碱性离子液体在有机合成中的应用研究进展. 有机化学, 2010, 30: 981-987.

[156] Pernak J, Goca I, Mirska I. Anti-microbial activities of protic ionic liquids with lactate anion. Green Chem, 2004, 6: 323-329.

[157] Bicak N. A new ionic liquid: 2-Hydroxy ethylammonium formate. J Mol Liq, 2005, 116: 15-18.

[158] Yoshizawa-Fujita M, Johansson K, Newman P, MacFarlane D R, Forsyth M. Novel Lewis-base

ionic liquids replacing typical anions. Tetrahedron Lett, 2006, 47: 2755-2758.

[159] MacFarlane D R, Forsyth S A, Golding J, Deacon G B. Ionic liquids based on imidazolium, ammonium, and pyrrolidinium salts of the dicyanamide ion. Green Chem, 2002, 4: 444-448.

[160] Forsyth S A, MacFarlane D R, Thomson R J, Itzstein M V. Rapid, clean, and mild O-acetylation of alcohols and carbohydrates in an ionic liquid. Chem Commun, 2002, 714-715.

[161] MacFarlane D R, Golding J, Forsyth S, Forsyth M, Deacon G B. Low viscosity ionic liquids based on organic salts of the dicyanamide anion. Chem Commun, 2001, 1430-1431.

[162] 陈学伟, 李雪辉, 宋红兵, 吕扬效, 王芙蓉, 胡艾希. 咪唑阴离子型碱性离子液体的合成及其催化 Knoevenagel 缩合反应. 催化学报, 2008, 29: 957-959.

[163] Bates E D, Mayton R D, Ntai I, James H, Davis J H. CO_2 capture by a task-specific ionic liquid. J Am Chem Soc, 2002, 124: 926-927.

[164] Song G, Cai Y, Peng Y. Amino-functionalized ionic liquid as a nucleophilic scavenger in solution phase combinatorial synthesis. J Comb Chem, 2005, 7: 561-566.

[165] Chen L, Li Y Q, Huang X J, Zheng W J. N,N-dimethylamino-functionalized basic ionic liquid catalyzed one-pot multicomponent reaction for the synthesis of $4H$-benzo[b]pyran derivatives under solvent-free condition. Heteroat Chem, 2009, 20: 91-94.

[166] Chen L, Huang X J, Li Y Q, Zhou M Y, Zheng W J. A one-pot multicomponent reaction for the synthesis of 2-amino-2-chromenes promoted by N,N-dimethylaminofunctionalized basic ionic liquid catalysis under solvent-free condition. Monatsh Chem, 2009, 140: 45-47.

[167] Ye C F, Xiao J C, Twamley B, LaLonde A D, Norton M G, Shreeve J M. Basic ionic liquids: Facile solvents for carbon-carbon bond formation reactions and ready access to palladium nanoparticles. Eur J Org Chem, 2007, 5095-5100.

[168] Yoshizawa-Fujita M, MacFarlane D R, Howlett P C, Forsyth M. A new Lewis-base ionic liquid comprising a mono-charged diamine structure: A highly stable electrolyte for lithium electrochemistry. Electrochem Commun, 2006, 8: 445-449.

[169] Yadav J S, Reddy B V S, Asak A K, Narsaiah A V. Aza-Michael reactions in ionic liquids. A facile synthesis of β-amino compounds. Chem Lett, 2003, 32: 988-989.

[170] Xu L W, Li J W, Shou S L, Xia C G. A green, ionic liquid and quaternary ammonium salt-catalyzed aza-Michael reaction of α,β-ethylenic compounds with amines in water. New J Chem, 2004, 28: 183-184.

[171] Ranu B C, Banerjes S. Ionic liquid as catalyst and reaction medium. The dramatic influence of a task-specific ionic liquid, [BMIM]OH, in Michael addition of active methylene compounds to conjugated ketones, carboxylic esters, and nitriles. Org Lett, 2005, 7: 3049-3052.

[172] Xu J M, Wu Q, Zhang Q Y, Zhang F, Lin X F. A basic ionic liquid as catalyst and reaction medium: A rapid and simple procedure for aza-Michael addition reacions. Eur J Org Chem, 2007, 1798-1802.

[173] 唐应彪, 李雪辉. 碱性离子液体催化丙二酸酯与 α,β-不饱和化合物的 Michael 加成反应. 广东化工, 2006, 12: 33-36.

[174] Yang L, Xu L W, Zhou W, Li L, Xia C G. Highly efficient aza-Michael reactionsof aromatic amines and N-heterocycles catalyzed by a basic ionic liquid under solvent-free conditions. Tetrahedron Lett, 2006, 47: 7723-7726.

[175] Bates E D, Mayton R D, Ntai I, James H, Davis J H. CO_2 capture by a task-specific ionic liquid. J Am Chem Soc, 2002, 124: 926-927.

[176] Hasib-ur-Rahman M, Siaj M, Larachi F. Ionic liquids for CO_2 capture-development and progress. Chem Eng Process, 2010, 49: 313-322.

[177] 陈松丛. 二氧化碳的间接利用:碳酸乙烯酯酯交换反应研究. 中国科学院兰州化学物理研究所: 硕士学位论文, 2010.

[178] Xiao L F, Yue Q F, Xia C G, Xu L W. Supported basic ionic liquid: Highly effective catalyst for the synthesis of 1,2-propylene glycol from hydrolysis of propylene carbonate. J Mol Catal A: Chem, 2008, 279(2): 230-234.

[179] Zhang Y, Zhao Y W, Xia C G. Basic ionic liquids supported on hydroxyapatite-encapsulated γ-Fe_2O_3 nanocrystallites: An efficient magnetic and recyclable heterogeneous catalyst for aqueous Knoevenagel condensation. J Mol Catal A: Chem, 2009, 306: 107-112.

[180] Zhang Y, Xia C G. Magnetic hydroxyapatite-encapsulated γ-Fe_2O_3 nanoparticles functionalized with basic ionic liquids for aqueous Knoevenagel condensation. Appl Catal A, General, 2009, 366: 141-147.

[181] Adam W, Saha-Moller C R, Ganeshpure P A. Synthetic applications of nonmetal catalysts for homogeneous oxidations. Chem Rev, 2001, 101(11): 3499-3548.

[182] Yan C Y, Huang Z W, Chen J. Basic ionic liquid supported on mesoporous SBA-15: An efficient heterogeneous catalyst for epoxidation of olefins with H_2O_2 as oxidant. Catal Commun, 2012, 24: 56-60.

[183] Shang J P, Li Z P, Su C N, Guo Y, Deng Y Q. Efficient synthesis of 2-oxazolidinones from epoxides and carbamates catalyzed by aminefunctionalized ionic liquids. RSC Adv, 2015, 5: 71765-71769.

[184] 刘建华, 陈静, 夏春谷. 羰基化反应新技术研究进展. 石油化工, 2010, 11: 1189-1197.

[185] Liu J H, Chen J, Xia C G. Methoxycarbonylation of propylene oxide: A new way to β-hydroxybutyrate. J Mol Catal A, 2006, 250: 232-236.

[186] Liu J H, Wu H, Xu L W, Chen J, Xia C G. A novel and highly effective catalytic system for alkoxycarbonylation of (S)-propylene oxide. J Mol Catal A, 2007, 269: 97-103.

[187] Deng F G, Hu B, Sun W, Chen J, Xia C G. Novel pyridinium based cobalt carbonyl ionic liquids: Synthesis, full characterization, crystal structure and application in catalysis. Dalton Trans, 2007, 4262-4267.

[188] Hudlicky M. Oxidations in Organic Chemistry. Washington DC: ACS, 1990.

[189] Wang S S, Zhang J, Zhou C L, Vo-Thanh G, Liu Y. An ionic compound containing Ru(Ⅲ)-complex cation and phosphotungstate anion as the efficient and recyclable catalyst for clean aerobic oxidation of alcohols. Catal Commun, 2012, 28: 152-154.

[190] 路瑞玲, 李臻, 陈静, 郎贤军. 杂多酸和离子液体催化环己烯的清洁氧化反应研究. 分子催化, 2007, 21: 268-271.

[191] Chhikara B S, Chandra R, Tandon V. Oxidation of alcohols with hydrogen peroxide catalyzed by a new imidazolium ion based phosphotungstate complex in ionic liquid. J Catal, 2005, 230: 436-439.

[192] Liu L L, Chen C C, Hu X F, Mohamood T, Ma W H, Lin J, Zhao J C. A role of ionic liquid as an activator for efficient olefin epoxidation catalyzed by polyoxometalate. New J Chem, 2008, 32: 283-289.

[193] Gui J Z, Liu D, Cong X H, Zhang X T, Jiang H, Hu Z D, Sun Z L. Clean synthesis of adipic acid by direct oxidation of cyclohexene with H_2O_2 catalysed by $Na_2WO_4 \cdot 2H_2O$ and acidic ionic liquids. J Chem Res, 2005, 520-522.

[194] Lang X J, Li Z, Xia C G. Environmentally friendly oxidation of alcohols with hydrogen peroxide catalyzed by sodium tungstate and acidic ionic liquids. J Mol Catal(China), 2008, 22: 271-275.

[195] Lang X J, Li Z, Xia C G. [α-$PW_{12}O_{40}$]$^{3-}$ immobilized on ionic liquid modified polymer as a heterogeneous catalyst for alcohol oxidation with H_2O_2. Synth Commun, 2008, 38: 1610-1616.

[196] Zhao M T, Zhou J W, Li Z, Chen J, Xia C G. Polyoxometalates based supported ionic liquid catalysis for alcoholoxidation with hydrogen peroxide. J Mol Catal(China), 2011, 25: 97-104.

[197] Duncan D C, Chambers R C, Hecht E, Hill C L. Mechanism and dynamics in the H_3[$PW_{12}O_{40}$]-catalyzed selective epoxidation of terminal olefins by H_2O_2. Formation, reactivity, and stability of {PO_4[$WO(O_2)_2$]$_4$}$^{3-}$. J Am Chem Soc, 1995, 117: 681-691.

[198] Katsoulis D E, Pope M T. New chemistry for heteropolyanions in anhydrous noupolar solvents: Coordinative unsaturation of surface atoms polyanion oxygen carriers. J Am Chem Soc, 1984, 106: 2737-2738.

[199] Wan Q X, Liu Y. The ionic palladium porphyrin as a highly efficient and recyclable catalyst for heck reaction in ionic liquid solution under aerobic conditions. Catal Lett, 2009, 128: 487-492.

[200] Zhang L, Wu J L, Shi L J, Xia C G, Li F W. Ionically tagged benzimidazole palladium(Ⅱ) complex: Preparation and catalytic application in cross-coupling reactions. Tetra Lett, 2011, 52: 3897-3901.

[201] Zhang J, Daković M, Popović Z, Wu H, Liu Y. A functionalized ionic liquid containing phosphine-ligated palladium complex for the Sonogashira reactions under aerobic and CuI-free conditions. Catal Commun, 2012, 17: 160-163.

[202] 王妍, 刘建华, 夏春谷. 水相中交联型聚合物负载的 Pd 催化氨基醇氧化羰化反应. Chin J Catal, 2011, 32: 1782-1786.

[203] Wang Y, Liu J H, Xia C G. Cross-linked polymer supported palladium catalyzed carbonylative Sonogashira coupling reaction in water. Tetra Lett, 2011, 52: 1587-1591.

[204] Tan C, Wang P, Liu H, Zhao X L, Lu Y, Liu Y. Bifunctional ligands in combination with phosphines and Lewis acidic phospheniums for the carbonylative Sonogashira reaction. Chem Commun, 2015, 51: 10871-10874.

[205] Jiao N M, Li Z L, Wang Y, Liu J H, Xia C G. Palladium nanoparticles immobilized onto supported

ionic liquid-like phases (SILLPs) for the carbonylative Suzuki coupling reaction. RSC Advances, 2015, 5: 26913-26922.

[206] Wang Y, Liu J H, Xia C G. Insights into supported Copper(II)-catalyzed azide-alkyne cycloaddition in water. Adv Synth Catal, 2011, 353: 1534-1542.

[207] Wang W L, Wu J L, Xia C G, Li F W. Reusable ammonium salt tagged NHC-Cu(I) complexes: Preparation and catalytic application in the three component click reaction. Green Chem, 2011, 13: 3440-3445.

[208] Song C E. Enantioselective chemo- and bio-catalysis in ionic liquids. Chem Commun, 2004, 9: 1033-1043.

[209] Zhao Y W, Huang H M, Shao J P, Xia C G. Readily available and recoverable chiral ionic phosphite ligands for the highly enantioselective hydrogenation of functionalized olefins. Tetrahedron: Asymmetry, 2011, 22: 769-774.

第5章　离子液体骨架衍生催化新材料

离子液体是在一定温度范围内由离子组成的有机液态物质，其极性、亲油/亲水性、催化活性等性质均可通过阳离子和阴离子的改变而进行调变。离子液体特殊的结构决定了它们拥有许多优势特性。例如，在常压下几乎无蒸气压，在使用、储藏中不会蒸发散失，可以循环使用，不污染环境；有高的热稳定性和化学稳定性，在较宽广的温度范围内为液态，有利于动力学控制；具有良好的溶解性，它们对无机和有机化合物表现出良好的溶解能力；与一些有机溶剂不互溶，可以提供一个非水、极性可调的两相体系；无可燃性，无着火点等。尽管如此，因离子液体价格较为昂贵，其大规模的应用仍受到极大限制。如果能借助离子液体的特殊性实现离子液体的固态化，不仅可以极大地降低离子液体的用量，提高其利用效率，而且有望获得性能优异的固相催化材料。

离子液体阳离子和阴离子中常含有N、P、S、B等杂原子，并且骨架的可修饰性强，研究人员发现，以离子液体或者离子液体形成的有序聚集体作为前驱体可以实现多种特殊功能材料的制备。

5.1　氮掺杂碳基负载金属材料

近年来，纳米结构的碳材料由于具有高的比表面积、可调的孔道性质和较好的化学稳定性而成为制备负载型催化剂的良好载体材料，但是，多孔碳材料表面弱的功能化特性又容易造成负载型催化剂活性位点的团聚和流失。对碳材料表面进行功能化是解决上述问题的有效方法，例如在碳材料的表面引入杂原子（N），不仅可以有效改善碳材料表面的电子性质，而且掺杂氮原子对于碳材料的化学性质，尤其是表面碱性，有很大的影响。表面化学修饰的氮能提高材料的布朗斯特碱性，而结构掺杂的氮则有利于材料的路易斯碱性的提高，由于碱性的存在增强了酸性分子和碳材料表面的相互作用，这使得氮掺杂的碳材料在催化方面有很好的应用潜力。

碳材料结构中掺杂的氮物种可能存在的形式如图 5-1 所示,包括叔氮(即石墨化的氮)、吡啶结构的氮和吡咯结构的氮[1,2]。这三种不同存在形式的氮在碳材料中的性质也不相同。一般吡啶类型的氮位于碳的边缘,和附近的两个碳原子形成共价键,这类氮原子的存在能给碳材料的 π 体系提供一个 p 电子。吡咯类型的氮存在于和碳原子所形成的五元环中,吡咯类型的氮为碳材料的 π 体系提供两个 p 电子[3~5]。在石墨化的碳材料结构中,一旦其中的某个碳原子被氮原子所取代,这类结构中的氮原子便形成了石墨化的氮。除了上述所讲到的三类氮的存在方式,在一些碳材料中还存在着其他类型的氮物种,例如吡啶氮的氧化物、胺类等。

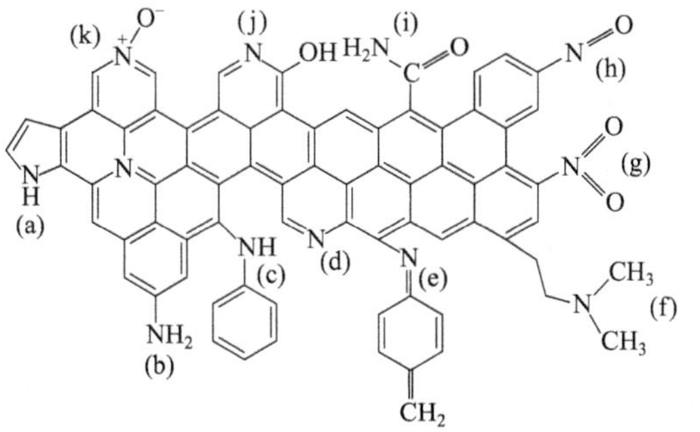

图 5-1 氮功能化碳材料表面氮可能的存在形式[6]

氮元素对碳材料表面的功能化可以通过原位一锅法和后处理两种方式实现。一锅法是指对含氮的有机前驱体直接进行碳化合成含氮碳材料的方法,采用这种方法合成氮掺杂的碳材料在一定程度上保留了前驱体中含有的氮原子数量,并且可以实现氮原子在碳材料中均匀掺杂。很多前驱体可以用于制备氮掺杂的碳材料,例如含氮的糖类[7]、含氰基的离子液体[8]、三聚氰胺[9]、苯胺[10]、含氮的杂环原子等[11]。

通过合理设计前驱体分子来直接合成结构性能优异的催化材料是材料化学发展的新方向[12]。离子液体由于具有绿色环保、蒸气压极低、稳定性高以及结构设计性强等特点,最近十几年在先进材料领域得到了多方面的研究和发展。经过恰当的分子设计和组合,离子液体及其衍生物可被用来直接或间接制备各种碳材料及相关纳米杂化催化材料。目前,多种离子液体已经应用于氮掺杂碳材料的合成中,图 5-2 总结了可以用于合成含氮碳材料的离子液体[13]。

2009 年,Dai 等人首次报道了通过图 5-2 中的离子液体来直接热解合成含氮碳材料,作者通过对阳离子和阴离子的特殊设计,引入可交联的氰基官能

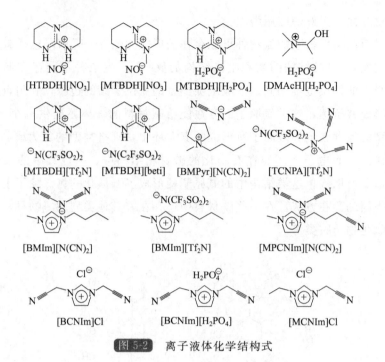

图 5-2　离子液体化学结构式

团，高温热解后得到了高产率、高比表面积的介孔碳材料，最大比表面积可以达到 780m²/g。Dai 等人发现，离子液体阴离子对最终合成的碳材料的结构性质以及产物的收率都有影响，同样，阳离子结构的变化也能够影响材料的性质，但是其作用没有阴离子的作用明显。这项工作为以功能化离子液体作为前驱体制备碳材料的研究开创了局面。

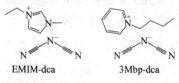

图 5-3　离子液体前驱体结构式

2010 年，Antonietti 等人[3]报道了通过离子液体作为碳氮前驱体、SBA-15 作为硬模板来合成有序介孔碳氮材料。作者以图 5-3 所示的两种离子液体分别作为碳氮前驱体来合成碳氮材料，首先使离子液体充分填满 SBA-15 的孔道结构，再通过过滤将未装载入孔道的离子液体除去，将得到的填充完整的材料在氮气保护下碳化，最后通过氢氟酸除去 SBA-15 硬模板，便可得到介孔碳氮材料。作者考察了在材料形成过程中处理温度对最终材料性质的影响，发现这两种离子液体在热处理的过程中发生着相似的变化过程。首先离子液体开始分解，进一步聚合，在高温处理下，碳材料结构发生重整，氮和氢的含量不断减少。在 800℃ 处理之后，即可得到以此类离子液体为前驱体的碳氮材料，其氮含量能够达到 16% 以上。

含氮的多孔碳材料由于具有功能化的表面和优良的孔道结构性质，可以作为催化剂载体实现金属纳米颗粒的均匀分散[14~19]。然而，这种后负载金属纳米颗粒的方法需要以还原剂对金属盐进行还原才能得到金属纳米颗粒。一般用到的还原剂包括 $NaBH_4$ 和 $LiAlH_4$ 等，这些还原剂的使用会产生大量的无机废物，带来一系列环境问题。因此，从环境友好的角度出发，亟待发展简单且环境友好的方法来合成负载金属纳米颗粒的多孔含氮碳材料。

5.1.1 负载金属钯氮掺杂碳材料的制备、表征及其催化应用

截至目前，将稳定的金属基离子液体作为前驱体直接合成金属和杂原子共掺杂的多孔碳材料少有报道。Xia 研究组[20]利用离子液体骨架与氮杂环卡宾的相似性，且同时含有 C、N 元素和与金属配位能力强的特点，设计合成了新颖的钯卡宾聚合物催化剂前驱体 P-M-NHC，在惰性气体保护下，将前驱体直接热解一步得到负载钯纳米颗粒的氮掺杂碳材料。通过同样的方法，还可以合成负载钯镍合金以及金属镍纳米颗粒的氮掺杂碳材料（图5-4）。

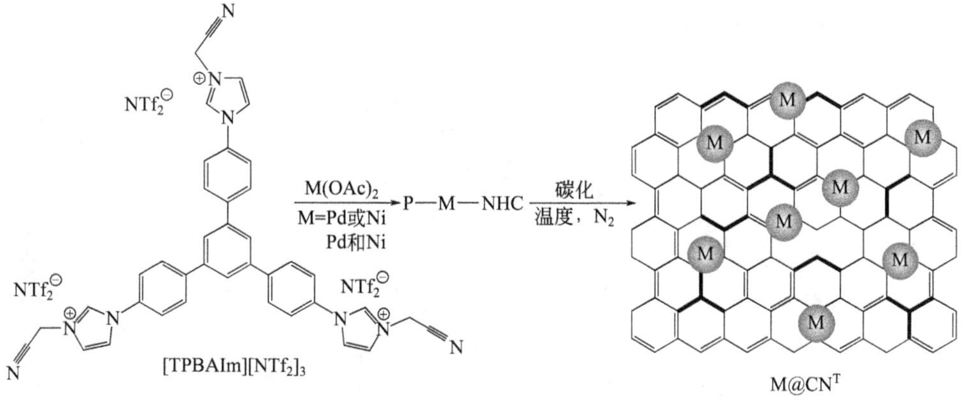

图 5-4　M@CN^T的一锅法合成

前驱体 P-M-NHC 的合成过程为：将 [TPBAIm][NTf_2]$_3$ 和 Pd(OAc)$_2$ 或 Ni(OAc)$_2$ 或 Pd(OAc)$_2$ 与 Ni(OAc)$_2$ 的混合物（钯和镍按一定比例）、NaOAc 加入 10mL DMF 中，混合体系在 110℃回流 24h。在反应过程中，逐渐形成土黄色的沉淀。反应结束后，将生成的固体过滤并用 DMF 和乙醇进行多次洗涤以除去体系中的杂质。将得到的固体产物在 150℃真空中处理 24h，即可得到产物 P-M-NHC。以 P-Pd-NHC 为例，在合成过程中，将 [TPBAIm][NTf_2]$_3$(1.0mmol)、Pd(OAc)$_2$(1.5mmol)、NaOAc(3.6mmol) 加入 10mL DMF 中处理，最后可以得到 970mg 的产物。

在 M@CN^T 的合成中,碳化过程需要在 N$_2$ 保护下进行。具体合成过程如下:将一定量的 P-M-NHC 装入石英管后置入管式炉中,以 10℃/min 升温至设定温度(300℃、400℃、800℃),在设定的温度下处理 1h。在 N$_2$ 保护下待体系降至室温后,将石英管取出得到黑色粉末即为产物,命名为 M@CN^T,其中,M 代表材料中所含金属,T 代表处理温度。

负载金属纳米颗粒的含氮碳材料的结构和形貌采用透射电镜(TEM)进行表征,图 5-5 和图 5-6 分别是材料 Pd@CN^{800} 和 Ni@CN^{800} 的电镜图片。从图中可以清晰地观察到,金属 Pd 和 Ni 纳米颗粒均匀分散在类似石墨烯结构的含氮碳材料上,这些金属纳米颗粒尺寸分布较窄。其中,催化剂 Pd@CN^{800} 中 Pd 纳米颗粒的粒径分布为 (12.3±1.1) nm [图 5-5(e)];催化剂 Ni@CN^{800} 中金属 Ni 纳米颗粒的粒径分布为 (3.0±0.5) nm [图 5-6(c)]。ICP-AES 检测显示 Pd@CN^{800} 中金属钯的含量高达 24% (质量分数),但是,在电镜照片中并未观察到钯纳米颗粒的团聚,而是均匀地分散在载体上。当金属钯被镍替换之后所得到的负载镍纳米颗粒的材料展示了与 Pd@CN^{800} 类似的形貌特征,所不同的是由于镍的质量要远远小于钯,因此,镍纳米颗粒的粒径要小很多。

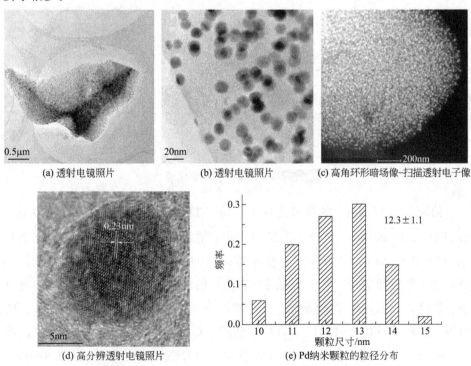

(a) 透射电镜照片　　(b) 透射电镜照片　　(c) 高角环形暗场像-扫描透射电子像

(d) 高分辨透射电镜照片　　(e) Pd 纳米颗粒的粒径分布

图 5-5　Pd@CN^{800} 的电镜照片和 Pd 纳米颗粒的粒径分布

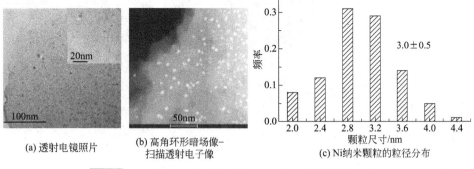

(a) 透射电镜照片　　(b) 高角环形暗场像-扫描透射电子像　　(c) Ni纳米颗粒的粒径分布

图 5-6　Ni@CN^{800} 的电镜照片和 Ni 纳米颗粒的粒径分布

这种合成方法不仅可以成功合成 Pd@CN^{800} 和 Ni@CN^{800}，通过碳化具有一定钯镍比的前驱体 P-Pd$_x$Ni$_y$-NHC，同样可以合成出负载钯镍合金的含氮碳材料（Pd$_x$Ni$_y$@CN^{800}）。图 5-7、图 5-8 和图 5-9 分别为 Pd$_{80}$Ni$_{20}$@CN^{800}、Pd$_{50}$Ni$_{50}$@CN^{800} 和 Pd$_{20}$Ni$_{80}$@CN^{800} 的电镜照片。从 TEM 表征中可以观察到，钯镍合金纳米颗粒均匀地分散在含氮碳载体结构中，随着镍含量的不断增加，纳米颗粒的粒径不断减小，而且形状也发生着变化，由原来的球形颗粒逐渐变得无规则。

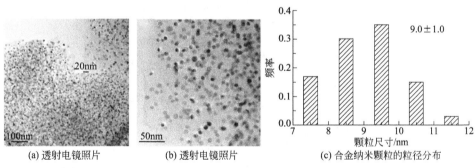

(a) 透射电镜照片　　(b) 透射电镜照片　　(c) 合金纳米颗粒的粒径分布

图 5-7　Pd$_{80}$Ni$_{20}$@CN^{800} 的电镜照片和 Pd$_{80}$Ni$_{20}$ 合金纳米颗粒的粒径分布

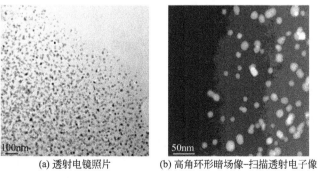

(a) 透射电镜照片　　(b) 高角环形暗场像-扫描透射电子像

图 5-8　Pd$_{50}$Ni$_{50}$@CN^{800} 的电镜照片

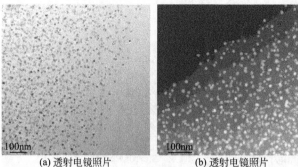

(a) 透射电镜照片　　　　　(b) 透射电镜照片　　　　　(c) 高角环形暗场像-扫描透射电子像

图 5-9　$Pd_{20}Ni_{80}@CN^{800}$ 的电镜照片

图 5-10 是 $Pd_xNi_y@CN^{800}$ 的 XRD 谱图，在 $Pd@CN^{800}$ 的衍射谱图中，40.2°、46.6°和 68.0°分别对应于面心立方结构 Pd 的 111、200、220 衍射峰。将镍加入后，形成了钯镍合金相，并且从 XRD 的衍射峰的变化可以看出，随着镍含量的增加，合金相不同晶面衍射峰都向高角度偏移，偏向于对应的金属镍的衍射峰。整个材料的 XRD 的衍射峰的峰形都比较尖锐，表明在整个材料中金属纳米颗粒都具有较好的结晶度。

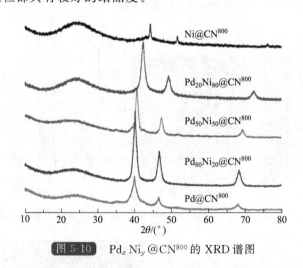

图 5-10　$Pd_xNi_y@CN^{800}$ 的 XRD 谱图

为了研究该系列材料中金属纳米颗粒和碳基的形成过程，Xia 等人以 P-Pd-NHC 为例考察了材料的形成机理。首先将 P-Pd-NHC 在 400℃ 处理后的样品进行了 TEM 表征，结果如图 5-11 所示。从电镜照片中可以观察到，在 400℃ 处理之后，Pd 纳米颗粒已经形成，并且均匀地分布在含氮碳材料的结构中。ICP-AES 检测该材料中金属 Pd 的含量为 21%（质量分数），形成的 Pd 纳米颗粒的粒径分布为 (8.24±0.8)nm，明显小于在 800℃ 处理之后材料中形成的 Pd 纳米颗粒粒径。而且，该材料中形成的含氮碳基载体呈现出无定形的结构，区别于在 800℃处理后的材料的形貌。这主要是由于在高温处理过程中，碳基材料的结构更趋向于形成石墨化结构。

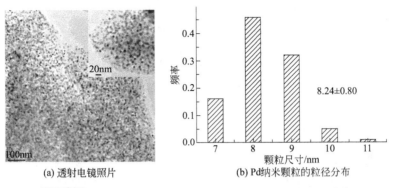

(a) 透射电镜照片　　(b) Pd 纳米颗粒的粒径分布

图 5-11　Pd@CN^{400} 的电镜照片和 Pd 纳米颗粒的粒径分布

通过直接碳化金属有机复合物为合成负载型催化剂提供了一条简单的合成路径。然而，在碳化过程中有机分子会发生分解，并且和其中的含氧功能团发生反应，使得部分碳在碳化过程中流失。因此，通过该方法合成材料过程中，在碳化处理后剩碳量也显得至关重要。采用热重分析方法，在惰性气氛保护下研究了前驱体 [TPBAIm][NTf$_2$]$_3$ 和金属钯卡宾复合物 P-Pd-NHC 的热分解行为，结果如图 5-12（a）所示。从图 5-12（a）中可以观察到，这两种物质的热分解过程主要发生在两个阶段，有机前驱体的初始分解过程发生在 337℃，而 P-Pd-NHC 初始分解发生在相对较低的温度（225℃）。金属复合物在较低的温度发生分解可能是由于在形成金属复合物过程中，与金属 Pd 发生配位的乙酸根离子（Pd-OAc）的分解造成的。大约在 500℃时，两种材料第一阶段的热分解过程已经完成。第二阶段的失重发生在 500～800℃，主要是有机分子的分解和重构。在 800℃处理 1h 后，[TPBAIm][NTf$_2$]$_3$ 的剩碳量为 37%（质量分数，下同）（表 5-1）。从表 5-1 中可以看出，有机金属复合物（P-Pd-NHC）在 400℃处理后剩碳量为 90%，在 800℃处理后剩碳量为 58%。由此可见，在形成金属有机复合物后，剩碳量提高了。通过 ICP-AES 检测显示，得到的 Pd@CN^{800} 材料中 Pd 的含量为 24%。

为了考察热分解过程中元素含量的变化，通过元素分析分别检测了有机复合物 P-Pd-NHC、Pd@CN^{400}、Pd@CN^{800} 三种材料中 C、N、H 的含量，其结果如图 5-12（b）所示。有机复合物 P-Pd-NHC 在加热过程中，当温度从 400℃升温至 800℃时，材料中 N 的含量从 7.15% 降低至 4.45%，H 的含量也减小到 0.85%，C 的含量的变化并不明显。这些变化表明在加热的过程中，

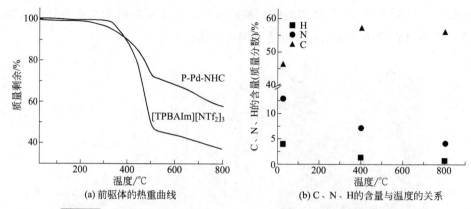

(a) 前驱体的热重曲线　　(b) C、N、H的含量与温度的关系

图 5-12　前驱体 [TPBAIm][NTf$_2$]$_3$ 和 P-Pd-NHC 的热重曲线以及材料 P-Pd-NHC、Pd@CN^{400} 和 Pd@CN^{800} 中 C、N、H 的含量与温度的关系

有机金属复合物发生了分解、重构,这与热重分析的结果是一致的。随着温度的升高,材料的石墨化程度在不断提高,因此,N、H 的含量在不断减小。由前面 TEM 表征结果可知,在对聚合的金属有机复合物进行热处理的过程中,随着温度的升高,碳基材料的结构不断发生变化,逐渐由无定形结构向类似层状的石墨烯结构转变。因此,材料中 C、N、H 元素含量的变化印证了上述电镜的表征结果。

表 5-1　材料 LP^{800} 和 Pd@CN^T 的理化性质

样品	碳化收率/%	S_{BET}/(m^2/g)	V_{BJH}/(cm^3/g)
LP^{800}	37	667	0.50
Pd@CN^{400}	90	344	0.17
Pd@CN^{800}	58	395	0.19

为了考察材料的物理结构性质,对合成的 LP^{800}、Pd@CN^{400} 和 Pd@CN^{800} 进行了 N$_2$ 吸脱附测试,结果如图 5-13 所示。直接热处理有机前驱体([TPBAIm][NTf$_2$]$_3$)可以得到材料 LP^{800}(其热处理过程和合成材料 Pd@CN^{800} 的过程一致)。从图 5-13 中可以看出,Pd@CN^{800} 和 LP^{800} 具有 H2 型的滞后环,表明在这两类材料中出现了介孔孔径。表 5-1 给出了这三种材料的比表面积和孔体积,从表 5-1 可以发现,在将金属 Pd 引入后,材料的比表面积和孔体积都发生了明显的下降。

由 TEM 表征可知,在 400℃ 处理之后,材料结构中已经形成金属 Pd 的纳米颗粒,其粒径分布为 (8.24±0.8)nm,当温度升高至 800℃ 时,其粒径分布为 (12.3±1.1)nm。这表明金属 Pd 纳米颗粒的形成是随着温度的升高在逐渐长大,在这个转变过程中,碳基载体结构同时也在完成着自身的变化,即

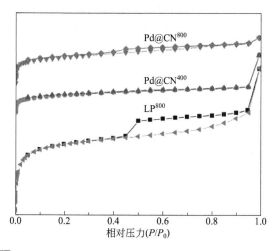

图 5-13　材料 LP^{800}、$Pd@CN^{400}$ 和 $Pd@CN^{800}$ 的氮气吸脱附曲线

由无定形到石墨化的转变。

图 5-14 (a) 是 P-Pd-NHC 及其在不同温度处理后所合成 $Pd@CN^T$ 材料的 XRD 谱图。从图中可见，P-Pd-NHC 只在 25°附近出现了无定形材料的衍射峰，而没有发现 Pd 的衍射峰，表明该材料具有无定形性质以及 Pd^{2+} 在材料中的均匀分散。当 P-Pd-NHC 在不同的碳化温度下处理之后，在材料 $Pd@CN^{300}$、$Pd@CN^{400}$ 和 $Pd@CN^{800}$ 的衍射图中分别出现了三个明显可辨的衍射峰。对于材料 $Pd@CN^{800}$，比较尖锐的衍射峰表明形成了结晶度较好的面心立方结构的金属 Pd 纳米颗粒。相对于 $Pd@CN^{800}$，材料 $Pd@CN^{300}$ 和 $Pd@CN^{400}$ 的衍射峰相对宽化并向低角度位移，这表明在材料 $Pd@CN^{300}$ 和 $Pd@CN^{400}$ 中形成了 PdC_x 相，这和先前报道的工作是一致的[21,22]。造成这种差异的原因是因为在热处理的过程中，分解的碳物种会进入到晶体 Pd 的晶格中，使得晶体的结构变大。当热处理温度升高时，渗透进入 Pd 晶体中的碳物种又会从中渗出。

为了进一步了解在材料的制备过程中金属 Pd 的价态变化，作者采用 XPS 对材料进行了表征，结果如图 5-14 (b) 和图 5-15 所示。前驱体 P-Pd-NHC 中 Pd 3d 光电子能谱在结合能为 342.8eV 和 337.6eV 处出现了两个峰，表明 Pd 以 Pd^{2+} 的形式存在 [图 5-14 (b)]。随着处理温度的升高，在 $Pd@CN^{300}$ 中出现了 Pd^0 物种。尽管 $Pd@CN^{300}$ 中的 Pd 主要以 Pd^{2+} 物种存在，但在结合能为 335.0eV 和 335.5eV 处出现了两个峰，主要源于 Pd^0 和 PdC_x 相的形成 [图 5-15 (a)]。当温度升高至 400℃时，材料 $Pd@CN^{400}$ 中的 Pd 主要以 Pd^0 物种存在 [>70%，图 5-15 (b)]。继续升高温度至 800℃，所得材料中 Pd

仍以 Pd^0 物种为主（81%）。由此可见，含氮的碳载体可以很好地稳定高分散的金属钯纳米颗粒，同时可以抑制已经形成的 Pd^0 被再次氧化为 Pd^{2+}。

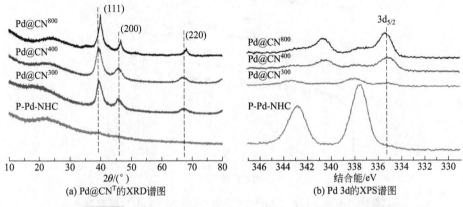

图 5-14　材料 $Pd@CN^T$ 的 XRD 谱图和 Pd 3d 的 XPS 谱图

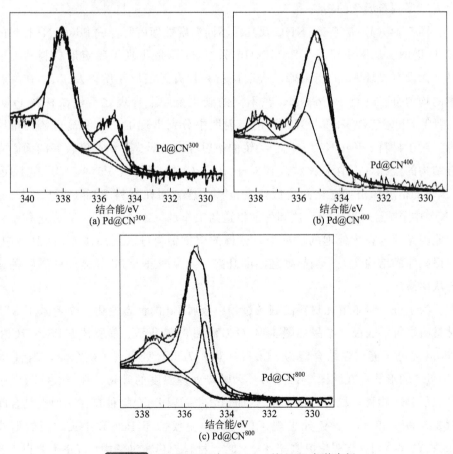

图 5-15　$Pd@CNT$ 中 Pd $3d_{5/2}$ 的 XPS 光谱表征

材料 Pd@CN^{400} 和 Pd@CN^{800} 中，金属 Pd 纳米颗粒能够稳定地分散在载体结构中，主要是由于碳材料结构中氮物种的引入。为了能进一步证明氮元素所起的关键作用，Xia 等人对 Pd@CN^{300}、Pd@CN^{400} 和 Pd@CN^{800} 中 N 的存在形式进行了分析，结果如图 5-16 和图 5-17（a）所示。由 XPS 谱图可以看出，N 物种主要以两种形式存在：一种是结合能为 398.4eV 的具有吡啶结构的 N 物种；另一种是结合能为 400.9eV 的以叔氮形式存在的 N 物种。因此，在该系列材料中，吡啶结构的 N 物种以及叔氮物种的存在改变了整个碳基载体的电子性质，能够使得形成的 Pd^0 纳米颗粒在材料中均匀地分散，而不会发生聚集和再氧化。

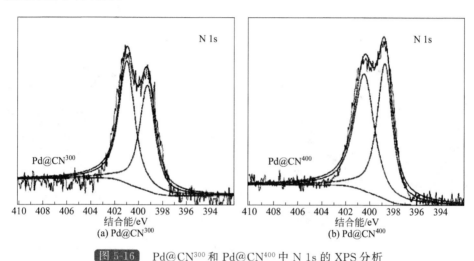

图 5-16　Pd@CN^{300} 和 Pd@CN^{400} 中 N 1s 的 XPS 分析

碳基材料中 N 物种的引入还会显著影响碳的电子性质，为此作者对材料 Pd@CN^{800} 中碳的存在形式也进行了详细的研究（图 5-17）。从图中可以看出，材料 Pd@CN^{800} 中碳的存在形式主要有两种，分别为结合能在 284.6eV 处的石墨化结构碳和结合能在 285.8eV 处的芳环结构中与氮原子成键的 sp^2 碳原子。

图 5-18 是将金属 Pd 纳米颗粒通过浸渍的方式负载于载体 LP^{800} 上得到的 Pd^{24}@LP^{800} 的 TEM 表征照片（24 指在材料合成中理论的金属钯负载量为 24%）。从图中可以看出，尽管大量金属 Pd 纳米颗粒均匀地分散在碳载体上，但同时也出现了团聚的纳米粒子。

各种表征结果都表明，原位一锅法在合成氮掺杂碳基负载金属纳米颗粒方面具有独特的优势。这些新合成的材料均具有高比表面积、大孔容、金属纳米颗粒均匀分散等优越的结构特点。

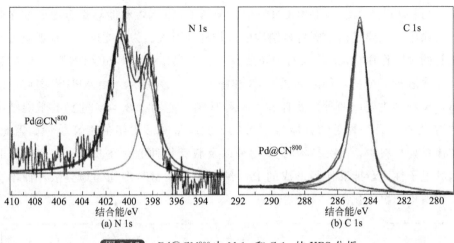

图 5-17　Pd@CN^{800} 中 N 1s 和 C 1s 的 XPS 分析

图 5-18　Pd^{24}@CN^{800} 的电镜照片

多组分串联反应是一种非常有效的有机合成方法，这种方法可以实现在一锅中多种组分相继发生反应生成最终的产物，而且无须对中间物种做进一步的处理[23~25]。例如，碘代化物、端基炔、水合肼和 CO 四组分的羰基化串联反应是合成吡唑类化合物的有效方法，然而这种方法却无法实现芳基肼底物的应用。Stonehouse 等人[26]用 Mo(CO)$_6$ 替代 CO 作为羰基源来完成该反应，然而基于苯肼，只有 47% 的产物收率。在该反应体系中，实现有效转化的最关键因素是发展有效的 Pd^0 催化剂来完成 C—X 键的氧化加成。

一锅法制备的 Pd@CN^{800} 材料具有金属颗粒分散性好、载体与活性中心作用力强、Pd^0 组分含量高、化学功能性和微观结构可调控的特点，非常符合四组分羰基化串联合成吡唑类化合物反应体系对催化剂的要求。Xia 小组以碘代苯、苯乙炔、苯肼和 CO 四组分的羰基化串联反应为探针反应对 Pd@CN^T 的催化性能进行研究（图 5-19），结果显示在一锅法羰基化串联反应中，催化剂 Pd@CN^{800} 表现出最优的催化活性和底物适用性，合成的三取代吡唑类杂环化合物的收率在 81%～93% 之间。除了苯肼，水合肼也适用于该催化剂体系，其羰基化串联反应的产物分离收率可以达到84%。

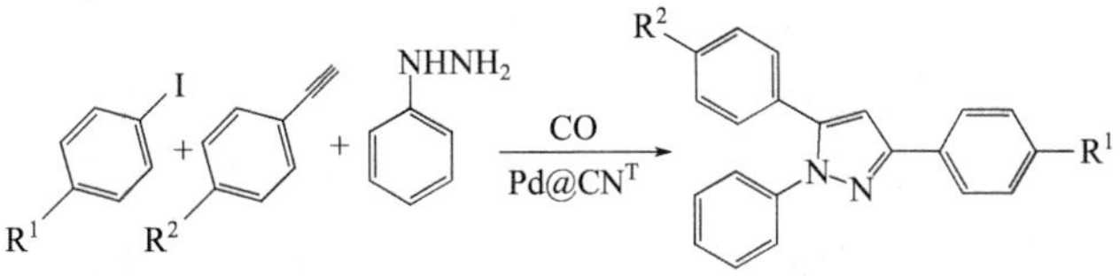

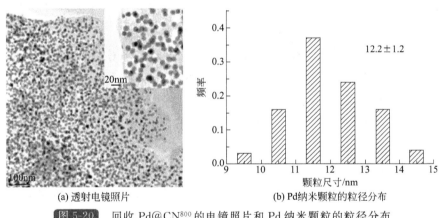

图 5-19　四组分羰基化串联合成吡唑类杂环化合物

Pd@CN^{800}催化剂的高活性主要得益于材料中Pd^{0}物种含量最高，而且高温处理后产生了具有类似石墨烯层状结构的碳基载体，同时氮的掺杂强化了金属与载体的相互作用，使金属纳米颗粒更加稳定。Pd@CN^{800}的循环使用试验表明，该催化剂可以使用6次以上保持活性没有明显下降，滤液再反应和汞中毒试验表明为典型的多相反应，循环使用后催化剂的各种表征和滤液ICP检测都说明催化剂具有非常好的稳定性。如图5-20所示，回收催化剂的形貌没有发生明显的变化，Pd纳米颗粒均匀地分散在载体上，粒径分布为(12.2±1.2)nm，表明在反应过程中，金属纳米颗粒没有发生团聚，从而证明该催化剂具有良好的稳定性。

(a) 透射电镜照片　　(b) Pd纳米颗粒的粒径分布

图 5-20　回收Pd@CN^{800}的电镜照片和Pd纳米颗粒的粒径分布

5.1.2　N和Fe共掺杂有序介孔碳材料可控合成及阴极氧还原催化性能

在燃料电池技术中，质子交换膜燃料电池（PEMFC）以其低的工作温度和快的响应速度等优势而可能应用于便携式移动电源和电动交通工具。阴极氧还原反应（ORR）是限制PEMFC性能的重要因素之一。到目前为止，炭黑负载的铂基纳米粒子是广泛用于ORR的催化剂。但是，PEMFC的大规模商业化因此类催化剂的低稳定性和高成本而受到阻碍。最近，燃料电池中电催化剂的研究集中在降低或者替代铂基催化剂和发展新型ORR催化剂等方向上，其中异种元素掺杂碳材料及其复合物因对 ORR 的有效催化而引起人们关注。

通过掺杂的方式，改变碳材料的结构，从而影响其 pH 值、催化活性、导电性等性能。早期，人们对金属元素是否是构成氮掺杂碳材料氧还原活性中心仍存在较大争论。Gong 等人[27]利用气相沉积方法合成了竖直氮掺杂碳纳米管阵列（VA-NCNTs），通过电化学反应将其中的金属催化剂溶解去除，得到不含铁催化剂的 VA-NCNTs，测试结果表明在碱性介质中催化活性已超过商用 Pt 催化剂，而且具有良好的抗甲醇能力，首次证明了氮掺杂在改性碳材料氧还原性能中的作用。之后，另一些掺杂碳材料，如 P[28]、B[29]、S[30]等掺杂碳材料，也受到人们的广泛关注。Wang 等人[31]调节不同比例的 B、N 共掺杂石墨烯材料，在碱性条件下的氧还原活性上已能做到与 E-TEK 20% Pt/C 活性相当。Chen 等人[32]制备尖晶石钴锰氧化物/氮掺杂石墨烯复合材料，在与商用 Pt/C 同等质量测试条件下显现出优越的氧还原催化性能，指出钴锰氧化物和氮掺杂石墨烯的复合效应对其性能起着重要作用。

最近，氮掺杂碳材料以其独特的性质而成为研究热点。在氮掺杂碳材料表面上，连接在掺氮碳面边缘的两个碳上的氮原子为嘧啶型氮，该氮原子除一个提供给共轭 π 键体系的电子外，还有一对孤对电子，在 ORR 过程中能吸附 O_2 分子及其中间体，从而提高催化剂的 ORR 催化效率[28]。此外，含嘧啶型氮的碳材料在作为催化剂载体时，嘧啶型氮的孤对电子对还能有效地"锚定"贵金属纳米粒子（如 Pt NPs），并能改变催化剂的成核过程，使其以更小的粒径牢固负载在碳载体上[33]。因此，在氮掺杂碳中嘧啶型氮原子越多，对催化剂催化活性的提高越有利。另外也有研究表明，碳材料含石墨型氮越多，其对 ORR 的催化活性就越好[34]。目前，氮掺杂碳材料在燃料电池电催化方面的应用主要集中在两个方面：作为贵金属催化剂的载体和本身作为非贵金属氧还原催化剂。Shukla[35]等人最早发现氮掺杂可以有效提高 DMFC 的催化效率；Roy[36]和他的团队在 1996 年也发现氮元素的掺杂可以有效提高催化剂的 ORR 效率。因此，氮掺杂碳材料的研究引起了人们的广泛关注，且取得了突破性的进展。

有报道指出，直接热处理含有过渡金属、氮和碳源的前驱体得到的催化剂具有较好的 ORR 催化活性[37,38]。然而，在合成过程中如何构建 M-N-C (metal/nitrogen/carbon，M 为 Fe 和/或 Co) 结构的催化剂仍然是研究的热点和难点。其主要原因在于，材料在合成过程中，活性受多种因素的影响，例如氮和铁前驱体的类型、合成材料中铁物种以及载体的结构和形貌等。

为了更好地满足 ORR 催化剂活性的要求，设计合成合理的有机前驱体并结合有序介孔碳基材料的优点是实现具有高催化活性 ORR 催化剂的有效合成路径。最近,以有序介孔二氧化硅材料(SBA-15)为硬模板可以成功地合成功能化的有序介孔碳材料,通过这种反相复制的方法得到的材料不仅具有模板材料的孔道结构,而且可以在合成过程中对所合成的材料进行有效的功能化[3]。在硬模板法合成过程中,有机前驱体的热解发生在有限的空间中,如果将金属引入,金属和有机前驱体在同一有限空间中发生分解、重构,更容易构造稳定的金属嵌入型催化剂。先前报道的有关基于 Fe 和 Co 基的含氮碳基材料都是通过多步的方法实现的。例如,首先氮载入到碳结构中,然后实现金属的负载等[39,40]。目前,诸多工作已经证明一锅法合成功能化多孔碳材料是一条经济且有效的路径,并且在限域的空间中一锅法直接热解含铁、氮和碳的前驱体有利于 N-Fe-C 结构的形成。然而,设计可直接在高温下热解的含铁、氮和碳的前驱体较为困难,因为一般的有机金属复合物在高温处理时由于其蒸气压较低而易挥发,甚至完全挥发,导致产率较低。

基于一锅法合成负载钯纳米颗粒的氮掺杂碳材料及其催化应用的研究,Xia 研究小组[41]采用含铁、氮和碳的离子液体作为前驱体,通过硬模板法设计合成有序介孔材料,在有限的空间完成了 Fe-N-C 结构的构筑。这也是通过硬模板法在高温下碳化金属基(二茂铁)离子液体一步合成 N 和 Fe 共掺杂的有序介孔碳材料(Fe^x@NOMC,x 指材料中铁的含量)的首次报道。图 5-21 是材料 Fe^x@NOMC 的合成过程示意图。

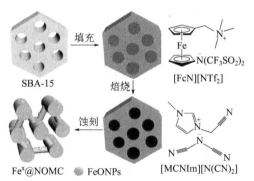

图 5-21 N 和 Fe 共掺杂的有序介孔碳材料 Fe^x@NOMC 的合成过程示意图

Fe^x@NOMC 材料的制备首先需要合成有序介孔二氧化硅(SBA-15),再通过挥发溶剂浸渍的方法将功能化离子液体前驱体装载于 SBA-15 的孔道中;然后将形成的中间物种(precursor@silica)在高温(800℃)N_2 保护下进行热处理;最后通过 2mol/L NaOH 或 10%(质量分数,下同) HF 水溶液除去二氧化硅模板。产物 Fe^{25}@NOMC 的制备采用二茂铁基功能化离子液体 [FcN][NTf$_2$] 作为前驱体;Fe^{10}@NOMC 则采用质量比为 1∶1 的两种离子液体[FcN][NTf$_2$]和[MCNIm][N(CN)$_2$]的混合物作为前驱体；Fe^5@NOMC的合成是用HF溶液直接处理离子液体[FcN][NTf$_2$]和SBA-15的混合物而得到。

研究发现，增加材料中的氮含量，可以显著地提高Fe^x@NOMC结构的有序性和嵌入的铁基纳米颗粒的分散度。相比于苯胺、铁盐以及铁基的大环化合物等前驱体，以二茂铁基离子液体为前驱体合成铁和氮共掺杂有序介孔碳材料的优势显而易见。首先，离子液体极低的蒸气压、较高的热稳定性使其在高温碳化过程中不易挥发而大量流失；其次，离子液体具有易调变性，可以方便地对其阴阳离子进行调变，以满足对最终材料组成的需要；最后，离子液体作为分子前驱体，可以实现其结构中的杂原子在最终合成材料结构中的均匀分布。

元素分析结果表明，材料Fe^{25}@NOMC中的氮含量为1.4%，Fe^5@NOMC中氮含量仅为1.8%。已有报道指出，在碳载体中氮的掺杂可以促进金属和碳载体之间的相互作用，可以改善催化剂在碱性介质中OOR的催化活性[42]。因此，为了进一步提高材料中氮的含量，作者采用高氮含量的离子液体（[MCNIm][N(CN)$_2$]）作为添加剂，使最终得到的材料Fe^{10}@NOMC中氮含量提高到了11.9%。

图5-22（a）为材料Fe^x@NOMC的小角X射线衍射（SAXRD）谱图，从图中可以看出，Fe^{25}@NOMC和Fe^{10}@NOMC在1°附近出现了一个相对较弱的衍射峰，该衍射峰归属于二维六方结构（$P6m$）10晶面，这说明通过硬模板合成的Fe^{25}@NOMC和Fe^{10}@NOMC忠实于其模板剂的结构特征，孔道结构具有有序性。此外，当材料中的氮含量增加时，Fe^{10}@NOMC的衍射峰变得略微尖锐，这表明材料中氮含量增加时，材料的有序性得到了改善。相反，通过HF处理后的Fe^5@NOMC衍射图中，10晶面的衍射峰完全消失，其原因在于材料结构中嵌入的部分铁颗粒被溶解，有序性被破坏。图5-22（b）显示了材料Fe^x@NOMC的广角X射线衍射（WAXRD）谱图，可以看到所有材料在25°均出现了较宽化的衍射峰，该衍射峰是石墨化碳（002）晶面的衍射峰，从而证明离子液体在800℃处理之后，具有一定的石墨化碳结构。除此之外，只有Fe^{25}@NOMC展示了5个衍射强度较弱且宽化的衍射峰，这些衍射峰分别归属于γ-Fe$_2$O$_3$的220、311、400、511和440晶面（磁赤铁相JCPDS卡号89-5892）[43]。随着铁含量的减小，无法检测到材料Fe^{10}@NOMC和Fe^5@NOMC中Fe纳米颗粒（FeNPs）的衍射峰。这些结果表明，通过该方法合成的Fe和N共掺杂的碳材料中，FeNPs以很小的尺寸均匀地分散在碳材料的结构中。

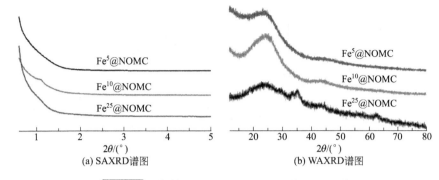

图 5-22　材料 Fe^{25}@NOMC、Fe^{10}@NOMC 和 Fe^5@NOMC 的 SAXRD 和 WAXRD 谱图

在一般情况下，碳载体、过渡金属和掺杂的氮物种之间的相互作用是决定金属-N-C 材料催化性能的关键因素[44,45]，作者利用高分辨 XPS 表征方法进一步对材料中金属和氮物种的存在形式进行了研究（图 5-23 和图 5-24）。可以发现，材料中 Fe 的存在形式有两种，即 γ-Fe_2O_3（峰Ⅱ）和与氮物种配位的 Fe_3O_4 纳米颗粒（峰Ⅰ）[46,47]，并且 Fe-N 位点可能是催化活性中心[48,49]。表 5-2 和表 5-3 数据显示，材料 Fe^{10}@NOMC 表面的 Fe（Fe_3O_4）含量明显高于 Fe^5@NOMC 和 Fe^{25}@NOMC，并且 Fe^{10}@NOMC 的氮含量也比另外两种材料的氮含量高，这表明更多 N 物种的引入有利于 Fe_3O_4 纳米颗粒的形成。

如图 5-24 所示的 N 1s 高分辨 XPS 谱表明，在该类材料中，氮物种主要以吡啶结构类型的氮[N1：(398.3±0.2)eV]、吡咯结构类型的氮[N3：(400.5±0.2)eV]和叔氮[N2：(399.5±0.2)eV]的形式存在，其中，N2 被认为是与 Fe_3O_4 纳米颗粒相结合的氮物种[50,51]。从表 5-3 所列的不同氮物种在材料中的相对含量可以看出，对于材料 Fe^5@NOMC，由于 HF 处理导致 Fe 的流失，也使得材料中 N2 物种含量降低，从而在实验上证明了 N2 物种与 Fe 纳米颗粒的结合。

表 5-2　催化剂中 Fe 含量和铁掺杂形式

样品	Fe $2p_{3/2}$ 结合能/eV		γ-Fe_2O_3 的特征 XPS 峰结合能/eV	Fe $2p_{1/2}$ 结合能/eV	
	峰Ⅰ	峰Ⅱ		峰Ⅰ	峰Ⅱ
Fe^{25}@NOMC	710.8(0.34)	712.2(0.66)	719.6	724.5	725.4
Fe^{10}@NOMC	711.1(0.73)	713.2(0.27)	719.6	724.6	726.4
Fe^5@NOMC	710.8(0.25)	712.2(0.75)	719.6	724.3	725.4

注：括号里为不同铁物种的相对含量。

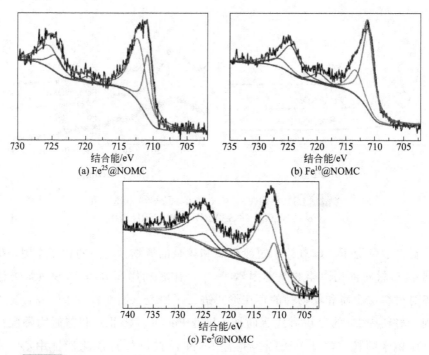

图 5-23　Fe^{25}@NOMC、Fe^{10}@NOMC 和 Fe^5@NOMC 的 Fe 2p XPS 谱图

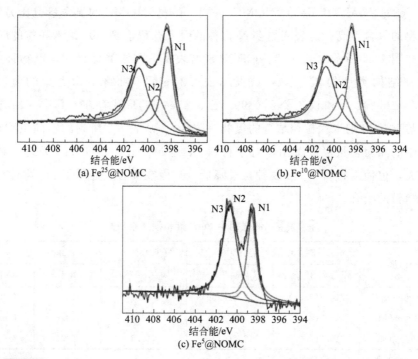

图 5-24　催化剂 Fe^{25}@NOMC、Fe^{10}@NOMC 和 Fe^5@NOMC 的 N 1s XPS 谱图

表 5-3　催化剂中 N 含量和氮掺杂形式

样品	N 含量/%	总 N 中不同 N 物种的相对含量			
		N4	N3	N2	N1
Fe^{25}@NOMC	1.4		0.40	0.23	0.37
Fe^{10}@NOMC	11.9		0.45	0.21	0.34
Fe^5@NOMC	1.8		0.52	0.06	0.42
Fe@FDU^3-N	7.1	0.41	0.33		0.26

采用 N_2 等温吸脱附对材料的孔结构特征进行表征，结果显示，所有 Fe^x@NOMC 材料均展示出具有 H2 型滞后环的典型Ⅳ型 N_2 吸脱附曲线。由表 5-4 中材料的孔特征、比表面积和孔体积可知，这些材料具有高的比表面积（411～506m^2/g）和大的孔体积（0.71～1.05cm^3/g）。从图 5-25（b）可以看出，Fe^{10}@NOMC 具有较窄的介孔孔径分布，其孔径尺寸主要分布在 5.6nm，好于 Fe^{25}@NOMC（6.8nm）的孔径分布，该结果与 TEM 的表征结果一致。使用氮含量较高的氰基功能化离子液体作为添加剂合成的 Fe^{10}@NOMC 中，Fe 纳米颗粒分布更加均匀，说明在碳材料中引入氮物种可以有效地稳定在热解过程中形成的超小 Fe 纳米颗粒并能够促进其高分散。材料 Fe^5@NOMC 表现出较宽的孔径分布曲线，平均孔径分布集中在 10.2nm。这主要是因为在 HF 溶液处理过程中，大量 Fe 纳米颗粒的溶解，从而在形成的孔壁中产生了大量不规则的孔道。

表 5-4　Fe^x@NOMC 的理化性质

序号	样品	比表面积/(m^2/g)	孔容/(cm^3/g)	孔径/nm	Fe 含量/%	N 含量/%
1	Fe^{25}@NOMC	473	0.81	6.8	25	1.4
2	Fe^{10}@NOMC	506	0.71	5.6	10	11.9
3	Fe^5@NOMC	411	1.05	10.2	5	1.8

图 5-26 是材料的透射电镜（TEM）和高角度环形暗场扫描透射电镜（HADDF-STEM）表征图，用于研究材料的介孔结构和嵌入的金属纳米颗粒的形貌特征。从 Fe^{25}@NOMC 和 Fe^{10}@NOMC 的 TEM 图中可以观察到材料条纹状的二维六方排列的孔道结构，证明材料具有二维六方的孔道系统［图 5-26（a）～(c)］。

从 HAADF-STEM 表征照片中，可以清晰观察到 FeNPs 在催化剂中的存在状态。以 Fe^{25}@NOMC 为例，从图 5-26（c）可以看出在 Fe^{25}@NOMC 中，FeNPs 呈现高分散状态，大部分颗粒都均匀地嵌入在碳载体的结构中，并且出现了一些发生团聚后形成的较大的纳米颗粒。该结果表明，一方面，材料中

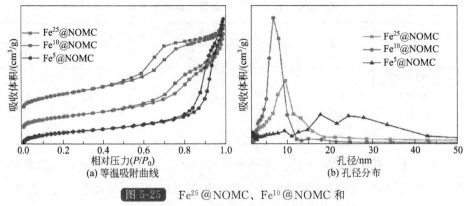

图 5-25　Fe^{25}@NOMC、Fe^{10}@NOMC 和 Fe^{5}@NOMC 的等温吸附曲线和孔径分布

形成了超小粒径的 FeNPs，并且大部分的纳米颗粒由于硬模板介孔孔道的限域效应都嵌入式地分布在碳载体上；另一方面，部分 FeNPs 在热解过程中从硬模板的孔道中逃逸出来，在孔道外面生长，并形成了相对较大的颗粒。同时，HRTEM［图 5-26（b）］还观察到孔道外形成的较大的 FeNPs 周围被类似洋葱状石墨化程度较高的碳所包覆，在 FeNPs 外围形成了数层碳基的壳结构。

对于氮含量较高的催化剂 Fe^{10}@NOMC，从 TEM 和 HAADF-STEM 照片中可以清晰地观察到二维六方孔道结构和孔壁中均匀分布的 FeNPs［图 5-26（d）～（g）］。在 Fe^{10}@NOMC 中，所有 FeNPs 均具有超小的粒径，并且均匀地嵌入在含氮碳材料的孔壁中，没有观察到在 Fe^{25}@NOMC 中出现的颗粒团聚的现象。这表明，当材料结构中引入大量 N 后，这些氮物种在热解过程中可以很好地稳定形成的 FeNPs，并使这些纳米颗粒较好地分散在载体上。与此同时，由于氮物种的稳定作用，抑制了 FeNPs 从模板剂的孔道中逃逸。从 Fe^{10}@NOMC 的 HRTEM 照片中同样可以观察到 FeNPs 被类似洋葱状的碳基所包覆，在 FeNPs 周围形成了一层纳米碳壳。Fe^{5}@NOMC 的 TEM 照片中显示出大量的类似蜂窝状的纳米孔道［图 5-26（i）］，更清晰地表明，通过该方法合成的材料中 FeNPs 均有效地嵌入了碳基材料的孔壁中。

为进一步研究材料中掺杂的 N 对金属 Fe 的分散作用，作者使用元素成像分析（元素映射分析，EMA）对催化剂 Fe^{10}@NOMC 进行了分析。从图 5-26（h）中可以清晰看到 Fe、C、N 和 O 组分的存在，并且都呈现均匀的分散状。通过对 Fe^{10}@NOMC 进行 STEM 线性扫描，得到 Fe 和 N 在该扫描区域的分布图。如图 5-27 所示，可以清楚地看出，Fe 和 N 的分布是相似的，Fe 主要分布在 N 含量较高的区域，说明 Fe 的成核和生长发生在 N 所形成的环境中，即在材料的制备过程中 Fe 和 N 之间形成了较强的相互作用。

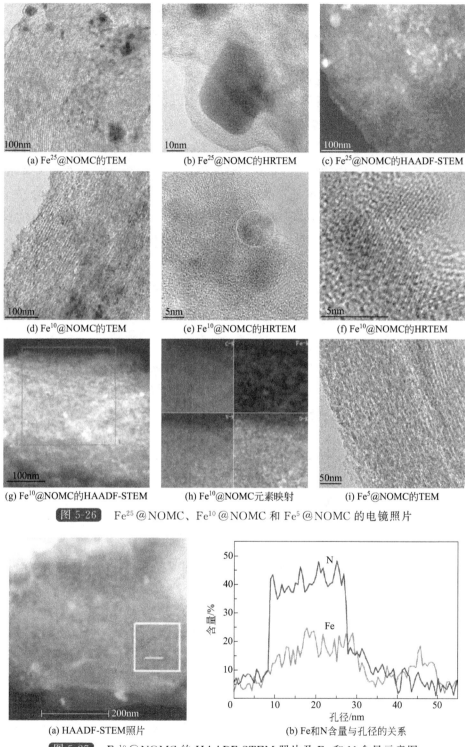

(a) Fe^{25}@NOMC的TEM (b) Fe^{25}@NOMC的HRTEM (c) Fe^{25}@NOMC的HAADF-STEM

(d) Fe^{10}@NOMC的TEM (e) Fe^{10}@NOMC的HRTEM (f) Fe^{10}@NOMC的HRTEM

(g) Fe^{10}@NOMC的HAADF-STEM (h) Fe^{10}@NOMC元素映射 (i) Fe^{5}@NOMC的TEM

图 5-26　Fe^{25}@NOMC、Fe^{10}@NOMC 和 Fe^{5}@NOMC 的电镜照片

(a) HAADF-STEM照片 (b) Fe和N含量与孔径的关系

图 5-27　Fe^{10}@NOMC 的 HAADF-STEM 照片及 Fe 和 N 含量示意图

以 Fe^x@NOMC 为催化剂，在 O_2 饱和的 0.1mol/L NaOH 溶液中进行线性伏安扫描，研究了催化剂的阴极电催化氧还原反应（ORR）催化性能，并与商品化 20% Pt/C 催化剂进行了比较，结果如图 5-28 所示，由兼容的复合离子液体体系（[FcN][NTf$_2$] 和 [MCNIm][N(CN)$_2$]）合成的 Fe^{10}@NOMC 具有较好的氧还原活性和稳定性，其起始氧还原电位接近 0.1V（vs. MMO），与 Pt/C 的起始氧还原电位相当，且比 Fe^5@NOMC 和 Fe^{25}@NOMC 催化剂的更正。Fe^{10}@NOMC 催化剂的氧还原起始电位越正，表明该催化剂在 ORR 反应中活性越高，这或许归因于 Fe^{10}@NOMC 中存在大量氮，形成了更多高活性的 Fe-N-C 活性位点。除此之外，在燃料电池工作电位下[例如 0（vs. MMO）]测试了催化剂的电流密度，结果表明，Fe^{10}@NOMC 催化剂的电流密度接近 Pt/C 的电流密度，且比 Fe^5@NOMC 和 Fe^{25}@NOMC 的电流密度高。

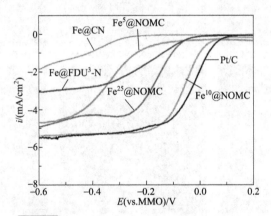

图 5-28　O_2 饱和的 0.1mol/L NaOH 溶液中
不同催化剂线性伏安扫描的 ORR 曲线
（扫描速度为 10mV/s，电极转速为 1600r/min）

作者为了对 Fe-N-C 催化剂的活性位有更加清楚的认知，以二茂铁基功能化离子液体 [FcN][NTf$_2$] 后修饰的方法，制备了氮掺杂的有序介孔碳材料负载 Fe 催化剂 Fe@FDU^3-N 作为对照，研究了其催化 ORR 反应活性。从图 5-28 可以看出，Fe@FDU^3-N 对 ORR 的催化活性非常弱，进一步的 XPS 表征分析显示该材料中氮物种主要以石墨化的 N 为主，而没有 N2 物种和 Fe-N2 的相互作用存在（表 5-3）。这表明采用后负载的方法将离子液体 [FcN][NTf$_2$] 引入富氮的 FDU^3-N 中，并不能产生像 Fe^x@NOMC 材料中观察到的 Fe-N2 相互作用，因此 Fe-N2 活性位的形成不仅依赖于材料中氮的含量，而且依赖在合成过程中所使用硬模板的方法。

基于 Koutecky-Levich (K-L) 方程分析，以 Fe^{10}@NOMC 为催化剂的电子转移数接近 4.0，与商业化 Pt/C 催化剂类似，表明 ORP 反应在其催化作用下主要为直接 4 电子还原过程。Fe^{10}@NOMC 催化剂的动力学电流密度值 (J_k) 为 5.30mA/cm^2，与 Pt/C 催化剂 (J_k=5.38mA/cm^2) 非常接近。此外，在抗甲醇性和稳定性测试中，Fe^{10}@NOMC 催化剂都显示出优于 Pt/C 催化剂的结果。由此可见，硬模板法制备的 Fe^{10}@NOMC 具有良好的 ORR 催化活性和稳定性，可以作为阴极碱性体系中氧还原催化剂，是贵金属 Pt/C 催化剂很好的替代品。

总而言之，该研究工作不但为制备新颖的金属掺杂的功能化多孔碳材料提供了一种有效的、新颖的合成途径，而且为离子液体的应用提供了新思路。

5.2 基于离子液体骨架的多孔有机聚合物材料

5.2.1 多孔有机材料概述

多孔材料，是一种由互相贯通或封闭的孔洞构成的网络结构材料，孔洞的边界或表面由支柱或平板构成。国际纯粹与应用化学联合会（IUPAC）规定，多孔材料按孔径大小可分为微孔材料（孔道尺寸<2nm）、介孔材料（2nm<孔道尺寸<50nm）、大孔材料（孔道尺寸>50nm）。经典的微孔材料包括沸石、活性炭和金属有机框架化合物（metal-organic frameworks，MOFs)[52]。沸石和活性炭是较早研究的微孔材料，应用广泛，但是存在合成条件相对单一、可控性差、难以进行特殊的功能化等缺点。

MOFs 于 1998 年由 Yaghi 小组首次报道[53]，是由金属离子和有机配体自组装形成的微孔材料，近十几年来得到了蓬勃的发展。由于其具有大的比表面积、可调控的物理化学性质及结构可修饰性等优点，在储氢材料、非线性光学材料、磁性材料、超导材料和催化材料领域都具有潜在的应用前景。由于 MOFs 材料由弱的金属配位键自组装组成，所以热稳定性相对较差，同时对于酸、碱、空气、水汽等都较为敏感。此外，在材料成型过程中孔道中包含客体分子（通常为溶剂分子），在脱除客体分子的过程中通常会伴随骨架的坍塌。

正是由于这些微孔材料都或多或少存在缺陷，促使人们不断地去寻求和发现新的多孔材料。在这样的背景下，纯粹的多孔有机材料（porous organic meterials）应运而生，并以其高的比表面积、低的骨架密度、可控的化学物理性质、简易的功能化以及合成策略多样化等特性，在最近的十几年中得到了迅速发展[54]。

多孔有机材料的设计创新性主要体现在采用了刚性的有机分子（多为芳环骨架）和新的连接方式（共价键）。一方面刚性有机分子可以支撑整个骨架，同时限制高分子链的自由旋转，从而避免了骨架结构的坍塌，且提供了自由孔隙空间；另一方面通过有机合成化学反应的多样性可以引入新的功能化骨架，进而开拓新的应用领域。所以说与其他微孔材料相比，合成策略的多样性是多孔有机材料的最大优点。

图 5-29 总结了文献报道的构建多孔有机材料的常用方法，主要包括过渡金属催化的偶联反应、傅克烷基化反应、酸催化的缩合反应、三聚反应、亲核取代反应以及"Click"反应等。

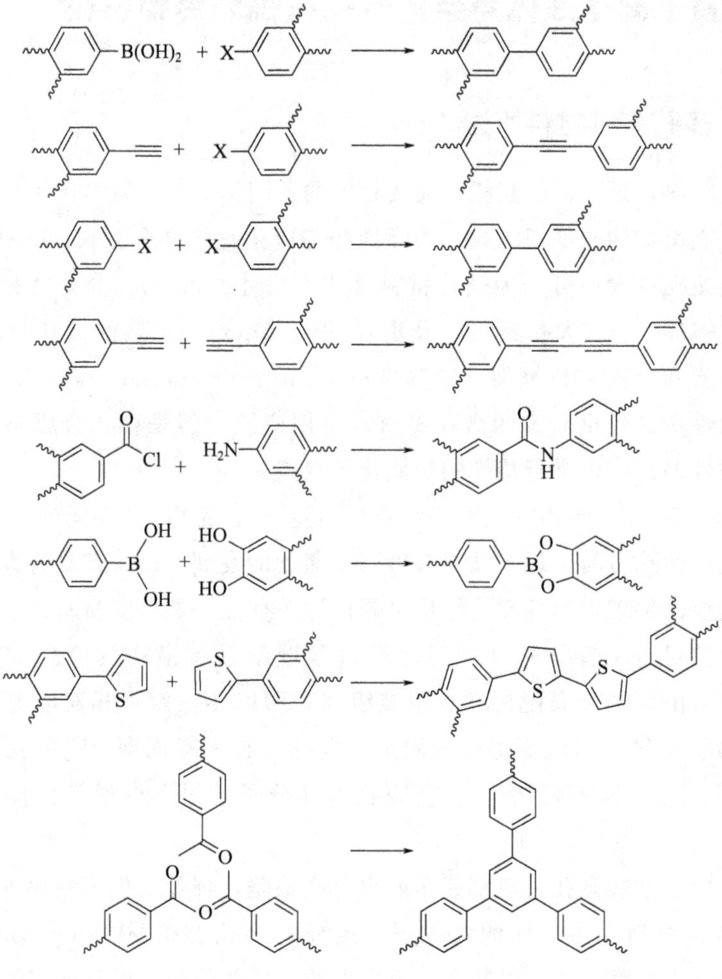

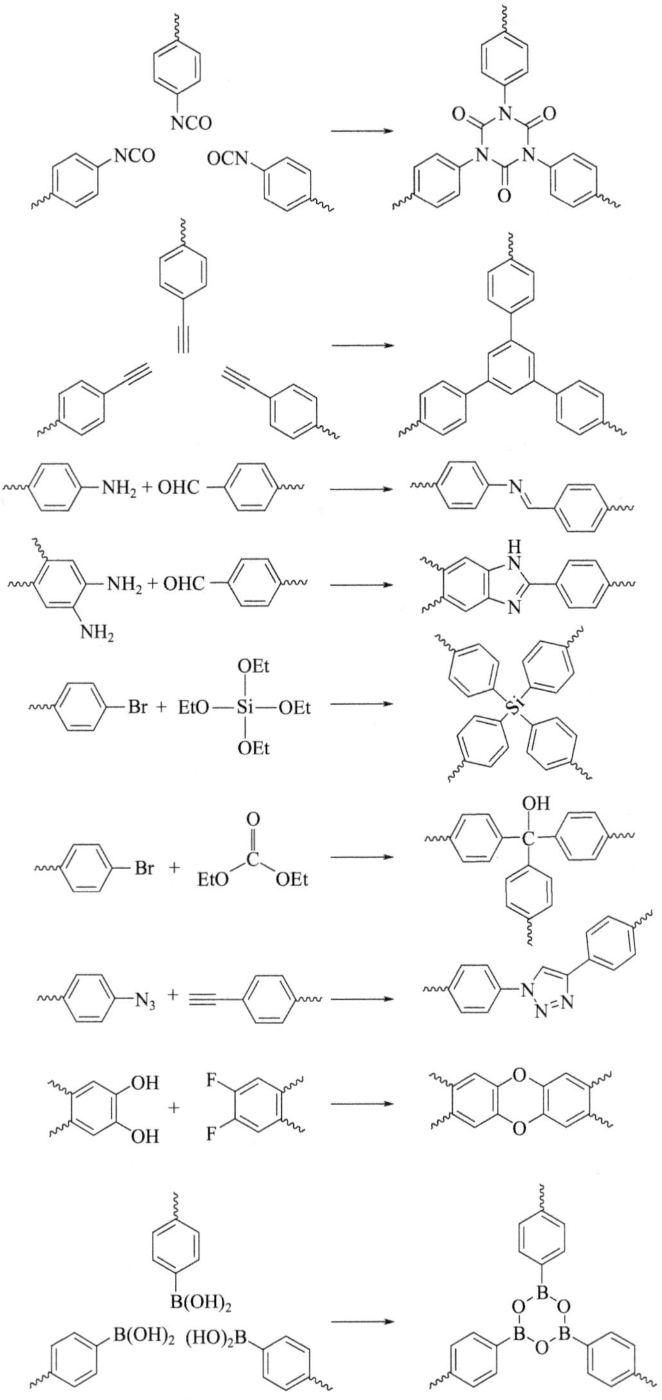
NCO
NCO
OCN
O
N
O
N
N
O
NH2 + OHC
N
H
N
NH2 + OHC
NH2
N
OEt
Br + EtO—Si—OEt
OEt
Si
OH
O
Br +
C
EtO
OEt
C
N3 +
N
N=N
OH
F
+
OH
F
O
O
B(OH)2
B(OH)2 (HO)2B
B
O O
B B
O

图 5-29

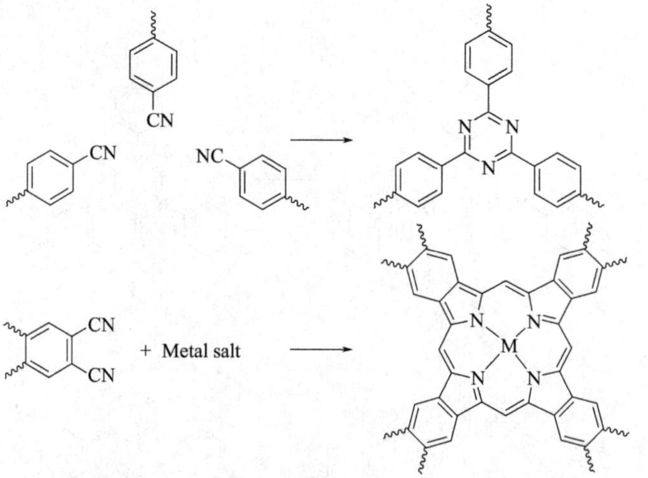

图 5-29　常见的构筑多孔有机材料的合成方法

除了构建方法之外，合成多孔有机材料的另一重要因素就是刚性有机分子的选择和设计。有机刚性分子可分为结构性砌块（structure building blocks，SBBs）和功能性砌块（functional building blocks）。这些砌块分子大都是刚性的芳环分子，通过选择合适的成键方法将两者结合，便可合成满足不同应用需求的多孔有机材料（图 5-30）。

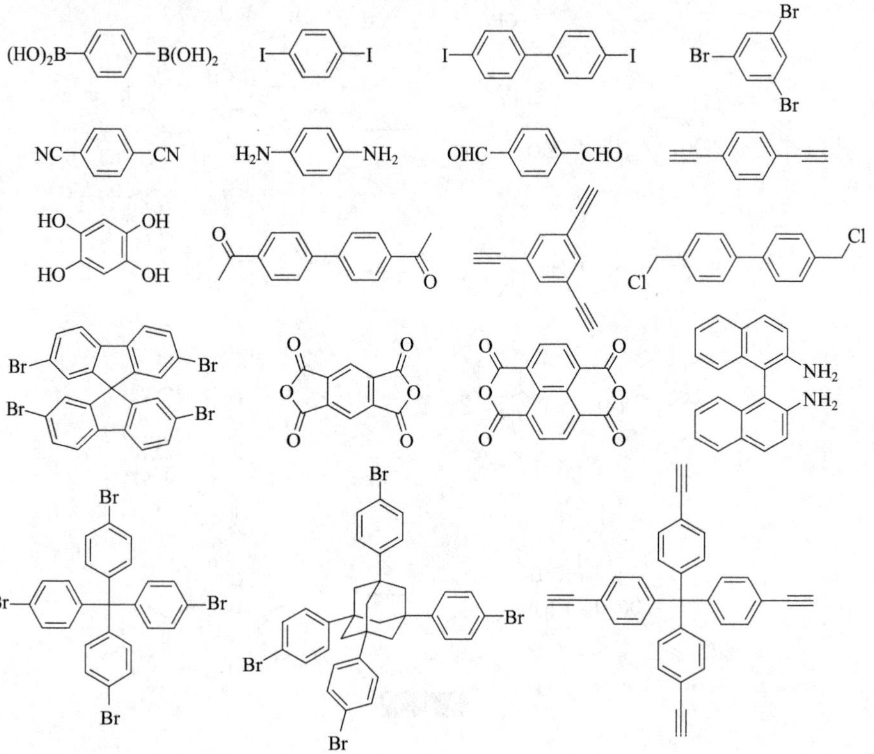

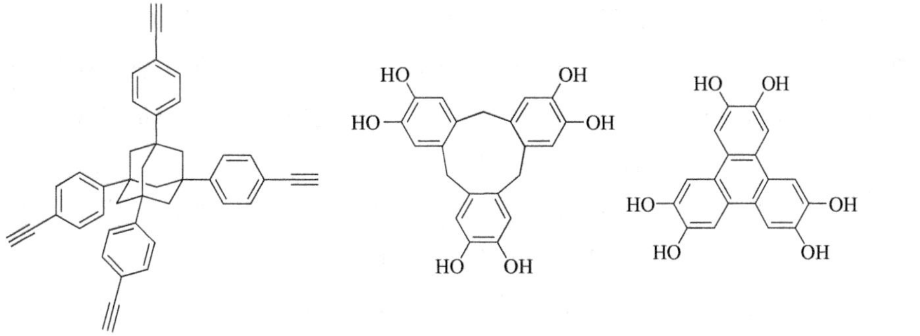

(a) 结构性砌块

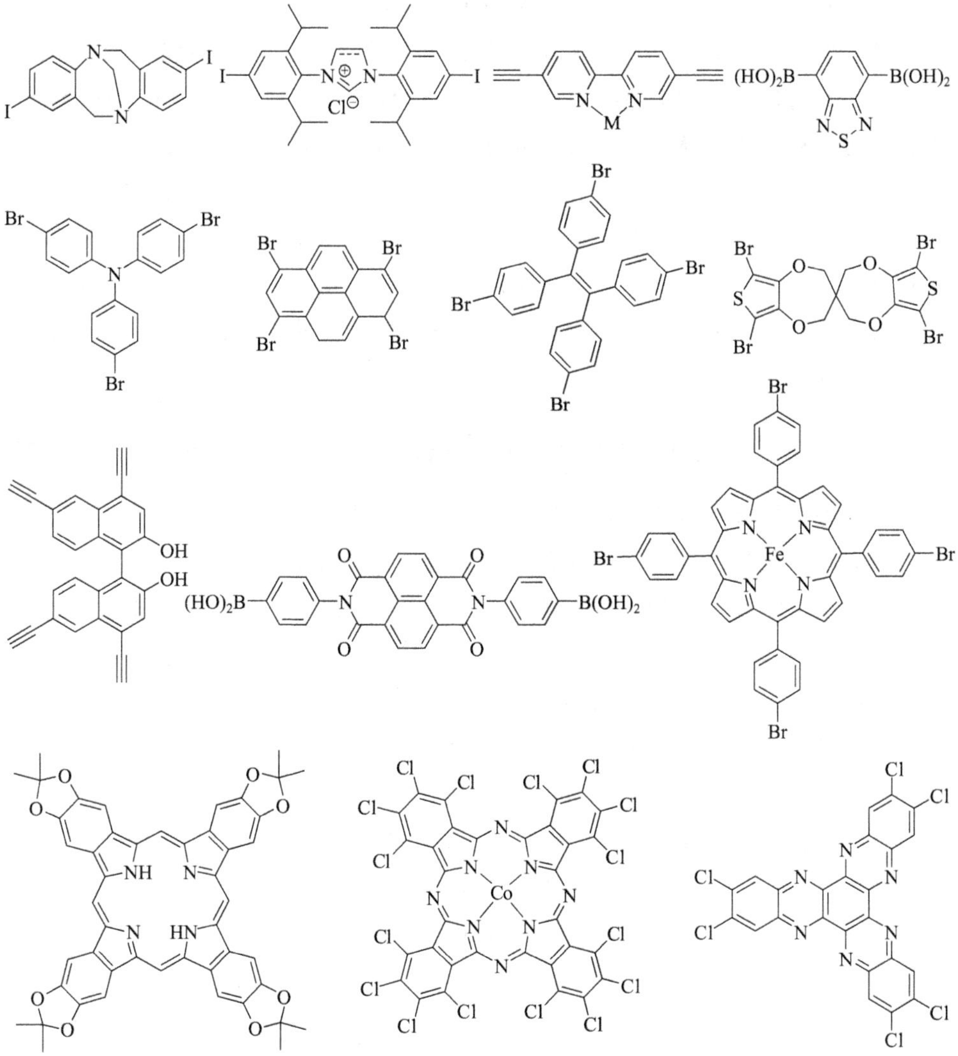

(b) 功能性砌块

图 5-30　常见的结构性砌块和功能性砌块

多孔有机聚合物材料（porous organic polymers，POPs）[55~63]、金属有机框架材料（metal organic frameworks，MOFs）[64~68]和共轭有机框架材料（covalent organic frameworks，COFs）[69~73]是多孔有机材料的典型代表，由于他们的多孔性质和高比表面积，被用作新型的均相催化剂载体的研究逐渐兴起。但是由于MOFs材料的配位连接模式和COFs材料的可逆化学键连接模式，在很多情况下，如高温、酸、碱、水分存在下，MOFs和COFs材料极易分解，这极大地限制了他们在催化领域的应用。相反，POPs材料由于其键联方式为通过动力学控制的不可逆化学键相连，所以对水热、高温及其他化学环境都能很好地适应，是一种具有应用前景的载体。

具有催化活性的催化剂分子可以通过两种方式植入多孔有机聚合物材料中。其一是通过后合成策略[74~79]将活性催化物种负载到多孔材料之中，这种方法通常是将催化剂通过非共价键的方法植入到多孔材料之中，相互作用力较弱，催化剂在反应过程中易流失；其二是通过自下而上合成策略，将具有催化活性的分子一步构筑到多孔材料中，采用这种方式所得到的多孔材料骨架本身就具有催化活性，而且催化剂载入量高、局部分布均匀、不易流失，同时，多孔材料中丰富的孔隙有利于底物分子与催化剂的充分接触和传质，从而可以提高催化活性。

5.2.2 Au-NHC@POPs的可控合成及其在炔烃水合反应中的应用

在已报道的多孔有机聚合物催化材料的制备中，金属配合物单体大都采取金属中心与中性的氮进行配位的方式，这是一种相对不太稳定的配位模式。近年来，氮杂卡宾作为一种强的σ-电子配体，其金属配合物表现出超强的稳定性，因而在金属有机催化领域占据了重要地位[80~82]。然而，由于氮杂卡宾配合物合成较为复杂，且催化剂多为一次性使用，限制了作为催化剂应用的发展空间。参考多孔有机聚合物材料的设计理念，发展共价键方式均匀嵌入型氮杂卡宾金属配合物多孔材料（NHC-Metal@POPs）具有重要意义。最近，Xia小组[83]利用C—C偶联的方法，首次实现了将结构确定且配合物中金属与配体作用强（M—C键强）的氮杂卡宾金属配合物以共价键的方式均匀分散地"镶嵌"于多孔材料的骨架当中，并研究了该材料在炔烃水合反应中的催化性能。

作者对经典的氮杂卡宾配体 IPr[N,N'-双(2,6-二异丙基苯基)咪唑-2-亚基，N,N'-bis(2,6-diissopropylphenyl) imidazol-2-ylidene]进行结构修饰，在苯环的两端引入两个碘原子，得到碘代氮杂卡宾金配合物偶联单体（NHC-

Au，2）（图 5-31），再通过与不同刚性炔烃单体的 Sonogashira 偶联反应合成出含氮杂卡宾金（NHC-Au）的多孔有机聚合物材料（Au-NHC@POPs、NHC-salt@POPs）。图 5-32 为材料的合成示意图，通过改变炔烃单体结构和单体浓度可以得到具有不同比表面积和孔径分布的多孔有机聚合物材料。

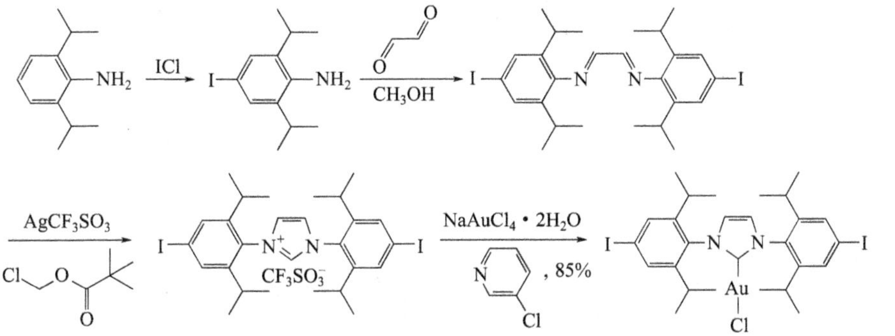

图 5-31　碘官能团化的氮杂卡宾金配合物单体合成

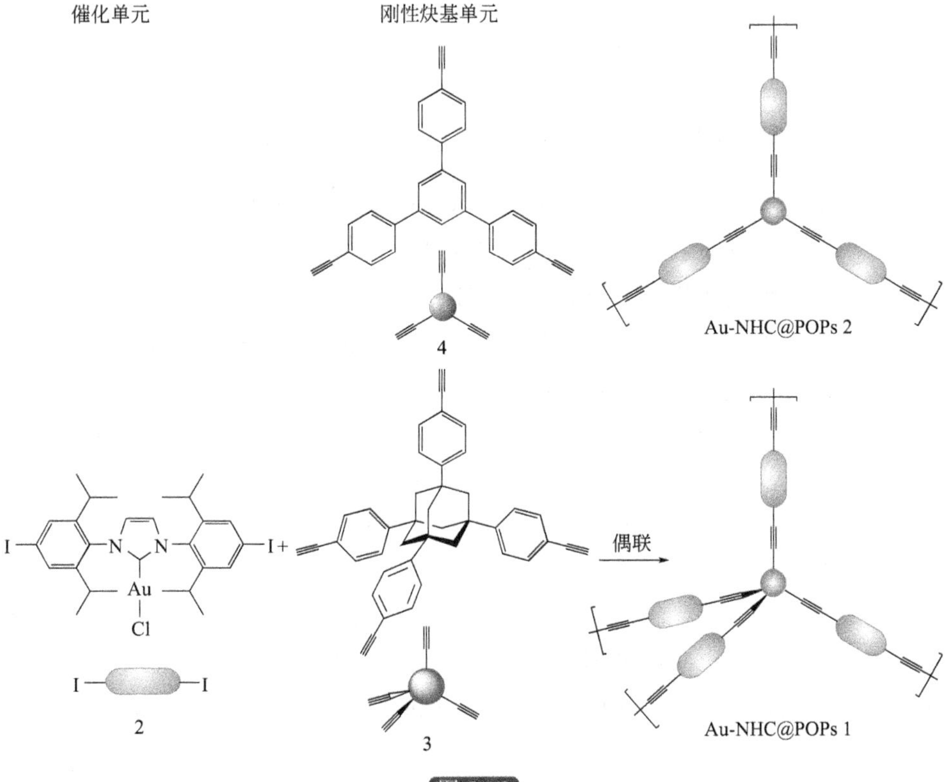

图 5-32

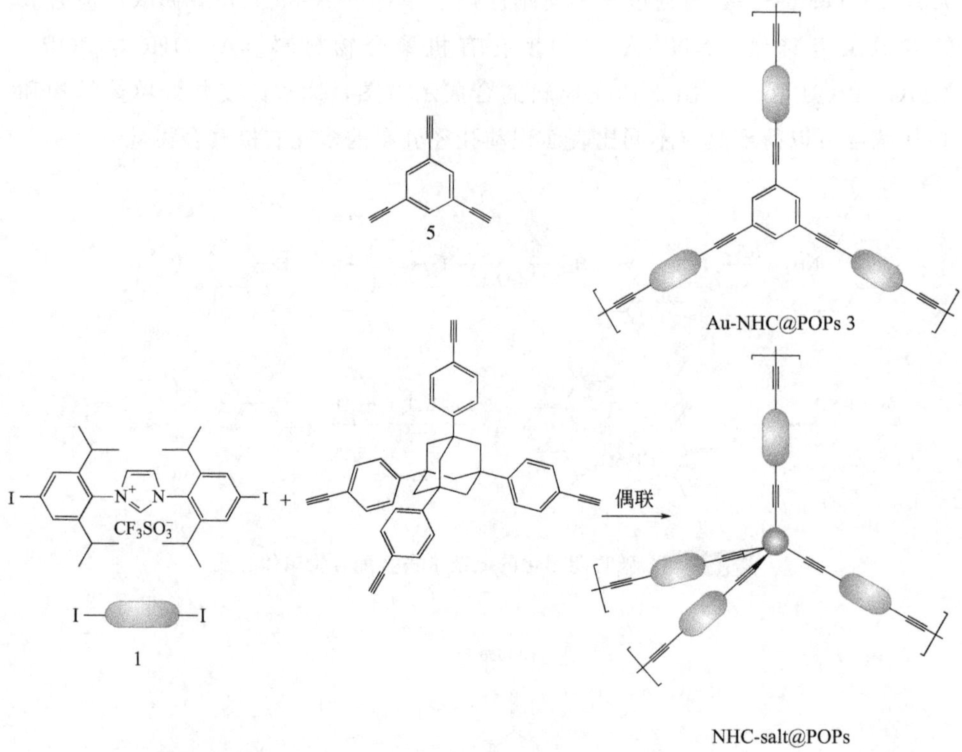

图 5-32　Au-NHC@POPs、NHC-salt@POPs 合成示意图

作者对合成的 Au-NHC@POPs1、Au-NHC@POPs2、Au-NHC@POPs3 和 NHC-salt@POPs 材料进行了详细的表征。

氮气吸脱附表征显示，材料 Au-NHC@POPs1、Au-NHC@POPs2、Au-NHC@POPs3 和 NHC-salt@POPs 的 BET 比表面积分别为 $506m^2/g$、$350m^2/g$、$258m^2/g$ 和 $249m^2/g$。由于合成 Au-NHC@POPs1 所用的单体四乙炔基苯基金刚烷 **3** 具有正四面体型的多分支空间结构，而用于合成 Au-NHC@POPs2 和 Au-NHC@POPs3 的炔烃单体 **4** 和单体 **5** 是平面型结构，故而 Au-NHC@POPs1 具有更大的比表面积。对于从碘官能团化的氮杂卡宾盐 **1** 出发合成的材料 NHC-salt@POPs，因其阴离子三氟甲磺酸根（$CF_3SO_3^-$）会对材料孔道造成堵塞，导致比表面积显著降低（$249m^2/g$）。77 K 下材料的吸附等温线和孔径分布曲线见图 5-33，材料呈现出类型Ⅰ和类型Ⅱ的合并型吸附曲线，并且相应的孔径分布图表明所合成的材料具有微介孔并存的性质。

固体核磁、红外表征结果证实，材料合成中芳基 C—I 键和 ≡C—H 碳氢键之间发生了 Sonogashira 偶联反应。通过比较单体 **2**，材料 Au-NHC@POPs1、Au-NHC@POPs2 和 Au-NHC@POPs3 的 XPS 谱图中金元素的电子

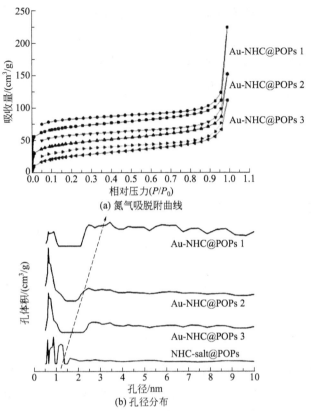

图 5-33 材料 Au-NHC@POPs 在 77K 下的氮气吸脱附和孔径分布

结合能,发现所有合成材料的 XPS 谱图在 85.2eV 和 88.7eV 处均出现了与单体相同的 Au $4f_{7/2}$ 和 $4f_{5/2}$ 的特征电子结合能,表明材料中金的价态没有改变(图 5-34)。

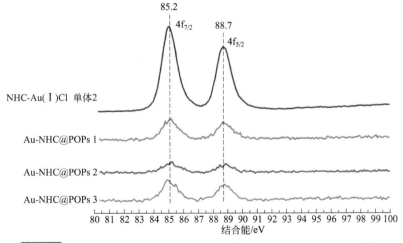

图 5-34 单体 2 和 Au-NHC@POPs 材料 Ag $4f_{7/2}$ 和 $4f_{5/2}$ 的 XPS 谱图

图 5-35 显示了材料的热重分析（thermal gravimetric analysis，TGA）结果，可以看出，所有合成的材料在 300℃ 之前均具有良好的热稳定性，表现出较好的温度耐受能力，这与 MOFs 及 COFs 材料形成了鲜明的对比，同时也显示出其潜在的高温催化性能。

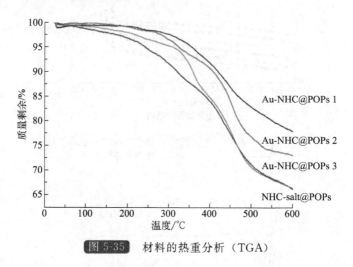

图 5-35　材料的热重分析（TGA）

POPs 材料的形成是一个热力学不可逆的化学成键过程，故此该类聚合物材料还可通过动力学控制（单体浓度的变化）实现比表面积、孔径和孔体积的可控合成，进而调控其催化反应性能。

从图 5-36 可以清晰观察到，在不同浓度条件下，材料的合成产生了一个可控的转变过程，即随着浓度的变化，发生了从无孔材料到微孔材料再到微介孔并存材料的相应转变。相应的比表面积也从一个极低的值 $16m^2/g$，逐渐增加到一个最高值 $798m^2/g$，然后降低至一个中等大小的比表面积值 $506m^2/g$（图 5-37）。

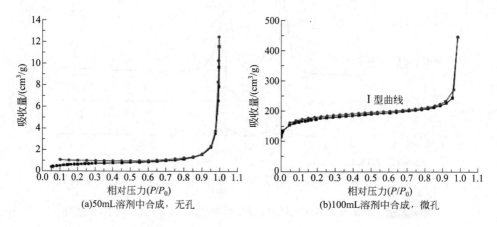

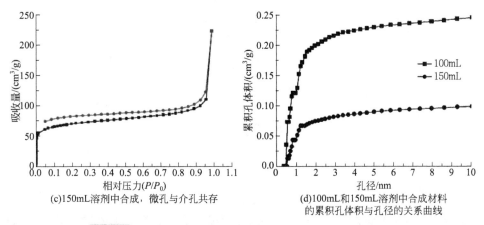

(c) 150mL溶剂中合成，微孔与介孔共存

(d) 100mL和150mL溶剂中合成材料的累积孔体积与孔径的关系曲线

图 5-36　不同浓度下合成材料的氮气吸脱附等温线（77K）

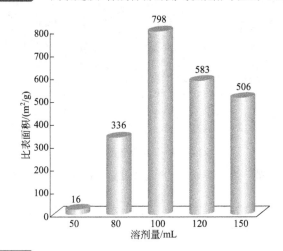

图 5-37　不同浓度合成的 Au-NHC@POPs1 比表面积变化

Xia 等人提出了分支-分支交联效应理论（branch-branch cross effect）对材料合成的动力学控制做出了合理的解释，如图 5-38 所示。当溶剂用量为 50mL 时，单体浓度过大，反应速率太快，以至于分支-分支交联效应太强烈（类似于嵌套效应），导致孔道完全堵塞，最终得到无孔材料（16m²/g）。当溶剂用量逐渐增大，单体浓度逐渐降低时，聚合反应速率也随之降低，分支-分支交联效应减弱，当单体浓度达到一个适当值时，适中的分支-分支交联效应使得此时合成出来的材料孔道完全为微孔且具有最大的比表面积。例如，Au-NHC@POPs 的合成中，当溶剂容量为 100mL 时，合成出来的材料具有最大的比表面积（798m²/g）。而当溶剂的量继续增加（120mL、150mL），单体浓度继续下降，聚合反应速率也继续下降，分支-分支交联效应逐渐减弱，由交联嵌套导致的孔道堵塞效应进一步下降，材料中出现了介孔孔径，并且比表面

积也随之下降，分别降至 $583\text{m}^2/\text{g}$ 和 $506\text{m}^2/\text{g}$。

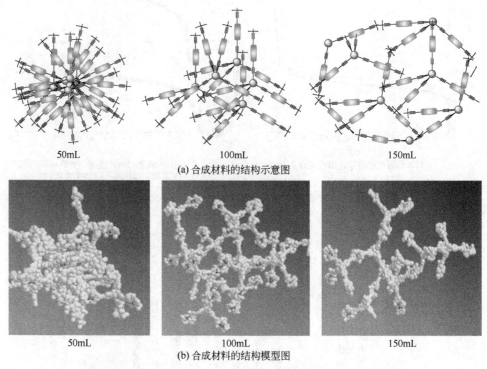

图 5-38　模型假设：分支-分支交联理论解释浓度控制合成

图 5-39 所示的不同溶剂用量下，时间-聚合质量动力学实验结果可对分支-分支交联理论做进一步验证。

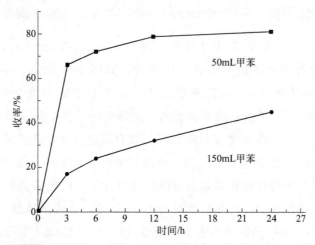

图 5-39　材料 Au-NHC@POPs1 在 50mL 和 150mL 条件下合成的时间-产率动力学实验曲线

从图中可以看出，在溶剂量为 50mL 的条件下，3h 时产率已经达到 63%，12h 时接近 80%。而溶剂量增加到 150mL，合成反应速率大大降低，3h 才有 18% 的产率，12h 时产率为 32%，24h 时才能达到近 50% 的产率。

合成材料的元素分析结果列于表 5-5，由于不同浓度下合成的材料所采用的聚合单体都是相同的，所以每种材料的元素分析结果十分接近。

表 5-5　不同浓度下所合成材料的元素分析结果

样品	元素质量分数/%			
	Au	C	H	N
Au-NHC@POPs1-50mL	18.49	60.34	4.17	2.97
Au-NHC@POPs1-80mL	18.48	60.37	4.15	2.97
Au-NHC@POPs1-100mL	18.43	60.35	4.18	2.95
Au-NHC@POPs1-120mL	18.42	60.38	4.17	2.96
Au-NHC@POPs1-150mL	18.45	60.36	4.18	2.97

Xia 等人将 Au-NHC@POPs 材料用于催化炔烃水合反应（图 5-40），研究了它们的催化及循环使用性能。

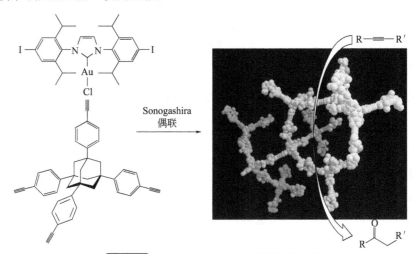

图 5-40　Au-NHC@POPs 催化炔烃水合

在苯乙炔的水合反应中，以 50mL 溶剂中合成的无孔材料为催化剂仅得到痕量产物，除此之外，分别合成于 150mL、120mL、100mL 和 80mL 溶剂中的 Au-NHC@POPs1 为催化剂时，产物苯乙酮的收率在 73%～86% 之间。以 Au-NHC@POPs2 和 Au-NHC@POPs3 为催化剂，产率分别为 83% 和 75%。作者把这种现象归因于苯乙炔底物分子的小尺寸效应（苯乙炔分子尺寸为 0.76nm），0.76nm 的分子可以在上述材料的微孔孔径中自由进出，因此以苯乙炔作为底物分子，上述有孔材料的催化活性没有表现出十分明显的差异。

作者通过水合反应动力学实验对不同浓度条件合成出的 Au-NHC@POPs1 材料的催化活性进行了分辨，如图 5-41 所示。从图中可见，100mL 溶剂中合成的 Au-NHC@POPs1 材料具有最佳催化性能，最初 2h 的 TOF 值达到 19.6mol/h。由此可知，Au-NHC@POPs1 的形貌，即比表面积和孔径大小，对催化反应的初始过程具有重要影响。从图中还可发现，Au-NHC@POPs 催化剂具有与均相 iodo-NHC-Au 催化剂相当的催化活性。

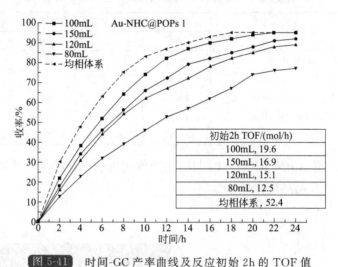

图 5-41　时间-GC 产率曲线及反应初始 2h 的 TOF 值

当以分子尺寸为 2.11nm 的 1,2-二(4-丁基苯基)乙炔为反应底物时，从表 5-6 的反应结果可以看出，150mL 溶剂中合成出的催化剂具有最好的催化性能，产物收率达到 64%。据此可以认为，对于 2.11nm 的大尺寸分子，在微孔材料的孔道中不能自由进出，所以不能有效接触活性催化位点，导致反应结果较差；而 150mL 溶剂中合成出来的材料具有部分介孔孔径，所以表现出优于其他材料的催化活性，这也再次表明材料的孔道效应对催化活性具有十分重要的影响。

此类多孔有机材料还具有非常好的化学稳定性，可以重复使用六次而活性没有明显降低，并且使用六次后的反应滤液经 ICP-AES 检测，未发现金元素的流失。

表 5-6　不同浓度下合成的催化剂在大尺寸炔烃水合反应中的催化活性

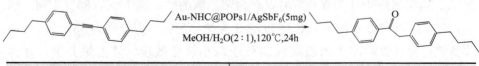

催化剂	收率/%
Au-NHC@POPs1-50mL	痕量

续表

催化剂	收率/%
Au-NHC@POPs1-80mL	痕量
Au-NHC@POPs1-100mL	12
Au-NHC@POPs1-120mL	痕量
Au-NHC@POPs1-150mL	64

将 Au-NHC@POPs1 与纯水及水-甲醇混合溶剂（$V_{水/甲醇}=1/2$）进行反应，比较反应前后催化剂的红外光谱，发现催化剂结构几乎没有变化，特别是在大约 1700 cm^{-1} 处没有出现多孔催化材料骨架所含内炔键水合后的羰基峰，说明该催化剂具有高度的水热稳定性，因为一旦催化剂不稳定就会造成催化剂本身因为被水合而形貌坍塌。这项工作为将 NHC-M 催化剂均匀地"镶嵌"于多孔材料骨架而实现完美负载提供了一个崭新的思路。

参考文献

[1] Abe M, Kawashima K, Kozawa K, Sakai H, Kaneko K. Amination of activated carbon and adsorption characteristics of its aminated surface. Langmuir, 2000, 16(11): 5059-560.

[2] Pels J R, Kapteijn F, Moulijn J A, Zhu Q, Thomas K M. Evolution of nitrogen functionalities in carbonaceous materials during pyrolysis. Carbon, 1995, 33(11): 1641-1653.

[3] Paraknowitsch J P, Zhang J, Su D, Thomas A, Antonietti M. Ionic liquids as precursors for nitrogen-doped graphitic carbon. Adv Mater, 2010, 22(1): 87-92.

[4] Sun F, Liu J, Chen H, Zhang Z, Qiao W, Long D, Ling L. Nitrogen-rich mesoporous carbons: Highly efficient, regenerable metal-free catalysts for low-temperature oxidation of H_2S. ACS Cataly, 2013, 862-870.

[5] Wang H, Maiyalagan T, Wang X. Review on recent progress in nitrogen-doped graphene: Synthesis, characterization, and its potential applications. ACS Catal, 2012, 2(5): 781-794.

[6] Pietrzak R. XPS study and physico-chemical properties of nitrogen-enriched microporous activated carbon from high volatile bituminous coal. Fuel, 2009, 88(10): 1871-1877.

[7] Jaouen F, Lefevre M, Dodelet J P, Cai M. Heat-treated Fe/N/C catalysts for O_2 electroreduction: Are active sites hosted in micropores? J Phys Chem B, 2006, 770: 5553-5558.

[8] Jiang L Q, Gao L. Modified carbon nanotubes: An effective way to selective attachment of gold nanoparticles. Carbon, 2003, 41: 2923-2929.

[9] Sidik R A, Anderson A B, Subramanian N P, Kumaraguru S P, Popov B N. O_2 reduction on graphite and nitrogen-doped graphite: Experiment and theory. J Phys Chem B, 2006, 110: 1787-1793.

[10] Terrones M, Terrones H, Grobert N, Hsu W K, Zhu Y Q, Hare J P, Kroto H W, Walton D R M, Kohler-Redlich P, Ruhle M, Zhang J P, Cheetham A K. Efficient route to large arrays of CN_x nanofibers by pyrolysis of ferrocene/melamine mixtures. Appl Phys Lett, 1999, 75: 3932-3934.

[11] Terrones M, Kamalakaran R, Seeger J, Ruhle M. Novel nanoscale gas containers: Encapsulation of N_2 in CN_x nanotubes. Chem Commun, 2000, 2335-2336.

[12] Murugavel R, Walawalkar M G, Dan M, Roesky H W, Rao C N R. Transformations of molecules and secondary building units to materials: A bottom-up approach. Acc Chem Res, 2004, 37(10): 763-774.

[13] Lee J S, Wang X, Luo H, Baker G A, Dai S. Facile ionothermal synthesis of microporous and mesoporous carbons from task specific ionic liquids. J Am Chem Soc, 2009, 131: 4596-4597.

[14] Crespo-Quesada M, Dykeman R R, Laurenczy G, Dyson P J, Kiwi-Minsker L. Supported nitrogen-modified Pd nanoparticles for the selective hydrogenation of 1-hexyne. J Catal, 2011, 279(1): 66-74.

[15] Xie X, Long J, Xu J, Chen L, Wang Y, Zhang Z, Wang X. Nitrogen-doped graphemestabilized gold nanoparticles for aerobic selective oxidation of benzylic alcohols. RSC Adv, 2012, 2(32): 12438-12446.

[16] Byon H R, Suntivich J, Crumlin E J, Shao-Horn Y. Fe-N-modified multi-walled carbon nanotubes for oxygen reduction in acid. Phy Chem Chem Phy, 2011, 13(48): 21437-21445.

[17] Xu X, Li Y, Gong Y T, Zhang P F, Li H R, Wang Y. Synthesis of palladium nanoparticles supported on mesoporous N-doped carbon and their catalytic ability for biofuel upgrade. J Am Chem Soc, 2012, 134(41): 16987-16990.

[18] Jia L, Bulushev D A, Podyacheva O Y, Boronin A I, Kibis L S, Gerasimov E Y, Beloshapkin S, Seryak I A, Ismagilov Z R, Ross J R H. Pt nanoclusters stabilized by N-doped carbon nanofibers for hydrogen production from formic acid. J Catal, 2013, 307(10): 94-102.

[19] Li X H, Antonietti M. Metal nanoparticles at mesoporous N-doped carbons and carbon nitrides: Functional Mott-schottkyheterojunctions for catalysis. Chem Soc Rev, 2013, 42(16): 6593-6604.

[20] Li Z L, Liu J H, Huang Z W, Yang Y, Xia C G, Li F W. One-pot synthesis of Pd nanoparticle catalysts supported on N-doped carbon and application in the domino carbonylation. ACS Catal, 2013, 3: 839-845.

[21] Teschner D, Revay Z, Borsodi J, Havecker M, Knop-Gericke A, Schlogl R, Milroy D, Jackson S D, Torres D, Sautet P. Understanding palladium hydrogenation catalysts: When the nature of the reactive molecule controls the nature of the catalyst active phase. Angew Chem Int Ed, 2008, 47(48): 9274-9278.

[22] Teschner D, Borsodi J, Wootsch A, Revay Z, Havecker M, Knop-Gericke A, Jackson S D, Schlogl R. The roles of subsurface carbon and hydrogen in palladium-catalyzed alkyne hydrogenation. Science, 2008, 320(5872): 86-89.

[23] Staben S T, Blaquiere N. Four-component synthesis of fully substituted 1,2,4-triazoles. Angew. Chem Int Ed, 2010, 49(2): 325-328.

[24] Dong G, Teo P, Wickens Z K, Grubbs R H. Primary alcohols from terminal olefins: Formal anti-markovnikov hydration via triple relay catalysis. Science, 2011, 333(6049): 1609-1612.

[25] D'Souza D M, Muller T J J. Multi-component syntheses of heterocycles by transition-metal

catalysis. Chem Soc Rev, 2007, 36(7): 1095-1108.

[26] Stonehouse J P, Chekmarev D S, Ivanova N V, Lang S, Pairaudeau G, Smith N, Stocks M J, Sviridov S I, Utkina L M. One-pot four-component reaction for the generationof pyrazoles and pyrimidines. Synlett, 2008, 100(1): 100-104.

[27] Gong K P, Du F, Xia Z H, Durstock M, Dai L M. Nitrogen-doped carbon nanotube arrays with high electrocatalytic activity for oxygen reduction. Science, 2009, 323(5915): 760-764.

[28] Liu Z W, Peng F, Wang H J, Yu H, Zheng W X, Yang J. Phosphorus-doped graphite layers with high electrocatalytic activity for the O_2 reduction in an alkaline medium. Angew Chem Int Ed, 2011, 50: 1-6.

[29] YangL J, Jiang S J, Zhao Y, Zhu L, Chen S, Wang X Z, Wu Q, Ma J, Ma Y W, Hu Z. Boron-doped carbon nanotubes as metal-free electrocatalysts for the oxygen reduction reaction. Angew Chem Int Ed, 2011, 50: 7132-7135.

[30] Jens P P, Arne T, Johannes S. Microporous sulfur-doped carbon from thienyl-based polymer network precursors. Chem Commun, 2011, 47: 8283-8285.

[31] Wang S Y, Zhang L P, Xia Z H, Roy A, Chang D. W, Baek J B, Dai L M. BCN graphene as efficient metal-free electrocatalyst for the oxygen reduction reaction. Angew Chem Int Ed, 2012, 51: 1-5.

[32] LiangY Y, Wang H L, Zhou J G, Li Y G, Wang J, Regier T, Dai H J. Covalent hybrid of spinel manganese-cobalt oxide and graphene as advanced oxygen reduction electrocatalysts. J Am Chem Soc, 2012, 134(7): 3517-3523.

[33] Raghuram C, Shankhamala K, Wei X, Michael B, Wolfgang S, Valentin C, Waltraut B, Thomas R, Martin M. PtRu nanoparticles supported on nitrogen-doped multiwalled carbon nanotubes as catalyst for methanol electrooxidation. Electrochimica Acta, 2009, 54: 4208-4215.

[34] Liu R L, Wu D Q, Feng X L, Müllen K. Nitrogen-doped ordered mesoporous graphitic arrays with high electrocatalytic activity for oxygen reduction. Angew Chem Int Ed, 2010, 49: 2565-2569.

[35] Shukla A K, Ravikumar M K, Roy A, Barman S R, Sarma D D, Aricò A S. Electro-oxidation of methanol in sulfuric acid electrolyte on platinized-carbon electrodes with several functional-group characteristics. J Electrochem Soc, 1994, 141(6): 1517-1522.

[36] Roy S C, Christensen P A, Hamnett A, Thomas K M, Trapp V. Direct methanol fuel cell cathodes with sulfur and nitrogen based carbon functionality. J Electrochem Soc, 1996, 143(10): 3073-3079.

[37] Wu G, More K L, Johnston C M, Zelenay P. High-performance electrocatalysts for oxygen reduction derived from polyaniline, iron, and cobalt. Science, 2011, 332(6028): 443-447.

[38] Jiang Y, Lu Y, Lv X, Han D, Zhang Q, Niu L, Chen W. Enhanced catalytic performance of Pt-free iron phthalocyanine by graphene support for efficient oxygen reduction reaction. ACS Catal, 2013, 3(6): 1263-1271.

[39] Parvez K, Yang S, Hernandez Y, Winter A, Turchanin A, Feng X, Müllen K. Nitrogen-doped graphene and its iron-based composite as efficient electrocatalysts for oxygen reduction reaction. ACS Nano, 2012, 6(11): 9541-9550.

[40] Lee J S, Park G S, Kim S T, Liu M, Cho J. A highly efficient electrocatalyst for the oxygen reduction reaction: N-doped ketjenblack incorporated into Fe/Fe$_3$C-functionalized melamine foam. Angew Chem Int Ed, 2013, 5 (3): 1026-1030.

[41] LiZ L, Li G L, Jiang L H, Li J L, Sun G Q, Xia C G, Li F W. Ionic liquids as precursors for efficient mesoporous iron-nitrogen-doped oxygen reduction electrocatalysts. Angew Chem Int Ed, 2015, 54: 1494-1498.

[42] Su P P, Xiao H, Zhao J, Yao Y, Shao Z G, Li C, Yang Q H. Nitrogen-doped carbon nanotubes derived from Zn-Fe-ZIF nanospheres and their application as efficient oxygen reduction electrocatalysts with in situ generated iron species. Chem Science, 2013, 4(7): 2941-2946.

[43] Wu Z, Li W, Webley P A, Zhao D. General and controllable synthesis of novel mesoporous magnetic iron oxide@carbon encapsulates for efficient arsenic removal. Adv Mater, 2012, 24(4): 485-491.

[44] Fu X G, Liu Y R, Cao X P, Jin J T, Liu Q, Zhang J Y. FeCo-N$_x$ embedded graphene as high performance catalysts for oxygen reduction reaction. Appl Catal B, 2013, 130-131: 143-151.

[45] Zhao A, Masa J, Xia W, Maljusch A, Willinger M G, Clavel G, Xie K P, Schlögl R, Schuhmann W, Muhler M. Spinel Mn-Co oxide in N-doped carbon nanotubes as a bifunctional electrocatalyst synthesized by oxidative cutting. J Am Chem Soc, 2014, 136: 7551-7554.

[46] Zhang D H, Liu Z Q, Han S, Li C, Lei B, Stewart M P, Tour J M, Zhou C W. Magnetite (Fe$_3$O$_4$) core-shell nanowires: Synthesis and magnetoresistance. Nano Lett, 2004, 4: 2151-2155.

[47] LuJ, Jiao X L, Chen D R, Li W. Solvothermal synthesis and characterization of Fe$_3$O$_4$ and γ-Fe$_2$O$_3$ nanoplates. J Phys Chem C, 2009, 113: 4012-4017.

[48] ZhaoY, Watanabe K, Hashimoto K. Self-supporting oxygen reduction electrocatalysts made from a nitrogen-rich network polymer. J Am Chem Soc, 2012, 134: 19528-19531.

[49] ZhaoY, Watanabe K, Hashimoto K. Efficient oxygen reduction by a Fe/Co/C/N nano-porous catalyst in neutral media. J Mater Chem A, 2013, 1: 1450-1456.

[50] Ferrandon M, Kropf A J, Myers D J, Artyushkova K, Kramm U, Bogdanoff P, Wu G, Johnston C M, Zelenay P. Multitechnique characterization of a polyaniline-iron-carbon oxygen reduction catalyst. J Phys Chem C, 2012, 116: 16001-16013.

[51] Li W M, Wu J, Higgins D C, Choi J Y, Chen Z W. Determination of iron active sites in pyrolyzed iron-based catalysts for the oxygen reduction reaction. ACS Catal, 2012, 2: 2761-2768.

[52] Kitagawa S, Kitaura R, Noro S I. Functional porous coordination polymers. Angew Chem Int Ed, 2004, 43: 2334-2375.

[53] Li H, Eddaoudi M, Groy T L, Yaghi O M. Establishing microporosity in open metal-organic frameworks: Gas sorption isotherms for Zn(BDC) (BDC=1,4-benzenedicarboxylate). J Am Chem Soc, 1998, 120: 8571-8572.

[54] Dawson R, Cooper A I, Adams D J. Nanoporous organic polymer networks. Prog Polym Sci, 2012, 37: 530-563.

[55] Kaur P, Hupp J T, Nguyen S T. Porous organic polymers in catalysis: Opportunities and challenges. ACS Catal, 2011, 1: 819-835.

[56] Mckeown N B, Budd P M. Polymers of intrinsic microporosity (PIMs): Organic materials for membrane separations, heterogeneous catalysis and hydrogen storage. Chem Soc Rev, 2006, 35: 675-683.

[57] Cooper A I. Conjugated microporous polymers. Adv Mater, 2009, 21: 1291-1295.

[58] Wang Z, Chem G, Ding K L. Self-supported catalysts. Chem Rev, 2009, 109: 322-359.

[59] Trewin A, Cooper A I. Porous organic polymers: Distinction from disorder? Angew Chem Int Ed, 2010, 49: 1533-1535.

[60] Jiang J X, Su F B, Trewin A, Wood C D, Campbell N L, Niu H J, Dickinson C, Ganin A Y, Rosseinsky M J, Khimyak Y Z, Cooper A I. Conjugated microporous poly(aryleneethynylene) networks. Angew Chem Int Ed, 2007, 46: 8574-8578.

[61] Schmidt J, Weber J, Epping J D, Antonietti M, Thomas A. Microporous conjugated poly(thienylene arylene) networks. Adv Mater, 2009, 21: 702-705.

[62] Ben T, Ren H, Ma S Q, Cao D, Lan J H, Jing X F, Wang W C, Xu J, Deng F, Simmons J M, Qiu S, Zhu G S. Targeted synthesis of a porous aromatic framework with high stability and exceptionally high surface area. Angew Chem Int Ed, 2009, 48: 9457-9460.

[63] Chen L, Honsho Y, Seki S, Jiang D L. Light-harvesting conjugated microporous polymers: Rapid and highly efficient flow of light energy with a porous polyphenylene framework as antenna. J Am Chem Soc, 2010, 132: 6742-6748.

[64] Eddaoudi M, Moler D B, Li H, Chen B, Reineke T M, O'Keeffe M, Yaghi O M. Modular chemistry: Secondary building units as a basis for the design of highly porous and robust metal-organic carboxylate frameworks. Acc Chem Res, 2001, 34: 319-330.

[65] James S L. Metal-organic frameworks. Chem Soc Rev, 2003, 32: 276-288.

[66] Férey G. Hybrid porous solids: Past, present, future. Chem Soc Rev, 2008, 37: 191-214.

[67] Wu C D, Hu A, Zhang L, Lin W B. A homochiral porous metal-organic framework for highly enantioselective heterogeneous asymmetric catalysis. J Am Chem Soc, 2005, 127: 8940-8941.

[68] Song F, Wang C, Falkowski J M, Ma L, Lin W B. Isoreticular chiral metal-organic frameworks for asymmetric alkene epoxidation: Tuning catalytic activity by controlling framework catenation and varying open channel sizes. J Am Chem Soc, 2005, 127: 15390-15398.

[69] Ding S Y, Wang W. Covalent organic frameworks (COFs): From design to applications. Chem Soc Rev, 2013, 42: 548-568.

[70] Feng X, Ding X S, Jiang D L. Covalent organic frameworks. Chem Soc Rev, 2012, 41: 6010-6022.

[71] Côté A P, Benin A I, Ockwig N W, O'Keeffee M, Matzger A J. Porous, crystalline, covalent organic frameworks. Science, 2005, 310: 1166-1170.

[72] El-Kaderi H M, Hunt J R, Mendoza-Cortés J L, Côté A P, Taylor R E, O'Keeffe M, Yaghi O M. Designed synthesis of 3D covalent organic frameworks. Science, 2007, 316: 268-272.

[73] Ding S Y, Gao J, Wang Q, Zhang Y, Song W G, Su C. Construction of covalent organic framework for catalysis: Pd/COF-LZU1 in Suzuki-Miyaura coupling reaction. J Am Chem Soc, 2011, 133: 19816-19822.

[74] Tanabe K K, Siladke N A, Broderick E M, Kobayashi T, Goldston J F, Weston M H, Farha O K, Hupp J T, Pruski M, Mader E A, Johnson M J A, Nguyen S T. Stabilizing unstable species through single-site isolation: A catalytically active TaV trialkyl in a porous organic polymer. Chem Sci, 2013, 4: 2483-2489.

[75] Shultz A M, Farha O K, Hupp J T, Nguyen S T. Synthesis of catalytically active porous organic polymers from metalloporphyrin building blocks. Chem Sci, 2011, 2: 686-689.

[76] Budd P M, Ghanem B, Msayib K, Mckeown N B, Tattershall C A nanoporous network polymer derived from hexaazatrinaphthylene with potential as an adsorbent and catalyst support. J Mater Chem, 2003, 13: 2721-2726.

[77] Zhang Y, Riduan S N, Ying J Y. Microporous polyisocyanurate and its application in heterogeneous catalysis. Chem Eur J, 2009, 15: 1077-1081.

[78] Ma L Q, Wanderley M M, Lin W B. Highly porous cross-linked polymers for catalytic asymmetric diethylzinc addition to aldehydes. ACS Catal, 2011, 1: 691-697.

[79] Totten R K, Weston M H, Park J K, Farha O K, Hupp J T. Catalytic solvolytic and hydrolytic degradation of toxic methyl paraoxon with La(catecholate)-functionalized porous organic polymers. ACS Catal, 2013, 3: 1454-1459.

[80] Díez-González S, Marion N, Nolan S P. N-heterocyclic carbenes in late transition metal catalysis. Chem Rev, 2009, 109: 3612-3676.

[81] Samojłowicz C, Bieniek M, Grela K. Ruthenium-based olefin metathesis catalysts bearing N-heterocyclic carbene ligands. Chem Rev, 2009, 109: 3708-3742.

[82] Díez-González S, Nolan S. P. N-heterocyclic carbene-copper complexes: Synthesis and applications in catalysis. Aldrichimica Acta, 2008, 41: 43-51.

[83] Wang W L, Zheng A M, Zhao P Q, Xia C G, Li F W. Au-NHC@porous organic polymers: Synthetic control and its catalytic application in alkyne hydration reactions. ACS Catal, 2014, 4: 321-327.

第6章 功能化离子液体工业应用

贝尔法斯特女王大学 K. R. Seddon 教授曾指出,自 1914 年离子液体被首次报道以来,该领域的学术研究和应用开发呈现出一种相辅相成、协同发展的局面[1],他告诉人们,在不久的将来,离子液体会在电化学、生物医药、分离分析、催化、工程等领域获得重要应用。从 2008 年到现在几年的时间里,凭借着科学技术的飞速发展,作者已经可以利用多种多样的先进方法和技术一步步揭开离子液体神秘的面纱。离子液体基础理论研究不断夯实的同时,其应用研究也蓬勃地发展起来。

催化领域是离子液体研究较早且研究最为成熟的领域,鉴于离子液体具有独特的物理化学性质,它为开发新型绿色工艺,实现对传统重污染、高能耗工业过程的升级换代提供了新机遇。例如,BP 公司将氯铝酸功能化离子液体作为芳烃烷基化反应的催化剂,开发了生产乙苯(苯与乙烯烷基化)和合成润滑剂(苯与 1-癸烯烷基化)的清洁工艺。在以乙烯为烷基化试剂时,[PMIM]Cl/AlCl$_3$ 离子液体是最好的催化剂,反应在室温下即可进行,经 300h 连续运转,得到了质量较好的烷基化产物。

在国内,多项涉及离子液体应用的技术也已进入了中试或工业设计阶段,例如中国石油大学(北京)重质油国家重点实验室在 C$_4$ 烷基化反应方面取得了突破,他们基于酸性离子液体催化 C$_4$ 烷基化反应机理的研究,创新性地设计合成了具有双金属复合阴离子的离子液体催化剂,能够有效促进 C$_4$ 烷基化的目标反应,并抑制聚合与裂化等副反应,表现出高催化活性和高选择性。以重 C$_4$ 为原料时,中试烷基化油中理想产物三甲基戊烷的选择性高达 90% 以上,所得烷基化油的辛烷值(RON)在 100 以上,比目前工业硫酸法和氢氟酸法烷基化所得烷基化油的质量更高,并且离子液体对生产设备几乎无腐蚀,解决了硫酸法和氢氟酸法烷基化对环境及人体危害严重的弊端。在此基础上,中国石油大学(北京)进一步开发了 CILA 新工艺,并于 2013 年在山东德阳化工有限公司建成世界首套100kt/a CILA 工业装置，实现了工业运转[2]。

中国科学院过程工程研究所开发了基于离子液体平台的煤基合成气生产甲基丙烯酸甲酯（MMA）清洁工艺，已进入了千吨级中试阶段。这是一项将离子液体作为催化剂或溶剂引入到 MMA 合成过程，以合成气和乙烯为原料，经氢甲酰化反应、羟醛缩合反应、氧化酯化反应制备 MMA 的清洁合成技术，其最大特点在于主要原料均来自煤化工产品，开辟了利用煤化工原料替代石油原料生产 MMA 的新路线，可有效降低生产成本，有明显的原料优势。

中国科学院兰州化学物理研究所基于离子液体催化二氧化碳活化转化、三聚甲醛清洁合成以及醇醚缩合制备聚甲氧基二甲醚的研究，相继形成了可工业化的离子液体催化应用技术。本章内容即是对这些技术研发过程的重点介绍。

6.1 复合离子液体催化高品质碳酸乙烯酯合成新技术

6.1.1 二氧化碳与环氧化合物环加成反应进展

二氧化碳既是温室效应中的主要气体，又是一种安全、丰富、价廉的宝贵碳一资源（图 6-1），这就意味着人类在尽可能减少二氧化碳排放的同时，也可将其用来制备众多重要的基础化工原料（如甲酸、尿素、甲醇、甲烷、二甲醚等），以及合成各种碳酸酯、氨基甲酸酯、羧酸、脲及其他一些重要的杂环化合物。因此，无论从资源利用还是从环境保护的角度考虑，有关二氧化碳固定和化学转化的研究与开发都具有重要意义。由于二氧化碳的化学惰性，导致在利用二氧化碳作为碳一资源时，如何活化二氧化碳，使其作为碳或碳氧资源加以利用成为关键性的问题。迄今为止，国内外在二氧化碳活化转化方面开展了大量的工作，取得了许多重要进展，然而，这方面仍有许多重要的科学和技术难题亟待研究和解决。

二氧化碳与环氧化合物的环加成反应［式（1）］是二氧化碳化学固定的成功范例之一，该反应是一个典型的"原子经济"反应，反应物中所有原子得到 100% 的利用，没有任何副产物产生，与光气法和酯交换法制备环状碳酸酯相比，更加符合绿色化学的理念，且具有原料价格便宜、来源广泛的优势。产物环状碳酸酯是一种应用非常广泛的化学品，可用作药物与精细化工的重要中间体、聚碳酸酯材料的前驱体，还是对质子惰性的极性溶剂（图 6-2）。

$$\underset{R}{\triangle\!\!\!\!\!\!O} + CO_2 \xrightarrow{催化剂} \underset{R}{\bigcirc\!\!\!\!\!\!\!\!\!\!\!O\!\!\!\!\!\!O} \tag{1}$$

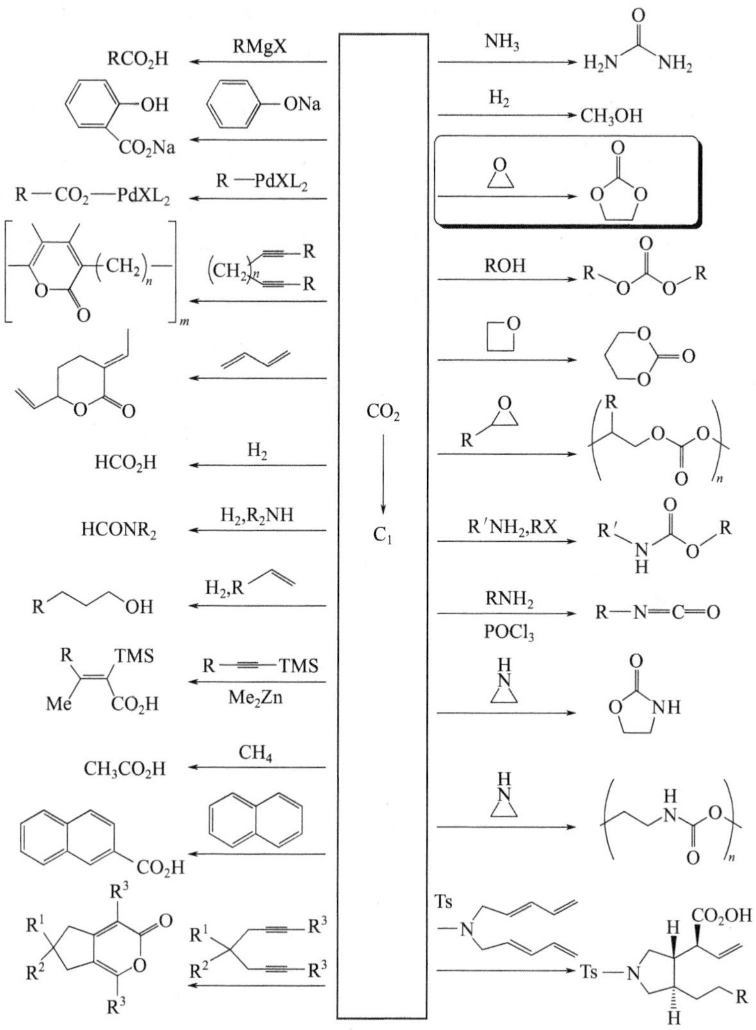

图 6-1　CO_2 化学利用示意图

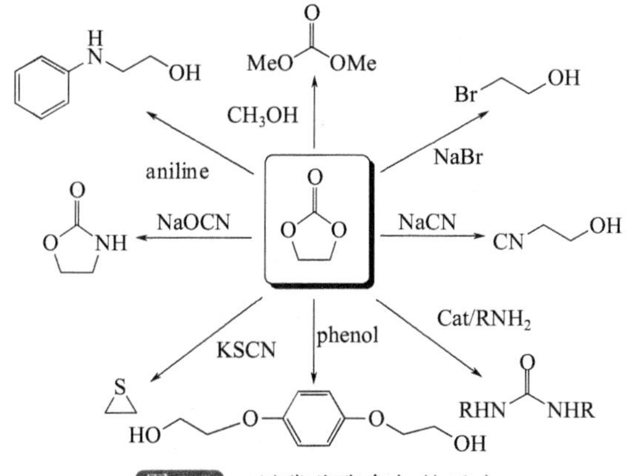

图 6-2　环碳酸酯参与的反应

纵观二氧化碳与环氧化合物的环加成反应研究，可以发现均相催化剂体系具有催化活性高、选择性好等优点，但反应完成以后催化剂与产物难于分离，不仅造成催化剂成本的急剧升高，同时也对得到的产品造成了一定的污染，从而给该产品的后续利用埋下了隐患。如果能建立一种催化剂体系在反应过程中保持均相，而反应结束以后通过简单的蒸馏等常规手段就能够很容易地实现催化剂与产物的分离，同时又易于产品的一步纯化，将有利于形成一条二氧化碳环加成反应制备环碳酸酯的新技术路线。

2000年，韩国的Kim等人报道了溴化锌和吡啶配合物体系在环氧乙烷、环氧丙烷与二氧化碳的环加成反应中的应用，得到了很好的催化效果，最高催化转化频率达到851h^{-1}，并且提出了相应的由溴化锌的吡啶配合物活化环氧化合物和Lewis碱吡啶进攻开环的双重活化反应机理（图6-3）[3,4]。

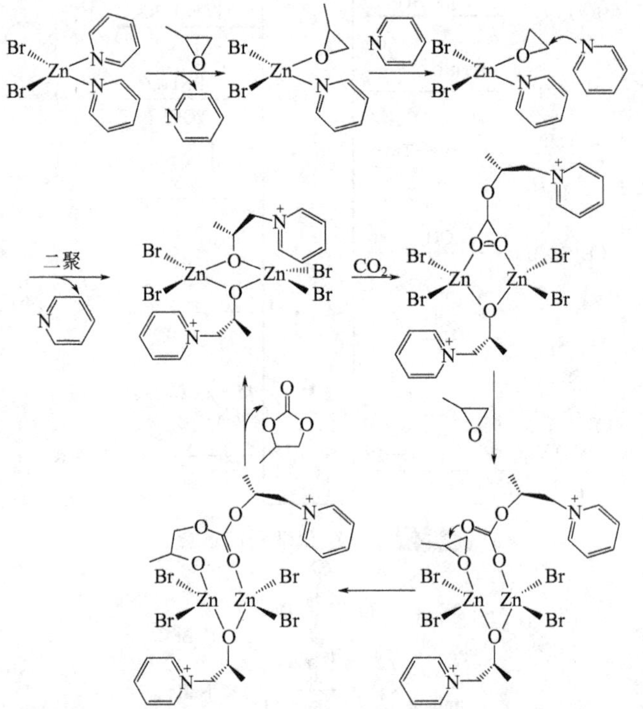

图 6-3　溴化锌-吡啶配合物体系催化CO_2环加成反应机理

Xia等人[5]采用Zn原位还原$Ni(PPh_3)_2Cl_2$生成$Ni(PPh_3)_3$催化剂，在四丁基溴化铵的助催化作用下，可以使催化剂的催化转化频率达到3000h^{-1}以上［式（2）］。

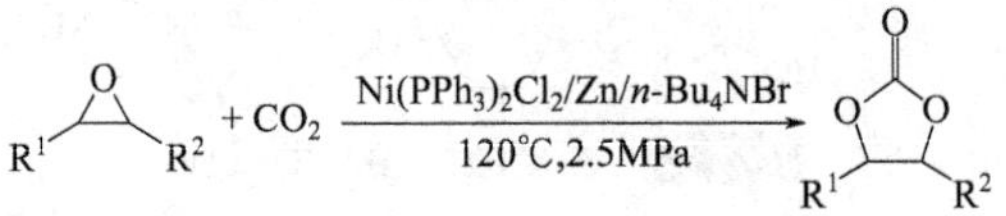

$$R^1\text{-epoxide-}R^2 + CO_2 \xrightarrow[120℃, 2.5MPa]{Ni(PPh_3)_2Cl_2/Zn/n\text{-}Bu_4NBr} \text{cyclic carbonate} \qquad (2)$$

2002 年，Caló 等人[6]报道了用四丁基溴化铵（TBAB）和四丁基碘化铵（TBAI）既作溶剂又作催化剂催化各种环氧化合物和二氧化碳的环加成反应，产物环碳酸酯的收率最高达到了 90%。之后，有研究者[7]发现将季铵盐与金属盐组成复合催化剂体系后，其催化活性可以获得大幅度提高。2005 年，Fujita 等人[8]将季铵盐与锌盐组成复合催化剂体系，催化剂的催化转化频率可以达到 646h^{-1}，作者提出了如图 6-4 所示的复合催化剂体系的催化过程。

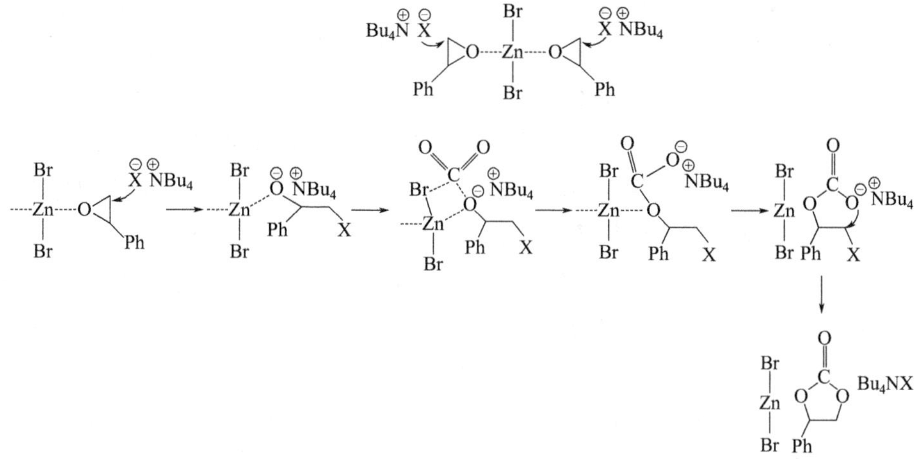

图 6-4 季铵盐-锌盐复合体系催化 CO_2 环加成反应机理

二氧化碳与环氧化合物反应的催化剂体系大部分都是由一个 Lewis 酸金属化合物和一个 Lewis 碱组成，其中 Lewis 酸金属化合物主要活化环氧化合物，而 Lewis 碱则亲核进攻环氧化合物位阻较小的碳原子，得到烷氧负离子中间体。随后，该中间体亲核进攻二氧化碳分子，最后消除 Lewis 碱关环得到碳酸酯产物[9~18]。因此寻找到一个比较好的 Lewis 酸金属化合物与 Lewis 碱相匹配的催化剂体系至关重要。

室温离子液体由于具有蒸气压低、毒性小、热稳定性好、不燃烧和爆炸、溶解性能独特、反应产物分离简单等优点，作为环境友好的溶剂和/或催化剂已经在众多反应中得到应用。

2001 年，彭家建等人[19,20]使用室温离子液体作为二氧化碳与环氧丙烷反应的介质和催化剂实现了碳酸丙烯酯的合成，在离子液体用量为 2.5%、二氧化碳压力为 2.5MPa、温度为 110℃条件下反应 6h，底物环氧丙烷几乎可以定量地转化为碳酸丙烯酯，并且离子液体可以重复使用。

由于高压有利于二氧化碳在离子液体中的溶解[21,22]，Kawanami 等人[23]详细考察了超临界二氧化碳中 1-烷基-3-甲基咪唑类离子液体阳离子上烷基链的不同对离子液体催化活性的影响。作者发现,当烷基链含有8个碳时,反应5min,碳酸丙烯酯的收率就能达到98%。

2003年,Kim等人发现[24],在离子液体中加入Lewis酸能够大幅度提高离子液体的催化活性。作者课题组在同一时间也发现了这一规律[25],并对此进行了更为详细的研究。在研究中作者发现离子液体的类型、离子液体与Lewis酸的比例以及Lewis酸的种类都会对催化剂体系的活性产生很大的影响。当离子液体与Lewis酸的摩尔比为6∶1时,以环氧丙烷为底物,催化剂的转化频率高达$5410h^{-1}$。在各种类型的离子液体中,以1-甲基-3-丁基咪唑溴盐的催化活性为最好。在考察所用Lewis酸的影响时,作者发现使用锌盐可以获得最高的催化活性,并且$ZnBr_2$与1-甲基-3-丁基咪唑溴盐组成的复合催化剂体系在环氧丙烷作为底物时,TOF达到了$5580h^{-1}$[26]。该催化剂体系对水和空气不敏感,经5次循环使用后,活性和选择性未发生改变。

2004年,Kim等人[27]对离子液体与Lewis酸之间的作用情况进行了研究,发现预先制备的催化剂活性与原位加入离子液体和卤化锌的催化剂体系活性相似。后来,Varma等人[28]利用原位核磁表征技术对1-甲基-3-丁基咪唑氯盐和三氯化铟所组成的催化剂体系的催化过程进行了跟踪研究,发现氢键在催化剂的形成过程中起了至关重要的作用,并提出了如图6-5所示的反应过程。

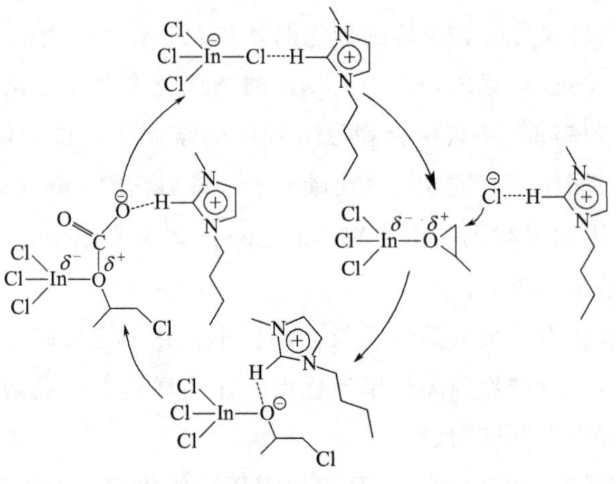

图6-5 1-甲基-3-丁基咪唑氯盐-三氯化铟体系催化CO_2环加成反应

6.1.2 二氧化碳合成有机碳酸酯技术概况

碳酸二甲酯(dimethyl carbonate)简称DMC,由于分子结构中含有CH_3-、CH_3O-、CH_3O-CO-、$-CO-$等多种官能团,因此化学性质非常活泼,具有良好的反应活性,可与醇、酚、胺、肼、酯等发生化学反应,从而衍生出一系列重要的化工产品。由于碳酸二甲酯无毒，于1992年在欧洲登录为无毒溶剂。故而，一方面DMC在有机合成中，可广泛替代剧毒的光气、氯甲酸甲酯、硫酸二甲酯；另一方面可替代三氯乙烷、三氯乙烯作为清洗溶剂，可作为合成反应的溶剂和高档聚酯涂料的溶剂，作为油品添加剂可以提高辛烷值和含氧量；其三，以DMC为原料可以开发、制备多种高附加值的精细专用化学品，在医药、农药、合成材料、染料、润滑油添加剂、食品增香剂、电子化学品等领域获得广泛应用（图6-6）。

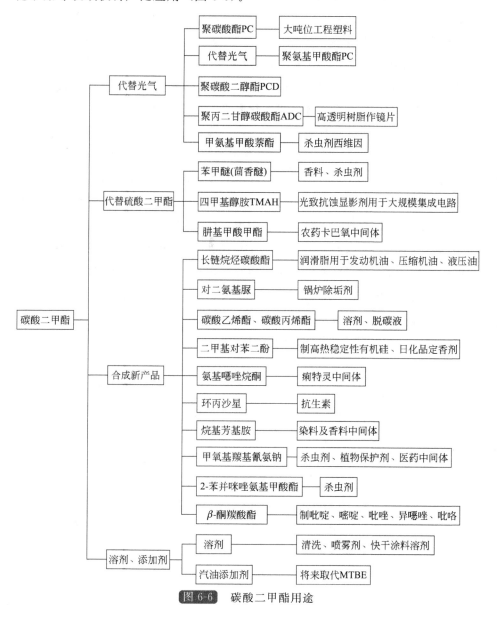

图6-6 碳酸二甲酯用途

国内外 DMC 的生产工艺主要分为三大类：光气法、甲醇液相/气相氧化羰基化法、酯交换法。光气法是最早的 DMC 合成方法，采用光气和甲醇或甲醇钠为原料分两步进行。该方法的原料光气有剧毒，产品含氯，且副产大量 HCl，工艺流程长，从安全、经济、环保等方面考虑，此方法已经逐步淘汰。

甲醇氧化羰基化法以 CH_3OH、CO 和 O_2 为原料在催化剂作用下，直接合成 DMC。该法原料价廉易得，投资少，无副反应发生，被认为是最有发展前途的生产方法，也是各国着重开发的重点路线。甲醇液相氧化羰基化工艺以意大利 Enichem Synthesis 公司为代表，以氯化亚铜为催化剂，在 100～130℃、2～3MPa 条件下，在多台串联带搅拌的淤浆反应釜中甲醇、氧气和氯化亚铜反应生成甲氧基氯化亚铜，甲氧基氯化亚铜再与 CO 反应生成 DMC。该工艺产品收率高，但是甲醇单程转化率只有 30% 左右，物料（特别是 Cl^-）对设备管道腐蚀大，催化剂寿命短，生产过程在反应工序为间歇操作。除 ENI 外，世界上其他几大化学公司如 ICI（帝国）、Texaco（德士古）、Dow（陶氏）化学公司等也竞相开发此技术。我国开发的液相法工艺，操作条件与采用的催化剂同国外基本一样，只是反应器采用管式反应器，合成反应可连续进行，催化剂寿命较国外大大延长，采用填料塔精馏，使产品收率达 98% 以上，CO 总转化率达 76% 以上。美国陶氏化学公司 1986 年开发了甲醇气相氧化羰基化法技术，该技术采用浸渍过氯化甲氧基铜/吡啶配合物的活性炭作催化剂，并加入氯化钾等助催化剂。含甲醇、CO 和 O_2 的气态物流在通过装填该催化剂的固定床反应器时合成 DMC。反应条件是：温度 100～150℃，压力 2MPa。气相法避免了催化剂对设备的腐蚀且具有催化剂易再生等特点，另外，由于采用固定床反应器，在大型装置上采用该技术有明显优势。

日本宇部兴产公司在开发羰基合成草酸及草酸二甲酯基础上，通过改进催化剂开发了常压非均相法 DMC 合成技术。以钯为催化剂，以亚硝酸甲酯为反应循环溶剂，在 100℃、0.2MPa 条件下合成 DMC。反应器采用多管式固定床反应器，采用自主研究开发的一种分离体系，产品纯度可达 99% 以上。选择性按 CO 计为 96%，另有 3% 为草酸二甲酯，其余为甲酸甲酯。1992 年建成 3000t/a 工业化装置，并曾拟建 3 万～5 万吨/年大型装置。该工艺具有如下优点：与液相法相比，采用固定床反应器，不需分离生成物和催化剂的装置，设备投资降低；使用亚硝酸甲酯合成 DMC，反应在无水条件下进行，催化剂寿命增加；合成所需加入的氧气在亚硝酸甲酯再生器中反应，DMC 合成器中不加入氧气，所以 CO_2 等副产物少；非氧气气氛使得爆炸危险性较小。该工艺的一个缺点是生成亚硝酸甲酯的反应是快速强放热反应，反应物的3个组分易发生爆炸，且引入了有毒的NO，但总体说来，该技术有望成为合成DMC的工业生产方法。

酯交换法是以碳酸丙烯酯或碳酸乙烯酯与甲醇酯交换反应生产DMC，同时联产丙二醇或乙二醇。由于碳酸丙烯酯是以环氧丙烷与二氧化碳合成的，碳酸乙烯酯则是以环氧乙烷与二氧化碳合成的，因此，酯交换法生产碳酸二甲酯的本质原料是二氧化碳和甲醇；环氧丙烷或环氧乙烷在过程中是一种载体，同时转化为丙二醇或乙二醇。由于丙二醇（乙二醇）主要是以环氧丙烷（环氧乙烷）水解而生产的，因此酯交换法过程的本质是二氧化碳与甲醇合成碳酸二甲酯过程（在热力学原理上是不能直接进行的）与环氧丙烷水解合成丙二醇过程的耦合。目前，国内企业绝大多数采用此法，技术成熟，单套规模达到万吨级。与甲醇氧化羰基化法相比，酯交换法的优点是反应条件温和，设备材料基本上全为碳钢。投资较低，但蒸气消耗较高，生产成本较高。另外，受原料、副产品市场和装置规模影响较大。

碳酸乙烯酯（EC），化学名称为1,3-二氧杂环戊酮，又称为碳酸亚乙酯、乙二醇碳酸酯、碳酸乙撑酯，是一种优良的具有极性的高沸点溶剂、表面活性剂原料和有机合成中间体。在韩国，EC被直接用作脱除天然气中的酸性气体（CO_2、H_2S等）；在西欧、日本，大量的EC被用来取代丙烯酰胺、尿素体系与水玻璃掺和作为混凝土工程中无公害的土质稳定剂。随着国外开发出以EC为原料合成呋喃唑酮、碳酸二甲酯（DMC）、乙二醇（EG）、功能高分子以及用于聚合物的改性等，展示了EC在有机合成领域的广泛用途。由于碳酸乙烯酯通过酯交换反应可以合成多种精细化学品，已成为国内外研究的热点，特别是近年来合成碳酸乙烯酯新工艺的出现和应用，使得碳酸乙烯酯更价廉易得，不再完全受原材料的制约，同时脂肪族聚碳酸酯及其包含碳酸酯单体的共聚物开始被用作生物可降解的材料，使该领域的研究更受重视。

碳酸乙烯酯的制备有光气法、卤代醇法、酯交换法、环氧乙烷与二氧化碳加压合成法等，其中，加压合成法具有原料易得、方便、经济等特点。自1943年，法本公司首次报道该方法以来，美国、日本、西欧、韩国等国家或地区相继开发了该工艺。从国外产业现状看，EC主要是作为产品或中间体投放市场。EC作为中间体主要用于生产碳酸二甲酯，再进一步合成碳酸二苯酯，最终得到聚碳酸酯，以及直接由EO和二氧化碳合成EC，再通过控制工艺条件转变为EG。

近几年美国科学设计公司、陶氏化学公司、德士古公司、日本催化剂化学公司、帝国公司、PPG 公司等均在研究利用 EO 与二氧化碳反应生成 EC，而后再进一步制备 EG，同时，厂家也根据市场的需要调整产品结构，将 EC 作为产品直接投放市场。

国内已开展 EC 研发工作的科研机构有南化集团研究院、华东理工大学、大连理工大学、南开大学、天津大学、浙江工业大学化工学院、锦州师范学院等，大多采用的是均相催化合成工艺。中国科学院山西煤炭化学研究所在液相催化法的基础上，经过多年研究开发出固体催化剂法，该工艺具有反应条件温和（反应温度低于 180℃，反应压力低于 8.0MPa）、工艺流程短、易纯化、能耗低等优点，小试技术达到国际先进水平，EC 选择性为 99%，转化率达 98%，催化剂实现了原位再生，目前正与中国石油吉林石化分公司联合开发，在小试基础上筹建 500t/a 中试装置。中国科学院山西煤炭化学研究所还与乌鲁木齐石化公司合作开发了以路易斯酸为催化剂，尿素与 EG 反应合成 EC，尿素几乎全部转化，产品收率大于 90%，并于 2004 年在乌鲁木齐石化公司开展中试研究。目前，中国科学院山西煤炭化学研究所开发的 EC 已应用于碳酸二甲酯的研究中，并取得了一定进展。

中国科学院兰州化学物理研究所基于在离子液体催化剂开发与反应研究方面的多年积累，针对环氧乙烷与二氧化碳合成碳酸乙烯酯的反应、分离、催化剂循环等方面进行了深入研究，该所开发了离子液体催化二氧化碳和环氧乙烷合成碳酸乙烯酯技术，通过采用具有自主知识产权的 LZC 型复合离子液体催化剂，在温度 120~160℃和压力 2.0~3.5MPa 反应条件下，原料转化率和产物选择性均大于 99%；同时开发的催化剂循环使用工艺，实现了碳酸乙烯酯的连续合成。因此，离子液体催化合成碳酸乙烯酯技术的工业应用，不仅能够解决目前碳酸乙烯酯工业生产中存在的缺陷，而且将加快实现无水乙二醇和廉价碳酸二甲酯技术的发展，从而提升我国大宗化工产品乙二醇生产技术的水平。

6.1.3 LZC 型复合离子液体催化合成碳酸乙烯酯技术

6.1.3.1 间歇釜式试验

在 100mL 不锈钢磁力搅拌压力釜上对反应温度、压力、催化剂浓度进行考察。表 6-1 给出不同反应温度条件下，环氧乙烷（EO）转化率和碳酸乙烯酯（EC）选择性结果。可以看出，高温有利于 EO 的转化，140℃时，仅需 1h，EO 转化率就接近 100%。温度对 EC 选择性基本没有影响。

表 6-1　不同温度条件下反应结果

反应温度/℃	反应时间/h	EO 转化率/%	EC 选择性/%
80	2	55	>99
90	2	75	>99
100	2	88	>99
110	2	95	>99
120	2	>99	>99
120	1	70	>99
140	1	>99	>99
140	0.5	62	>99

表 6-2 列出了不同压力条件下的反应结果，压力升高则反应速率加快，EO 转化率随之升高。在一定的压力范围内，二氧化碳的压力对 EC 的选择性几乎没有影响。

表 6-2　不同压力条件下反应结果

CO_2 压力/MPa	反应时间/h	EO 转化率/%	EC 选择性/%
1.5	2	86	>99
2.0	2	97	>99
2.5	2	>99	>99
2.5	1	70	>99
3.0	1	85	>99
3.5	1	95	>99
4.0	1	>99	>99

催化剂浓度对 EO 的转化率有较大的影响，如表 6-3 所示，在相同的反应条件下，随着催化剂浓度的增加，EO 转化率逐渐上升。在催化剂浓度为 0.70%（质量分数）时，EO 的转化率达到了 99% 以上。

表 6-3　不同催化剂浓度条件下反应结果

催化剂/%	温度/℃	压力/MPa	时间/h	EO 转化率/%	EC 选择性/%
0.30	120	2.5	1	52	>99
0.50	120	2.5	1	70	>99
0.60	120	2.5	1	83	>99
0.70	120	2.5	1	99	>99
0.50	120	2.5	2	99	>99

将反应液进行减压蒸馏，EC 实际收率可达到 98% 以上。

该反应为放热反应，磁力搅拌不利于 CO_2 与 EO 以及催化剂的接触，也不利于热交换，因此在立升级釜式放大试验中采用了机械搅拌。

6.1.3.2 立升级釜式放大试验

根据 100mL 磁力搅拌釜式试验初步确定的反应条件,即压力范围为 2.0~3.5MPa,温度为 120~140℃,反应时间在 2.0h 以内,在 1L 机械搅拌压力釜上考察催化剂浓度及温度对反应的影响,结果列于表 6-4。

表 6-4 催化剂浓度及温度对反应的影响

催化剂/%	温度/℃	压力/MPa	时间/h	EO 转化率/%	EC 选择性/%
0.50	120	2.5	2	85	>99
0.50	130	2.5	2	95	>99
0.50	140	2.5	2	99	>99
0.60	120	2.5	2	90	>99
0.60	140	2.5	2	99	>99

试验中发现在温度 120℃,压力 2.5MPa,反应 2h,EO 转化率仅有 85%,并且反应放热效应不明显,需要加热保温。催化剂浓度为 0.50%,升高反应温度到 140℃,EO 转化率达到了 99%,继续增加催化剂用量到 0.60% 时,放热剧烈,温度很难控制在 140℃ 左右。因此,催化剂浓度宜采用 0.50%,以避免强放热效应。

保持反应条件不变,在保证 EO 转化率为 99% 以及 EC 选择性为 99% 的情况下,研究催化剂的循环方法。采用催化剂分离后逐次补加定量新鲜催化剂的方法,循环 10 次后,EC 收率保持在 98.7%。改变循环方式,采用催化剂分离后直接循环利用,循环 5 次后补加损失等量的催化剂,EC 收率达到了 99.5%,与新鲜催化剂相当。

6.1.3.3 200L 中试试验

采用工业原料,在图 6-7 所示 200L 釜式装置上开展中试试验,结果列于表 6-5。

表 6-5 200L 釜式反应结果

试验次数	EC 产量/kg	EC 理论产量/kg	EC 收率/%	EC 纯度/%	EC 含水量（μL/L）	产品外观
1	142	158.4	89.6	96.2	9027	白色透明
2	181	176	102.8	98.9	8024	淡黄色透明
3	180	176	102.3	99	673	微黄色透明

200L 釜式放大试验结果证明,LZC 催化剂具有良好的稳定性和高温耐受性。采用工业原料进行的放大试验,结果基本上达到了实验室小试的水平,EO 转化率在 99% 以上,EC 选择性达到 99%。

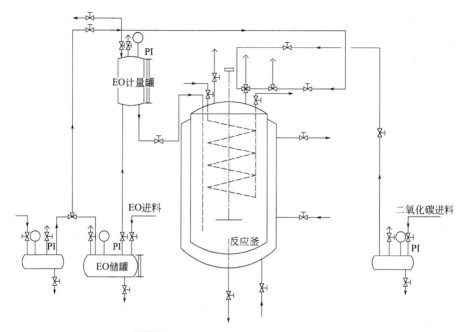

图 6-7　200L 碳酸乙烯酯釜式反应装置

6.1.3.4　千吨级连续管式工业试验

连续化工业试验在一套年产 3000t 碳酸乙烯酯连续管式生产装置上进行。采用自生产的 LZC 复合离子液体催化剂和工业原料,试验了连续运行、催化剂分离、催化剂循环和产品精制等工序,基本完成了从原料到产品的全流程工艺。

试验中重点针对进料量控制和温度控制对装置进行了必要的改造,连续采样分析结果如表 6-6 所示。

由于原料所采用的二氧化碳气体未经净化,含有一定量水分,所以产物与催化剂分离后,EC 选择性低于实验室结果。EC 产品经分离精制后纯度达到 99.95%,可以满足电池电解等高端行业的要求。

表 6-6　千吨试验连续采样分析结果

采样时间/h	EO/%	乙二醇/%	聚合物/%	EC 产率/%	EC 选择性/%
4	0.378	0.2057	0.1822	98.73	99.11
12	0.344	0.2670	0.1044	98.93	99.27
24	0.177	0.5177	0.1051	97.73	97.90
36	0.191	0.3353	0.2237	98.53	98.72
48	1.820	0.2336	0.2386	96.62	98.41
60	0.837	0.3864	0.1627	97.76	98.58

续表

采样时间/h	EO/%	乙二醇/%	聚合物/%	EC产率/%	EC选择性/%
68	0.327	0.3869	0.1632	98.11	98.43
72	0.149	0.5816	0.2094	98.04	98.19
80	0.401	0.5724	0.2103	97.89	98.29
平均值	0.514	0.3874	0.1777	98.10	98.61

6.2 无水乙二醇联产碳酸二甲酯技术

乙二醇（EG）是最简单和最重要的脂肪族二元醇，也是重要的有机化工原料，主要用途是生产聚酯单体和汽车防冻剂。在我国乙二醇主要用于生产聚酯 PET（聚对苯二甲酸乙二醇酯），约占乙二醇总消费量的 80%，另外，约有 8%用于防冻剂，12%用于其他行业，包括解冻液、表面涂层、照相显影液、水力制动用液体以及油墨等行业。近年来，我国聚酯工业发展迅速，乙二醇消费量年平均增长率超过 23%，为满足市场需求，乙二醇的进口量逐年递增。我国是世界上目前最大的聚酯生产国，聚酯行业的迅速发展带动了乙二醇市场的发展。PET 是发展最快的聚酯品种，产量和消费量居世界首位，乙二醇作为 PET 的关键化工原料，与国民经济各部门的发展和国计民生，尤其是人们的衣着，有着十分密切的关系。目前我国乙二醇供需矛盾突出，进口量大，自给率不足三分之一，技术水平相对落后，难以满足相关行业的需要。因此，开发低成本的、工艺先进的乙二醇新技术，是解决聚酯工业发展中材料成本高、产品品种少、新产品开发受到限制等问题的最有效的途径。随着 PET 聚酯材料在纤维、包装用品、感光材料、工程塑料等领域中的应用不断扩展，以及 PEN（聚 2,6-萘二甲酸乙二醇酯）新材料的开发成功，关键原料乙二醇的需求更加旺盛。另外，高纯乙二醇可用作过硼酸铵的溶剂和介质，还可用于生产特种溶剂乙二醇醚。

6.2.1 乙二醇生产现状

乙二醇生产技术主要分为石化路线、生物质资源路线、煤化工碳一路线。石化路线合成乙二醇的方法包括环氧乙烷直接水合法、环氧乙烷催化水合法和碳酸乙烯酯法。

目前我国乙二醇行业的生产具有石油乙烯路线和非石油煤化工路线并存，引进技术与国产技术相结合的特点。其中采用非石油煤化工路线的乙二醇生产能力约占总生产能力的 33.2%，采用石油乙烯工艺路线生产能力约占总生产能力的 66.8%。在石油工艺路线中，生产技术全部为引进 SD、Shell 和 Dow 等世界著名乙二醇生产公司的技术，其中采用 SD 工艺技术的生产能力约占总生产能力的 32.8%，采用 Shell 工艺技术的生产能力约占 18.9%，采用 Dow 化学公司工艺的生产能力约占 15.1%。

石化路线中的环氧乙烷直接水合法是目前国内外工业化生产乙二醇的主要方法，其生产技术基本上由英国/荷兰壳牌、美国 Halcon-SD 以及美国联碳三家公司所垄断。该方法的不足之处是生产工艺流程长、设备多、能耗高，直接影响着乙二醇的生产成本。针对环氧乙烷直接水合法生产乙二醇工艺中存在的不足，为了提高选择性，降低用水量，降低反应温度和能耗，世界上许多公司进行了环氧乙烷催化水合生产乙二醇技术的研究和开发工作。现阶段由于在催化剂制备、再生和寿命方面还存在一定的问题，如催化剂稳定性不够，制备相当复杂，难以回收利用，有的还会在产品中残留一定量的金属阴离子，需要增加相应的设备来分离，因而采用该方法进行大规模工业化生产还有待时日。

碳酸乙烯酯法合成乙二醇是利用环氧乙烷（EO）和二氧化碳在催化剂的作用下反应合成碳酸乙烯酯（EC），碳酸乙烯酯直接水解得到乙二醇或与甲醇反应制得乙二醇的同时联产碳酸二甲酯（DMC）。联产法的过程分两步进行，首先是二氧化碳和环氧乙烷合成碳酸乙烯酯，然后碳酸乙烯酯与甲醇反应生成乙二醇和碳酸二甲酯，这两步反应都是原子利用率为 100% 的反应。联产技术进行工业化生产时原料易得，可充分利用环氧乙烷装置排放的二氧化碳，不存在 EO 水合法选择性差和高能耗的问题，在现有 EO 生产装置内，只需增加生产 EC 的反应步骤就可以生产两个非常有价值的产品，因此具有非常大的吸引力。Texaco 开发成功由环氧乙烷、CO_2 和甲醇联产 DMC 和乙二醇新工艺。反应分两步进行：CO_2 与环氧乙烷反应生成碳酸乙烯酯，然后碳酸乙烯酯与甲醇经过酯基交换反应生成乙二醇和 DMC。酯交换催化剂是 Ⅳ 族均相催化剂负载在含叔胺及季铵功能团的树脂上的硅酸盐等，目前已用于工业生产。Bayer 专利和 Texaco 专利分别报道了铊化合物作催化剂和锆、钛、锡的可溶性盐或其配合物作酯交换催化剂的一些研究进展。华东理工大学化学工程系、浙江大学等对酯交换技术合成碳酸二甲酯进行了相关研究，积极开发环碳酸酯和甲醇酯交换合成 DMC 的技术。

6.2.2 无水乙二醇联产碳酸二甲酯工艺概况

以 CO_2、环氧乙烷合成碳酸乙烯酯，再以碳酸乙烯酯代替光气合成二烷基碳酸酯可以形成一条可循环利用碳资源、产品和过程无污染的新型化工工业途径。特别是利用碳酸乙烯酯合成 DMC 的工艺路线与煤气化工产品甲醇、基础化学品乙二醇相关联,成为目前应用开发的热点过程之一。

在完成复合离子液体催化合成碳酸乙烯酯技术开发基础上,中国科学院兰州化学物理研究所对二氧化碳经碳酸乙烯酯合成乙二醇联产碳酸二甲酯工艺过程开展研究。在实验室建成平推管式反应器串联多功能精馏模式装置,多功能精馏装置(塔板数 6~8 块)主要用于乙二醇精制,碳酸二甲酯采用加压精馏进行精制。环氧乙烷转化率达到 99%,产物乙二醇和碳酸二甲酯选择性分别达到了 95% 以上。以实验室小试和模试试验数据为基础,借鉴碳酸丙烯酯与甲醇酯交换合成丙二醇及碳酸二甲酯技术工艺条件,提出了碳酸二甲酯联产乙二醇工艺设计思路,完成了酯交换反应的中试设计。该工艺以环氧乙烷、CO_2 和甲醇为原料,在复合离子液体催化作用下合成碳酸乙烯酯,联产碳酸二甲酯和乙二醇。全流程分为两段工序:第一段工序,由 CO_2 与环氧乙烷催化反应生成碳酸乙烯酯;第二段工序,经蒸馏分离出催化剂后,99.9% 的碳酸乙烯酯与甲醇进行酯交换反应,生成 DMC 和乙二醇,产品进行分离提纯,催化剂蒸馏分离后,可重复使用。

整个工艺过程包括一段反应器、二段反应器、闪蒸罐、EC 分离塔、反应精馏塔、EG 分离塔、高压蒸馏塔、低压蒸馏塔等几个部分。图 6-8 为其流程示意图。

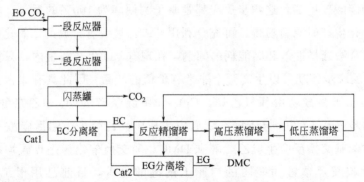

图 6-8 环氧乙烷、CO_2、甲醇合成碳酸二甲酯联产乙二醇流程示意图

6.3 酸功能化离子液体催化三聚甲醛清洁合成

6.3.1 醛三聚反应

醛的三聚反应在工业上是一类重要的反应,产物 1,3,5-三氧杂环己烷类

化合物在实际生产中应用极为广泛。比如，醛的三聚产物可用作彩色摄影中的稳定剂，也可用作熏蒸消毒剂中的燃烧调节剂及聚合物和共聚物合成中的单体[29]，此外，1,3,5-三氧杂环己烷类化合物也可以作为载体应用于香味剂、防护剂、除臭剂及杀虫剂的工业生产中[30,31]。

醛的三聚反应是典型的酸催化反应，传统的酸催化剂主要包括：质子酸，如 H_2SO_4、H_3PO_4[32]；路易斯酸，如 $ZnCl_2$；固体酸，如 ZrO_2、$Zr(OH)_2$、TiO_2、Me_3Si-Cl[33]；杂多酸，如 $H_3PMo_{12}O_{40}$、$H_3PW_{12}O_{40}$ 和 $H_4SiW_{12}O_{40}$ 等[34]。此外，沸石及乙酰基三苯基溴化磷等也可用于催化该反应。

Elamparuthi 等人[35]采用 $InCl_3$ 为催化剂在室温且无溶剂体系中催化醛的三聚反应。在 $InCl_3$ 催化剂的作用下，2~8min 时间内，大部分环化三聚产物的收率都在80%以上。作者提出了利用 $InCl_3$ 催化醛三聚反应的可能机理，如图6-9所示。由图可知，$InCl_3$ 能够与醛的羰基氧发生协同配位作用形成a，这是反应得以快速进行的关键步骤。随后第二个醛分子亲核进攻a得到b，第三个醛分子的羰基进攻b得到c，最后发生分子内亲核反应，得到环状醛三聚产物1,3,5-三氧杂环己烷类化合物。

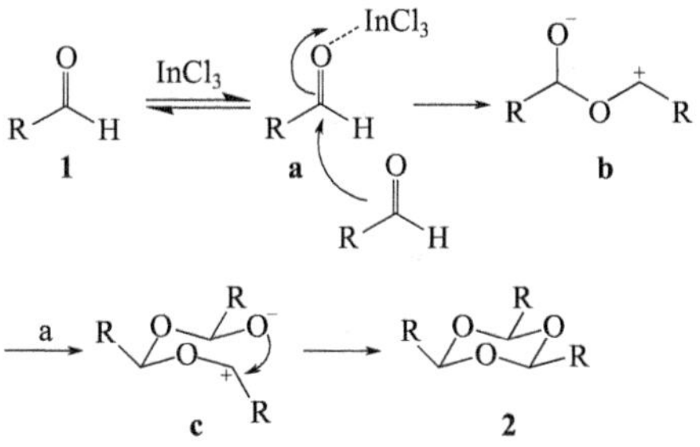

图 6-9　$InCl_3$ 催化醛三聚反应的可能机理

Auge 等人[33]在少量的三甲基氯硅烷的作用下催化醛的三聚反应得到了较好的催化效果，不仅催化剂用量少、易分离，而且反应在无溶剂条件下进行，如图6-10所示，这是一条有效合成1,3,5-三氧杂环己烷类化合物的简便方法。

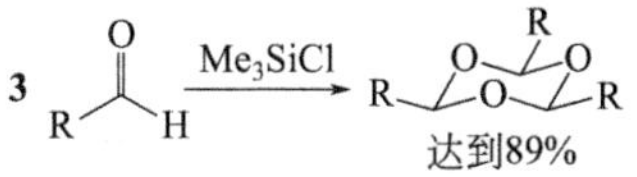

图 6-10　以 Me_3SiCl 为催化剂合成1,3,5-三氧杂环己烷类化合物

利用传统的液体酸催化乙醛的三聚反应时，副产物多，环状三聚乙醛的选择性低。Lee 等人[36]以沸石固载化的 Brφnsted 酸为催化剂，在常温下催化乙醛的三聚反应得到了较好的效果。产物三聚乙醛的选择性达到了100%，而且

还得到了较高的底物转化率，当达到平衡时乙醛的转化率可达到 90% 以上。

Sato 等人[34]采用 Keggin 型杂多酸（如 $H_3PW_{12}O_{40}$、$H_3PMo_{12}O_{40}$ 等）为催化剂，催化脂肪醛的三聚反应得到了收率较高的 2,4,6-三烷基-1,3,5-三氧杂环己烷，反应结果如表 6-7 所示。该反应体系催化剂除了具有较高的活性外，在反应过程中，由于反应液分成产物相和催化剂相，因此反应结束后催化剂很容易从反应体系中分离出来，实现了重复使用。

虽然上述的酸催化剂催化醛的三聚反应能得到较好的结果，但是由于液体酸具有较强的腐蚀性和对环境的污染性，固体酸在反应中又较易失活以及可能带来一些重金属污染等因素，使得醛三聚反应的工业化生产受到了限制。因此研制具有高催化活性、易于循环使用且对环境友好的催化剂势在必行。

表 6-7 杂多酸催化脂肪醛三聚反应结果①

醛		催化剂		时间/h	收率/%	相态②
名称	质量/g	名称	质量/g			
CH_3CHO③	10	$H_3PMo_{12}O_{40}$	0.5	0.1	94.0	未分离
CH_3CH_2CHO	10	$H_3PMo_{12}O_{40}$	0.5	1	81.9	L/L
$CH_3(CH_2)_2CHO$	10	$H_4SiW_{12}O_{40}$	0.5	1	76.9	L/L
$(CH_3)_2CHCHO$	3	$H_4SiW_{12}O_{40}$	0.015	1	99.9	S/L
$(CH_3)_3CCHO$	3	$H_4SiW_{12}O_{40}$	0.05	2.5	100	S/L
$CH_3(CH_2)_4CHO$	3	$H_4SiW_{12}O_{40}$	0.015	1	80.9	L/S
$CH_3(CH_2)_6CHO$	3	$H_4SiW_{12}O_{40}$	0.2	3.5	31.1	L/S
第二次重复	3	循环		1	90	S/S
第三次重复	3	循环		1	87.5	S/S
$CH_3(CH_2)_8CHO$	3	$H_4SiW_{12}O_{40}$	0.15	1	63.2	S/S

① 室温。
② 相分离状态（产物/催化剂），L 代表液相，S 代表固相。
③ 0℃。

酸功能化离子液体兼具了液体酸的高活性和固体酸的易分离循环的优点，作为传统酸催化剂的替代物在酯化、醚化、重排、羰化等反应中被广泛研究。近年来，功能化的酸性离子液体作为催化剂用于醛的三聚反应也不断有报道。Gui 等人[37]将图 6-11 所示的酸性离子液体用于催化醛的三聚反应，在优化的反应条件下（温度 298K，反应 1h），异丁醛与离子液体的摩尔比为 60:1 时，异丁醛的转化率和三聚产物的选择性分别为 93% 和 100%。离子液体催化体系的优点就在于反应无须加入有机溶剂且反应结束后催化剂与产物自动分为两相，分离出的离子液体相经过真空干燥除水后即可重复使用。作者课题组[38]使用双磺酸功能化的 Brønsted 酸性离子液体（BAILs，图 6-12）催化醛的三聚反应，BAILs 用量仅有 1%，不仅得到了较高的底物转化率和产物选择性，而且催化剂能够循环使用多次而活性没有明显下降。

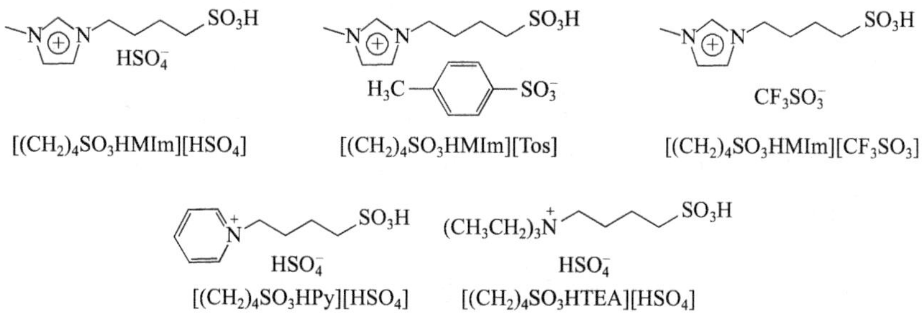

[(CH$_2$)$_4$SO$_3$HMIm][HSO$_4$]

[(CH$_2$)$_4$SO$_3$HMIm][Tos]

[(CH$_2$)$_4$SO$_3$HMIm][CF$_3$SO$_3$]

[(CH$_2$)$_4$SO$_3$HPy][HSO$_4$]

[(CH$_2$)$_4$SO$_3$HTEA][HSO$_4$]

图 6-11　催化醛三聚反应所用的酸性离子液体

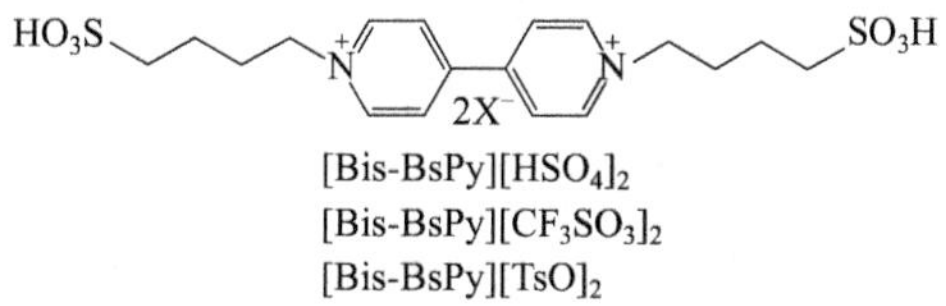

[Bis-BsPy][HSO$_4$]$_2$
[Bis-BsPy][CF$_3$SO$_3$]$_2$
[Bis-BsPy][TsO]$_2$

图 6-12　双磺酸功能化离子液体

6.3.2　三聚甲醛概述

三聚甲醛是 3 分子甲醛在酸催化剂作用下聚合得到的一种环状化合物，相对稳定，毒性小，易于储运，可用于制备无水甲醛和彩色照片中的稳定剂、烟熏剂、杀虫剂、成型材料、黏结剂、消毒剂、抗菌药等。在发展大宗化学品合成以及精细化学品等方面具有更高的应用价值。同时，三聚甲醛也是合成聚甲醛树脂的单体原料，POM 是五大通用工程塑料之一，广泛用于电子电气、汽车、轻工、机械、化工、建材以及军事等领域，由于它在各方面所表现出来的优良性能，它的应用已几乎涉及各种行业领域，特别是对许多新兴产业，它是一种十分适用的材料。

聚甲醛是发展甲醇深加工生产大宗化学品的重要品种，是国家科技部发布的国家重点鼓励发展的产品。随着中国经济的增长，对聚甲醛的需求呈连年递增态势。经三聚甲醛合成聚甲醛的工艺约占聚甲醛生产能力的 80%，使得三聚甲醛合成技术成为聚甲醛合成工艺中的关键技术单元，但是，国内目前还没有三聚甲醛的生产技术。

硫酸法是目前合成三聚甲醛的主要工业技术。1942年美国杜邦公司发布了第一篇硫酸法制备聚甲醛的专利，并于20世纪60年代初实现了均聚甲醛的工业化生产。此后旭化成、巴斯夫、聚合塑料、东丽公司、波兰台塑、三菱瓦斯化学和宇部兴产等公司对上述工艺做了改进和发展，形成了具有各自特点的技术。我国自50年代以来先后开展了聚甲醛的研制工作。90年代初，上海溶剂厂和吉化石井沟联合化工厂分别拥有千吨规模的硫酸法聚甲醛生产装置，但由于生产规模小、工艺技术存在缺陷、污染严重、产品质量不够稳定，于90年代末相继关闭。现在只有云南天然气化工集团公司采用日本旭化成的技术建有1万吨/年的装置。

6.3.3 三聚甲醛合成体系研究进展

工业上采用的硫酸催化法合成三聚甲醛，通常是将36%的工业甲醛蒸发脱水，浓缩至65%左右，然后在硫酸的催化作用下合成三聚甲醛。硫酸法工艺复杂、难于分离、污染环境、腐蚀严重，反应器多采用昂贵的哈氏合金，因此设备投资大。并且这项技术长期被欧美和日本等发达国家或地区所垄断，形成了专有技术多、技术密集和资金密集等特点，不仅限制了技术的发展和生产线规模建设，阻碍了聚甲醛材料的发展，而且严重影响了三聚甲醛下游产品的开发与应用。

多年来各公司在替代硫酸催化剂方面做了大量的研究工作，过磷酸、多聚磷酸、磷酸-硼酸、甲酸-对甲苯磺酸、对甲苯磺酸、烷基磺酸、路易斯(Lewis)酸（如$ZnCl_2$）等水溶性酸类作为替代硫酸的催化剂都被研究过。20世纪60~70年代，人们开始尝试在硫酸工艺中引入不溶于水、难挥发的有机物，如聚丙二醇、邻苯二甲酸酯、聚丙二醇单丁醚等，形成两相体系，有效地提高了产物的选择性，但第三组分的引入更加不利于产物的分离。

近年来，以固体酸替代硫酸作为催化剂的研究受到了极大的关注，特别是在催化酯化反应中表现出良好的催化循环性能并逐步在工业中得到了应用。固体酸催化剂体系催化合成三聚甲醛的研究也已开展多年。1978年，T. Ogawa等人报道了固体酸ZrO_2、$Zr(OH)_2$、TiO_2、SnO_2等催化醛的聚合反应。1989年，日本旭化成工业株式会社采用ZSM-20氧化铝、Y型沸石等催化剂在液相中反应，三聚甲醛的选择性达到了99.5%。随后他们研究了磺酸基大孔阳离子交换树脂催化的甲醛聚合反应，该催化剂体系只有在高浓度甲醛或加压条件下才能得到好的效果，并且产物选择性低，生成了大量的副产物甲酸，增加了对设备的腐蚀。此外，研究人员利用杂多酸独特的笼形结构克服了硫酸催化剂对产物选择性低、腐蚀严重等缺陷，三聚甲醛合成液的浓度明显提高，但该类催化剂的用量较大（30%以上）。20世纪90年代中期，日本研究出特殊的杂多酸回收循环技术实现了合成三聚甲醛的规模化生产，但并没有大规模的装置和技术出口的迹象。由于纯杂多酸比表面积小、热稳定性差、易溶于有机溶剂，因此将杂多酸负载于无机载体上，可以大大提高其比表面积，改善热稳定性。2000年以来，负载型杂多酸催化剂受到了广泛的关注，Feldbergblick等人将$H_3PW_8Mo_4O_{40}$负载于SiC上，以热裂解的甲醛气体为反应原料，反应转化率为28.5%，时空收率为107.2kg/($m^3 \cdot h$)。国内关键等人将$H_3PW_8Mo_4O_{40}$负载到活性炭上，以70%的浓甲醛为反应原料，馏分中三聚甲醛的浓度最高可达到30%。但活性炭作为载体存在机械强度低、热传导性差等一些严重的弱点，致使使用过程中容易失活，使用寿命短，很难达到连续生产的要求。由于杂多酸催化剂用量大，循环使用效率低，目前还未能取得突破性的进展。

可以看出，以上催化材料均未收到好于硫酸的综合使用效果，致使硫酸法合成三聚甲醛的技术为欧美和日本公司所垄断并沿用至今。因此，开发新型高效的催化剂和清洁的三聚甲醛合成工艺，打破国际技术垄断，成为发展我国高性能工程材料和甲醇下游产品的关键。

6.3.4 三聚甲醛合成工艺技术状况

三聚甲醛的合成是一个典型的水相反应体系，反应混合物中的甲醛、三聚甲醛和水存在着共沸平衡，产物中三聚甲醛的平衡浓度很低，即使采用60%以上的浓甲醛为原料，也只能得到3%～5%的三聚甲醛。从三聚甲醛、甲醛和水的三元体系中分离纯化三聚甲醛的过程能耗极大。硫酸法工艺技术复杂、瓶颈多，使得工艺研究和改进成为三聚甲醛合成技术发展的又一特点。以塞拉尼斯等公司的硫酸法工艺为代表，如图6-13所示，37%的甲醛水溶液经甲醛浓缩塔蒸馏，塔底排出60%的甲醛水溶液，塔顶产出稀甲醛，60%的甲醛进入三聚甲醛合成反应器，向反应器中加入催化剂硫酸，自反应器排出的反应液组成为：三聚甲醛5.5%，甲醛14.0%，水75.5%。反应液进入分馏塔，塔顶馏出物组成为：三聚甲醛50%，甲醛10%，水40%。上述馏出物在萃取塔中与苯（巴斯夫公司和三菱瓦斯化学公司所用的溶剂为二氯乙烷）接触，萃取塔排出的有机相中含三聚甲醛38%，甲醛0.1%，苯61.9%，塔顶保持80℃，塔顶蒸出物为含三聚甲醛和甲醛各0.1%的苯，可循环返回萃取塔，蒸馏塔塔底产出纯度大于99%的三聚甲醛。

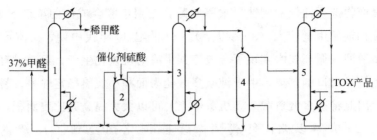

图 6-13　硫酸法合成三聚甲醛的工艺流程

1—甲醛浓缩塔；2—三聚甲醛合成反应器；3—分馏塔；4—萃取塔；5—蒸馏塔

BASF 公司比较成功地开发出快速蒸出、塔外循环、二氯乙烷夹带萃取的组合工艺流程，使三聚甲醛的时空收率大大提高，采用反应混合液塔外循环的方式，使蒸出液中的三聚甲醛含量接近平衡浓度。即便如此，三聚甲醛单程收率也只有 33% 左右，约有 2/3 的甲醛在循环，经济性并不强。为此，BASF 公司对工艺做了进一步的改进，在快蒸和塔外循环的合成反应液中加入二氯乙烷，蒸出液为二氯乙烷-三聚甲醛-甲醛-水四元组分混合液，从而使三聚甲醛含量提高到 40%，单程收率由 33% 提高到 66% 左右。

日本旭化成公司对塞拉尼斯公司的工艺做出重大改进（图 6-14），开发出了甲缩醛氧化直接合成 70% 高浓度甲醛的新工艺，浓甲醛在酸性催化剂作用下发生聚合反应，省去了甲醛浓缩和稀醛回收操作步骤，减轻了设备腐蚀，同时减少了副反应，有利于提高三聚甲醛的合成速率和气相中三聚甲醛的平衡浓度，报道的规模仅限于千吨中试装置。

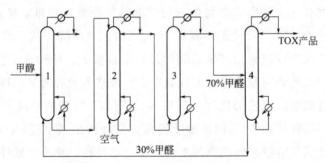

图 6-14　旭化成三聚甲醛的生产工艺流程

1—甲缩醛合成塔；2—甲缩醛氧化塔；3—甲醛吸收塔；4—TOX 合成塔

1996 年，赫希斯特人造丝公司采用交联聚苯乙烯负载固体酸为催化剂，设计了一个多级催化剂塔，其中包括一个多级反应器和一个多级萃取器，同时进行反应和萃取。该方法提高了甲醛的单程转化率，降低了甲醛的再循环，减小了设备尺寸，节约了能源。

6.3.5 离子液体催化合成三聚甲醛工艺

三聚甲醛的合成是一个复杂的化学反应过程，其主反应是一个快速的可逆反应，反应平衡常数较小（$4.21\times10^{-5}\,\mathrm{L^2/mol^2}$），同时还存在一系列的副反应（图 6-15）。三聚甲醛合成主反应达到平衡时，反应液中三聚甲醛的浓度较低，但其相对挥发度却很高（$a_{三聚甲醛}>a_{甲醇}>a_{甲醛}>a_{水}$）。因此，采用催化-分离工艺，快速蒸出三聚甲醛，破坏可逆反应平衡，促使平衡向三聚甲醛的方向移动，不但可以大幅度提高甲醛的平衡转化率，抑制串联副反应的发生，又能利用放热反应（$\Delta H=-71.2\,\mathrm{kJ/mol}$）的热效应降低分离的能耗，强化传质。

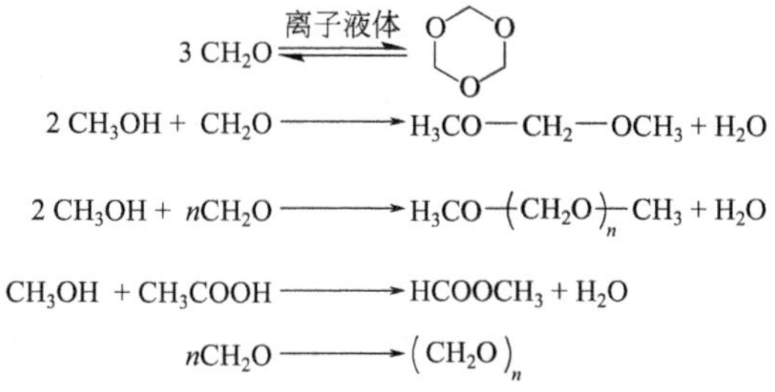

$$3\,CH_2O \xrightleftharpoons{\text{离子液体}} \text{（三聚甲醛）}$$

$$2\,CH_3OH + CH_2O \longrightarrow H_3CO-CH_2-OCH_3 + H_2O$$

$$2\,CH_3OH + nCH_2O \longrightarrow H_3CO-(CH_2O)_n-CH_3 + H_2O$$

$$CH_3OH + CH_3COOH \longrightarrow HCOOCH_3 + H_2O$$

$$nCH_2O \longrightarrow (CH_2O)_n$$

图 6-15 三聚甲醛合成主反应和主要的副反应

三聚甲醛的合成是一个可逆的过程，产物三聚甲醛在酸性环境中会解聚为甲醛单体，并且转化速率随酸强度的增加而增大，因此离子液体催化剂的酸度强弱对反应影响很大。中国科学院兰州化学物理研究所从一系列功能化离子液体中筛选出酸度适中的功能化离子液体 LZT-1 作为三聚甲醛合成反应催化剂，在温和、无有机溶剂的条件下，考察了反应原料、催化剂浓度、反应温度、回流比等工艺参数对反应的影响。

甲醛是一种相对活泼的化合物，极易发生聚合和氧化，因此常态以水溶液的形式存在，并且加入 10%～14% 的甲醇作为稳定剂。在三聚甲醛合成反应体系中，原料中存在的甲醇在反应条件下会引发一系列的副反应，造成产物选择性降低，所以通常需要将 36% 的甲醛蒸发除醇、脱水，浓缩至 45% 以上，同时控制甲醇浓度低于 0.2%。

根据卡诺瓦诺夫第一定律，在一般条件下，某组分在蒸汽中的相对含量不同于与此蒸汽处于平衡的溶液中该组分的相对含量。溶液中沸点低的组分在蒸汽中的含量应较多。甲醛、甲醇和水的沸点分别为 15℃、65℃ 及 100℃，因此，在甲醛水溶液上方的蒸汽中，甲醇的含量应高于水。据此，可用汽提法从甲醛溶液中分离甲醇,并得到低醇甲醛溶液。虽然甲醛的沸点最低,但是在体系的气相中却只含有较少的甲醛,其原因在于甲醛分子与水生成了稳定的多聚水合物,因此很难获得单分子甲醛。例如,在30℃时,40%的甲醛水溶液中含单体甲醛仅为26.8%,聚合物占到了73.2%。当甲醛水溶液浓度在2.57%~53.1%范围内时,常压下沸点为90~100℃,比甲醇沸点要高得多,所以在气相中甲醛的含量相对较少,从而可得到较高浓度的甲醛溶液。表6-8为文献报道的气液平衡数据。

表6-8 釜液及馏分平衡组成(70℃)

样品/%		釜液/%		馏分/%	
甲醛	甲醇	甲醛	甲醇	甲醛	甲醇
37.47	3.65	47.75	<0.1	18.79	6.80
38.17	7.65	50.46	1.42	17.89	12.60
40.40	10.0	55.27	0.67	18.20	16.70
37.64	12.80	53.42	<0.1	18.14	18.10

6.3.5.1 工艺条件优化

离子液体催化三聚甲醛合成采用催化-分离反应装置,如图6-16所示。向反应釜中加入一定量的催化剂LZT-1和浓甲醛,加热至反应温度,充分回流至稳定,调节回流比,三聚甲醛、甲醛、甲醇和水的共沸物从塔顶蒸出(三聚甲醛合成液)。以10~30g/h的进料速度连续进料(浓甲醛,70~80℃),反应一定时间后,取馏分和釜液分析各组分含量。

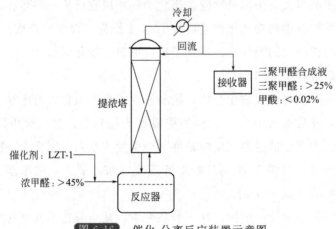

图6-16 催化-分离反应装置示意图

三聚甲醛的传统工业合成方法采用60%以上的浓甲醛为反应原料,甲醛浓度过高时易形成多聚甲醛沉积物,造成催化剂中毒。表6-9中的数据显示了在 LZT-1 离子液体催化剂催化作用下，采用催化-分离反应装置，不同浓度甲醛为原料的反应结果。反应条件是：甲醛初始投料为 200g，进料速度为 10～12g/h，在 98℃下反应 8h。

表 6-9 甲醛原料对反应的影响

反应原料	三聚甲醛合成液产物分布/%					甲酸/(μL/L)	TOX选择性/%
	TOX	甲醛	甲醇	副产物②	水		
37%①	9.3	10.6	14.9	17.7	47.5	58.0	34.4
40%	13.8	22.9	2.0	0.4	60.9	61.0	97.2
50%	30.4	19.0	0.5	0.04	49.9	110.0	99.9
55%	37.7	12.7	0.3	0.2	49.1	125.0	99.5

① 市售甲醛试剂（37%～40%的水溶液，甲醇含量为 12%～14%）。
② 副产物主要为甲酸甲酯、甲缩醛、聚二甲氧基二甲醚。

从表中数据可以看出，以市售的甲醛试剂（37.0%～40.0%）为反应原料时，三聚甲醛合成液中三聚甲醛的浓度和选择性均很低，分别为 9.3% 和 34.4%。并且由于反应原料中存在大量的甲醇，在酸性离子液体体系中不仅发生了甲醛的聚合反应，同时还发生了甲醇与甲醛之间的缩醛化反应以及甲醇与甲酸的酯化反应，造成三聚甲醛的选择性降低。

当原料甲醛浓度提高到 50% 以上时，合成液中三聚甲醛的浓度升高至 37.7%，选择性达到 99.5%，反应体系中甲酸的含量也不断增大。上述结果表明，以离子液体 LZT-1 为催化剂，可以实现以浓度低于 60% 的甲醛水溶液作为反应原料，当以 52%～55% 的浓甲醛为反应原料时，控制甲醇浓度≤0.5%，可以抑制副反应的发生，提高产物选择性。体系中甲酸浓度需控制低于 200μL/L，以防甲酸在反应液中累积，造成催化剂中毒和设备腐蚀。

在催化-分离反应装置上，以浓度为 50% 的甲醛水溶液（甲醇含量＜0.5%）为原料，甲醛初始投料为 200g，进料速度为 10～12g/h，对催化剂用量、反应时间、反应温度、回流比等工艺参数进行考察。在优化工艺条件下，三聚甲醛合成液中产物的浓度和选择性分别达到 30.4% 和 99.9%。

6.3.5.2 连续运行试验

开展催化-分离反应装置连续化运行试验，反应稳定运行 100h，平均进出料速度为 14.5g/h，停留时间为 13h。馏分中三聚甲醛浓度和选择性随时间的变化如图 6-17 所示。

在 100h 以内，合成液（馏分）中三聚甲醛的浓度保持在 30% 左右，产物选择性在 99% 以上。当反应时间超过 100h 后，馏分中三聚甲醛的浓度开始下

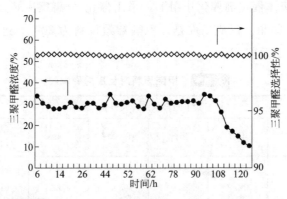

图 6-17 馏分中三聚甲醛浓度和选择性随时间的变化

降,反应液逐渐浑浊,而此时,馏分中甲酸浓度快速升高。对反应液中甲酸浓度实时监控,发现其浓度随时间不断增加,且上升速度随反应时间的延长逐渐变快,当运行至 100h 时,甲酸浓度达到了 $6249\mu L/L$,120h 时高达 $7479\mu L/L$。在精馏过程中甲酸未被充分分离而随馏分蒸出,这是造成合成液中甲酸浓度增加的主要原因。反应液中甲酸浓度超过 $6000\mu L/L$ 时会加速甲醛多聚反应,因此反应液出现浑浊,这不仅影响 LZT-1 的催化活性,大量甲酸还会造成反应釜的腐蚀。

6.3.5.3 工艺改进

针对催化-分离连续运行过程中出现的填料塔内脉冲,以及由于釜液中甲酸累积所造成的催化剂活性降低和反应器腐蚀,对反应装置进行改进。通过在反应釜和填料塔之间加装分离装置,将三聚甲醛、甲醛、甲醇、甲酸、水及副产物的共沸蒸气从分离器中间的管道蒸出,经填料塔分离后,冷凝的液体聚积到分离器底部,一部分通过侧管回到反应釜,一部分从塔底采出,处理后可循环使用。装置改进后有效解决了填料塔脉冲和甲酸累积的问题。

在改进的装置上,以 52% 的甲醛水溶液为反应原料,以 15.7g/h 的速度连续进料。当反应连续运行 40h,反应液中甲酸浓度达到 $3000\mu L/L$ 时,开始间歇采出回流液,平均采出速度为 3g/h。取不同时间的馏分和反应液进行色谱分析和酸度滴定,考察了装置改进后的稳定运行情况、催化剂的水热稳定性以及甲酸的去除效果。

从图 6-18 可以看出,合成液(馏分)中三聚甲醛的浓度保持在 30% 左右,产物选择性在 99% 以上。在 20~150h 之间,合成液中甲酸浓度增长速度比较平缓(图 6-19)。如图 6-20 所示,反应液中甲醛和三聚甲醛的浓度保持恒定,分别为 52% 和 1.5%。随着反应时间的延长,反应液酸度和甲酸浓度逐渐增大。由于反应 40h 后开始侧采，因此反应液中甲酸的增长速度比较平缓，在 150h 时，甲酸浓度为 5900μL/L。改进后的工艺解决了填料塔的脉冲现象，有效控制了甲酸累积，延长了催化剂寿命。

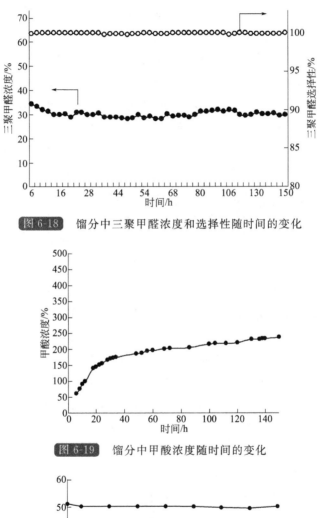

图 6-18　馏分中三聚甲醛浓度和选择性随时间的变化

图 6-19　馏分中甲酸浓度随时间的变化

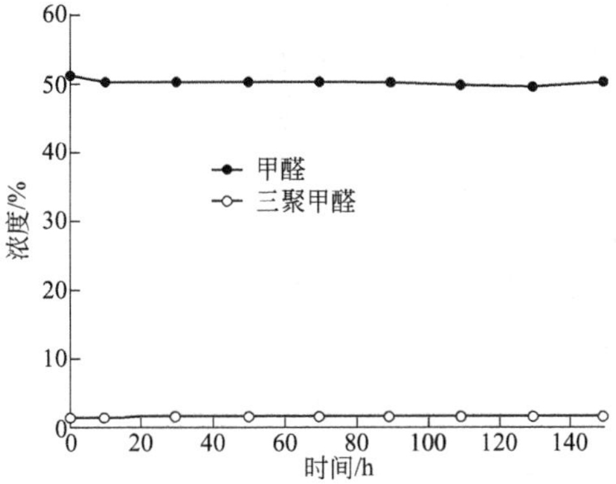

图 6-20　反应液中三聚甲醛和甲醛浓度随时间的变化

6.3.5.4 现场验证及工业中试

在中试试验现场，以工业甲醛为原料，对稀醛浓缩除醇工艺、催化-精馏耦合反应模试工艺进行验证。稀醛提浓验证表明，工业甲醛经浓缩除醇，甲醛浓度可控制在 45%~56%，甲醇的浓度低于 0.5%，甲酸浓度在 190μL/L 以下，达到了三聚甲醛合成单元对反应原料的要求。

现场催化-精馏耦合反应模试连续运行了 250h，合成液中三聚甲醛的浓度在 25% 以上，最高达到了 46.7%（连续 50h 的平均浓度），产物选择性大于 99%。反应过程中间歇采出回流液，控制反应液中甲酸的累积。通过进一步优化工艺参数可将停留时间缩短至 9~10h，试验结果和规律与实验室研究结果相一致。

图 6-21 三聚甲醛中试装置

2009 年，中国科学院兰州化学物理研究所与中国海洋石油化学股份有限公司合作开展了 3600t/a 三聚甲醛合成新技术中试。图 6-21 为三聚甲醛中试装置。该装置是将实验室小试工艺直接放大 4 万倍建成，由甲醛浓缩、三聚甲醛反应及提浓、甲醛回收工序组成，且装置主要部件均采用国产 316L 不锈钢材料制作。

浓度为 37% 的甲醛由甲醛储槽用泵送入甲醛加热器蒸发，气液混合流体进入甲醛浓缩器，液态高浓度甲醛与气态低浓度甲醛在 65℃/-86kPa 下迅速分开，液相经浓醛泵送出到三聚甲醛反应器。气相进入稀醛冷凝冷却器冷凝成液态稀甲醛，作为副产品，经稀醛泵送至界区外。

图 6-22 为甲醛浓缩工段的运行结果。生产出来的浓甲醛浓度在 45%~58% 之间，甲酸的浓度控制在 90~340μL/L，甲醇含量为 3.4%~4.1%。浓缩单元制备的浓甲醛浓度范围宽，通过改变操作条件可实现对甲醛浓度的调节，达到了聚合反应单元对甲醛浓度的要求。

在三聚甲醛合成单元，浓度约为 52% 的浓甲醛在离子液体催化剂 LZT-1 作用下发生聚合生成三聚甲醛。合成液蒸气直接进入提浓器，易挥发组分三聚甲醛在提浓器顶部增浓，其他组分进入提浓器底部自流回反应器，在此抽出部分液体送甲醛回收塔处理，以去除甲酸并回收甲醛。通过提浓塔蒸馏的气体在顶部采出，冷凝后作为三聚甲醛产品进入成品槽。

催化剂投料完毕，开始监测三聚甲醛合成液接收罐中三聚甲醛和甲酸浓度，结果见图 6-23。

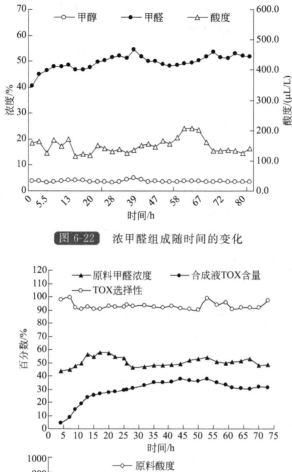

图 6-22 浓甲醛组成随时间的变化

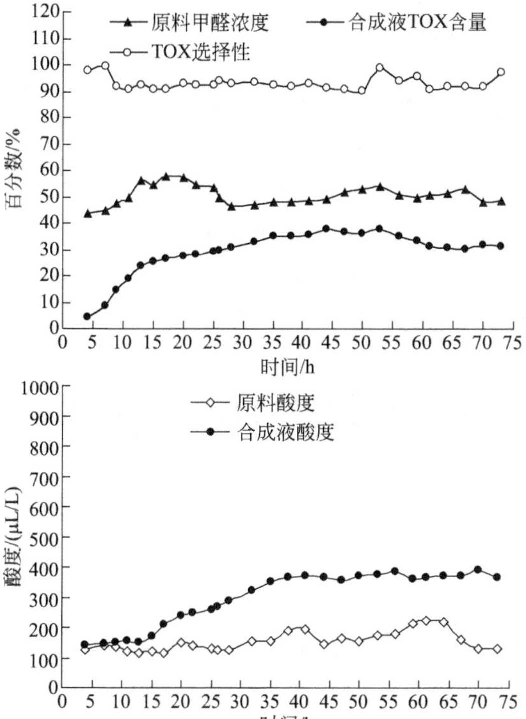

图 6-23 合成液中三聚甲醛、甲酸浓度及产物选择性随时间的变化

从图 6-23 可以看出，当反应至 22h 时，合成液中三聚甲醛浓度达到了 30.9%，并一直恒定在 30%~38%，产物选择性≥92%。合成液中甲酸的含量稳定在 115~400μL/L。三聚甲醛、甲醛、水易形成共沸物（沸点≤98℃），而甲酸和甲醇等杂质不会和该体系形成共沸。中试装置上加热效果好，蒸发量

大，同时回流比较低，甲酸的沸点为 100.8℃，在蒸发量较大的情况下与共沸物一起蒸出，造成合成液中甲酸浓度偏高。

对反应液中甲醛和三聚甲醛浓度实时监测，发现投入催化剂 0.5h 后，反应液中三聚甲醛浓度达到了 0.64%，6h 时达到了 1.85%，并平衡在 1.5%～1.8%之间。说明停留时间为 6h 时反应液中三聚甲醛浓度已达到平衡。反应液中甲醛、甲醇的浓度基本保持不变，分别为 50%～61%和 1.8%～3.4%。中试研究可以通过改变操作条件如原料浓度、蒸发量等来调节反应液中甲醛的浓度，使其保持在试验设计范围内，试验过程中未发现有多聚甲醛生成。

对中试运行过程中反应液酸度进行跟踪，反应液甲酸浓度低于 $3600\mu L/L$，控制在 $\leqslant 6000\mu L/L$ 的范围内。在进入三聚甲醛合成单元的浓醛流速基本保持恒定的情况下，对反应停留时间进行考察，结果显示，当停留时间只有 5.3h 时，合成液中三聚甲醛浓度仍保持在 30%以上，大幅度缩短了反应停留时间，提高了合成效率。

该项中试研究打通了全流程，实现了离子液体催化循环连续反应工艺，装置造价低，是具有我国自主知识产权的三聚甲醛合成新技术。离子液体 LZT-1 表现出了良好的催化活性和水热稳定性，生产出的三聚甲醛合成液浓度在 20%以上，最高达到了 38.5%，高于液体硫酸的结果。新技术同时有效控制了甲酸浓度，反应液中甲酸浓度低于 $3600\mu L/L$，控制在设计值之内，试验过程中未发现有多聚甲醛或其他副产物生成。

6.4 酸功能化离子液体催化多醚类清洁柴油含氧组分合成技术

6.4.1 聚甲氧基二甲醚的应用背景及合成现状

聚甲氧基二烷基醚，化学式为 $RO(CH_2O)_nR$，具有很高的十六烷值 (cetane number, CN) 和氧含量（甲基系列 42%～49%，乙基系列 30%～43%），在柴油中添加 10%～20%，可以大幅度减少 NO_x 和 CO_x 的排放[39~41]。其中 R 为甲基的聚甲氧基二甲醚，又称为聚甲氧基甲缩醛，化学式为 $CH_3O(CH_2O)_nCH_3$（简写为 DMM_n），在中性或碱性环境下稳定，在稀酸条件下会发生水解。DMM_n 的中间段为聚合甲醛，两端由甲基封端，因此一般由能提供聚合甲醛的化合物（甲醛、多聚甲醛和三聚甲醛）和提供端甲基的化合物（甲醇、甲缩醛和二甲醚）来合成，这些反应在热力学上也都是可行的。

　　DMM_n 因其自身的优良性能可作为新型柴油添加剂而受到广泛关注。向柴油中添加适量的 DMM_n，能够在不改动柴油机结构的前提下，有效提高燃烧效率以及减少尾气中碳烟、CO_x 和 NO_x 的排放。DMM_n 的化学结构类似于甲缩醛，可以看成甲缩醛与甲醛进一步反应的产物，该系列产物的沸点大约从 $n=2$ 的 105℃到 $n=5$ 的 243℃，其他性质如黏度、熔点、CN 值等也随着 n 值的增大而增大。相比于甲缩醛，DMM_n 的物理化学性质与柴油更为接近，分子结构中没有 C—C 键，氧含量也更高，这意味着添加 DMM_n 更能抑制尾气中颗粒物的排放[42,43]。

　　早期的文献报道中，DMM_n 的制备是在痕量的硫酸或盐酸催化下，于 150～180℃的封管内，加热低聚合度多聚甲醛或低聚甲醛与甲醇反应 12～15h 来实现的，得到的聚合物聚合度较大，基本都在 100 以上（一般 $n=300$～500），同时反应中还伴随有二氧化碳和二甲醚的生成。由于 DMM_n 在柴油添加剂领域日益重要的应用价值，近年来格外引起专家和学者们的研究兴趣。目前国际上主要有 BP、BASF、埃尼等公司，国内中国科学院兰州化学物理研究所、中国科学院山西煤炭化学研究所、华东理工大学、南京大学、常州大学等对 DMM_n 的合成进行了相关研究。而从公开的文献报道总量来看，相关的基础或应用性研究并不多，近两年虽有产业化的报道，但是市场未见产品销售和应用。在石油资源日趋紧缺的形势下，从煤炭资源出发合成 DMM_n 是一条极具应用潜力的新型煤化工路线。

　　DMM_n 的合成反应是典型的酸催化反应，专利和文献中一般使用无机酸、有机磺酸、杂多酸、阳离子酸性树脂、沸石、硅铝酸盐、氧化铝等作为催化剂。因 DMM_n 在柴油添加组分和高品质溶剂领域具有相当广阔的应用前景，近几十年，国内外许多企业和科研院所都在探究可应用于实际生产的工业技术。

　　中国科学院兰州化学物理研究所利用酸性离子液体为催化剂，以甲醇与三聚甲醛为原料，在温度 60～140℃、压力 0.5～4.0MPa 的条件下合成聚甲氧基二甲醚，产物中有效的柴油添加组分 $DMM_{3\sim8}$ 的单程收率达到了 43.7%[44]。随后他们又采用三聚甲醛和甲缩醛为原料，仍以离子液体为催化剂，发现反应条件更加温和，在最佳条件下三聚甲醛的转化率高达 95%，$DMM_{3\sim8}$ 的选择性为 53.4%[45,46]。使用酸性离子液体为催化剂的 DMM_n 合成路线避免了以传统液体酸和固体酸作为催化剂存在的设备腐蚀、反应选择性低、催化剂难以回收和活性受限等一系列不利因素，离子液体催化活性高、用量少、易于分离与重复使用，为聚甲氧基二甲醚的合成从实验室走向工业化带来希望。

随后,常州大学杨为民等人[47~49]的专利中报道了环酰胺类离子液体催化三聚甲醛或多聚甲醛与甲醇或甲缩醛反应合成聚甲氧基二甲醚,取得了不错的效果。

6.4.2 酸功能化离子液体催化聚甲氧基二甲醚合成

DMM_n [$CH_3O(CH_2O)_nCH_3$] 的中间段为低聚甲醛,两头由甲基封端,传统的合成方法是由提供低聚甲醛的化合物(甲醛、三聚甲醛和多聚甲醛)和提供封端甲基的化合物(甲醇、二甲醚、二甲氧基甲烷等)在酸的催化作用下发生缩醛化反应制备。兰州化物所采用酸功能化离子液体为催化剂的甲醇或甲缩醛与三聚甲醛反应合成 DMM_n 的反应式如下:

$$2 CH_3OH + n/3 \text{ (trioxane)} \longrightarrow CH_3O(CH_2O)_nCH_3 + H_2O$$

$$CH_3OCH_2OCH_3 + n/3 \text{ (trioxane)} \longrightarrow CH_3O(CH_2O)_{n+1}CH_3$$

所考察的酸功能化离子液体的阳离子涵盖了大多数烷基季铵阳离子、烷基季磷阳离子、烷基咪唑阳离子、烷基吡啶阳离子、烷基锍阳离子、烷基胍阳离子等,阴离子包括乙酸根、硫酸氢根、甲基苯磺酸根、三氟甲基磺酸根、双三氟甲基磺酰亚胺酸根、三氟甲基乙酸根等。通过不同阴、阳离子之间的组合,以及不同离子液体进行混配,以三聚甲醛与甲醇的缩醛化反应为探针反应,研究这些离子液体的催化性能。表 6-10 所列数据为 $(CH_2O)_3$: CH_3OH = 0.6 : 1 (摩尔比),离子液体用量为总投料量的 4.0% (质量分数),温度和压力分别为 115℃、3.0MPa 条件下反应 40min,几种离子液体催化合成 DMM_n 的反应结果。

表 6-10 离子液体催化剂筛选

催化剂	$(CH_2O)_3$ 转化率/%	$DMM_{2~8}$ 选择性/%
LZM-5(非功能化)	42.0	54.5
LZM-1(酸功能化)	93.5	76.1
LZM-2(酸功能化)	91.7	75.4
LZM-3(酸功能化)	89.1	76.6
LZM-4(酸功能化)	80.4	70.4

可以看出,在上述反应条件下,非功能化离子液体 LZM-5 的活性较低,三聚甲醛的转化率为 42.0%,目标产物 $DMM_{2~8}$ 的选择性只有 54.5%。离子

液体经酸功能化后（LZM-1～LZM-4）催化活性明显提高，其中采用 LZM-1 的催化效果最好，三聚甲醛转化率为 93.5%，$DMM_{2\sim8}$ 的选择性达到 76%。

研究还发现，LZM 系列酸功能化离子液体催化剂与非极性化合物 DMM_n 不混溶，而在极性溶剂中具有较好的溶解性。因此，反应结束后反应液经闪蒸脱除未反应的甲醇和部分副产物水，经过简单的相分离就可以实现产物和催化剂的分离。

6.4.2.1 实验室小试研究

以 LZM-1 为催化剂，采用间歇釜式反应器，对反应原料、催化剂浓度、原料比、反应温度、压力等工艺参数进行考察，优化工艺条件。

观察表 6-11 中的反应数据可以发现，在 LZM-1 的催化作用下，甲醛水溶液和三聚甲醛都可作为提供低聚甲醛的原料，与提供封端甲基的甲醇和甲缩醛发生反应生成 DMM_n。

表 6-11 反应原料的筛选

反应原料		CH_2O 转化率/%	$DMM_{2\sim8}$ 选择性/%
50%甲醛溶液	CH_3OH①	56.0	41.3
70%甲醛溶液	CH_3OH①	68.5	39.3
92%三聚甲醛	CH_3OH②	93.4	76.1
98%三聚甲醛	CH_3OH②	93.5	76.7
98%三聚甲醛	$CH_3OCH_2OCH_3$②	91.2	79.4

① 120℃/4h。
② 115℃/40min。
注：4.0%（质量分数），$CH_2O:CH_3OH=2.4:1$（摩尔比），3.0MPa。

相比于甲醛水溶液，三聚甲醛与甲醇的反应条件更为温和，反应转化率和产物选择性也大为改善，分别在 93% 和 76% 以上，且不受三聚甲醛品质的影响。以甲缩醛作为封端试剂，在相同的条件下也能获得很好的反应结果。在对 LZM-1 催化剂用量的考察中，发现当催化剂用量在 2%～5%之间递增时，原料三聚甲醛的转化率有小幅度增长，产物选择性在 LZM-1 用量为 4%时出现最佳值 66.3%。同时在离子液体回收试验的研究中还发现，当离子液体用量为 4.0%时，回收率最高，因此确定 4%为最适宜的催化剂用量。

DMM_n 合成反应中目标产物的选择性和产品分布受三聚甲醛与甲醇摩尔比的影响很大。甲醇投料量过大，产物中 DMM_1 的含量会很高，而投料量太小，产物中高分子组分含量过多，导致聚合物析出，不利于产物后处理。研究发现，随着 $(CH_2O)_3$ 和 CH_3OH 摩尔比的增大，三聚甲醛转化率逐渐降低，产物中 $DMM_{2\sim8}$ 的选择性大幅度提高，但是当 $DMM_{2\sim8}$ 的选择性大于 68%

时，反应液变得很黏稠，并且有大量的固体聚合物析出，增加了后处理难度。所以，为了兼顾目标产物 $DMM_{2\sim8}$ 的选择性和反应后处理过程，将原料中 $(CH_2O)_3$ 和 CH_3OH 的摩尔比定为 0.6∶1。

三聚甲醛与甲醇缩合是一个放热过程，反应的引发温度在107℃左右，以此为基础，选取110℃、115℃和120℃三个温度点进行考察。结果发现，随着反应温度的升高，三聚甲醛的转化率和目标产物 $DMM_{2\sim8}$ 的选择性逐渐增大，但是温度过高，反应产物中重组分浓度增大对产物后处理极为不利。当反应温度为115℃时，三聚甲醛的转化率为93.5%，$DMM_{2\sim8}$ 的选择性达到68.3%，综合考虑产物收率和能耗，选择115℃为最佳操作温度。

如图6-24所示，在120℃（最高操作温度）下，甲醇、甲缩醛、三聚甲醛的饱和蒸气压分别为0.65MPa、0.85MPa和0.12MPa，为了保证反应在液相中进行，需要在反应体系中充入一定量的惰性气体如 N_2，使轻组分液化，在反应进程中反应原料能够与催化剂（无蒸气压，与甲醇混溶）充分接触。

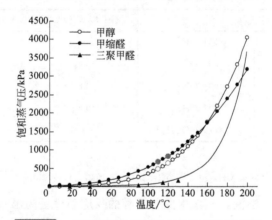

图 6-24　反应原料在不同温度下的饱和蒸气压

考察了 N_2 压力分别为1.0MPa、2.0MPa和3.0MPa条件下的反应情况，随着操作压力的升高，反应转化率和目标产物 $DMM_{2\sim8}$ 的选择性逐渐增大，在压力为3.0MPa时，三聚甲醛的转化率和 $DMM_{2\sim8}$ 的选择性分别达到93.5%和68.3%。

综上所述，离子液体催化甲醇与三聚甲醛反应合成聚甲氧基二甲醚的最佳工艺操作条件为：催化剂 LZM-1 的用量为总投料量的4.0%（质量分数），原料 $(CH_2O)_3$ 和 CH_3OH 摩尔比为0.6∶1，操作温度和压力分别为115℃和3.0MPa，反应时间为40min。在此条件下，反应获得了令人满意的三聚甲醛转化率（93.5%）和 $DMM_{2\sim8}$ 选择性（68.3%）。

酸性离子液体黏度较大，密度高，几乎没有蒸气压，与水、甲醇等极性溶剂互溶，但是不溶于非极性化合物，如 DMM_n（$n>2$）。聚甲氧基二甲醚合成反应液中主要包括 DMM_n（$n=1\sim8$）、未反应的甲醇和三聚甲醛、副产物水和离子液体催化剂。其中，DMM_n 组分沸点分布很宽，DMM_1 很容易挥发，DMM_5 以上则具有较高的沸点。依据催化剂和反应体系的这些特征，将合成反应液经闪蒸、短程蒸馏脱除轻组分（DMM_1、甲醇、三聚甲醛和部分水），使催化剂在反应液中的溶解度下降，再通过萃取的方法除去催化剂相中的部分有机杂质，最后在相分离器中分离出催化剂。对回收催化剂进行重复使用性能考察，结果显示，重复使用中反应转化率和选择性几乎不变，表现出良好的重复使用稳定性。闪蒸分离出的轻组分包括气相甲醇、DMM_1、部分水和三聚甲醛，质量为总投料量的 20%，送入反应釜重新利用，考察轻组分分离及循环使用情况，结果列于表 6-12。物料循环使用过程中轻组分含甲醇 50%，三聚甲醛 50%；轻组分循环使用 3 次，反应转化率和产物选择性基本保持不变。

表 6-12　物料重复使用情况

物料	$(CH_2O)_3$ 转化率/%	$DMM_{2\sim8}$ 选择性/%
新鲜物料	93.0	66.5
物料循环 1	92.1	68.3
物料循环 2	93.7	66.5
物料循环 3	92.2	67.3

催化循环小试研究表明，采取闪蒸-萃取-相分离的组合工艺，可以改善催化剂的回收循环，进一步提高了原料的利用率和目标产物的收率。

6.4.2.2　DMM_n 合成模试试验

中国科学院兰州化学物理研究所参考其在离子液体催化合成环碳酸酯工业应用中的反应器技术，提出离子液体催化聚甲氧基二甲醚合成管式反应工艺流程，设计了管式反应器，并搭建了立升级 DMM_n 合成管式连续反应、分离与循环模试装置。该装置反应器在结构上进行了特殊设计，克服了离子液体黏度大、密度高的问题，使离子液体催化剂和反应物料能充分接触，促使液液两相反应的混合效率更高。通过减少反应停留时间，在三聚甲醛的转化率和目标产物的选择性基本保持不变的情况下，有效抑制了高分子量聚合物的产生。

模试研究工艺流程如图 6-25 所示，催化剂 LZM-1 的甲醇溶液和反应原料 $(CH_2O)_3/CH_3OH$ 分别采用催化剂泵和物料泵送入反应器 R-101，在一定温度和压力下反应生成 $DMM_{1\sim8}$ 和副产物水。反应液通过反应器循环泵 P-103

循环，停留时间为 0.5~1h。由 R-101 溢出的反应液进入闪蒸罐，轻组分从闪蒸罐顶部经热交换器冷却进入轻组分储罐，送入物料储罐 C-102 重复使用；重组分经热交换器冷却至 45~55℃，送至界区外相分离器分离催化剂相；催化剂相送入催化剂罐 C-101 重复使用。

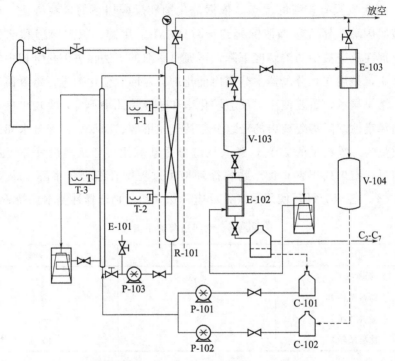

图 6-25　合成 DMM$_n$ 模试研究工艺流程

采用 98% 的三聚甲醛和工业甲醇为反应原料，开展了 230h 的模试试验，三聚甲醛转化率达到了 92%~97%，DMM$_{2~8}$ 选择性达到了 65% 以上（图 6-26）。

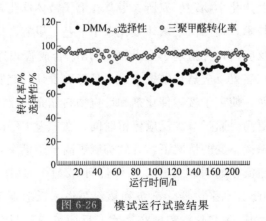

图 6-26　模试运行试验结果

利用模试装置对闪蒸分离效果进行了考察，由 R-101 溢出的反应液经 $\phi14mm$ 的管线进入闪蒸罐（V-103），轻组分从 V-103 顶部蒸出，经热交换器（E-103）冷却进入轻组分储罐；重组分经热交换器（E-102）冷却至 45～55℃，送至界区外催化剂分离罐。

闪蒸得到轻组分的质量为总物料质量的 20%～25%。从图 6-27 所示的反应液闪蒸前后组成对比来看，闪蒸能有效分离反应液中的 DMM_1（25%→13%）和水（6%→4%），对甲醇和三聚甲醛也有较好的分离效果。而且轻组分脱除后，催化剂的回收率明显提高（表 6-13）。

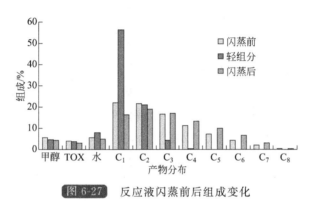

图 6-27 反应液闪蒸前后组成变化

表 6-13 催化剂分离效果

催化剂相分离方式	催化剂 LZM-1 回收率/%
直接分离	95.0
模试闪蒸后分离	98.1

在优化的工艺条件下连续运行，闪蒸分离轻组分并重复使用，催化剂相与产品相每小时分离一次，催化剂相未经处理直接重复使用，共运行 30h，总进料量 117.8kg，总出料量 117.2kg（粗产品），两组平行试验结果见图 6-28。在催化剂浓度不变的情况下，重复使用 15 次，反应转化率和目标产物 $DMM_{2\sim8}$ 选择性保持不变。

6.4.2.3 DMM_n 合成工艺放大

中国科学院兰州化学物理研究所依据模试试验的结果，与工程技术公司合作设计并建成一套 100t/a 离子液体催化 DMM_n 合成中试装置。中试试验采用自制的三聚甲醛和工业品甲醇为原料，催化剂采用百吨级批量生产的酸功能化离子液体。装置共连续试验了 15 天，反应稳定运行 140h，对催化剂浓度、反应温度、物料比、停留时间等重要工艺参数进行考察。中试运行结果三聚甲醛

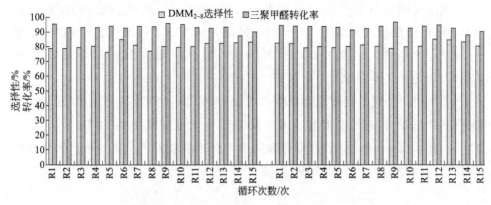

图 6-28 催化剂-物料循环试验结果（平行试验）

转化率在 94% 以上，$DMM_{2\sim6}$ 组分选择性在 70% 以上。

装置稳定运行 140h 之内，闪蒸单元共收集到轻组分 230L。由于在缩醛化反应过程中会有少量甲酸生成，产物相略显酸性，采取碱洗的方法将产品相 pH 值洗至中性，与废碱分离后的粗产品再进行精馏。精馏塔塔板数为 8，在 38~82℃ 的条件下，从精馏塔塔顶馏出甲醇、$DMM_{1\sim2}$、三聚甲醛和萃取剂的混合物，产品从精馏塔底部流出。

大量基础性研究和工艺过程研究成果为离子液体催化 DMM_n 合成工业化试验的实施奠定了基础。2013 年山东辰信新能源有限公司采用中国科学院兰州化学物理研究所功能化离子液体催化剂与循环技术，进行了 1 万吨/年规模甲醇经三聚甲醛合成聚甲氧基二甲醚的全流程工业试验装置投料试车，极大地促进了我国聚甲氧基二甲醚合成技术的发展。

参 考 文 献

[1] Plechkova N V, Seddon K R. Applications of ionic liquids in the chemical industry. Chem Soc Rev, 2008, 37: 123-150.

[2] 钱伯章. 复合离子液体 C_4 烷基化技术投产成功. 石油炼制与化工, 2015, 46(2): 63-63.

[3] Kim H S, Kim J J, Lee B G, Jung O S, Jang H G, Kang S O. Isolation of a pyridinium alkoxy ion bridged dimeric zinc complex for the coupling reactions of CO_2 and epoxides. Angew Chem Int Ed Engl, 2000, 39: 4096-4098.

[4] Kim H S, Kim J J, Lee S D, Lah M S, Moon D, Jang H G. New mechanistic insight into the coupling reactions of CO_2 and epoxides in the presence of zinc complexes. Chem Eur J, 2003, 9: 678-686.

[5] Li F W, Xia C G, Xu L W, Sun W, Chen G. A novel and effective Ni complex catalyst system for the coupling reactions of carbon dioxide and epoxides. Chem Commun, 2003, 2042-2043.

[6] Caló V, Nacci A, Monopoli A, Fanizzi A. Cyclic carbonate formation from carbon dioxide and

oxiranes in tetrabutylammonium halides as solvents and catalysts. Org Lett, 2002, 4: 2561-2563.

[7] Kossev K, Koseva N, Troev K. Calcium chloride as co-catalyst of onium halides in the cycloaddition of carbon dioxide to oxiranes. J Mol Catal A: Chem, 2003, 194: 29-37.

[8] Sun J, Fujita S, Zhao F, Arai M. A highly efficient catalyst system of $ZnBr_2/n$-Bu_4NI for the synthesis of styrene carbonate from styrene oxide and supercritical carbon dioxide. Appl Catal A: Gen, 2005, 287: 221-226.

[9] Ji D F, Lu X B, He R. Synthesis of cyclic carbonates from carbon dioxide and epoxides with metal phthalocyanines as catalyst. Appl Catal A: Gen, 2000, 203: 329-333.

[10] Lu X B, Liang B, Zhang Y J, Tiang Y Z, Wang Y M, Bai C X, Wang H, Zhang R. Asymmetric catalysis with CO_2: Direct synthesis of optically active propylene carbonate from racemic epoxides. J Am Chem Soc, 2004, 126: 3732-3733.

[11] Shen Y M, Duan W L, Shi M. Chemical fixation of carbon dioxide catalyzed by binaphthydiamino Zn, Cu, and Co Salen-type complexes. J Org Chem, 2003, 68: 1559-1562.

[12] Shen Y M, Duan W L, Shi M. Phenol and organic bases co-catalyzed chemical fixation of carbon dioxide with terminal epoxides to form cyclic carbonates. Adv Synth Catal, 2003, 345: 337-340.

[13] Huang J W, Shi M. Chemical fixation of carbon dioxide by $NaI/PPh_3/PhOH$. J Org Chem, 2003, 38: 6705-6709.

[14] Sun J M, Fujita S I, Zhao F Y, Hasegawa M, Arai M. A direct synthesis of styrene carbonate from styrene with the Au/SiO_2-$ZnBr_2/Bu_4NBr$ catalyst system. J Catal, 2005, 230: 398-405.

[15] Jiang J L, Gao F X, Hua R M, Qiu X Q. $Re(CO)_5Br$-catalyzed coupling of epoxides with CO_2 affording cyclic carbonates under solvent-free conditions. J Org Chem, 2005, 70: 381-383.

[16] Trost B M, Angle R S. Palladium-mediated vicinal cleavage of allyl epoxides with retention of stereochemistry: A cis hydroxylation equivalent. J Am Chem Soc, 1985, 107: 6123-6130.

[17] Aye K T, Gelmini L, Payne N C, Vittal J J, Puddephatt R J. Stereochemistry of the oxidative addition of an epoxide to platinum(II): Relevance to catalytic reactions of epoxides. J Am Chem Soc, 1990, 112: 2464-2470.

[18] Kibara N, Hara N, Endo T. Catalytic activity of various salts in the reaction of 2,3-epoxypropyl phenyl ether and carbon dioxide under atmospheric pressure. J Org Chem, 1993, 58: 6198-6202.

[19] 彭家建, 邓有全. 室温离子液体催化合成碳酸丙烯酯. 催化学报, 2001, 22(6): 598-600.

[20] Peng J J, Deng Y Q. Cycloaddition of carbon dioxide to propylene oxide catalyzed by ionic liquids. New J Chem, 2001, 25: 639-641.

[21] Anthony J L, Maginn E J, Brennecke J F. Solubilities and thermodynamic properties of gases in the ionic liquid 1-n-butyl-3-methylimidazolium hexafluorophosphate. J Phys Chem B, 2002, 106: 7315-7320.

[22] Corma A, Garcia H. Lewis acids: From conventional homogeneous to green homogeneous and heterogeneous catalysis. Chem Rev, 2003, 103: 4307-4366.

[23] Kawanami H, Sasaki A, Matsui K, Ikushima Y. A rapid and effective synthesis of propylene carbonate using a supercritical CO_2-ionic liquid system. Chem Commun, 2003, 896-897.

[24] Kim H S, Kim J J, Kim H, Jang H G. Imidazolium zinc tetrahalide-catalyzed coupling reaction of CO_2 and ethylene oxide or propylene oxide. J Catal, 2003, 220: 44-46.

[25] Li F W, Xiao L F, Xia C G, Hu B. Chemical fixation of CO_2 with highly efficient $ZnCl_2$/[BMIM]Br catalyst system. Tetrhedron Lett, 2004, 45: 8307-8310.

[26] 李福伟, 肖林飞, 夏春谷. 溴化锌-离子液体复合催化体系高效催化合成环状碳酸酯. 高等学校化学学报, 2015, 26(2): 343-345.

[27] Palgunadia J, Kwona O, Lee H B, Jin Y, Ahna B S, Mina N, Kim H. S. Ionic liquid-derived zinc tetrahalide complexes: Structure and application to the coupling reactions of alkylene oxides and CO_2. Catal Today, 2004, 98: 511-514.

[28] Kim Y J, Varma R S. Tetrahaloindate(Ⅲ)-based ionic liquids in the coupling reaction of carbon dioxide and epoxides to generate cyclic carbonates: H-bonding and mechanistic studies. J Org Chem, 2005, 70: 7882-7891.

[29] Yamamoto S, Usui A, Kondo M. JP 0465412. 1992.

[30] Withycombe D A, Mookherjee B D, Vock M H, Vinals J F. US 4093752. 1978.

[31] Ueno Y, Saeki Y, Akiyama T, Fujita M. US 4123525. 1978.

[32] Wakasugi T, Tonouchi N, Miyakawa T, Ishizuka M, Yamauchi T, Itsuno S, Ito K. Preparation of chloroacetaldehyde cyclic trimer and its depolymerization. Chem Lett, 1992, 1: 171-172.

[33] Augé J, Gil R. A convenient solvent-free preparation of 1, 3, 5-trioxanes. Tetrahedron Lett, 2002, 43(44): 7919-7920.

[34] Sato S, Furuta H, Sodesawa T, Nozaki F. Cyclotrimerization of aliphatic aldehydes catalysed by Keggin-type heteropoly acids and concomitant phase separation. J Chem Soc, Perkin Trans. 2, 1993, 3: 385-390.

[35] Elamparuthi E, Ramesh E, Raghunathan R. $InCl_3$ as an efficient catalyst for cyclotrimerization of aldehydes: Synthesis of 1, 3, 5 - trioxane under solvent - free conditions. Anal Lett, 2005, 35(21): 2801-2804.

[36] Lee S O, Kitchin S J, Harris K D M, Sankar G, Dugal M, Thomas J. M. Acid-catalyzed trimerization of acetaldehyde: A highly selective and reversible transformation at ambient temperature in a zeolitic solid. J Phys Chem B, 2002, 106(6): 1322-1326.

[37] Gui J, Liu D, Chen X, Zhang X, Song L, Sun Z. Cyclotrimerization of an aliphatic aldehyde catalyzed by acidic ionic liquid. React Kinet Catal Lett, 2007, 90(1): 35-43.

[38] Song H Y, Chen J, Xia C G, Li Z. Novel acidic ionic liquids as efficient and recyclable catalysts for the cyclotrimerization of aldehydes. Synth Commun, 2012, 42(2): 266-273.

[39] Fleisch T H, Sills R A. Large-scale gas conversion through oxygenates: Beyond GTL-FT. Studies in Surface Science and Catalysis, 2004, 147: 31-36.

[40] Sanfilippo D, Patrini R, Marchionna M. Use of an oxygenated product as a substitute of gas oil in diesel engines. US 20040187380. 2004.

[41] Lindamere G W F, Brooks R E, Del E T. Preparation of polyformals. US 2449469. 1948.

[42] Linton W H, Goodman H H. Physical properties of high molecular weight acetal resins. Appl

Polymer Sci, 1959, 1(2): 179-184.

[43] Hammer C F, Koch T A, Whitney J F. Fine structure of acetal resins and its effect on mechanical properties. Appl Polymer Sci, 1959, 1(2): 169-178.

[44] 陈静, 唐中华, 夏春谷, 张新志, 李臻. 聚甲氧基甲缩醛的制备方法. CN 200710018474.9. 2007.

[45] 陈静, 宋河远, 夏春谷, 张新志, 唐中华. 离子液体催化合成聚甲氧基甲缩醛的方法. CN 200810150868.4. 2008.

[46] Chen J, Song H Y, Xia C G, Zhang X Z, Tang Z H. Method for synthesizing polyoxymethylene dimethyl ethers by ionic liquid catalysis. US 8344183 B2. 2009.

[47] 李为民, 赵强, 邱玉华, 任庆功, 何明阳, 陈群. 一种以己内酰胺类离子液体催化制备聚甲醛二甲醚的方法. CN 201210157165.0. 2012.

[48] 李为民, 赵强, 邱玉华, 任庆功, 何明阳, 陈群. 一种以环酰胺类离子液体催化制备聚甲醛二甲醚的方法. CN 201210248585.X. 2012.

[49] 李为民, 赵强, 邱玉华, 任庆功, 何明阳, 陈群. 一种以吡咯烷酮类离子液体催化制备聚甲醛二甲醚的方法. CN 201210248252.7. 2012.

索 引

(按汉语拼音排序)

A

氨基功能化离子液体　21
氨基酸功能化离子液体　8

B

1,2-丙二醇　164

C

磁化率　109
磁化曲线　109
催化　124
催化新材料　192

E

二茂铁修饰阳离子功能化
　离子液体　22

F

分子动力学模拟　56

G

工业应用　244
功能化离子液体　2

H

磺酸功能化离子液体　23
磺酸基功能化离子液体　66

J

间歇釜式试验　244
金属螯合物阴离子功能化
　离子液体　29
金属氧酸根阴离子功能化
　离子液体　29

L

离子交换法　32
离子液体的黏度值　59
离子液体结构的可修饰性　61

离子液体阴离子结构　73
立升级釜式放大试验　246
连续运行试验　259
卤素阴离子离子液体　33
路易斯酸阴离子功能化离子液体　28

N

黏度　9

Q

千吨级连续管式工业试验　247
羟基功能化离子液体　17

R

溶胶-凝胶法　113
溶解性试验　62

S

酸功能化离子液体　6,125,139

T

羰基化反应　117
羰基金属阴离子功能化
　离子液体　28

W

烷氧基功能化离子液体　19

X

烯基功能化离子液体　63

Z

折射率　60
蒸气压　77
酯基功能化离子液体　19

其他

DMM_n 合成工艺放大　271
DMM_n 合成模试试验　269
DMM_n 合成反应　267